全国高校出版社优秀畅销书

21 世纪高职高专规划教材·计算机系列

SQL Server 2000 数据库与应用

蒋秀英　主　编
张建成　副主编

清 华 大 学 出 版 社
北京交通大学出版社
·北京·

内容简介

本书以学生成绩管理系统作为核心实例，采用项目驱动的方式教授 SQL Server 2000 数据库的应用，配以丰富的应用实例，将各章知识点有机融合贯穿，增强了教材的可操作性、可读性。本书分为 12 章，包括：SQL Server 2000 系统概述，Transact-SQL 语言编程基础，数据库的创建与管理，创建与管理表，数据查询，视图与索引，实现数据完整性，存储过程与触发器，游标、事务与锁，SQL Server 的安全管理，数据库的日常维护与管理和应用开发实例，每章均给出实例中所用的实例数据库。

本书可作为高职高专院校、应用型本科、成人教育计算机及相关专业学生的教材，也可以作为培养数据库系统工程师的培训教材，亦可作为使用 SQL Server 进行软件开发人员的参考书。

本书被评为第八届全国高校出版社优秀畅销书。

图书在版编目（CIP）数据

SQL Server 2000 数据库与应用/蒋秀英主编．—北京：清华大学出版社；北京交通大学出版社，2006．2（2014．1 重印）
（21 世纪高职高专规划教材·计算机系列）
ISBN 978－7－81082－687－7

Ⅰ．S…　Ⅱ．蒋…　Ⅲ．关系数据库－数据库管理系统，SQL Server 2000－高等学校：技术学校－教材　Ⅳ．TP311．138

中国版本图书馆 CIP 数据核字(2007)第 017523 号

责任编辑：吴嫦娥
出版发行：清 华 大 学 出 版 社　　邮编：100084　　电话：010－62776969
　　　　　北京交通大学出版社　　邮编：100044　　电话：010－51686414
印 刷 者：北京瑞达方舟印务有限公司
经　　销：全国新华书店
开　　本：185×260　　印张：21．75　　字数：543 千字
版　　次：2006 年 3 月第 1 版　　2014 年 1 月第 10 次印刷
书　　号：ISBN 978－7－81082－687－7/TP·260
印　　数：32 001～33 000 册　　定价：29．00 元

本书如有质量问题，请向北京交通大学出版社质监组反映。对您的意见和批评，我们表示欢迎和感谢。
投诉电话：010－51686043，51686008；传真：010－62225406；E-mail：press@bjtu．edu．cn。

21世纪高职高专规划教材·计算机系列
编审委员会成员名单

出版说明

高职高专教育是我国高等教育的重要组成部分，它的根本任务是培养生产、建设、管理和服务第一线需要的德、智、体、美全面发展的高等技术应用型专门人才，所培养的学生在掌握必要的基础理论和专业知识的基础上，应重点掌握从事本专业领域实际工作的基本知识和职业技能，因而与其对应的教材也必须有自己的体系和特色。

为了适应我国高职高专教育发展及其对教学改革和教材建设的需要，在教育部的指导下，我们在全国范围内组织并成立了“21世纪高职高专教育教材研究与编审委员会”（以下简称“教材研究与编审委员会”）。“教材研究与编审委员会”的成员单位皆为教学改革成效较大、办学特色鲜明、办学实力强的高等专科学校、高等职业学校、成人高等学校及高等院校主办的二级职业技术学院，其中一些学校是国家重点建设的示范性职业技术学院。

为了保证规划教材的出版质量，“教材研究与编审委员会”在全国范围内选聘“21世纪高职高专规划教材编审委员会”（以下简称“教材编审委员会”）成员和征集教材，并要求“教材编审委员会”成员和规划教材的编著者必须是从事高职高专教学第一线的优秀教师或生产第一线的专家。“教材编审委员会”组织各专业的专家、教授对所征集的教材进行评选，对列选教材进行审定。

目前，“教材研究与编审委员会”计划用2～3年的时间出版各类高职高专教材200种，范围覆盖计算机应用、电子电气、财会与管理、商务英语等专业的主要课程。此次规划教材全部按教育部制定的“高职高专教育基础课程教学基本要求”编写，其中部分教材是教育部《新世纪高职高专教育人才培养模式和教学内容体系改革与建设项目计划》的研究成果。此次规划教材编写按照突出应用性、实践性和针对性的原则编写并重组系列课程教材结构，力求反映高职高专课程和教学内容体系改革方向；反映当前教学的新内容，突出基础理论知识的应用和实践技能的培养；适应“实践的要求和岗位的需要”，不依照“学科”体系，即贴近岗位，淡化学科；在兼顾理论和实践内容的同时，避免“全”而“深”的面面俱到，基础理论以应用为目的，以必需、够用为度；尽量体现新知识、新技术、新工艺、新方法，以利于学生综合素质的形成和科学思维方式与创新能力的培养。

此外，为了使规划教材更具广泛性、科学性、先进性和代表性，我们希望全国从事高职高专教育的院校能够积极加入到“教材研究与编审委员会”中来，推荐“教材编审委员会”成员和有特色、有创新的教材。同时，希望将教学实践中的意见与建议及时反馈给我们，以便对已出版的教材不断修订、完善，不断提高教材质量，完善教材体系，为社会奉献更多更新的与高职高专教育配套的高质量教材。

此次所有规划教材由全国重点大学出版社——清华大学出版社与北京交通大学出版社联合出版。适合于各类高等专科学校、高等职业学校、成人高等学校及高等院校主办的二级职业技术学院使用。

21世纪高职高专教育教材研究与编审委员会
2006年2月

前　　言

SQL Server 2000 中文版是微软公司开发的大型关系型数据库管理系统，具有非常强大的关系数据库创建、开发、设计及管理功能，在各个行业中都得到了广泛应用，成为众多数据库产品中的杰出代表。

高等职业教育是面向就业与市场的教育。目前，许多行业都在使用 SQL Server 数据库技术，并在人才招聘中对此提出了具体要求。因此，掌握这门技术对提升学生的专业层次和就业能力都是非常必要的。

当今市面上的 SQL Server 2000 教材很多属于传统教材或翻译书。许多传统教材只注重 SQL Server 2000 本身的功能说明与冗长的语法介绍，缺乏结合我国实际和贴近学生的知识应用。许多翻译教材文字表述生疏、晦涩，令人难以理解，这些都给 SQL Server 技术的学习增加了难度。因此，为提高 SQL Server 技术的普及与应用，急需为高职教育和需要快速掌握 SQL Server 技术的人员提供一本带有丰富应用实例，便于快速、简易、轻松地学习和掌握 SQL Server 数据库技术应用的教材，本书将力争达到这一目的。本书具有以下特色。

1. 以项目和实例讲原理，突出应用重点

本书对抽象的概念和理论均结合项目和实例进行阐述。学生在学完书中相应内容后均可立即上机实践，从而轻松掌握所学知识与技能，快速应用。

2. 项目驱动，核心实例贯穿

本书以一个项目作为核心实例，采用项目驱动的方式教授 SQL Server 2000 数据库的应用，配以丰富的应用实例，将各章知识点有机融合贯穿，增强了教材的可操作性、可读性。因而教材更贴近学生学习实际，降低了学习难度，从而提高了学生的学习兴趣和学习主动性。

3. 三个环节确保实现教学目标

第一个环节围绕一个已经开发好的项目实例展开教学。该项目包含课程所有的知识点，采用通俗易懂、循序渐进的学习模式展开课程各知识点的教学。

第二个环节为各章后均安排针对本章内容的适量标准化习题和上机练习，旨在使学生巩固所学知识，明确学习目标，提高动手操作能力，达到对课程知识点的熟练掌握和深化学习目标。

第三个环节为各章习题之后另外安排典型数据库管理系统实训项目。书中列出主要知识点和关键步骤，要求学生完成相应设计和实践操作，以此实现学生课程学习向实际应用的迁移。

通过以上三个环节，旨在使学生的学习实现从认识和模仿—熟练和深化—创新与提高三个环节的转化，实现既定教学目标。

4. 以应用为主旨

本书以 SQL Server 技术的实际应用为出发点，站在数据库应用系统开发应用的角度组织学习内容，淡化理论和概念，注重实践应用的方法和实现技术，使抽象的理论和单调的操作因为有了实践应用而变得生动、有趣。

本书主要包括循序渐进的 5 个部分。第一部分(1～3 章)为数据库基础，主要介绍 SQL

Server 2000 概述，Transact-SQL 语言编程基础，数据库的创建与管理。第二部分(4～9 章)为数据库对象及管理，主要介绍创建与管理表，数据查询，视图与索引，实现数据完整性，存储过程与触发器，游标、事务与锁等对象的创建与管理技术，并重点介绍了数据查询技术。第三部分(10～11 章)为系统安全管理与维护，主要介绍 SQL Server 2000 的安全管理与数据库的日常维护技术。第四部分(12 章)为应用开发实例，主要介绍使用 Delphi 与 SQL Server 结合开发数据库应用项目实例的方法，并设计了一个基于 SQL Server 数据库的数据库系统开发实例。第五部分为附录，主要介绍 SQL Server 2000 的安装、配置方法及常用函数。

本书建议授课 64～72 学时，其中理论教学和实践教学的比例约为 1∶1。

本书由蒋秀英任主编，张建成任副主编。编写分工如下：蒋秀英编写第 1、4、5 章，米海生编写第 2、8 章，孙妍编写第 3 章，董保莲编写第 6 章，黄阳编写第 7、10 章，波拉提编写第 9 章及整理附录，金才亮编写第 11 章，张建成编写第 12 章，全书由蒋秀英负责统稿和审校。

数据库应用系统项目"学生成绩管理系统"的源代码、相关示例程序及本书电子教案均可从北京交通大学出版社网站下载或发邮件至 wuchange2005@163.com 索取。

本书在编写过程中参阅了国内同行编著的有关论著，在此致以诚挚的谢意；同时，在编写过程中还得到了软件技术学院全体同仁的大力支持，在此一并表示感谢。

由于编者水平有限，加之时间仓促，书中错漏之处在所难免，敬请广大读者批评指正(E-mail:jxy0703@126.com)。

编　者

2006 年 2 月

目　录

第1章　SQL Server 2000系统概述

【学习目标】

- 了解SQL Server 2000特点、体系结构及作用
- 初步认识SQL Server 2000界面
- 了解学生成绩管理数据库并掌握数据库附加方法
- 使用查询分析器进行简单数据查询

1.1　SQL Server 2000简介

1.1.1　SQL Server 2000特点

SQL Server 2000(简称SQL Server)是微软公司开发的大型关系型数据库管理系统,具有非常强大的关系数据库创建、开发、设计及管理功能,在各个行业中均得到了广泛应用,成为众多数据库产品中的杰出代表。

与以前版本相比,SQL Server 2000具有以下特点。

(1) 与Internet的紧密结合

SQL Server 2000的数据库引擎集成了对XML的支持,同时以可扩展、易于使用和安全的特点成为建设大型Web站点最好的数据存储设备之一。SQL Server 2000的编程模式在很大程度上与专用于开发Web应用的Windows DNA架构相集成。同时,SQL Server 2000所携带的诸如英语查询及Microsoft查询服务等为开发Web应用提供了友好而强大的查询界面。

(2) 可扩展性和可用性

SQL Server 2000的数据库引擎可以运行在从装有Windows 98的台式机、笔记本电脑到装有Windows 2000数据中心的多处理器计算机上。SQL Server 2000企业版具有联盟服务器、视图索引及超大规模内存支持等特性,完全能够满足最大规模的Web站点的性能需求。

(3) 企业级数据库

SQL Server 2000关系数据库引擎具备完善而强大的数据处理功能。它能有效保证数据库的一致性,尽量降低成千上万用户进行并发访问时的管理和延迟成本。SQL Server 2000的分布式查询允许用户同时引用多处数据源,但其友好的界面使用户觉得好像自始至终是在操作一个数据源。

(4) 简单友好的操作方式

SQL Server 2000包含一整套管理和开发工具。这些工具都具有非常友好的用户界面,在提供强大功能的同时,易于安装、使用和发布。用户可以把更多的精力放在自己的业务问题上,可以非常迅速地建立并发布强大而复杂的数据库应用系统。

(5) 数据仓库支持

SQL Server 2000为了满足现代企业对大规模数据进行有效分析和利用的要求,包含了

一系列提取、分析、总结数据的工具,用户可以直接对数据进行联机分析处理。同时,SQL Server 2000 提供了英语查询工具和编程接口,用户可以以英语为基础设计、管理和查询数据库。

1.1.2 SQL Server 2000 的体系结构

SQL Server 2000 是运行在网络环境下的单进程、多线程、高性能的关系型数据库管理系统。一般将它应用在 Client/Server(客户/服务器,C/S)、Browser/Server(浏览器/服务器,C/S)的体系结构中作为后台数据库服务器使用。SQL Server 2000 使用Transact-SQL语句在服务器与客户之间传送请求,这种结构可以用图 1-1 表示。

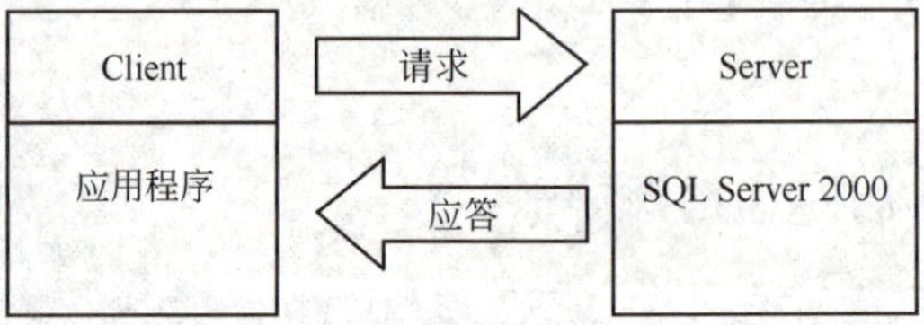

图 1-1 SQL Server 2000 客户/服务器结构示意图

SQL Server 2000 使用客户/服务器体系结构把所有的工作负荷分解成在服务器机器上的任务和在客户机机器上的任务。客户端应用程序负责完成用户界面、报表,向服务器发出请求,并将服务器返回的结果显示给用户,服务器则负责数据管理及程序处理,并将处理结果返回客户机。目前,这种客户/服务器体系结构主要有两层结构和三层结构之分。

SQL Server 2000 使用 ODBC 或者 Net-Library 作为客户端和服务器端的连接通道。

ODBC 实际上是一个数据库的访问库,它的独特之处在于使应用程序不随数据库的改变面改变,而是通过使用驱动程序来提供数据库的独立性。不同的数据库采用不同的驱动程序。

在客户/服务器体系结构中有两个应用程序接口 API,客户端的 API 与 Net-Library 进行连接,由 Net-Library 直接与各种低层协议(如 TCP/IP、SPX 等)打交道,将客户的请求格式化,然后发送给服务器。服务器端的 API 允许客户使用 SQL 语句发出请求,然后服务器以一致的方式发送数据,同使用 API 的客户机进行通信。

SQL Server 2000 提供了 3 种服务,即,MS SQL Server、SQL Server Agent 和 Microsoft Distributed Transaction Coordinator(MS DTC)服务。MS SQL Server 即 SQL Server 的 RDBMS,是 SQL Server 2000 最为核心的部分,它直接管理和维护数据库,负责处理所有来自客户端的 Transact-SQL 语句及处理存储过程,并将执行的结果返回给客户端。SQL Server Agent 是代理服务器,它能够根据系统管理员事先设定好的计划自动地执行相应的功能,针对系统出现的错误等特定事件自动地进行报警,并通过电子邮件等方式把系统存在的各种问题自动发送给系统管理员和用户。MS DTC 是分布式事务协调器,用于保证在多个服务器之间的事务同时完成或取消,协调服务器之间事务的一致性,确保多服务器之间数据的完整性。

1.1.3 启动 SQL Server 2000

在访问数据库之前必须先启动数据库服务器。只有合法的用户才可以启动数据库服务器。SQL Server 2000 提供了 4 种启动服务器的方法。

1. 使用服务管理器启动数据库服务器

① 单击【开始】按钮，单击【程序】菜单中【Microsoft SQL Server】下的【服务管理器】，弹出如图 1－2 所示的对话框。

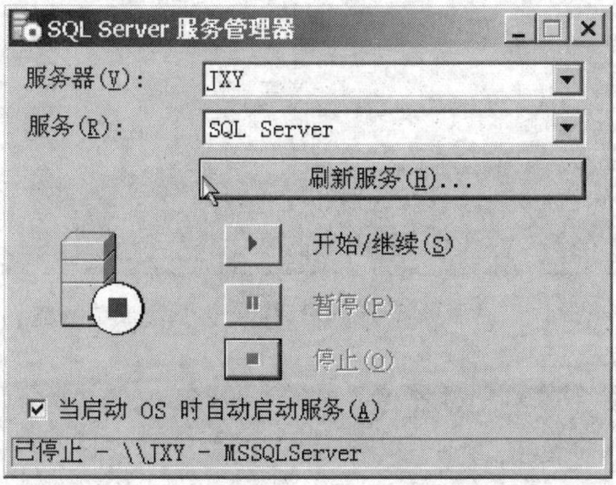

图 1－2　【SQL Server 服务管理器】对话框

通过上述方法打开 SQL Server 服务管理器。它主要用于启动、暂停、继续和中止数据库服务。对话框中【服务器】列表框用于选择相应的服务器名称；【服务】列表框用于指定要启动的服务类型；下面的 3 个按钮可以选择服务的状态；【刷新服务】按钮用于刷新服务的状态；最下面的复选框用以选择是否在启动操作系统时自动启动服务。

SQL Server 服务的类型有以下几种：

- Distributed Transaction Coordinator——分布式事务处理协调器；
- Microsoft Scarch——Microsoft 搜索服务；
- MS OLAPServer——在线分析服务；
- SQL Server——数据库服务；
- SQL Server Agent——SQL Server 代理服务。

左侧的图标可能为【】【】【】，分别表示数据库服务器处于启动、暂停、停止状态。

② 在【服务器】列表框中选择用户所要登录的服务器名称，在【服务】列表框中，选择【SQL Server】服务，单击【开始/继续】按钮，单击【刷新服务】按钮，即可将服务器启动成功，如图1－3 所示。

2. 使用企业管理器启动数据库服务器

① 单击【开始】按钮，单击【程序】菜单中【Microsoft SQL Server】下的【企业管理器】，弹出如图 1－4 所示的窗口。

② 展开控制台根目录下【Microsoft SQL Servers】左侧的⊞号，在【SQL Server 组】中找到要启动的数据库服务器【(LOCAL)(Windows NT)】，如图 1－5 所示。

③ 右击【(LOCAL)(Windows NT)】，在弹出的快捷菜单中选择【启动】，则可以启动数据库服务器。也可选择【停止】或【暂停】来停止或暂停数据库服务器。如图 1－6所示。

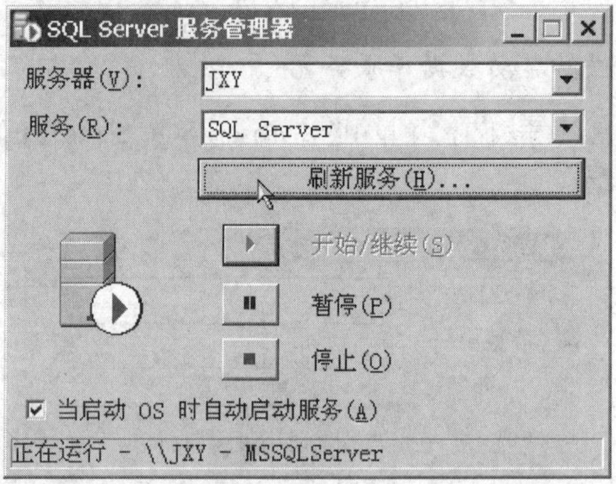

图 1-3 【服务管理器】对话框——启动成功状态

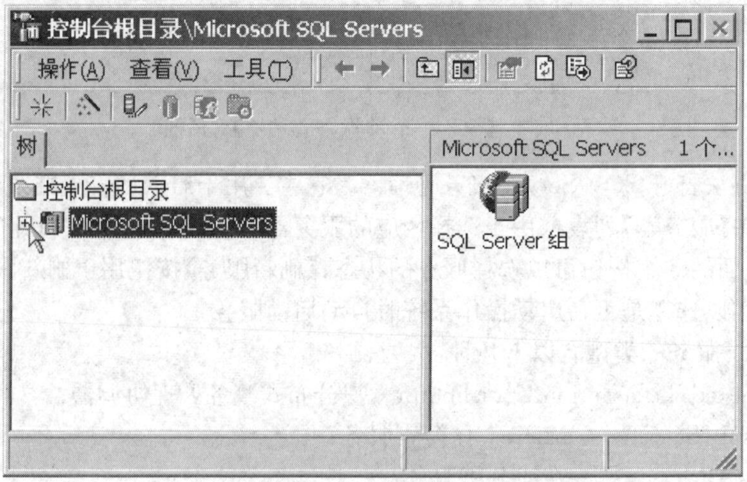

图 1-4 企业管理器窗口

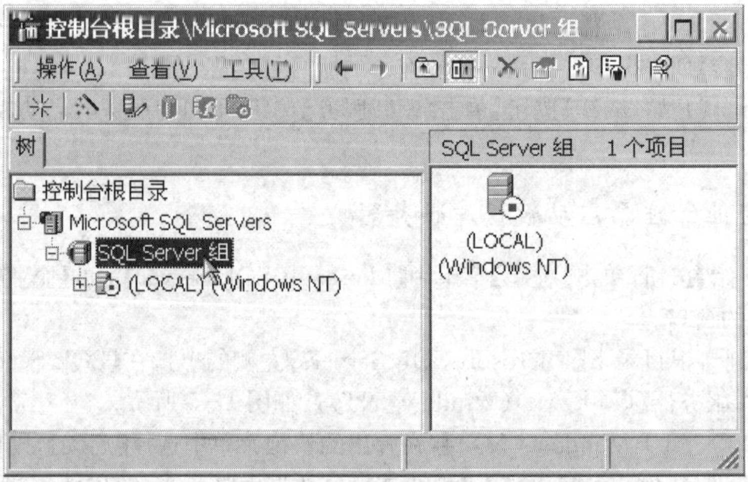

图 1-5 企业管理器——启动数据库服务器

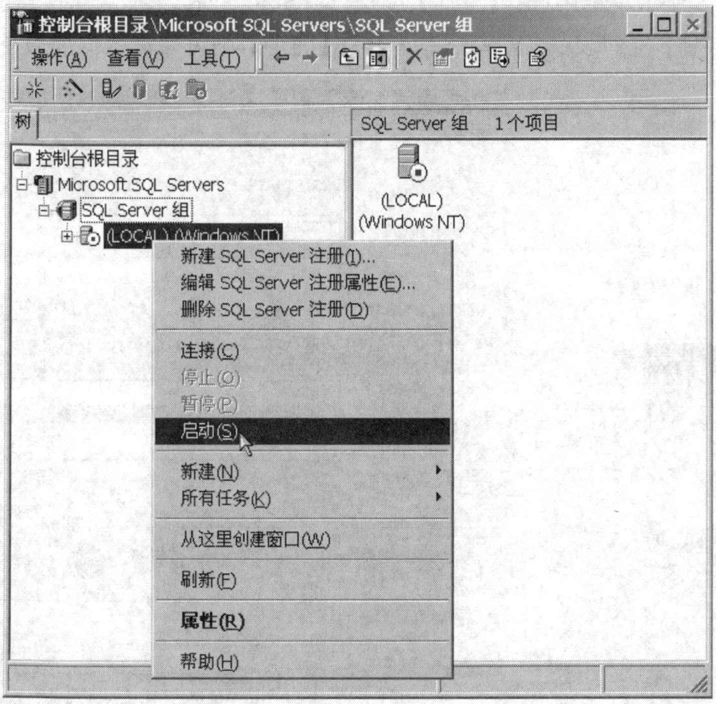

图 1－6　企业管理器——成功启动数据库服务器

3. 使用【控制面板】中的【服务】启动数据库服务器

① 打开【控制面板】，在其中选择【管理工具】中的【服务】选项，弹出【服务】窗口。找到服务列表中的【MSSQL SERVER】服务，它就是数据库服务器，如图 1－7 所示。

图 1－7　【服务】窗口

② 右击【MSSQL SERVER】，弹出对话框如图 1－8 所示，从中选择【启动】，即可启动数据库服务器。

③ 在图 1-8 所示菜单中选择【属性】，弹出【MSSQL SERVER 的属性】对话框，如图1-9所示。在启动类型下拉列表中，选择【自动】，单击【确定】，则可启动数据库服务器。

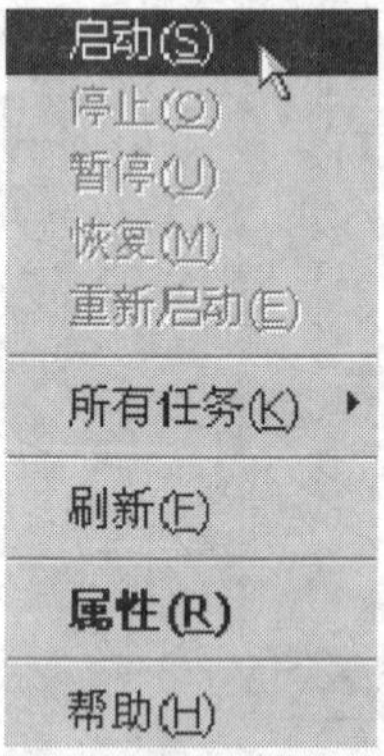

图 1-8　在菜单中选择【启动】

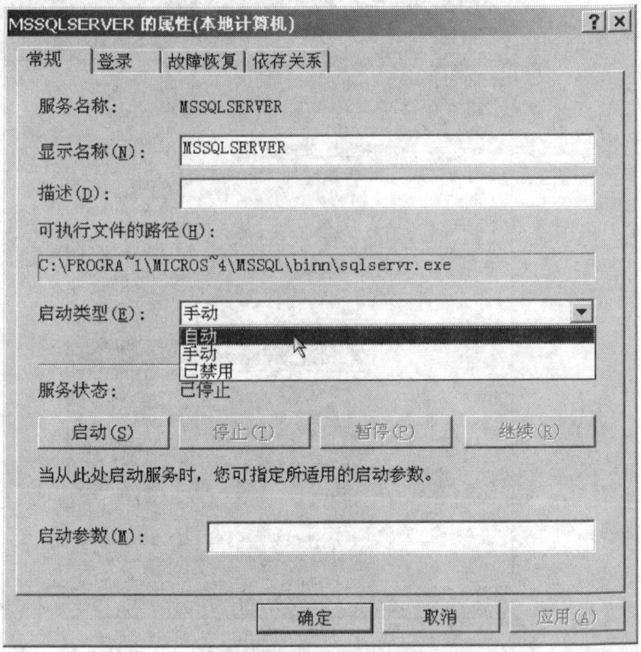

图 1-9　【MSSQL SERVER 的属性】对话框

4. 在 DOS 命令行状态下启动数据库服务器和代理服务

```
c:\net start mssqlserver
c:\net start SQLServerAgent
```

系统显示所选择的服务已经启动成功，如图 1-10 所示。

图 1-10　在命令行方式下成功启动服务

1.1.4　SQL Server 2000 界面与工具

SQL Server 提供了图形界面的管理工具，选择【开始】菜单中【程序】组下的【Microsoft

SQL Server】级联菜单，即可看到如图 1－11 所示的管理工具菜单。

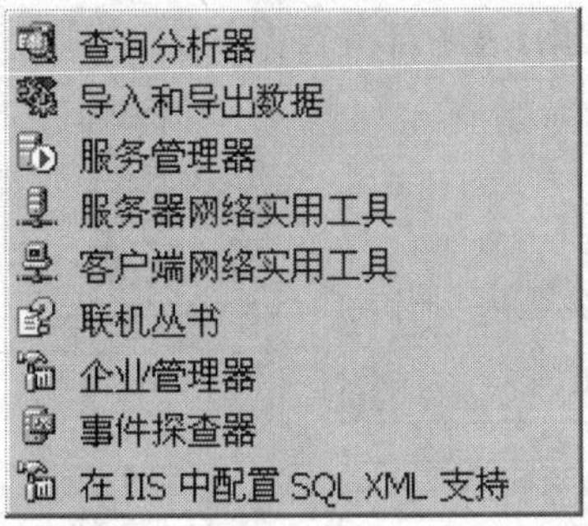

图 1－11　SQL Server 管理工具菜单

① 查询分析器。主要用于创建、执行和测试Transact-SQL语句。具体使用详见 1.3 节查询分析器的使用。

② 导入/导出数据。用于将 SQL Server 中的数据导出到其他数据库之中，或将其他数据库下的数据导入到 SQL Server 数据库中，具体操作详见第 11 章数据库的日常维护与管理。

③ 服务管理器。用来启动、停止、暂停 SQL Server 的各种服务。

④ 服务器网络实用工具。与客户端的网络工具相对应，用于构建客户/服务器体系结构。

⑤ 客户端网络实用工具。用于将远程的客户端与 SQL Server 2000 系统连接在一起，构建客户/服务器体系结构。

⑥ 联机丛书。提供最全面、最权威的 SQL Server 资料。

⑦ 企业管理器。是 SQL Server 2000 最重要的数据库管理工具。在该工具下几乎可以从事所有 SQL Server 数据库操作。

⑧ 事件探查器。用于从服务器捕获事件。

⑨ 在 IIS 中配置 SQL XML 支持。提供了支持 XML 语言的技术。

⑩ Analysis Services。提供联机分析处理(OLAP)和数据挖掘的工具。

1.2　学生成绩管理数据库 XSCJ 系统设计思想

1.2.1　数据表

本书使用的实例均来自学生成绩管理数据库 XSCJ，XSCJ 数据库包含“学生基本信息表”、“系部表”、“班级表”、“课程信息表”、“成绩表”5 个数据表。

① “系部表”：该表有“系部编号”、“系部名称”2 列，表中数据如图 1－12 所示。

② “班级表”：该表有“班级编号”、“系部编号”、“班级名称”3 列，表中数据如图1－13 所示。

③ “学生基本信息表”有“学号”、“姓名”、“性别”、“族别”、“出生日期”、“政治面貌”、“家

庭住址”、“联系电话”、“邮政编码”、“班级编号”10 列，表中部分数据如图1－14所示。

④“课程信息表”有“课程编号”、“课程名称”、“学分”、“学时”、“考核类型”、“任课教师”、“系部编号”、“上课时间”8 列数据，表中部分数据如图 1－15 所示。

2:表“系部表”中的数据，位置是...

系部编号	系部名称
01	信息与计算机科学
02	生物工程系
03	工程技术系
04	经济贸易系
05	基础科学部
06	社会科学部

图 1－12 “系部表”中的数据

3:表“班级表”中的数据，位置是“...

班级编号	系部编号	班级名称
20041001	01	04高职应用
20041002	01	04高职网络
20041003	01	04高职广告
20043001	03	04高职机电
20044001	04	04高职电子商务
20044002	04	04高职财会
20051001	01	05高职应用
20051003	01	05高职广告

图 1－13 “班级表”中的数据

2:表“学生基本信息表”中的数据，位置是“XSCJ”中、“JXY”上

学号	姓名	性别	族别	出生日期	政治面貌	家庭住址	联系电话	邮政编码	班级编号
000001	陈倩	女	汉族	1985-10-7	团员	甘肃省环县	0931-1243556	730000	20041001
000002	古丽努尔	女	维吾尔	1984-10-8	团员	新疆阿勒泰市	0999-1111111	836500	20041001
000003	黄雯雯	女	汉族	1987-5-7	团员	新疆玛纳斯县	0994-3334567	831100	20041001
000004	李丽	女	汉族	1984-4-4	党员	新疆阿勒泰市	0999-8765432	836500	20041001
000005	刘琳	女	汉族	1985-10-29	团员	新疆伊犁地区	0999-5678987	835000	20041001
000006	刘瑞恒	女	汉族	1980-9-1	党员	新疆伊犁地区	0999-1234567	835000	20041001
000007	罗小花	女	汉族	1985-10-25	团员	新疆米泉市	0994-1235467	831100	20041001
000008	马俊萍	女	回族	1984-7-10	团员	宁夏固原市	0951-1234567	750000	20041001
000009	马延霞	女	回族	1986-8-7	团员	青海省乐都市	0979-5767767	810000	20041001
000010	钱娜	女	汉族	1985-7-6	党员	河南省周口市	0379-5356546	450000	20041001
000011	王丛燕	女	汉族	1983-10-25	党员	新疆阜康市	0994-3131343	831100	20041001
000012	王巧玲	女	汉族	1983-12-9	团员	甘肃省环县	0931-3423244	730000	20041001
000013	文娟	女	汉族	1987-3-23	团员	西藏拉萨市	0001 2432113	850000	20041001
000014	张宏英	女	汉族	1985-11-21	团员	内蒙古赤峰市	0476-5534225	010000	20041001
000015	周江红	女	汉族	1985-8-14	团员	新疆和静县	0996-3535325	841000	20041001
000016	乔瑞	女	汉族	1987-12-8	团员	新疆石河子地区	0993-3532525	832000	20041001
000017	陈丽乐	女	汉族	1985-10-1	团员	新疆哈密市	0902-5325325	839000	20041001
000018	罗丹	女	汉族	1985-4-7	党员	陕西省渭南县	0913-5335325	710000	20041001
000019	刘思杰	男	汉族	1984-1-31	党员	新疆昌吉市	0994-5353555	831100	20041001
000020	王福亮	男	汉族	1984-3-3	团员	山东济宁市	0531-5325352	250000	20041001
000021	李元	男	汉族	1986-12-1	团员	山东省曹县	0531-3525365	250000	20041001

图 1－14 “学生基本信息表”中的数据

⑤“成绩表”有“学号”、“课程编号”、“成绩”3 列数据，表中部分数据如图 1－16 所示。

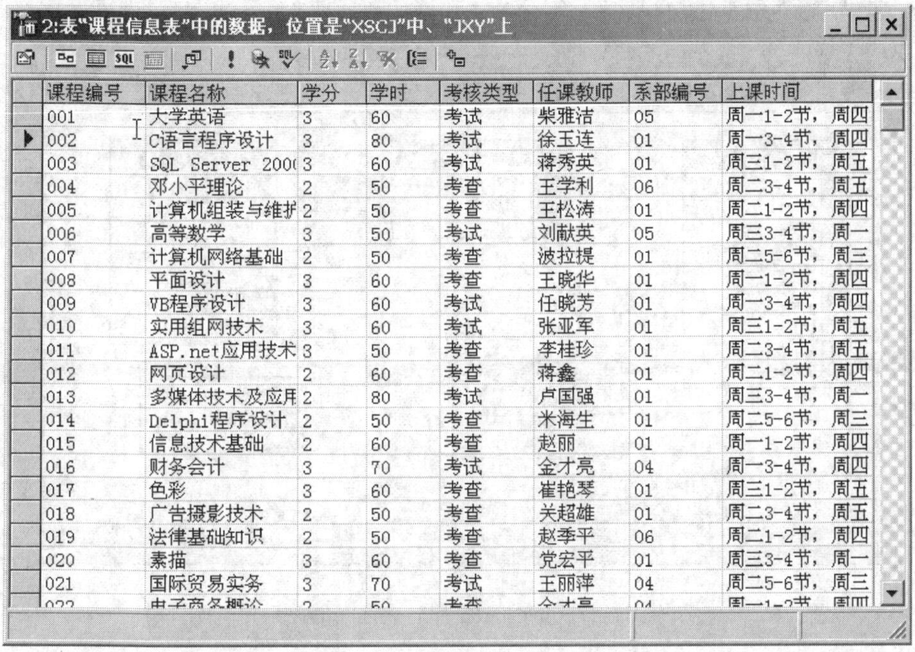

课程编号	课程名称	学分	学时	考核类型	任课教师	系部编号	上课时间
001	大学英语	3	60	考试	柴雅洁	05	周一1-2节，周四
002	C语言程序设计	3	80	考试	徐玉连	01	周一3-4节，周四
003	SQL Server 200(	3	60	考试	蒋秀英	01	周三1-2节，周五
004	邓小平理论	2	50	考查	王学利	06	周二3-4节，周五
005	计算机组装与维扩	2	50	考查	王松涛	01	周二1-2节，周四
006	高等数学	3	50	考试	刘献英	05	周三3-4节，周一
007	计算机网络基础	2	50	考查	波拉提	01	周二5-6节，周三
008	平面设计	3	60	考查	王晓华	01	周一1-2节，周四
009	VB程序设计	3	60	考试	任晓芳	01	周一3-4节，周四
010	实用组网技术	3	60	考试	张亚军	01	周三1-2节，周五
011	ASP.net应用技术	3	50	考查	李桂珍	01	周二3-4节，周五
012	网页设计	2	60	考查	蒋鑫	01	周二1-2节，周四
013	多媒体技术及应用	2	80	考试	卢国强	01	周三3-4节，周一
014	Delphi程序设计	2	50	考查	米海生	01	周二5-6节，周三
015	信息技术基础	2	60	考查	赵丽	01	周一1-2节，周四
016	财务会计	3	70	考试	金才亮	04	周一3-4节，周四
017	色彩	3	60	考查	崔艳琴	01	周三1-2节，周五
018	广告摄影技术	2	50	考查	关超雄	01	周二3-4节，周五
019	法律基础知识	2	50	考查	赵季平	06	周二1-2节，周四
020	素描	3	60	考查	党宏平	01	周三3-4节，周一
021	国际贸易实务	3	70	考试	王丽萍	04	周二5-6节，周三

图 1-15　"课程信息表"中的数据

学号	课程编号	成绩
000001	001	76
000001	002	75
000001	003	82
000001	004	67
000001	005	75
000001	006	82
000001	007	67
000002	001	80
000002	002	90
000002	003	75
000002	004	67
000002	005	82
000002	006	67
000002	007	75
000003	001	88
000003	002	90
000003	003	82
000003	004	82
000003	005	88

图 1-16　"成绩表"中的数据

1.2.2　表之间的关系

XSCJ 数据库各表之间的关系如图 1-17 所示。"学生基本信息表"与"成绩表"通过"学号"字段进行连接，"成绩表"与"课程信息表"通过"课程编号"进行连接，"学生基本信息表"与

“班级表”通过“班级编号”进行连接，“班级表”与“系部表”通过“系部编号”进行连接。

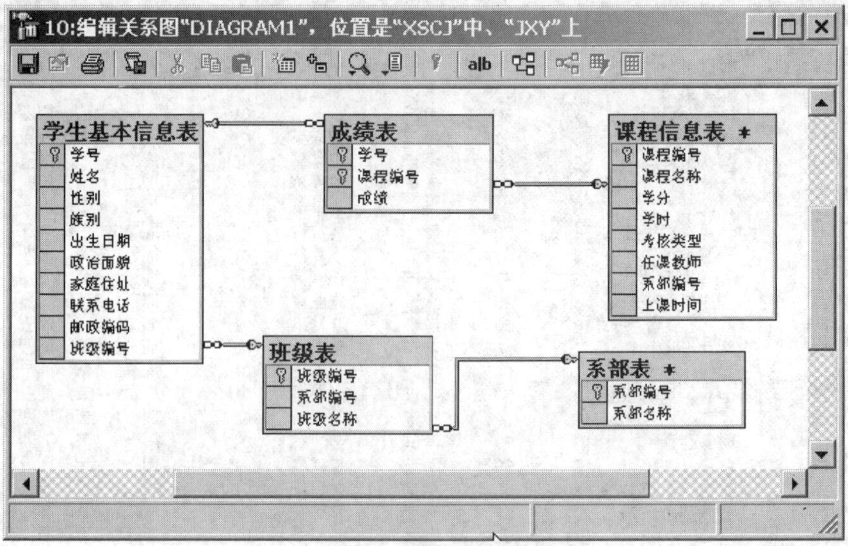

图 1-17　XSCJ 数据库各表之间的关系

1.2.3　数据库附加

首先，将所得分离的数据库文件（在下载的数据库源代码的第×章下，名称为 XSCJ_Data.mdf 和 XSCJ_Log.ldf）复制到自己的目录下，如 C:\XSCJ\。

其次，附加实例数据库，具体如下所述。

① 单击【开始】，选择【程序】中的【Microsoft SQL Server】，选择【企业管理器】，出现企业管理器窗口。

② 单击【Microsoft SQL Servers】前面的⊞号，然后单击【SQL Server 组】前面的⊞号，展开服务器组，单击当前服务器 LOCAL(Windows NT)前面的⊞号，如图 1-18 所示。

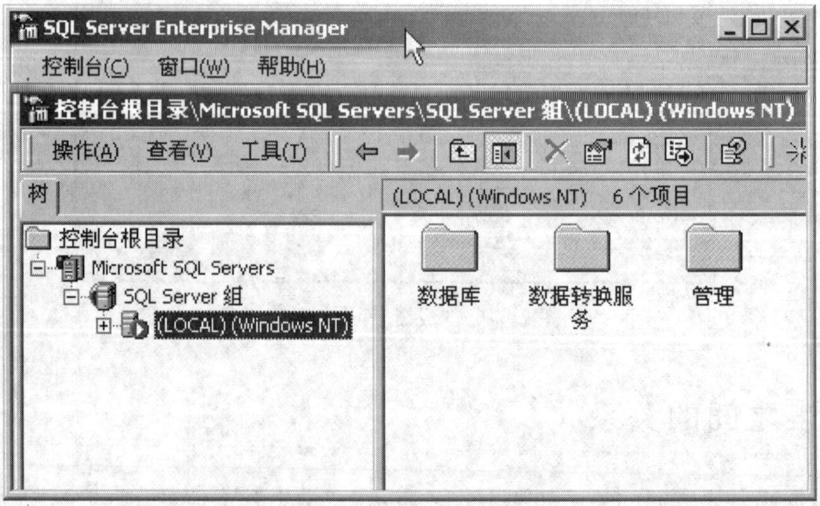

图 1-18　企业管理器窗口

③ 单击【数据库】,然后选择【操作】菜单的【所有任务】中的【附加数据库】选项,如图1－19所示。

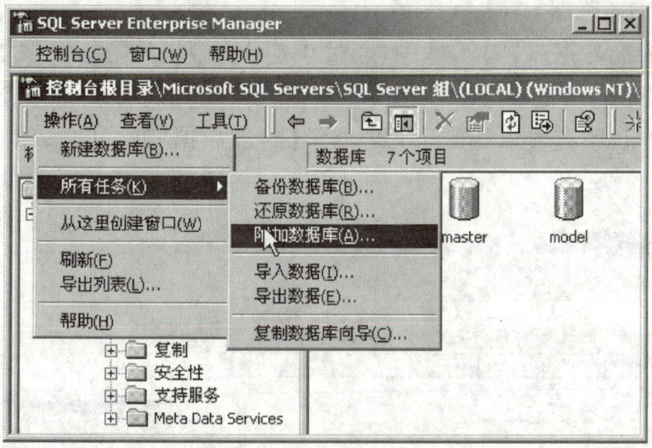

图 1－19　选择附加数据库菜单

④ 则会打开【附加数据库】对话框,如图 1－20 所示。

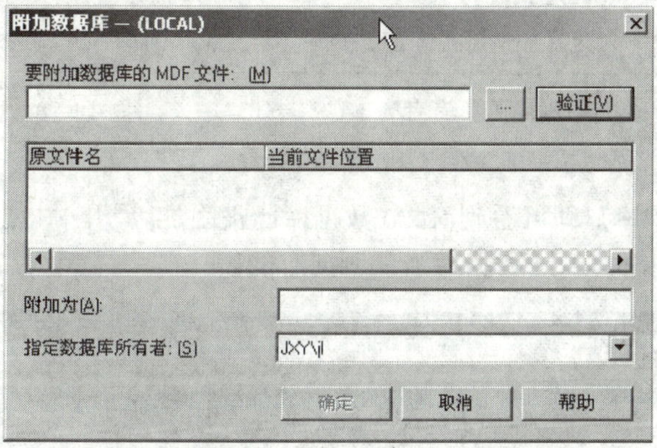

图 1－20　【附加数据库】对话框

⑤ 单击【附加数据库】对话框中的 按钮,弹出如图 1－21 所示的【浏览现有的文件】对

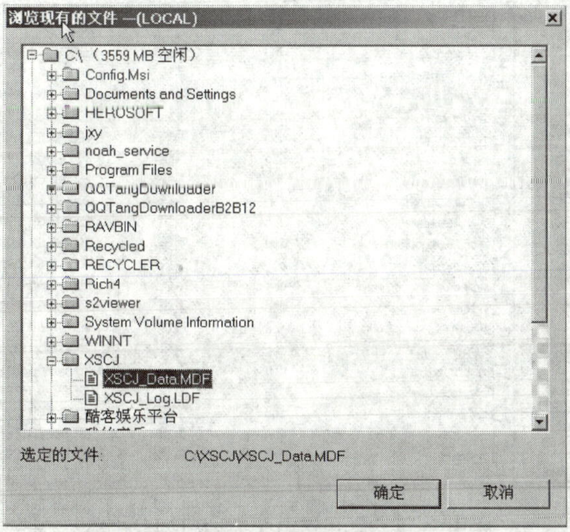

图 1－21　【浏览现有的文件】对话框

话框，找到实例数据库文件所在的文件夹，如 C:\XSCJ，选中要附加的数据文件 XSCJ_Data.MDF，单击【确定】按钮。

⑥ 在打开的【附加数据库】对话框中，通过单击下拉列表框，指定数据的所有者，此处指定数据库的所有者为 sa 所有，如图 1-22 所示。

⑦ 按【确定】按钮，系统显示如图 1-23 所示【附加数据库顺利完成】的信息，按【确定】按钮即可结束操作。

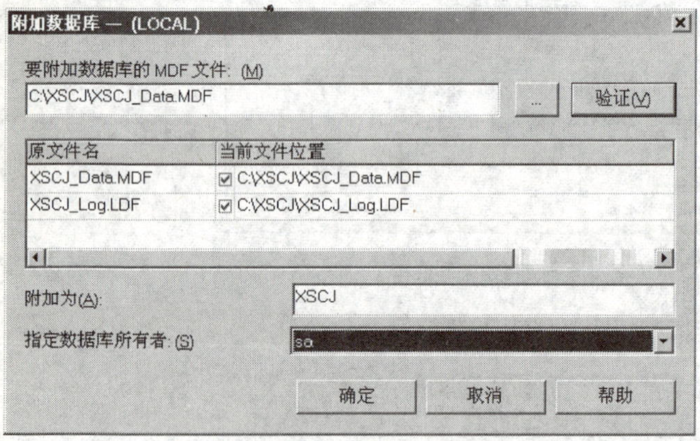

图 1-22　指定数据库的所有者为 sa

图 1-23　【附加数据库顺利完成】对话框

⑧ 此时展开【数据库】，即可看到 XSCJ 数据库已被附加，展开 XSCJ 数据库，再展开表，即可看到如图 1-24 所示的 XSCJ 数据库当前所拥有的表。

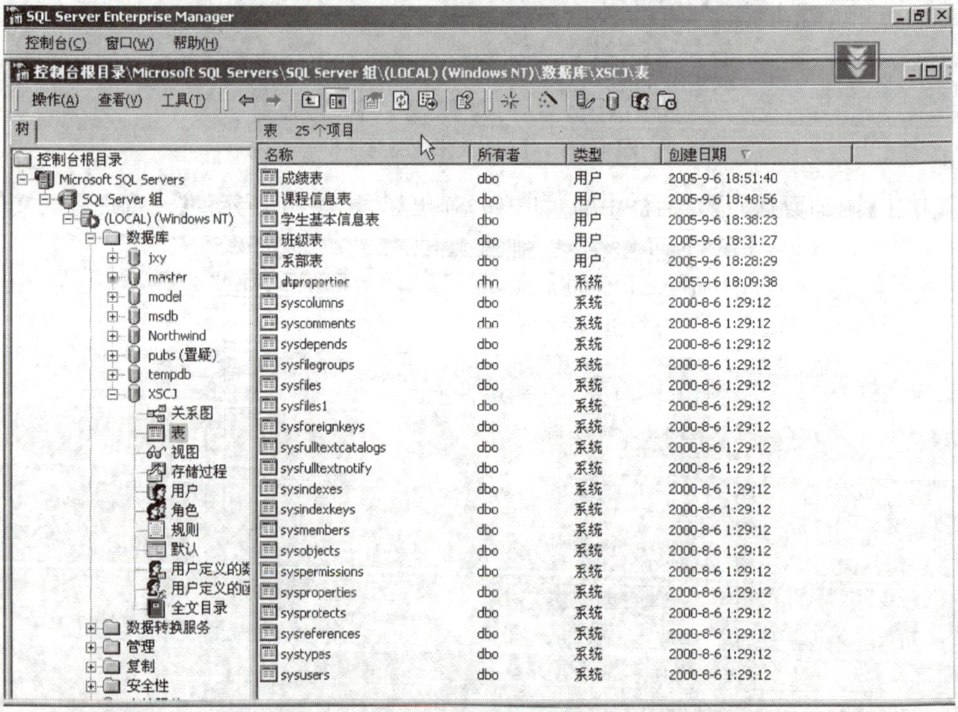

图 1-24　XSCJ 数据库当前所拥有的表

1.3　查询分析器的使用方法

1.3.1　登录到服务器

在 SQL Server 中，所有的 Transact-SQL 语句都必须由 SQL Server 服务器提供的 MS SQL Server 服务来解释和执行。为了向服务器提交 Transact-SQL 语句，必须首先实现同数据库服务器的连接。所以，必须首先登录到服务器。

① 单击【开始】按钮，在【程序】菜单中选择【Microsoft SQL Server】下的【查询分析器】命令，即可打开如图 1-25 所示的【连接到 SQL Server】对话框。

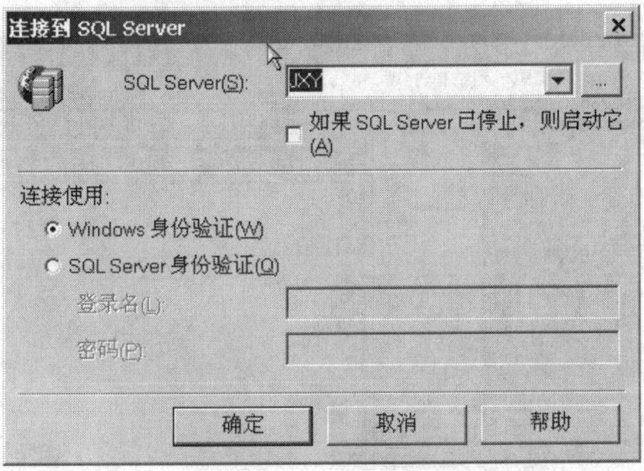

图 1-25　【连接到 SQL Server】对话框

② 在【SQL Server】列表中选择要登录的服务器名称，选择【SQL Server 身份验证】连接方式，在登录名中输入用户登录名称，如：sa。在密码中输入登录密码，此处为 12345，即可打开 SQL 查询分析器窗口，如图 1-26 所示。

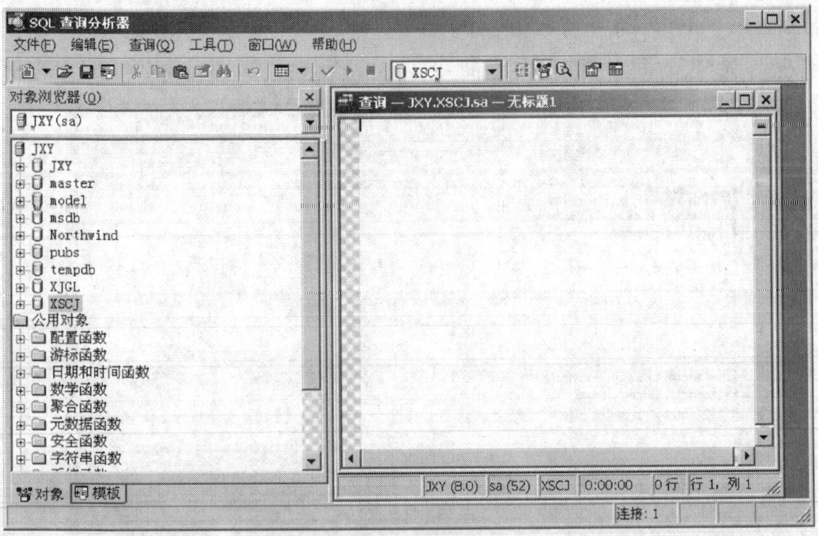

图 1-26　SQL 查询分析器窗口

SQL Server 在登录时，还提供 Windows 身份验证登录方式，在这种方式下，用户只要使用的是 Windows NT 操作系统并已经以合法的身份登录到了 NT 环境中，那么在打开查询分析器时，系统就不会再要求输入登录信息而可直接登录到服务器并打开 SQL 查询分析器窗口。

1.3.2 查询分析器的菜单命令

SQL 查询分析器由文件、编辑、查询、工具、窗口和帮助 6 项菜单组成。

1. 文件菜单

【文件】菜单如图 1-27 所示，本菜单主要命令功能如下。

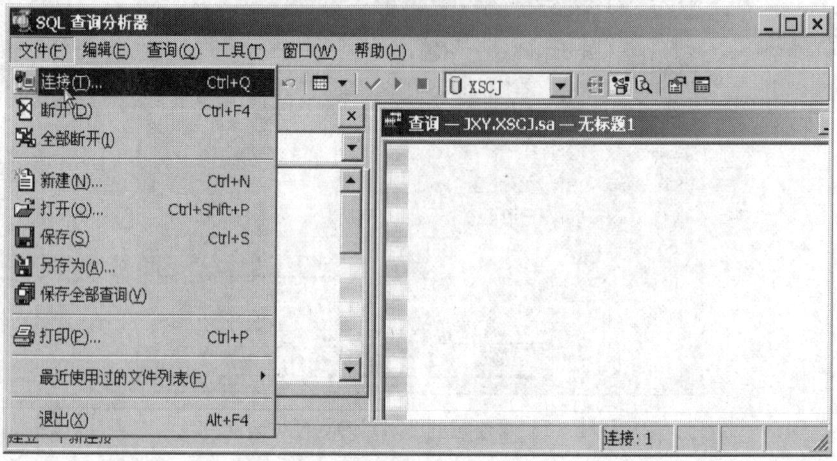

图 1-27 【文件】菜单

- 连接——连接数据库服务器。
- 断开——断开同当前连接着的数据库服务器的连接。
- 全部断开——断开同所有服务器的连接。
- 新建——新建查询。选择新建命令后，系统显示如图 1-28 所示的新建对话框。

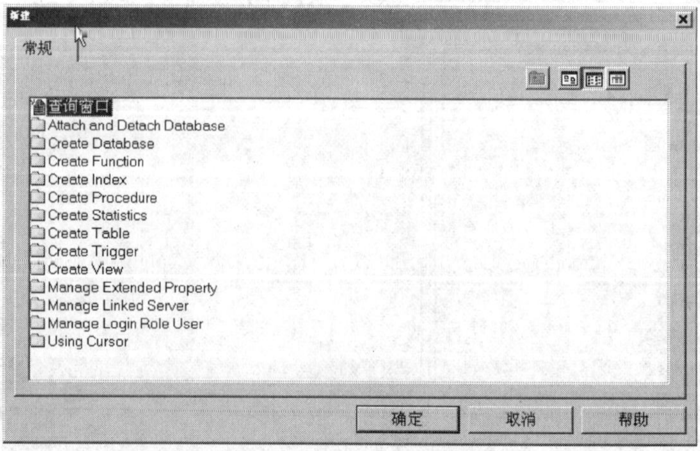

图 1-28 【新建】对话框

SQL Server 2000 在 Templates\SQL Query Analyzer 目录中提供包括创建数据库、表、视图、索引、存储过程、触发器、统计和函数的各种模板。利用这些模板，可以帮助用户在数据库中创建对象，或者管理扩展属性、连接服务器、登录、角色和用户，以及帮助使用声明和使用游标。

- 打开——打开一个含有查询命令的文本文件。
- 保存——保存当前的查询命令或查询结果，系统默认的文件后缀为 .sql。
- 另存为——将当前的查询命令保存为另一个文件。
- 保存全部查询——保存当前打开的所有查询命令文件。
- 打印——打印当前的查询命令。
- 最近使用过的文件列表——最近的文件列表。
- 退出——退出查询分析器。

2. 编辑菜单

【编辑】菜单如图 1-29 所示，本菜单主要命令功能如下。

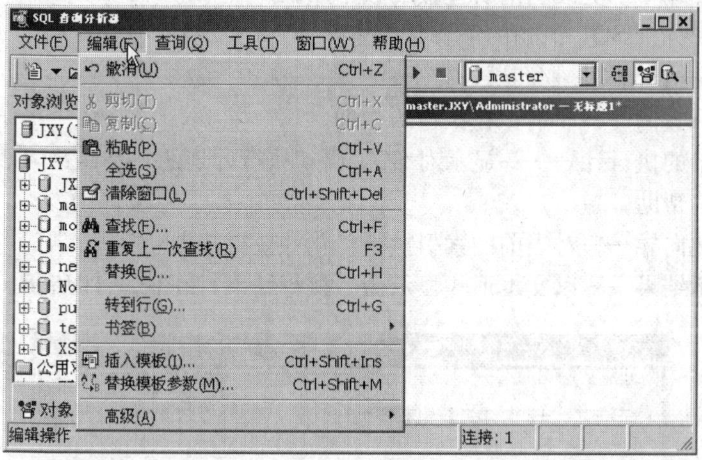

图 1-29　【编辑】菜单

- 清除窗口——清除当前窗口中的内容。
- 查找——查找指定的字符串。
- 重复上一次查找——重复执行上一次查找。
- 替换——替换字符串。
- 转到行——移动光标到指定行。
- 书签——在脚本的当前行设置或取消书签。可以通过设置书签进行书签之间的移动。
- 插入模板——插入 SQL Server 2000 为一些常用的 SQL 命令准备的模板。
- 替换模板参数——指定并修改模板中命令行的参数。
- 高级——将选定内容置为大写字母或小写字母、增加或减少缩进、增加或删除注释。

3. 查询菜单

【查询】菜单如图 1-30 所示，本菜单主要命令功能如下。

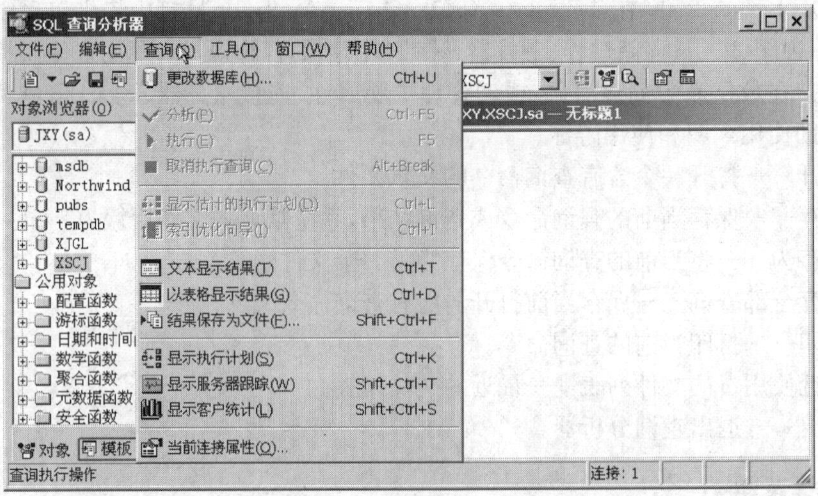

图 1-30 【查询】菜单

- 更改数据库——更改当前所连接的数据库。
- 分析——分析 SQL 语句的语法是否正确。
- 执行——执行 SQL 查询语句。
- 取消执行查询——取消正在执行的查询。
- 显示估计的执行计划——显示对 SQL 语句执行计划的评估结果，以获得提高查询分析性能的帮助。
- 索引优化向导——对当前的索引执行优化并获得帮助。
- 文本显示结果——以文本形式显示命令执行结果，如图 1-31 所示。

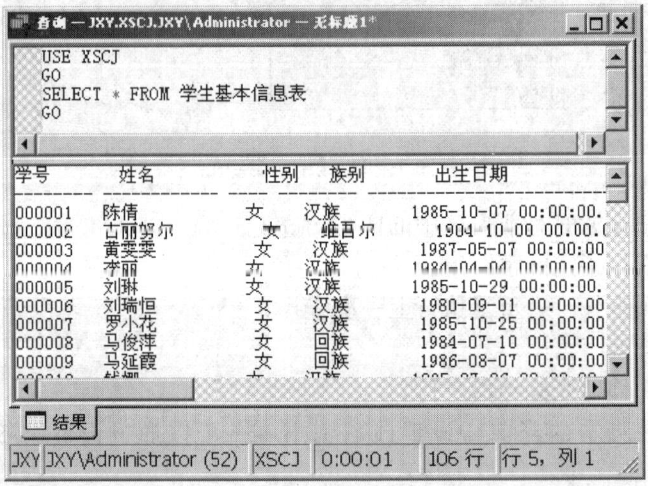

图 1-31 以文本形式显示命令执行结果

- 以表格显示结果——以表格形式显示命令执行结果，如图 1-32 所示。
- 结果保存为文件——将命令执行的结果保存为后缀名为 .rpt 的报表文件。
- 显示执行计划——执行命令时，同时记录并显示 SQL Server 执行查询脚本的计划和步骤，如图 1-33 所示。

图 1－32　以表格形式显示命令执行结果

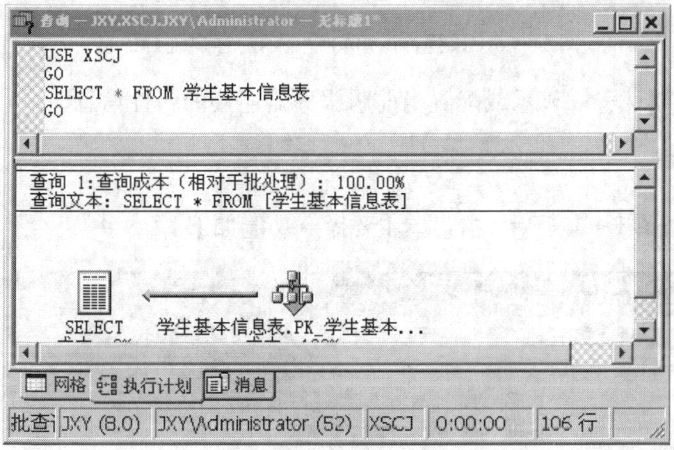

图 1－33　显示执行查询命令时的查询计划

● 显示服务器跟踪——执行命令时，同时记录并显示 SQL Server 执行查询脚本每一步执行步骤，如图 1－34 所示。

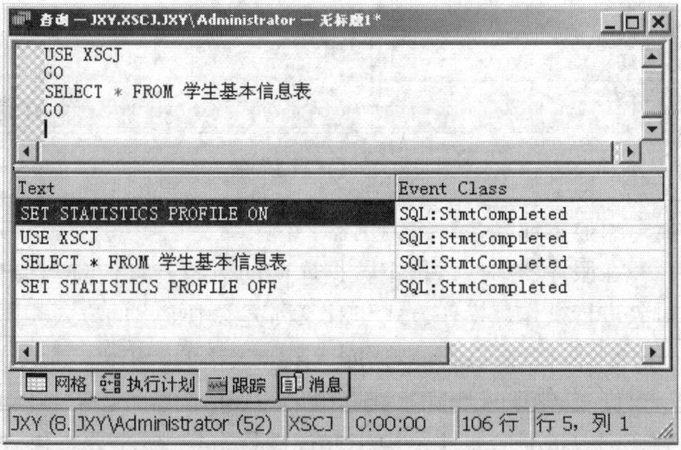

图 1－34　显示执行查询命令时服务器的每一步执行步骤

- 显示客户统计——执行命令时，显示客户端记录的诸如应用程序配置和网络处理数据的情况等统计信息，如图 1-35 所示。

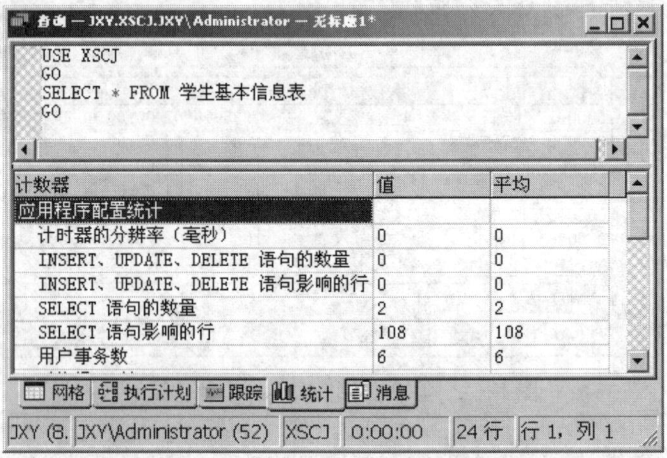

图 1-35　执行查询语句后显示的客户统计信息

- 当前连接属性——显示或配置当前与服务器连接的属性信息。

4. 工具菜单

【工具】菜单如图 1-36 所示，本菜单主要命令功能如下。

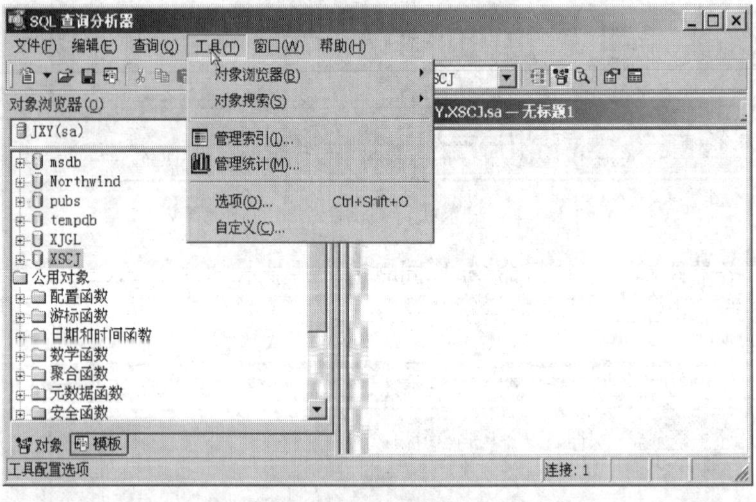

图 1-36　【工具】菜单

- 对象浏览器——显示或隐藏对象浏览器。
- 对象搜索——在服务器中搜索指定数据库中的对象，然后在搜索出的结果中选定某一指定的对象进行操作。操作方式与对象浏览器中提出的方式相同。
- 管理索引——创建、修改或删除数据库中某一表格的索引。
- 管理统计——创建、修改或删除数据库中某一表格的统计。
- 选项——对查询编辑器的属性及操作方式进行自定义，主要提供一个自定义查询方式的工具。

- 自定义——自定义存储过程的快捷方式或自定义菜单命令。

5. 窗口菜单

【窗口】菜单如图 1-37 所示，本菜单主要命令功能如下。

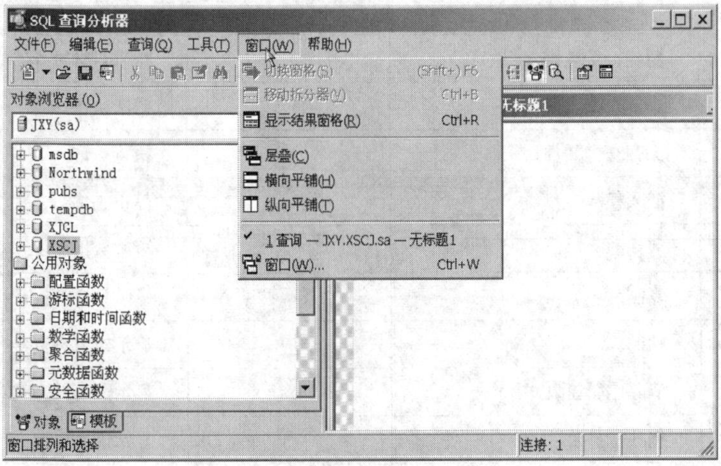

图 1-37 【窗口】菜单

- 切换窗格——将光标在编辑窗口和查询结果之间进行切换。
- 移动拆分器——移动分隔条，以改变两个窗口的大小。
- 显示结果窗格——隐藏/显示查询结果的窗口。
- 窗口——在查询窗口间切换。

6. 帮助菜单

【帮助】菜单如图 1-38 所示，本菜单各项命令功能为：可以通过使用帮助菜单，借助目录与索引、使用帮助、Transact-SQL 帮助等方式寻求所需要的帮助信息。

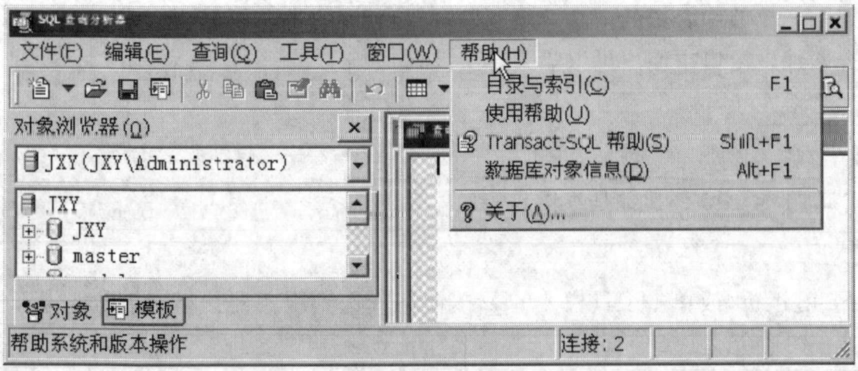

图 1-38 【帮助】菜单

7. SQL 查询分析器的图标功能

查询分析器窗口的常用工具栏列出了常用的命令按钮图标，如图 1-39 所示。

表 1-1 列出了 SQL 查询分析器中常用图标的意义。

图 1－39　查询分析器窗口的常用工具栏

表 1－1　查询分析器中所使用的图标意义

图　标	意　义	图　标	意　义
	新建一个查询		结果目标选择器
	打开查询文件		语法检查
	保存查询文件		执行查询
	插入模板		停止查询
	剪切	master	更改数据库
	复制		显示估计的执行计划
	粘贴		显示对象浏览器窗口
	清除编辑窗口		显示【对象搜索】对话框
	查找		显示连接属性
	撤销		显示/隐藏结果窗口

1.3.3　查询分析器使用实例

SQL 查询分析器(SQL Query Analyzer)是一种可以完成多种工作的多用途图形界面工具,用以交互地设计和测试 Transact-SQL 语句、批处理和脚本。可以从 SQL Server 企业管理器中调用 SQL 查询分析器。

【例 1－1】　查询 XSCJ 数据库中所有学生基本信息。

使用查询分析器实现这个查询的具体步骤如下。

① 依照 1.3.1 节中介绍的方法登录到服务器,打开查询分析器窗口,如图 1－26 所示。

② 在查询编辑窗口中用户可以输入 SQL 语句如下：

```
USE XSCJ
GO
SELECT * FROM 学生基本信息表
GO
```

③ 按 F5 键运行,或单击工具栏上的按钮将其送到服务器执行,结果将显示在输出窗口中,如图 1－40 所示。

④ 选择窗口下的【消息】选项卡,可以查看当前执行的 Transact-SQL 语句所返回的消息,如图 1－41所示。

⑤ 选择【文件】菜单中的【保存】命令,出现【保存查询】对话框,如图 1－42 所示。在对话框中输入文件名,如 lx1,选择保存类型为 . sql,单击【保存】按钮完成保存。输入的脚本即可保存在磁盘文件 lx1. sql 中,需要使用此脚本时,可以打开该文件。

【例 1－2】　查询学生成绩信息。

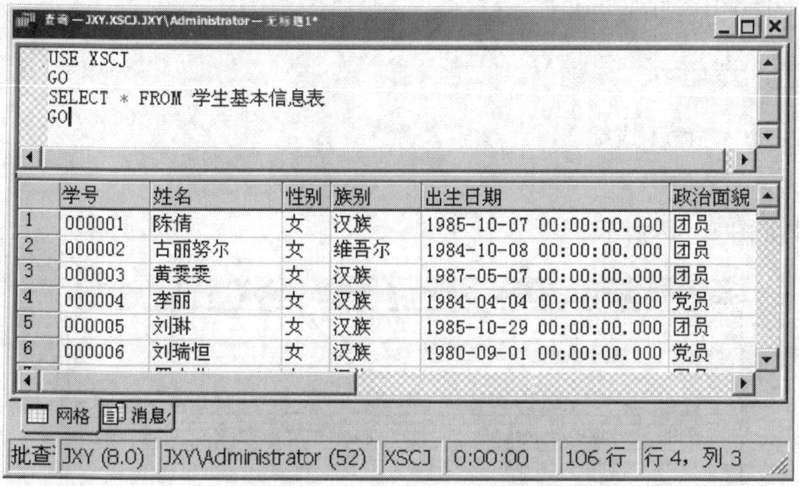

图 1-40　在查询分析器中执行查询

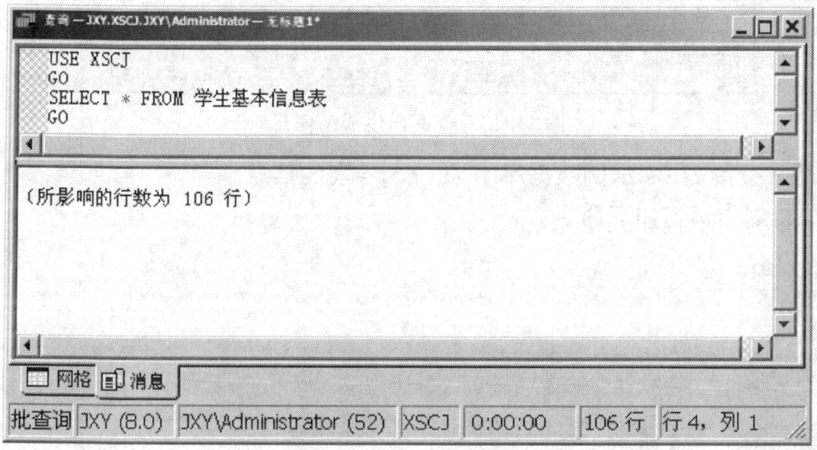

图 1-41　当前执行语句返回的消息

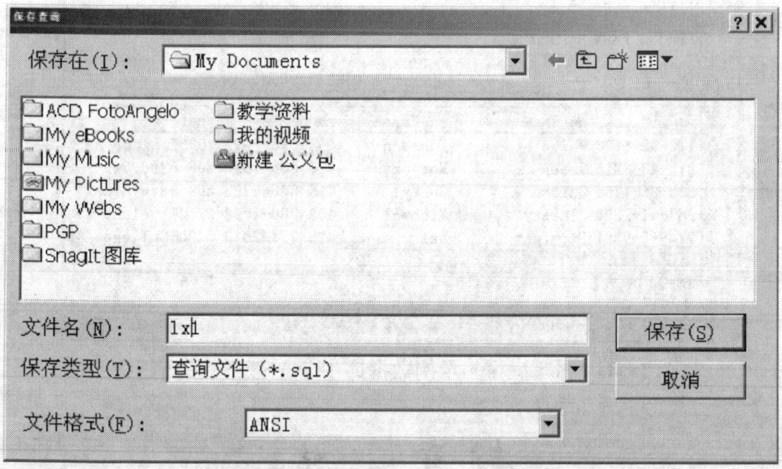

图 1-42　【保存查询】对话框

在查询分析器中运行如下命令：

```
USE XSCJ
GO
SELECT * FROM 成绩表
GO
```

运行结果如图 1 - 43 所示。

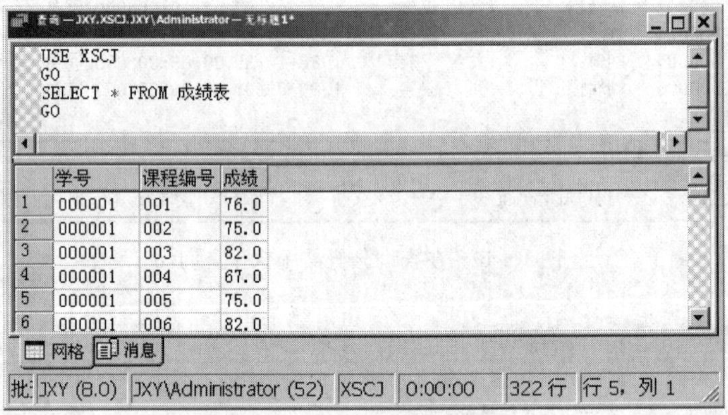

图 1 - 43　查询学生成绩信息

【例 1 - 3】 查询 pubs 示例数据库中 authors 表的信息。

在查询分析器中运行如下命令：

```
USE pubs
GO
SELECT * FROM authors
GO
```

运行结果如图 1 - 44 所示。

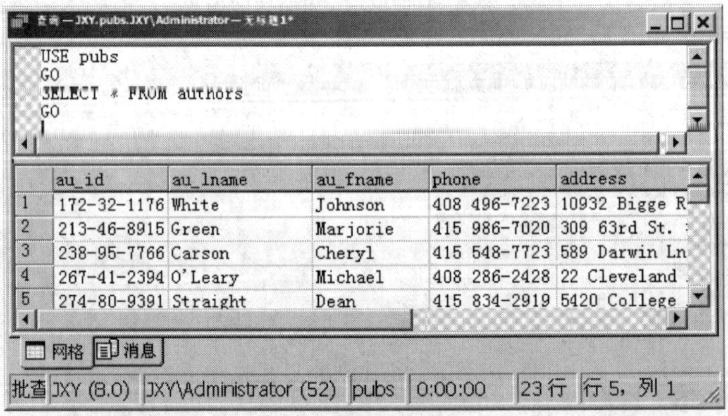

图 1 - 44　查询 pubs 示例数据库中 authors 表的信息

本 章 小 结

本章主要介绍了 SQL Server 2000 特点、体系结构及作用，初步认识了 SQL Server 2000

界面，熟悉了学生成绩管理数据库 XSCJ 及库中所涉及的几个表。应重点掌握数据库服务器的启动方法、数据库附加方法及如何使用查询分析器进行简单数据查询的方法。

练习与上机

一、选择题

1. 在 SQL Server 2000 的某工具中，可以创建查询和其他 SQL 脚本，并针对 SQL Server 2000 数据库执行它，这个工具是(　　)。

A. 服务管理器　　B. 查询分析器

C. 企业管理器　　D. 服务器网络实用工具

2. SQL Server 提供了图形界面的管理工具，以下哪个工具主要用于创建、执行和测试 Transact-SQL 语句(　　)。

A. 查询分析器　　B. 服务管理器

C. 企业管理器　　D. 客户端网络实用工具

3. 以下哪个工具主要用来启动、停止、暂停 SQL Server 的各种服务(　　)。

A. 查询分析器　　B. 服务管理器

C. 企业管理器　　D. 客户端网络实用工具

4. 以下哪个工具是 SQL Server 2000 最重要的数据库管理工具，在该工具下几乎可以从事所有 SQL Server 数据库操作(　　)。

A. 查询分析器　　B. 服务管理器

C. 企业管理器　　D. 客户端网络实用工具

5. 以下哪个命令用来连接数据库服务器(　　)。

A. 连接　　B. 断开

C. 全部断开　　D. 新建

6. 以下哪个命令用来新建数据库对象(　　)。

A. 连接　　B. 断开

C. 全部断开　　D. 新建

二、填空题

1. SQL Server 2000 具有的特点有________、________、________、________和________等。

2. SQL Server 2000 中常用的管理和开发工具有________、________、________、________和________等。

3. 在查询窗口中用户可以输入 SQL 语句，并按________键，或单击工具栏上的运行按钮，将其送到服务器执行，执行的结果将显示在输出窗口中。

4. 启动 SQL Server 服务器有 4 种方法：________、________、________、________。

5. SQL Server 2000 是运行在________环境下的________、________、________的________型数据库管理系统。

6. SQL Server 2000 提供了 3 种服务，即：________、________、________。________是 SQL Server 2000 最为核心的部分。

7. 保存当前的查询命令或查询结果，系统默认的文件后缀为________。

三、简答题

1. 简述 SQL Server 2000 的特点。
2. 简述 SQL Server 2000 提供哪 3 种服务？
3. 简述 SQL Server 2000 的体系结构。

☞项目实训

1. 使用所掌握的方法启动数据库服务器。
2. 熟悉 SQL 查询分析器和企业管理器的使用。
3. 在查询分析器中执行以下 Transact-SQL 语句：

```
USE pubs
SELECT fname,lname FROM employee
GO
```

分别以表格方式和文本方式显示执行结果，并将其查询脚本保存为 SQL 脚本文件。

第 2 章　Transact-SQL 语言编程基础

【学习目标】

- 了解 Transact-SQL 语言起源、组成
- 掌握 Transact-SQL 编程基础知识
- 综合运用变量、表达式、函数及流控语句等编写应用程序代码

2.1　Transact-SQL 语言概论

2.1.1　Transact-SQL 语言简介

SQL 的含义为结构化查询语言，即 Structured Query Language，是在关系型数据库系统中被广泛采用的一种语言形式。SQL 语言能够针对数据库完成定义、查询、操纵和控制功能，是关系型数据库领域中的标准化查询语言。微软公司在 SQL 语言的基础上对其进行了大幅度的扩充，并将其应用于 SQL Server 服务器技术中，从而将 SQL Server 所采用的 SQL 语言称为 Transact-SQL 语言。目前 SQL 语言的最新标准为 SQL-92，由美国国家标准局制定，包含了语法标准及对 SQL 关键字的定义。

在使用 SQL 语言的过程中，用户不需要知道数据库中的数据是如何定义和怎样存储的，只需要知道表和列的名字，即可从表中查询出需要的信息。

SQL 语言特别适合于 Client/Server 体系结构，客户用 SQL 语句发出请求，服务器处理用户发出的请求，客户与服务器之间任务划分明确。但 SQL 语言本身不是独立的程序设计语言，不能进行屏幕界面设计和控制打印等，因此通常将 SQL 语言嵌入到程序设计语言（如 Visual Basic、C 语言、Delphi 等）中使用。

SQL 语言由 3 部分组成：数据定义语言（Data Definition Language，DDL）、数据操纵语言（Data Manipularion Language，DML）、数据控制语言（Data Control Language，DCL）。对上述 3 种语言的描述如表 2-1 所示。

表 2-1　SQL 语言的组成

SQL 语言的组成	描　述
数据定义语言 DDL	主要作用为在数据库中创建并且管理各种数据库对象，如数据库、表、视图、索引、触发器等，主要通过对每个对象的 CREATE、ALTER、DROP 语句来实现
数据操纵语言 DML	用于对数据的查询、添加、修改和删除等操作，使用 SELECT、INSERT、UPDATE、DELETE 等语句
数据控制语言 DCL	用于对用户的权限进行设控制，主要使用 GRANT、GRANT、DENY、REVOKE 语句

2.1.2 Transact-SQL 语法规则

1. Transact-SQL 语法规则

为方便用户更好地掌握与使用 Transact-SQL 语言，需要首先介绍 Transact-SQL 中涉及的语法规则，如表 2－2 所示。

表 2－2 Transact-SQL 的语法规则

语法规则	功能描述
大写	Transact-SQL 关键字
斜体或小写字母	Transact-SQL 语法中用户提供的参数
|(竖线)	分隔括号或大括号内的语法项目，只能选择一个项目
[ ](方括号)	可选语法项目，不必键入方括号
{}(大括号)	必选语法项目，不要键入大括号
[,...n]	表示前面的项可重复 n 次，每一项由逗号分隔
[...n]	表示前面的项可重复 n 次，每一项由空格分隔
加粗	数据库名、表名、列名、索引名、存储过程、实用工具、数据类型名以必须按所显示的原样键入的文本
< 标签> ::=	语法块的名称。此规则用于对可在语句中的多个位置使用的过长语法或语法单元部分进行分组和标记。适合使用语法块的每个位置由括在尖括号内的标签表示：< 标签>

2. 数据库对象的引用规则

一般情况下，数据库对象的引用都由以下 4 部分所组成。

- server_name：用于指定所连接的本地服务器或远程服务器的名称。
- database_name：用于确定在服务器中当前状态下所操作的数据库名称。
- object_name：在数据库中被引用的数据库对象名称。
- owner_name：表示数据库对象的所有者。

所以一个完整的数据对象引用的表示方法应该为：[server_name.][database_name.][owner_name.]object_name，其中，服务器名称、数据库名称及所有者都可以省略，所以下列对象的表示方法都是合法的：

```
server_name.database_name.owner_name.object_name
server_name.database_name..object_name
server_name.. owner_name.object_name
server_name...object_name
database_name.owner_name.object_name
database_name..object_name
owner_name.object_name
object_name
```

例如：shutupandcode.xscj.dbo.班级表、shutupandcode.xscj.dbo.课程信息表。

2.1.3 Transact-SQL 语法元素

在大部分 Transact-SQL 语句中，都包含诸如标识符、数据类型、函数、表达式、运算符、注释及保留关键字等语法元素。

1. 标识符

用于标识数据库对象的名称，这些对象包括服务器、数据库及相关对象（如表、视图、列、索引、触发器、过程、约束、规则等）。标识符在定义对象时进行命名，当需要使用某个对象时可以通过引用该对象的名称来完成。

标识符可划分为常规标识符与分隔标识符两类，其中常规标识符的命名规则如下：

- 第一个字符必须由字母 a～z、A～Z，以及来自其他语言的字母字符或者下划线_、@、# 构成，其中@表示局部变量或参数，以##开头的标识符表示全局临时对象，以@@开始的标识符表示全局变量，也称为配置函数；
- 在定义标识符时，不能占用 Transact-SQL 的保留字，例如不能将 Table、View、Index 等定义为一个标识符；
- 在标识符中不能含有空格，并且标识符中的字符数量不能超过 128 个。

如果定义的标识符不符合上述规则时，即被称为分隔标识符，需要使用双引号“”或方括号[]对其进行分割。例如：SELECT * FROM[my table]

2. 数据类型

Transact-SQL 中的基本数据类型如表 2-3 所示。

表 2-3 Transact-SQL 基本数据类型

bigint	binary	bit	char	cursor
datetime	decimal	float	image	int
money	nchar	ntext	nvarchar	real
smalldatetime	smallint	smallmoney	text	timestamp
tinyint	varbinary	varchar	uniqueidentifier	

(1) 整型数据

整数数据类型是最常用的数据类型之一，由正整数和负整数所组成，使用 bigint、int、smallint 和 tinyint 数据类型进行存储。bigint 数据类型可存储的数字范围比 int 数据类型广。int 数据类型比 smallint 数据类型的存储范围大，而 smallint 的数值范围又比 tinyint 类型大。

- bigint：可以存储 -2^{63} 到 $2^{63}-1$ 之间的数字，占据 8 个字节存储空间。
- int：可以存储从 -2^{31} 到 $2^{31}-1$ 范围之间的所有整数，占据 4 字节存储空间。
- smallint：可以存储从 -2^{15} 到 $2^{15}-1$ 范围之间的所有整数，占据 2 字节存储空间。
- tinyint：可以存储从 0 到 255 范围之间的所有正整数。

(2) 浮点数据类型

主要包括 real、float、decimal 和 numeric 4 种类型。

- real:用于存储 7 位小数的十进制数据,所能够表示的范围为−3.40E+38 到 1.79E+38。
- float:可以精确到第 15 位小数,数据范围为−1.79E−308 到 1.79E+308。
- decimal:提供小数所需要的实际存储空间,可以存储 2 到 17 个字节的从−1038−1 到 1038−1 之间的数值。
- numeric:与 decimal 数据类型几乎完全相同,区别是在表格中,只有 numeric 型的数据可以带有 identity 关键字的列。

(3) 字符数据类型

SQL Server 提供了 3 种字符数据类型,分别是 char、varchar 和 text。

- char:最长可以容纳 8 000 个字符,并且每个字符占用一个字节的存储空间。使用 char 数据类型定义变量时,需要指定数据的最大长度。如果实际数据的字符长度小于指定长度时,剩余的字节用空格来填充。如果实际数据的长度超过了指定的长度,则超出部分将会被删除。在表示字符串常量时,需要使用一对单引号''将其括起来。
- varchar:该数据类型的使用方式与 char 数据类型类似。与 char 数据类型不同的是,varchar 数据类型所占用的存储空间由字符数据所占据的实际长度来确定。
- text:该数据类型所能表示的最大长度为 $2^{31}-1$ 即 2 147 483 647 个字符,当需要表示的数据类型长度超过了 8 000 时,可以采用 text 来处理可变长度的字符数据。

(4) 日期/时间数据类型

日期/时间数据类型可以分为 datetime 和 smalldatetime 两类。

- datetime:范围从 1753 年 1 月 1 日到 9999 年 12 月 31 日,可以精确到千分之一秒,此类型的数据占用 8 个字节的存储空间。
- smalldatetime:数据范围从 1900 年 1 月 1 日到 2079 年 6 月 6 日,可以精确到分,此类型的数据占 4 个字节的存储空间。

(5) 货币数据类型

SQL Server 提供了 money 和 smallmoney 两种货币数据类型。

- money:占据 8 字节存储空间。每 4 字节分别用于表示货币值的整数部分及小数部分。money 的取值的范围为-2^{63}到$2^{63}-1$,并且可以精确到万分之一货币单位。
- smallmoney:占据 4 字节存储空间。每 2 字节分别用于表示货币值的整数部分及小数部分。smallmoney 的取值范围为−214 748.364 8 到+214 748.364 7,可以精确到万分之一货币单位。

(6) 二进制数据类型

用于存储二进制数据,有 binary、varbinary 两种。

- binary:用于存储固定长度的二进制数据,表示数据的长度取值为 1 到 8 000 个字节。在输入数据时必须在数据前加上字符 0X 作为二进制标识。如要输入 abc 则应输入 0xabc。若输入的数据过长将会截掉其超出部分,若输入的数据位数为奇数则会在起始符号 0X 后添加一个 0。如上述的 0xabc 会被系统自动变为 0x0abc。
- varbinary:具有可变长度的特性,表示数据的长度也为 1 到 8 000 个字节,若输入的数据过长将会截掉其超出部分。当 binary 数据类型允许 NULL 值时将被视为

varbinary数据类型。

(7) 逻辑数据类型

bit 数据类型占用 1 个字节的存储空间,其值为 0 或 1,如果输入 0 或 1 以外的值将被视为 1。bit 类型不能定义为 NULL 值(所谓 NULL 值是指空值或无意义的值)。

(8) 文本和图形数据类型

这类数据类型用于存储大量的字符或二进制数据。

- text:用于存储大量文本数据,其容量理论上为 1～$2^{31}-1$(2 147 483 647)个字节,在实际应用时需要视硬盘的存储空间而定。
- ntext:与 text 类型相似,不同的是 ntext 类型采用 Unicode 标准字符集(Character Set),因此其理论容量为 $2^{30}-1$(1 073 741 823)个字节。
- image:用于存储大量的二进制数据。其理论容量为 $2^{31}-1$(2 147 483 647)个字节。通常用来存储图形等(OLE,Object Linking and Embedding,对象连接和嵌入)对象。在输入数据时同 binary 数据类型一样,必须在数据前加上字符"0X"作为二进制标识。

(9) 特定数据类型

SQL Server 提供的特殊数据类型有 timestamp、uniqueidentifier 两种。

- timestamp:用于表示 SQL Server 活动的先后顺序,以二进投影的格式表示。timestamp数据与插入数据或者日期和时间没有关系。
- uniqueidentifier:由 16 字节的十六进制数字组成,此数字称为 GUID(Globally Unique Identifier,即全球唯一鉴别号)。此数字由 SQL Server 的 NEWID 函数产生全球唯一的编码。在全球各地的计算机经由此函数产生的数字不会相同。

(10) 用户定义的数据类型

用户定义的数据类型基于在 Microsoft SQL Server 中提供的数据类型。当几个表中必须存储同一种数据类型时,并且为保证这些列有相同的数据类型、长度和可空性时,可以使用用户定义的数据类型。例如,可定义一种称为 postal_code 的数据类型,它基于 char 数据类型。当创建用户定义的数据类型时,必须提供 3 个数:数据类型的名称、所基于的系统数据类型和数据类型的可空性。

(11) 新数据类型

SQL Server 2000 中增加了 3 种数据类型 bigint、SQL_variant 和 table。其中 bigint 数据类型已在整数类型中介绍。

- SQL_variant:可以存储除文本图形数据 text、ntext、image、timestamp 类型数据外其他任何合法的 SQL Server 数据。此数据类型大大方便了 SQL Server 的开发工作。
- table:用于存储对表或视图处理后的结果集。这一新类型使得变量可以存储一个表,从而使函数或过程返回查询结果更加方便快。

3. 函数

在 SQL Server 中包含了大量具有执行特定运算功能的内置函数。函数的使用可以包含在 SELECT 查询语句的选择列表中、WHERE 子句搜索条件中、视图的搜索条件中、约束或触发器中。

一般情况下,无论函数是否有参数,在调用函数时,函数名称后都需要带有圆括号()。有时,用来指定数据库、计算机、登录或数据库用户的参数是可选的,如果未指定这些参数,就默认地将这些参数赋值为当前的数据库、主机、登录或数据库用户。同时,SQL Server 中的函数可以支持嵌套。

SQL Server 中函数的种类如表 2-4 所示。

表 2-4 SQL Server 的函数类型

函数种类	功能
聚合函数	对一组值进行计算并返回一个数值,如 COUNT、SUM、MIN 和 MAX
配置函数	是一种标量函数,可返回有关配置设置的信息
游标函数	返回有关游标状态的信息
日期和时间函数	操作 datetime 和 smalldatetime 值
数学函数	执行三角、几何和其他数字运算
元数据函数	返回数据库和数据库对象的特性信息
行集函数	返回行集,这些行集可用在 Transact-SQL 语句中表引用所在的位置
安全性函数	返回有关用户和角色的信息
字符串函数	操作 char、varchar、nchar、nvarchar、binary 和 varbinary 值
系统函数	对系统级别的各种选项和对象进行操作或报告
系统统计函数	返回有关 SQL Server 性能的信息
文本和图像函数	用于对 text 和 image 类型的数据进行操作

2.2 常量、变量与表达式

2.2.1 常量

常量可以用来表示特定的数值,根据不同的数据类型,常量的格式也会发生相应的变化。常量可以分为:字符串常量、二进制常量、bit 常量、datetime 常量、integer 常量、decimal 常量、float 和 real 常量、uniqueidentifier 常量等。

1. 字符串常量

字符串常量需要括在一对单引号中,其中包含字母数字(a～z、A～Z、0～9)及其他特殊字符,如!、@、# 。如果在字符串中含有一个嵌入的引号时,为了避免发生混淆,用两个单引号代替嵌入的单引号。

以下字符串均为合法的常量:'XJNZY'、'abc'、'efg'。

2. 数值常量

- 二进制常量——其前缀为 0x,并且由 16 进制数字所组成。例如,0xAE、0x12Ef。
- bit 常量——该常量的取值为 0 或 1,如果 bit 常量的值大于 1 则自动被转换为 1。
- integer 常量——用于表示整数。

- decimal 常量——浮点数类型的常量，可以包含小数点。
- float 和 real 常量——采用科学计数法来表示浮点数。例如 101.5E5、0.5E−2 等。
- 指定正数和负数——在数字前面添加＋或－，指明一个数是正数或是负数。如＋14562、－￥87.56、＋324E−5 等。
- money 常量——货币常量，以$ 作为前缀，可以包含小数点。如$16.34、$134.5 等。

3. uniqueidentifier 常量

该类常量用于产生一个全局唯一标识符(GUID)值的字符串。可用于数据库中的某一个关键字字段。其格式可以指定为字符或二进制字符串。例如，'6F9619FF-8B86-D011-B42D-00C04FC964FF'。

4. datetime 常量

用于表示特定的日期和时间。在 SQL Server 中能够识别的日期格式包括，字母日期格式、数字日期格式及未分隔的字符串格式，例如：'April 15,2005'、'01/15/2006'、'20051220'。时间常量可以参照如下示例，如：'14:30:24'、'04:24 PM'。

2.2.2 变量

变量对应内存中的一个存储空间，它与常量不同，变量的值在程序运行过程中可以随时改变。有局部变量与全局变量两种。变量采用先申明后使用的原则。

1. 局部变量

局部变量是用户在程序中定义的变量，一次只能保存一个值，它仅在定义的程序范围内有效。局部变量可以临时存储数值。局部变量名以@符号开始，最长为 128 个字符。

- 申明局部变量——可以通过 DECLARE 语句声明局部变量，需要确定变量的名字、数据类型和长度。例如，定义一个整数类型的变量@score 及字符串类型的变量@name，可以表示为

```
DECLARE  @score  INT
DECLARE  @name  CHAR(12)
```

- 对局部变量赋值——局部变量的初值为 NULL(空)，可以使用 SELECT 语句或 SET 语句对变量进行赋值。SET 语句一次只能给一个局部变量赋值，SELECT 语句则可以同时给一个或多个变量赋值。

局部变量通常用于以下几种情况：

① 作为计数器计算循环执行的次数或控制循环执行的次数；

② 保存数据值以供流控语句测试；

③ 保存由存储过程返回代码的数据值。

在使用变量之前应该考虑到变量的作用域，只有在变量的作用范围以内才能够正确地对变量进行操作。变量的作用域指从申明变量的开始位置到含有该变量的批处理或存储过程的结束位置。

【例 2-1】 在数据库 XSCJ 中定义一个长度为 12 的字符串类型变量@student，对该变量进行赋值，并且查询出“学生基本信息表”中该变量所指定姓名的学生信息。

在查询分析器中运行如下命令：

```
USE XSCJ
GO
DECLARE @student CHAR(12)
SET @student='王倩倩'
SELECT * FROM 学生基本信息表 WHERE 姓名=@student
```

运行结果如图 2-1 所示。

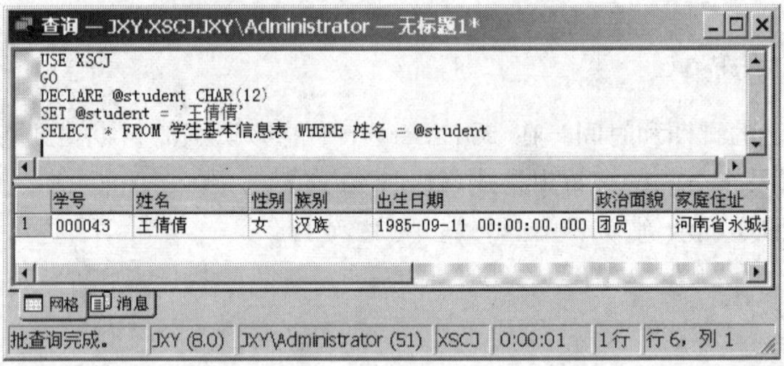

图 2-1 定义一个长度为 12 的字符串类型变量

【例 2-2】 在数据库 XSCJ 中定义两个日期时间类型的变量@max_csrq、@min_csrq，分别用于查询“学生基本信息表”中“出生日期”的最大值、最小值。

可在查询分析器中运行如下命令：

```
USE XSCJ
GO
DECLARE @max_csrq DATETIME, @min_csrq DATETIME
SELECT @max_csrq=MAX(出生日期),@min_csrq=MIN(出生日期) FROM 学生基本信息表
PRINT @max_csrq
PRINT @min_csrq
```

运行结果如图 2-2 所示。

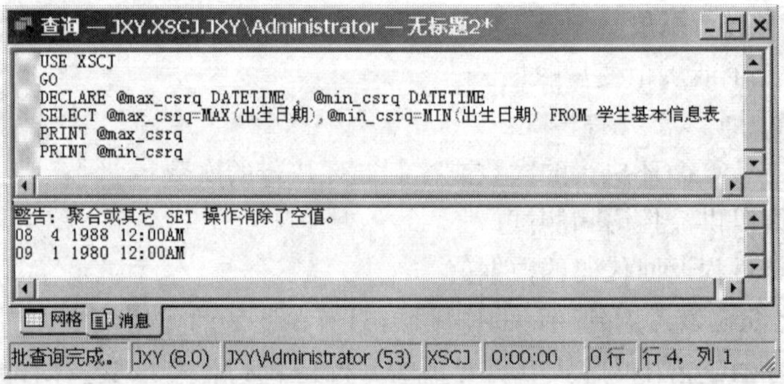

图 2-2 定义日期时间类型变量运行结果

2. 全局变量

全局变量以@@ 开头，实际上它是 SQL Server 的配置函数。

2.2.3 表达式

在 Transact-SQL 语言中，表达式由标识赋、数值、运算符组成。可以对表达式进行计算并且得到结果。表达式可以是一个常量、变量、字段名、函数或子查询。可以通过运算符将两个或更多的简单表达式连接起来组成复杂的表达式。

表达式中的运算符可以执行算术、比较、连接或赋值操作。运算符大致可以划分为：算术运算符、位运算符、逻辑运算符、比较运算符、字符串连接运算符等。

常用的算术运算符有+(加)、-(减)、*(乘)、/(除)、%(求余)等；常用的比较运算符有=(等于)、>=(大于等于)、<=(小于等于)、<>(不等于)或！=(不等于)等；常用的位运行符有 &(按位与)、|(按位或)、^(按位异或)等；常用的逻辑运算符有 AND(逻辑与)、NOT(逻辑非)、OR(逻辑或)等。

2.2.4 常用函数

在 SQL Server 2000 中提供了大量的系统函数，通过使用这些函数，用户可以根据需要完成特定的操作。常用的系统函数有：聚合函数、数学函数、字符串函数、日期时间函数、数据类型转换函数等。

1. 聚合函数

聚合函数也称为统计函数，它对一组值进行计算并返回一个数值。聚合函数经常与 SELECT语句一起使用。常用聚合函数如表 2-5 所示。

表 2-5 SQL Server 聚合函数及其功能

聚合函数	功能描述
SUM([ALL|DISTINCT]表达式)	计算一组数据的和
MIN([ALL|DISTINCT]表达式)	给出一组数据的最小值
MAX([ALL|DISTINCT]表达式)	给出一组数据的最大值
COUNT({[ALL|DISTINCT]表达式}|*)	计算总行数
CHECKSUM(*|表达式[,... n])	对一组数据的和进行校验，可探测表的变化
BINARY CHECKSUM(*|表达式[,... n])	对二进制的和进行校验，可探测行的变化
AVG([ALL|DISTINCT]表达式)	计算一组值的平均值

【例 2-3】 计算 XSCJ 数据库中“学生基本信息表”的总行数。

在查询分析器中运行如下命令：

```
USE XSCJ
```

```
GO
SELECT COUNT(*) AS '学生总人数' FROM 学生基本信息表
GO
```

运行结果如图 2－3 所示。

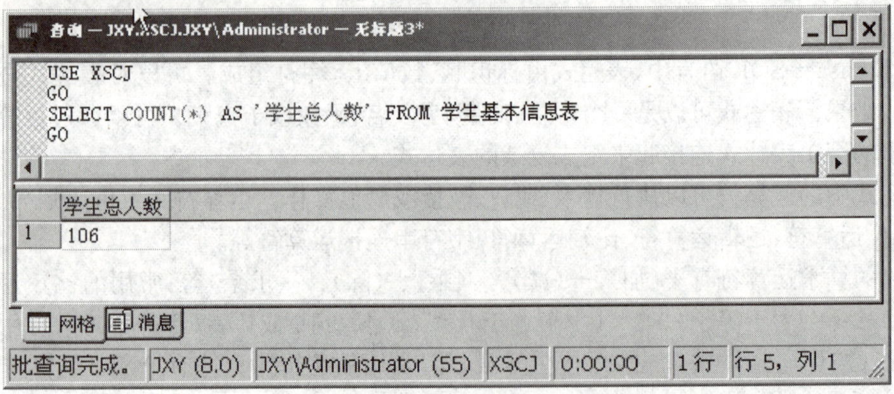

图 2－3　计算学生基本信息表的总人数

【例 2－4】 计算 XSCJ 数据库中课程编号为 003 的课程总成绩和平均成绩。

在查询分析器中运行如下命令：

```
USE XSCJ
GO
SELECT SUM(成绩) AS '课程总分',AVG(成绩) AS '课程平均分'
FROM 成绩表 WHERE 课程编号='003'
GO
```

运行结果如图 2－4 所示。

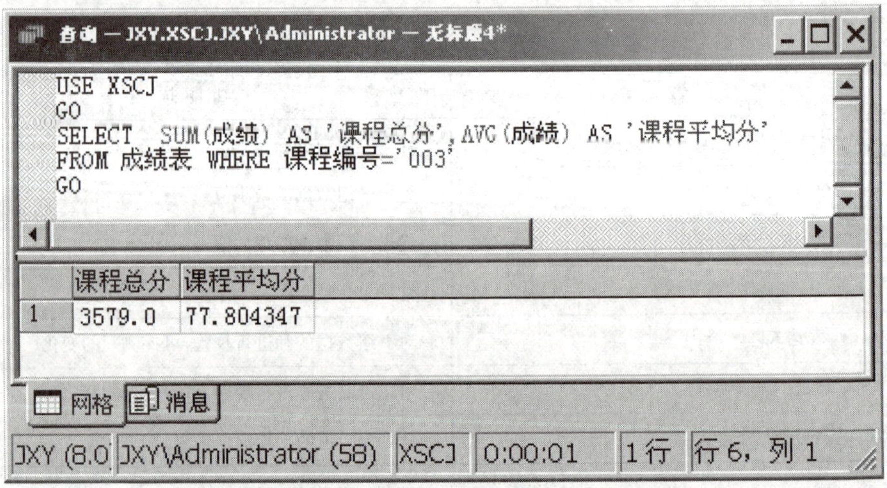

图 2－4　计算课程编号为 003 的课程总分和平均分

【例 2－5】 在成绩表中查询课程编号为 003 的课程的最高分和最低分。

在查询分析器中运行如下命令：

```
USE XSCJ
GO
SELECT MAX(成绩)AS '最高分',MIN(成绩) AS '最低分'
FROM 成绩表
WHERE 课程编号='003'
GO
```

运行结果如图 2-5 所示。

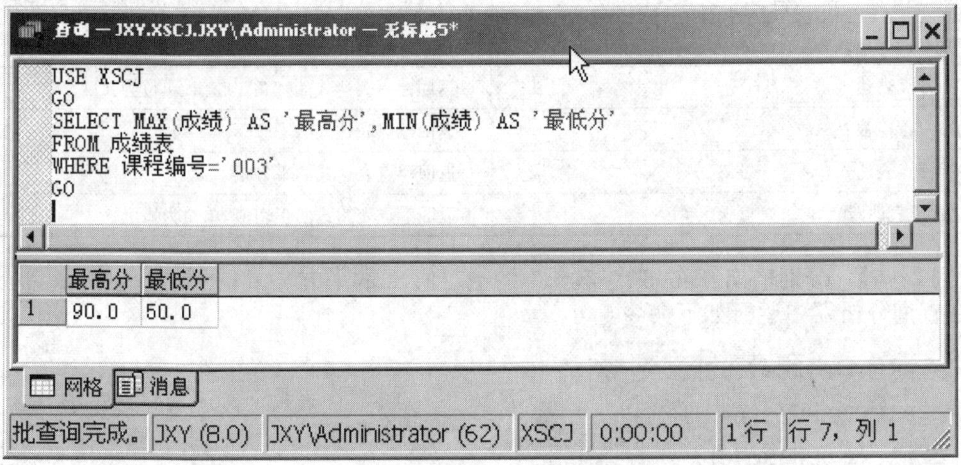

图 2-5　查询课程编号为 003 的课程最高分和最低分

2. 数学函数

数学函数用来对数值型数据进行数学运算。常用数学函数如表 2-6 所示。

表 2-6　常用数学函数

数学函数	功能描述
ABS(数值表达式)	返回表达式的绝对值(正值)
ACOS(浮点表达式)	返回浮点表达式的反余弦值(单位为弧度)
ASIN(浮点表达式)	返回浮点表达式的反正弦值(单位为弧度)
ATAN(浮点表达式)	返回浮点表达式的反正切值(单位为弧度)
ATN2(浮点表达式 1, 浮点表达式 2)	返回以弧度为单位的角度值,此值的反正切值在所给的浮点表达式 1 和浮点表达式 2 之间
CEILING(数值表达式)	返回大于或等于数值表达式值的最小整数
COS(浮点表达式)	返回浮点表达式的三角余弦
COT(浮点表达式)	返回浮点表达式的三角余切
DEGREES(数值表达式)	将弧度转换为度
EXP(浮点表达式)	返回数值的指数形式
FLOOR(数值表达式)	返回小于或等于数值表达式值的最大整数
LOG(浮点表达式)	返回数值的自然对数值

续表

数 学 函 数	功 能 描 述
LOG 10(浮点表达式)	返回以 10 为底的浮点数的对数
PI()	返回 π 的值 3.141 592 653 589 793 1
POWER(数值表达式,幂)	返回数值表达式值的指定次幂的值
RADIANS(数值表达式)	将度转换为弧度,DEGREES 的反函数
RAND([整型表达式])	返回浮点表达式的反余弦值(单位为弧度)
ROUND(数值表达式,数值表达式)	将数值表达式四舍五入为整型表达式所给定的精度
SIGN(数值表达式)	符号函数,正数返回 1,负数返回-1,0 返回 0
SIN((浮点表达式))	返回浮点表达式的三角正弦值(单位为弧度)
SQUARE(浮点表达式)	返回浮点表达式的平方
SQRT(浮点表达式)	返回浮点表达式的平方根
TAN(浮点表达式)	返回浮点表达式的正切值(单位为弧度)

【例 2-6】 分别输出:2 的 3 次幂,-1 的绝对值,2 的平方,3.14 的整数部分。

在查询分析器中运行如下命令:

```
PRINT POWER(2,3)
PRINT ABS(-1)
PRINT SQUARE(2)
PRINT FLOOR(3.14)
GO
```

运行结果为:8、1、4、3。

3. 字符串函数

字符串函数可以对 char、nchar、varchar、nvchar 等类型的参数执行操作,并返回相应的结果,返回值一般为字符串或数字。SQL Server 2000 中所包含的字符串函数如表 2-7 所示。

表 2-7 常用字符串函数

ASCII	NCHAR	SOUNDEX
CHAR	PATINDEX	SPACE
CHARINDEX	REPLACE	STR
DIFFERENCE	QUOTENAME	STUFF
LEFT	REPLICATE	SUBSTRING
LEN	REVERSE	UNICODE
LOWER	RIGHT	UPPER
LTRIM	RTRIM	

【例 2-7】 使用 LEN 函数显示字符串常量及字符串变量的长度。

提示:LEN 函数用于计算字符串中所包含的字符个数,如果字符串尾部含有空格则会被忽略。

在查询分析器中运行如下命令:

```
PRINT LEN('computer department')
DECLARE @s1 char(10)
DECLARE @s2 char(10)
SET @s1='welcome'
SET @s2='hellow'
PRINT LEN(@s1)
PRINT LEN(@s2)
```

运行结果为:19,7,6。

【例 2-8】 给定一个字符串 'have a good time',判断字符 'g' 在整个字符串中的位置。

提示:CHARINDEX 函数用于在规定字符串中对子字符串进行查询。当返回值大于零时表示子字符串的起始位置,返回值为 0 时表明没有查询结果。

在查询分析器中运行如下命令:

```
DECLARE @s CHAR(20)
SET @s='have a good time'
PRINT CHARINDEX('g',@s)
```

运行结果为:8

4. 日期时间函数

日期时间函数可以对日期时间类型的参数进行运算、处理,并返回一个字符串、数字或日期和时间类型的值。SQL Server 2000 中提供的日期时间函数如表 2-8 所示。

表 2-8　常用日期时间函数

DATEADD	GETDATE
DATEDIFF	GETUTCDATE
DATENAME	MONTH
DATEPART	YEAR
DAY	

【例 2-9】 获取系统时间信息,在查询分析器中分别显示系统时间中的年份、月份及日期。

提示:GETDATE 函数用于返回当前的系统时间,YEAR、MONTH、DAY 函数可以取得时间中的年、月、日的数值。

在查询分析器中运行如下命令:

```
DECLARE @xtsj DATETIME
SET @xtsj = GETDATE()
SELECT YEAR(@xtsj)
SELECT MONTH(@xtsj)
SELECT DAY(@xtsj)
```

运行结果如图 2-6 所示。

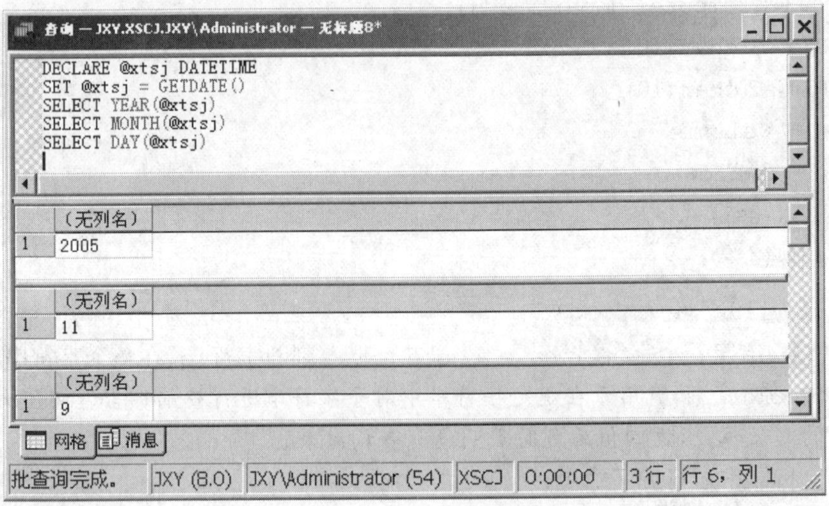

图 2-6 计算时期时间信息

【例 2-10】 通过对“学生基本信息表”中的“出生日期”字段进行计算，查询每一位学生的年龄。

提示：利用 DATEDIFF 函数可以计算出两个日期之间的距离，该函数含有 3 个参数，第一个参数通常可以为 yy(年)或 mm(月)或 dd(日)，若第一个参数为 yy 时，该函数返回值为后两个日期参数之间年份的差距。在本例中，当前的日期由 GETDATE 函数获得后，计算与每一位学生的出生日期之间年份的差距，从而获得学生的年龄并在查询结果中显示。

在查询分析器中运行如下命令：

```
SELECT 学号,姓名,DATEDIFF(yy,出生日期,GETDATE())from 学生基本信息表
```

运行结果如图 2-7 所示。

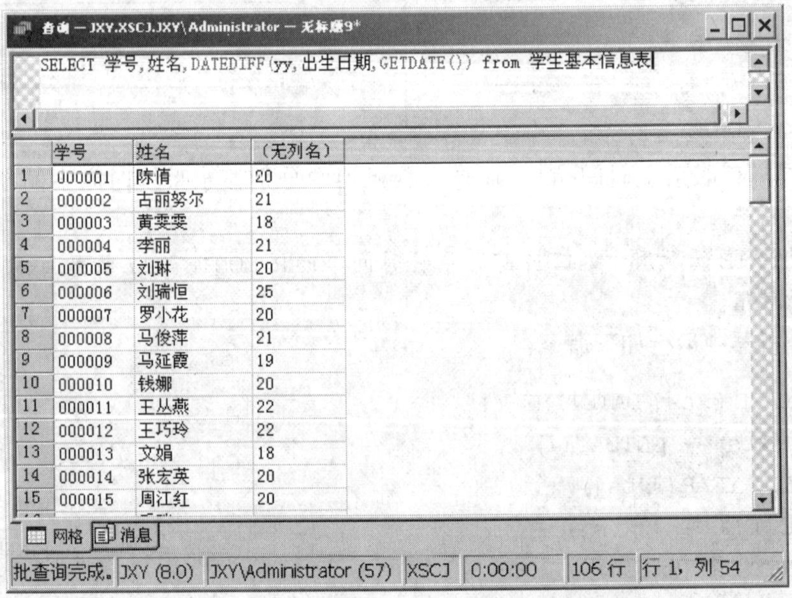

图 2-7 查询每一位学生的年龄

5. 数据类型转换函数

在不同的数据类型之间进行运算时,需要将其转换为相同的数据类型。在 SQL Server 中,某些数据类型可以由系统自动完成转换,当系统不能够自动执行不同类型表达式的转换时,可以通过 CAST 和 CONVERT 函数对数据进行转换。

CAST 和 CONVERT 函数的语法格式为:

```
CAST (表达式 AS 数据类型及长度)
CONVERT (数据类型及长度,表达式,[日期/字符串格式样式],)
```

其中,日期/字符串格式样式为可选,用于确定将参数转化为字符串之后的样式。包括将 datetime 或 smalldatetime 数据转换为字符数据(nchar、nvarchar、char、varchar、nchar 或 nvarchar 数据类型);或者将 float、real、money 或 smallmoney 数据转换为字符数据(nchar、nvarchar、char、varchar、nchar 或 nvarchar 数据类型)。

【例 2-11】 查询“学生基本信息表”中的学号、姓名、年龄,并且将这 3 个字段通过“+”运算符进行连接显示在查询结果中。

提示:由于计算学生年龄的结果为整数,而学号、姓名均为字符串类型的值,因而在运算之前,需要将年龄的计算结果转化为字符串,即 CAST(DATEDIFF(yy,出生日期,GETDATE()) AS CHAR(2))。

在查询分析器中运行如下命令:

```
SELECT 学号+ 姓名+ '年龄:'+ CAST(DATEDIFF(yy,出生日期,GETDATE()) AS CHAR(2))
FROM 学生基本信息表
```

运行结果如图 2-8 所示。

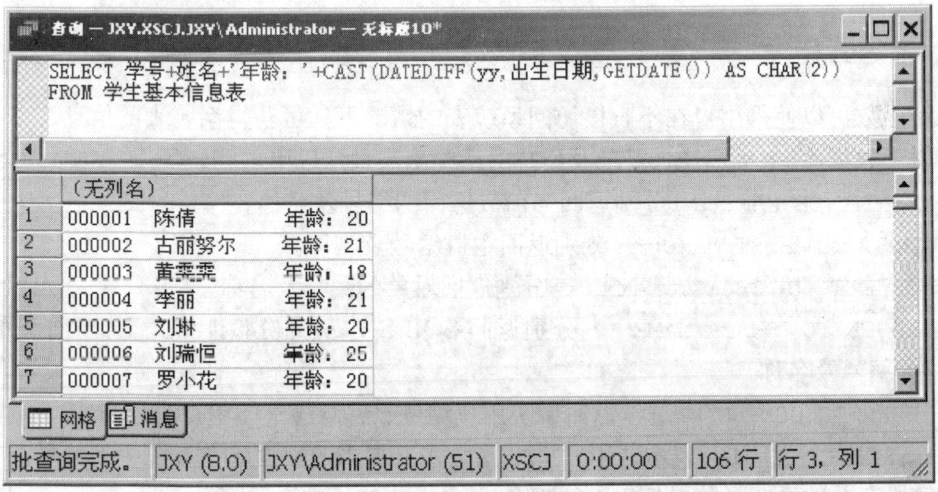

图 2-8 查询“学生基本信息表”中的学号、姓名、年龄

【例 2-12】 将常量 3.14 分别转换为整数类型及字符串类型并且输出结果。

在查询分析器中运行如下命令:

```
PRINT CONVERT(INTEGER,3.14)
PRINT CONVERT(CHAR(4),3.14)
```

结果显示为:3、3.14。

【例 2-13】 取得系统当前时间,将其转化为 mm/dd/yyyy 格式的字符串并且显示结果。

提示:由于 mm/dd/yyyy 格式所对应的参数为 101,所以在使用 CONVERT 函数时,日期格式样式参数设定为 101。

在查询分析器中运行如下命令:

```
DECLARE @xtsj DATETIME
SET @xtsj=GETDATE()
PRINT CONVERT(CHAR(50),@xtsj,101)
```

运行结果如图 2-9 所示。

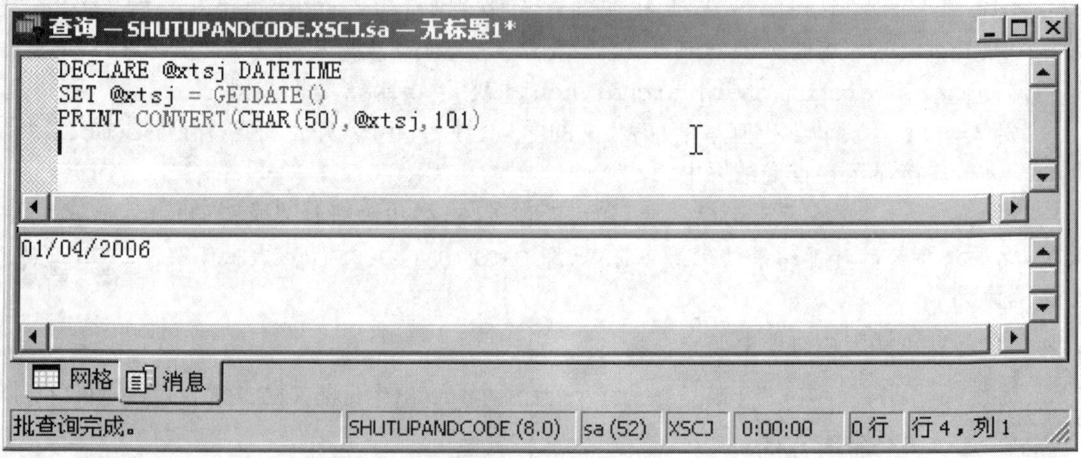

图 2-9 取得系统当前时间,并将其转化

6. 系统函数

系统函数可以使得用户在不直接访问系统表的情况下就可获得系统表的信息。

针对于数据库、主机、对象、登录及用户的系统函数包括以下内容。

- DB_ID、DB_NAME——分别返回当前数据库的编号及名称。
- HOST_ID、HOST_NAME——分别返回主机编号及名称。
- OBJECT_ID、OBJECT_NAME——分别返回对象的编号及名称。
- SUSER_ID、SUSER_NAME——分别返回 SQL Server 身份验证模式下,当前登录用户的编号及名称。
- USER_ID、USER_NAME——返回系统用户编号、名称,通常该用户为 dbo。

例如:SELECT DB_ID()表示调用 DB_ID 函数来获得当前数据库在系统中的编号。

与字段有关的系统函数包括以下 3 部分。

- COL_NAME——返回列名。
- COL_LENGTH——返回列长度。
- INDEX_COL——返回索引列名称。

例如:SELECT COL_LENGTH('课程信息表','课程名称')可以取得“课程信息表”中“课程名称”字段的长度。

2.3　系统存储过程

2.3.1　系统存储过程概述

存储过程是一组编译在单个执行计划中的 Transact-SQL 语句，分为系统存储过程和用户自定义存储过程两种。SQL Server 包含了多种多样的系统存储过程，用户可以通过调用这些存储过程对系统进行管理及对数据信息进行操作。系统存储过程以“sp_”开头，并且保存在 Master 数据库中，部分存储过程只能由系统管理员进行调用，普通用户可以经过授权后使用其他的系统存储过程。

2.3.2　常用系统存储过程

在 SQL Server 中，常用的系统存储过程有 sp_helpdb、sp_renamedb、sp_helpuser、sp_addlogin等。

1. sp_helpdb

该存储过程可以查看数据库信息，语法格式为：

```
sp_helpdb  [数据库名称]
```

查询的结果包括：数据库的逻辑名称、容量、所有者、创建时间、状态，数据文件的逻辑名称、标识符、物理名称、文件所属组、文件的大小、文件最大值及增量等。如果不指定数据库名称，则返回 master.dbo.sysdatabases 中的所有数据库信息。

【例 2－14】　显示 XSCJ 数据库信息。

在查询分析器中运行如下命令：

```
sp_helpdb XSCJ
```

运行结果如图 2－10 所示。

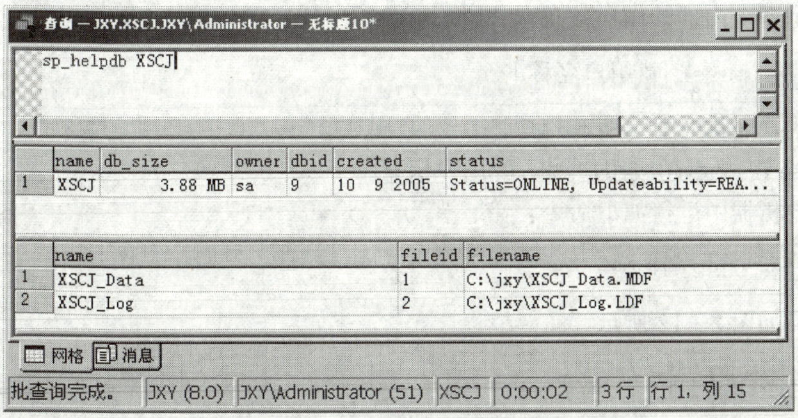

图 2－10　显示 XSCJ 数据库信息

2. sp_renamedb

该存储过程用于修改数据库名称。语法格式为：

```
sp_renamedb 原名称,新名称
```

修改后的名称也需要遵循标识符的规则。该存储过程只能由系统管理员及数据库创建者调用。当返回值为 0 表示修改成功，为 1 表示操作失败。

【例 2-15】 创建一个名称为 somename 的数据库，利用 sp_renamedb 存储过程将该数据库重命名为 newname。

在查询分析器中运行如下命令：

```
CREATE DATABASE somename
GO
sp_renamedb'somename','newname'
GO
```

运行结果如图 2-11 所示。

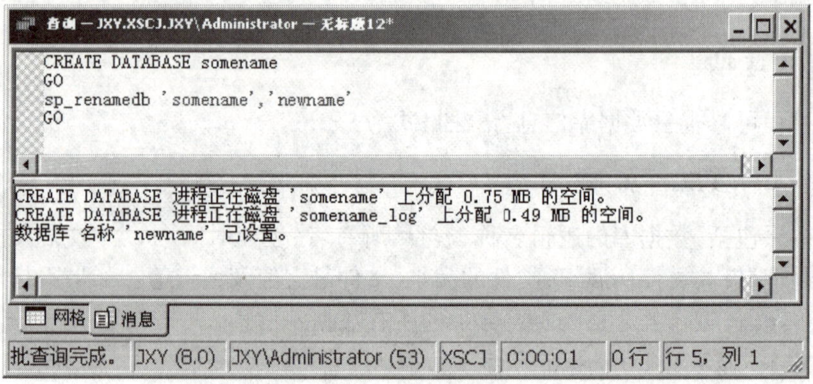

图 2-11 利用 sp_renamedb 存储过程将数据库重命名

3. sp_helpuser

用于显示系统内部的用户信息，语法格式为：

```
sp_helpuser [用户名称]
```

不指定用户名称时显示所有用户。

【例 2-16】 显示超级用户 dbo 的用户信息。

在查询分析器中运行如下命令：

```
sp_helpuser dbo
```

运行结果如图 2-12 所示。

4. sp_addlogin

用于在系统中增加新的登录，语法格式为：

sp_addlogin 登录名[,密码][,登录的默认数据库][,登录时的默认语言][,标识号][,是否加密]

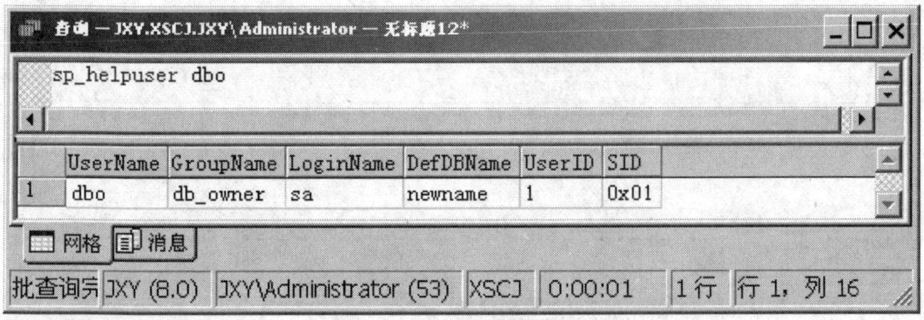

图 2-12　显示超级用户 dbo 的用户信息

【例 2-17】 在系统中添加一个名为 test、密码为 1234 的登录账号。

在查询分析器中运行如下命令：

```
sp_addlogin test,1234
```

运行结果如图 2-13 所示。

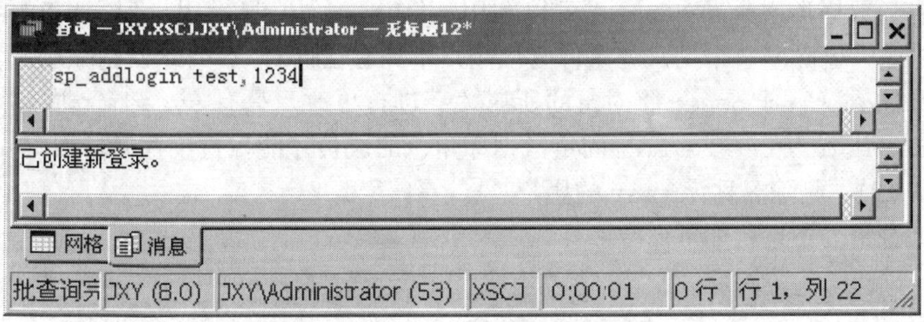

图 2-13　在系统中添加一个名为 test、密码为 1234 的登录账号

5. sp_adduser

可以在当前数据库中添加用户，语法格式为：

sp_adduser 登录名 [用户名称][组]

登录名必须是已经存在的登录，如果不指定用户名称，则默认为登录名；组为当前数据库中有效的组或角色。注意：在添加用户之前首先需要添加相应的登录。

【例 2-18】 在 SQL Server 中添加一个名称为 test 的用户。

在查询分析器中运行如下命令：

```
sp_addlogin test
GO
sp_adduser test
GO
```

运行结果如图 2-14 所示。

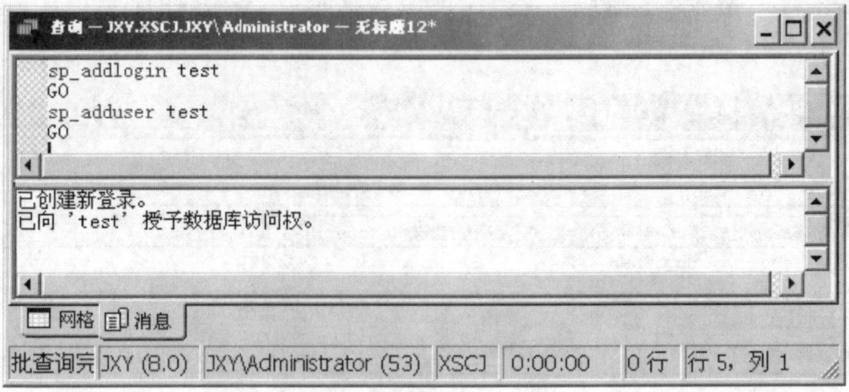

图 2 - 14　在 SQL Server 中添加一个名称为 test 的用户

6. sp_dropuser

可以从当前数据库中删除 SQL-Server 中已经存在的用户。其语法格式为：

```
sp_dropuser 用户名
```

用户名的数据类型为 sysname。可以利用 sp_helpuser 显示用户列表，并删除该列表包含的用户名。删除某一个用户的条件为该用户不拥有任何对象，因此在删除用户之前需要使用 sp_changeobjectowner 将对象的所属关系进行更改。只有 sysadmin 固定服务器角色、db_owner 或 db_accessadmin 固定数据库角色的成员才能执行该存储过程。

【例 2 - 19】 删除名称为 test 的用户。

在查询分析器中运行如下命令：

```
sp_dropuser test
```

运行结果如图 2 - 15 所示。

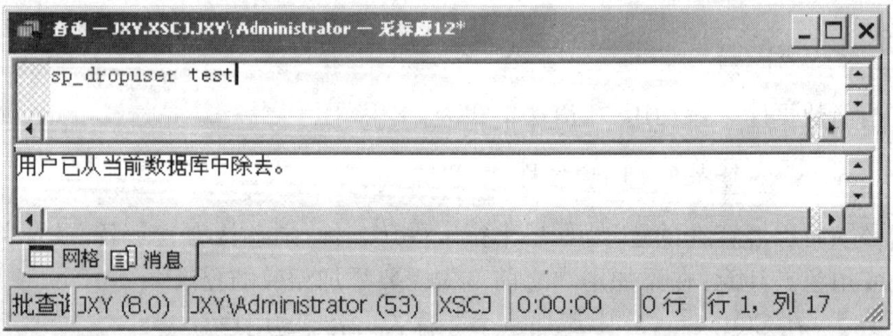

图 2 - 15　删除名称为 test 的用户

7. sp_addrole

用于在当前数据库中建立新的角色，语法格式为：

```
sp_addrole 角色名称 [角色的所有者]
```

其中：角色名称必须符合有效的标识符命名规则，而且不能是数据库中已有的角色。增加新的角色之后,可以使用 sp_addrolemember 在角色中添加成员。sysadmin 固定服务器角色及 db_securityadmin 和 db_owner 固定数据库角色的成员才能执行该存储过程。

【例 2-20】 添加一个名为 myrole 的角色,并将 test 用户加入该角色中。

在查询分析器中运行如下命令:

```
sp_addrole myrole
GO
sp_addmember myrole , test
GO
```

运行结果如图 2-16 所示。

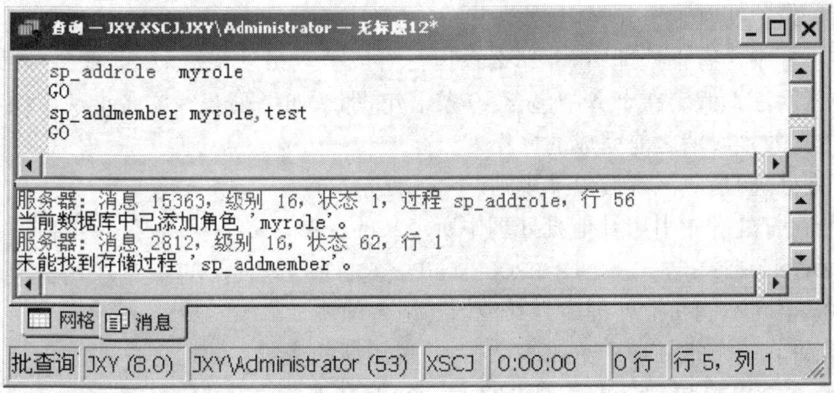

图 2-16 添加一个名为 myrole 的角色,并将 test 用户加入该角色中

8. sp_droprole

对于不需要的角色,可以使用该存储过程将其从数据库中删除。语法格式为:

sp_droprole 角色名称

【例 2-21】 删除已有的角色 myrole。

在查询分析器中运行如下命令:

```
sp_droprole myrole
```

运行结果如图 2-17 所示。

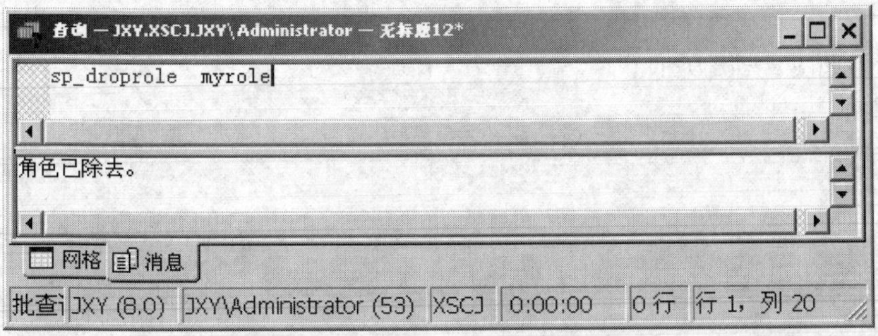

图 2-17 删除已有的角色 myrole

2.4 批处理与流控语句

2.4.1 批处理

批处理是多条 Transact-SQL 语句构成的集合。SQL Server 将批处理语句进行编译形成一个可执行单元,称为执行计划。执行计划中的语句一次执行每一条语句,如果在编译过程中出现语法错误,那么批处理中所有的语句均无法正常执行。如果在运行阶段出现错误时,一般都会中断当前及其后语句的执行,只有在少数情况下,如违反约束时,仅中断当前出错的语句而继续执行其他语句。

如果在事务中含有批处理语句,那么在运行阶段一旦出现错误时,都将会对已经执行的操作结果进行回滚。假定在事务中包含 10 条语句,那么如果第 5 条语句出现错误,则不会执行后续的语句,并且取消之前完成的操作。

在建立批处理时,应该遵循以下规则。

- 不能在批处理中引用其他批处理中所定义的变量。
- CREATE DEFAULT、CREATE PROCEDURE、CREATE RULE、CREATE TRIGGER 和 CREATE VIEW 语句不能在批处理中与其他语句组合使用。
- 不允许在一个批处理中更改表结构、并引用新的字段。
- 如果 EXECUTE 语句是批处理中的第一句,则不需要 EXECUTE 关键字。如果 EXECUTE 语句不是批处理中的第一条语句,则需要 EXECUTE 关键字。
- 一个完整的批处理需要使用 GO 语句作为结束标记。

【例 2-22】 执行批处理程序,依次查询系部表、系部总数、班级表、班级总数。

运行如下命令:

```
USE XSCJ
GO
SELECT * FROM 系部表
SELECT COUNT(*) FROM 系部表
SELECT * FROM 班级表
SELECT COUNT(*) FROM 班级表
GO
```

运行结果如图 2-18 所示。

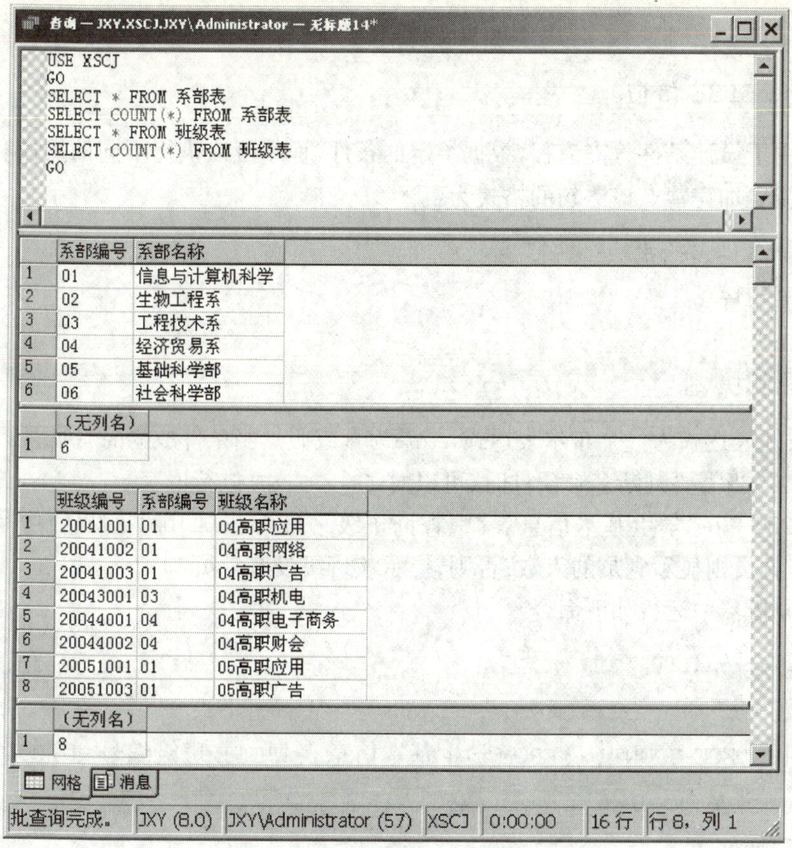

图 2 - 18　执行批处理程序结果

2.4.2　流控语句

流控语句采用了与程序设计语言相似的机制，使其能够产生控制程序执行及流程分支的作用。通过使用流程控制语句，用户可以完成功能较为复杂的操作，并且使得程序获得更好的逻辑性和结构性。

1. BEGIN...END 语句

用于将一系列的 SQL 语句合并为一组语句，当需要同时执行两条以上的语句时，可以使用 BEGIN...END 语句将这些语句包含在内形成一个语句块，作为一个整体来执行。通常该语句可以嵌套在其他语句中，如条件分支语句、循环语句中。

BEGIN...END 语法格式为：

```
BEGIN
语句 1
语句 2
  ...
语句 n
```

```
END
```

2. IF...ELSE 语句

该语句用于设计条件分支流程，根据给定的条件，程序可以执行不同的操作和运算，从而使程序的功能更加完善。该语句的格式为：

```
IF  条件表达式
  语句块 1
[ELSE
  语句块 2]
```

其中：条件表达式为一个布尔表达式，结果为真或假。当条件成立时，执行语句块 1；否则执行语句块 2。当需要判断多个条件时，可以对 IF...ELSE 进行嵌套。

【例 2-23】 在"学生基本信息表"中查询班级编号为 20041001 的班级中是否有党员。要求：如果有党员则显示党员的人数；否则，提示该班级没有党员。

在查询分析器中运行如下命令：

```
USE XSCJ
GO
IF(SELECT COUNT(*)FROM 学生基本信息表 WHERE 班级编号='20041001'AND 政治面貌='党员')> 0
BEGIN
    DECLARE @dy INTEGER
    SELECT @dy=COUNT(*)FROM 学生基本信息表 WHERE 班级编号='20041001'AND 政治面貌='党员'
    PRINT'党员的人数为：'
    PRINT @dy
END
ELSE
    PRINT'该班级没有党员'
```

上述程序中利用 COUNT 函数计算出满足条件的学生人数，并且根据人数进行判断，当人数大于零时，将人数赋值给@dy 变量并输出结果，程序运行结果如图 2-19 所示。

3. CASE 语句

CASE 语句用于计算多个条件并为每个条件返回单个值，以简化 SQL 语句格式。CASE 语句不同于其他 SQL 语句，不能作为独立的语句来执行，而是需要作为其他语句的一部分来执行。

CASE 语句有两种格式：简单 CASE 表达式及搜索 CASE 表达式。

(1) 简单 CASE 表达式

语法格式为：

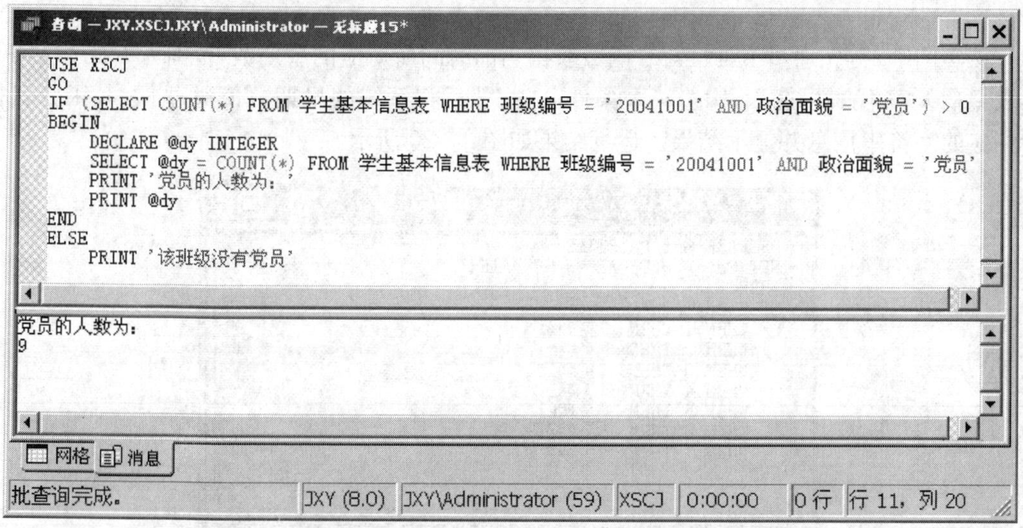

图 2-19　在"学生基本信息表"中查询班级编号为 20041001 的班级中是否有党员

```
CASE 表达式
WHEN 条件 1 THEN 结果表达式 1
[WHEN 条件 2 THEN 结果表达式 2
[...]]
[ELSE 结果表达式 n]
END
```

在简单表达式中，将表达式与每一个条件依次进行比较，如果遇到表达式与条件相匹配时，停止比较，并且返回满足条件的 WHEN 子句所对应的结果表达式。如果表达式与所有的条件都不匹配时，则返回 ELSE 子句中的结果表达式，如果不存在 ELSE 子句，则返回 NULL 值。

如果表达式与多个条件匹配时，CASE 函数返回第一次满足条件时的 WHEN 子句所对应的结果表达式。

【例 2-24】 根据系统时间判断当前日期所对应的星期值并且输出结果。

在查询分析器中运行如下命令：

```
DECLARE @dt DATETIME
SET @dt=DATEPART(w,GETDATE())
SELECT
CASE @dt
    WHEN 1 THEN '星期天'
    WHEN 2 THEN '星期一'
    WHEN 3 THEN '星期二'
    WHEN 4 THEN '星期三'
    WHEN 5 THEN '星期四'
    WHEN 6 THEN '星期五'
    WHEN 7 THEN '星期六'
```

```
END
```

该实例中，首先通过 DATEPART 函数获得当前时间所对应的星期数，范围为 1 至 7，其中 1 代表星期天，7 代表星期六，构造一个条件分支；然后将系统的星期数值通过 CASE 函数转换为相应的字符串信息并显示结果。运行结果如图 2-20 所示。

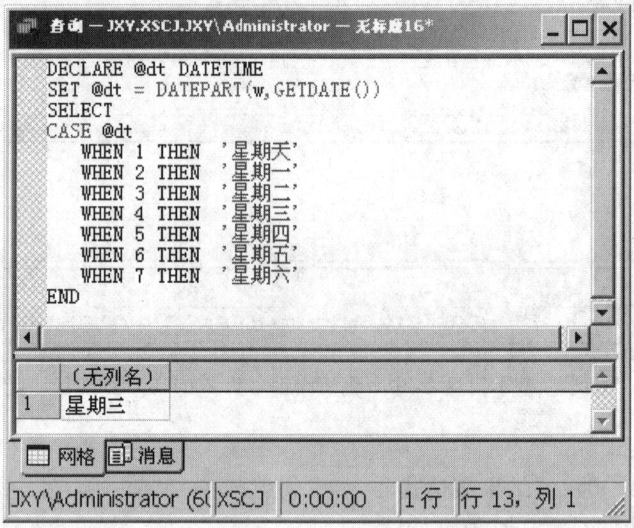

图 2-20　根据系统时间判断当前日期所对应的星期值并且输出结果

(2) 搜索 CASE 表达式

搜索 CASE 表达式与简单 CASE 表达式的功能类似，但能够实现的条件分支要比简单 CASE 表达式更为复杂。其语法格式为：

```
CASE
    WHEN 表达式 1    THEN  结果表达式 1
    [WHEN 表达式 2   THEN  结果表达式 2
    [...]]
    [ELSE      结果表达式 n]
END
```

【例 2-25】 取得系统时间，并且判断当前时间在一天中所处的时间段，并且在查询分析器中输出提示信息。

在查询分析器中运行如下命令：

```
DECLARE @sj DATETIME
SET @sj=DATEPART(hh,GETDATE())
SELECT
CASE
    WHEN @sj> =20 and @sj< 24 THEN  '晚上'
    WHEN @sj> =14 and @sj< 20 THEN  '下午'
    WHEN @sj> =12 and @sj< 14 THEN  '中午'
    WHEN @sj> =10 and @sj< 12 THEN  '早晨'
```

```
        WHEN @sj> =0 and @sj< 10 THEN  '凌晨'
    END
```

本例中首先通过 DATEPART 函数取得当前时间中的小时数，并保存在@sj 变量中，然后构造 CASE 函数，用于确定不同的条件分支。将变量@sj 分别与 CASE 函数中的条件依次进行比较，直到满足条件时输出结果。运行结果如图 2-21 所示。

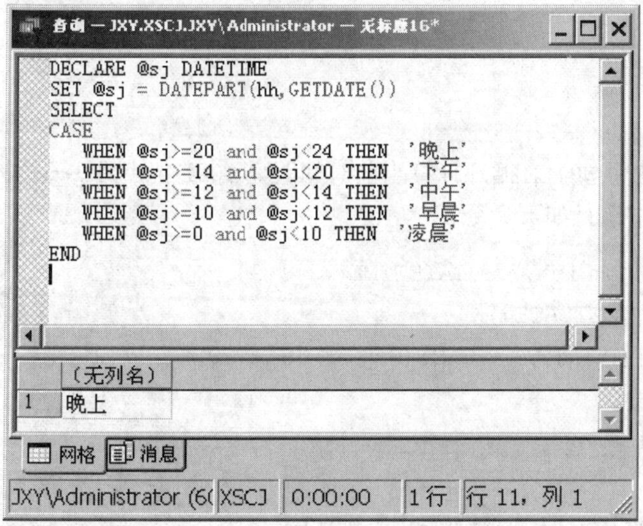

图 2-21　取得系统时间并判断当前时间所处的时间段

4. WHILE 语句

WHILE 语句可以在满足条件的情况下重复执行在循环体内的语句。在循环体内部可以使用 CONTINUE、BREAK 语句对循环进行控制。

WHILE 语句的语法格式为：

```
WHILE  条件表达式
BEGIN
    语句块 1
    [BREAK]
    语句块 2
    [CONTINUE]
    语句块 3
END
```

当条件表达式的值为真时，循环将重复执行，直到条件表达式的值为假时，退出循环。CONTINUE 命令可以忽略其后的语句而继续进入下一次循环。而 BREAK 命令可以提前终止整个循环过程。

【例 2-26】　利用循环计算 1＋2＋3＋…＋99＋100 的值。

在查询分析器中运行如下命令：

```
DECLARE @sum int,@i int
```

```
SET @sum = 0
SET @i = 1
WHILE @i< =100
BEGIN
    SET @sum=@sum+ @i
    SET @i=@i+ 1
END
PRINT @sum
```

运行结果为:5050。

【例 2-27】 利用 WHILE 循环计算当前时间距离 2007 年 1 月 1 日之间的天数。

在查询分析器中运行如下命令:

```
DECLARE @num int,@sj DATETIME
SET @sj = GETDATE()
PRINT '当前时间为:'+ CAST(@sj AS CHAR(20))
SET @num=0
WHILE 1=1
BEGIN
    SET @sj = DATEADD(day,1,@sj)
    SET @num=@num+ 1
    IF DATEPART(yy, @sj)=2007
      BREAK
END
PRINT'距离 2007 年 1 月 1 日还有'+CAST(@num AS VARCHAR(10))+'天'
```

本实例中,首先由@sj 变量获取系统时间,其后在 WHILE 的每次循环中,都对@sj 对应的日期加 1。当日期增长至 2006 年时,使用 BREAK 语句退出循环,用@num 变量累计循环的次数,退出循环时@num 值为最终的结果。运行结果如图 2-22 所示。

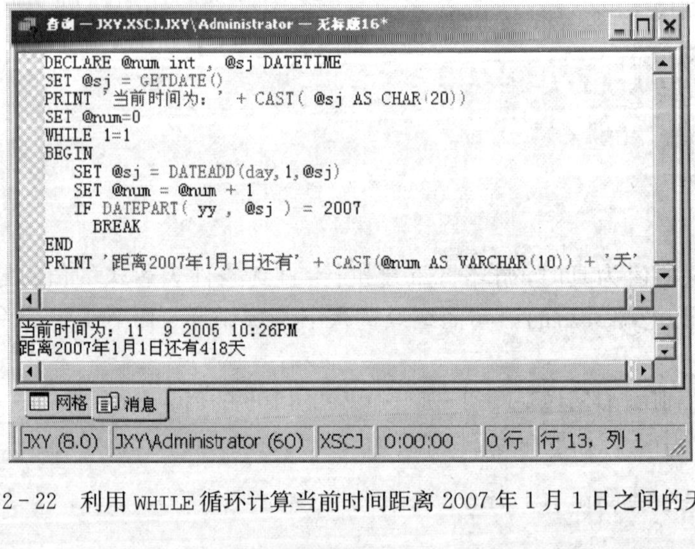

图 2-22 利用 WHILE 循环计算当前时间距离 2007 年 1 月 1 日之间的天数

本章小结

本章内容主要学习了 Transact-SQL 语句中编程的有关知识，包括变量、表达式、函数及流控语句，应重点掌握如何能够通过这些知识设计一些较为复杂的 SQL 语句。

练习与上机

一、填空题

1. SQL 语言主要由 3 部分组成，即________、________、________。

2. 数据对象的引用都由 4 部分所组成，即________、________、________、________。

3. 标识符可划分为________、________。

4. 系统存储过程通常以________开头。

5. Trance-SQL 语言提供了几种类型的系统数据类型，分别为：________、________、________、________、________等。

6. 字符型数据类型包括________、________、________、________等。

7. 日期型数据类型为________和________。

8. 货币型数据类型为________和________。

二、选择题

1. 在 SQL Server 2000 中，使用哪种语句定义变量(　　)？

A. CREATE TABLE　　B. SET　　C. GO　　D. DECLARE

2. Transact-SQL 语句中的赋值运算符为(　　)。

A. ＝＝　　B. ＝　　C. :＝　　D. ::＝

3. 下列哪种函数用于判断两个日期相隔的时间差(　　)？

A. DATEADD　　B. DATEDIFF　　C. DAGENAME　　D. GETDATE

4. 下列哪种函数用于求得不大于某个数最小整数(　　)？

A. FLOOR　　B. SIN　　C. SQUARE　　D. POWER

5. 如果数据表中的某列值是从 0 到 255 的整形数，最好使用哪种数据类型(　　)？

A. int　　B. tinyint　　C. bigint　　D. decimal

三、简答题

1. 简述 SQL Server 2000 中标识符的格式规则。

2. 简述 Transact-SQL 语言的各种流程控制语句的语法格式。

☞项目实训

1. 查询出每个系学生中团员的数量。

2. 编写 Transact-SQL 语句获取当前的系统日期时间，并取得当前日期的年、月和日，在查询分析器中执行 Transact-SQL 语句，测试语句结果。

第 3 章　数据库的创建与管理

【学习目标】

- 熟悉数据库对象及文件组成
- 了解系统数据库及示例数据库作用
- 熟练创建和管理数据库

3.1　数据库组成与文件

3.1.1　数据库文件

在 SQL Server 2000 中，每个数据库均用一组操作系统文件来存放，数据库中的所有数据、对象和数据库操作都存放在这些操作系统文件中。根据这些文件的作用不同，可以分为三类。

- 主数据文件(Primary)：用来存放数据，每个数据库都必须有一个主数据文件，其后缀为 .MDF。
- 次数据文件(Secondary)：用来存放数据，一个数据库可以没有也可以有多个次数据文件，其后缀为 .NDF。
- 事务日志文件(Transaction Log)：用来存放事务日志，每个数据库必须有一个或多个事务日志文件，其后缀为 .LDF。

一般情况下，一个数据库至少由一个主数据文件和一个事务日志文件组成。也可以根据实际需要，给数据库设置多个次数据文件和其他日志文件，并将它们放在不同的磁盘上。

默认状态下，数据库文件存放在\MSSQL\data\目录下，主数据文件名为“数据库名_Data.MDF”，日志文件名为“数据库名_Log.LDF”。数据库的创建者可以在创建时指定其他的路径和文件名，也可以添加 Secondary 文件和更多的日志文件。

3.1.2　数据库组成

1. 数据库对象

SQL Server 的每一个数据库都由关系图(Relation Map)、表(Table)、视图(View)、存储过程(Stored procedures)、触发器(Triggers)、用户自定义数据类型(User-defined data types)、用户自定义函数(User-defined functions)、索引(Indexes)、规则(Constraints)、默认值(Defaults)等数据库对象组成，如图 3-1 所示。

2. 系统数据库和示例数据库

在完成 SQL Server 安装后，系统即会自动创建 6 个数据库。它们分别是 master、

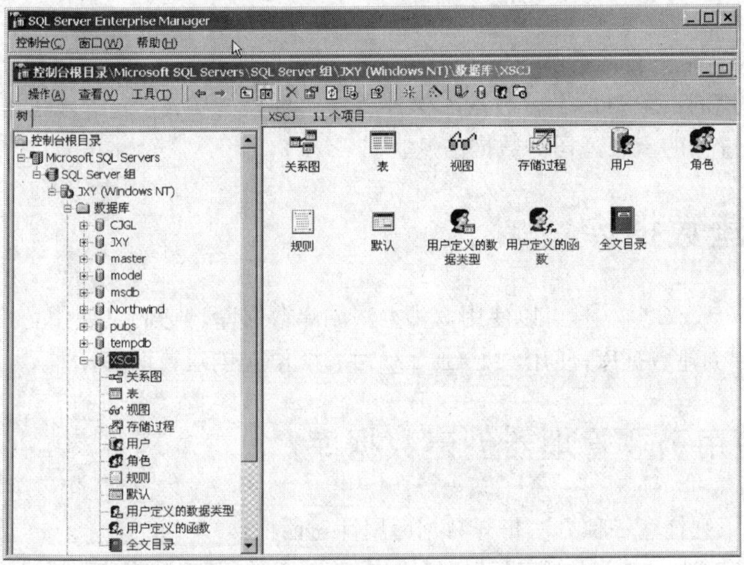

图 3-1　数据库的组成

tempdb、model 和 msdb 这 4 个系统数据库和 Northwind、pubs 这 2 个示例数据库。如图 3-1所示。

(1) master 数据库

master 是一个最重要的系统数据库，它记录了 SQL Server 系统级的所有信息，包括系统中所有的登录账号、系统配置信息、所有数据库的信息、所有数据库及数据库文件的地址等。每个数据库都有属于自己的一组系统表，记录了每个数据库各自的系统信息，这些表在创建数据库时自动产生。为了与用户创建的表相区别，这些表被称为系统表，表名都以“sys”开头。

master 数据库中还有很多系统存储过程和扩展存储过程。系统存储过程是预先编译好的程序，所有的系统存储过程的名字都以“sp_”开头。

(2) tempdb 数据库

tempdb 数据库用于存放所有连接到系统的用户临时表和临时存储过程及 SQL Server 产生的其他临时性的对象。tempdb 是 SQL Server 中负担最重的数据库，因为几乎所有的查询都可能需要使用它。

在 SQL Server 关闭时，tempdb 数据库中的所有对象都被删除，每次启动 SQL Server 时，tempdb 数据库里面总是空的。

(3) model 数据库

model 数据库是一个模板数据库，它包含了用户数据库中应该包含的所有系统表及其他对象的结构。model 数据库的容量为 2 MB，其中 1 MB 存放数据库，1 MB 存放事务日志。当创建用户数据库时，系统自动地把 model 数据库中的内容拷贝到新建的用户数据库中，然后把它扩充到命令所要求的容量。因此，新数据库绝对不能比 model 数据库小。

(4) msdb 数据库

msdb 数据库记录了有关 SQL Server Agent 代理服务的有关信息，如安排报警、作业，并记录操作员等信息。

(5) 示例数据库

SQL Server 在安装时还自动创建了两个示例数据库：pubs 和 Northwind，是供读者作为学习工具使用的。Northwind 数据库保存着一个虚构的贸易公司的数据信息；pubs 数据库保存着一个虚构的出版公司的数据信息。

3.2 创建数据库

在 SQL Server 2000 中，可以使用 3 种方法创建数据库。它们是使用企业管理器创建数据库；使用向导创建数据库；使用 CREATE DATABASE 语句创建数据库。

3.2.1 使用企业管理器创建数据库

可以采用下列任意一种方法打开数据库属性对话框：

① 展开服务器，单击【数据库】，选择【操作】菜单中的【新建数据库】命令；

② 展开服务器，右击【数据库】，在弹出的快捷菜单中选择【新建数据库】命令。

数据库属性对话框如图 3-2 所示。该对话框主要显示 3 部分内容，第一部分显示数据库的状态、数据库所有者、创建时间、数据库大小、可以使用的空间、用户数等状态信息；第二部分显示数据库和事务日志的备份状况；第三部分显示数据库维护计划和排序规则。

【例 3-1】 创建一个名为 XSCJ 的学生成绩管理数据库，主数据文件名为 XSCJ_Data.MDF，初始大小为 1 MB。事务日志文件名为 XSCJ_Log.LDF，初始容量为 1 MB。

在企业管理器中创建数据库可以按以下步骤操作。

① 展开服务器，右击【数据库】，在弹出的快捷菜单中选择【新建数据库】命令。

② 在数据库属性对话框的【名称】栏输入学生成绩管理数据库的名称，该名称必须遵循标识符的定义规则，这里输入“XSCJ”，如图 3-3 所示。

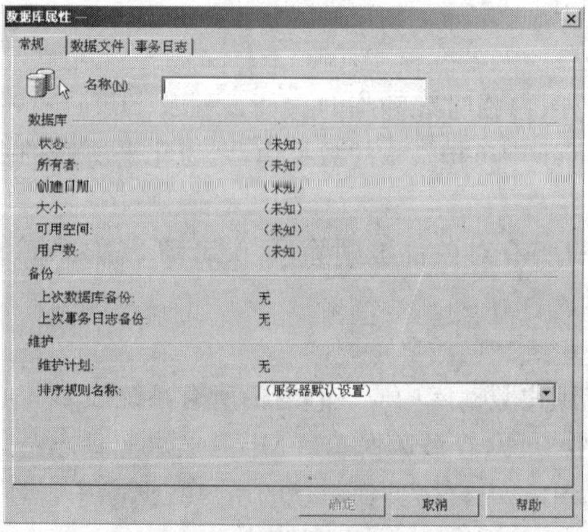

图 3-2 数据库属性对话框

图 3-3 输入学生成绩管理数据库的名称

③ 单击【数据文件】标签，如图 3-4 所示，在文件名和位置栏可以修改文件名和文件存放的位置，也可以单击▭按钮后进行修改。本例采用系统默认的数据库文件名“XSCJ_Data”，将

路径改为“C:\”，数据库文件大小设置为 1 MB。

④ 系统给出文件组的默认值为 PRIMARY，它表示当前的这个数据文件是主文件，系统默认的文件后缀名为 .MDF。

⑤ 数据库文件增长采用【按兆字节】，将文件增长限制为 5 MB，设置结果如图 3－5 所示。

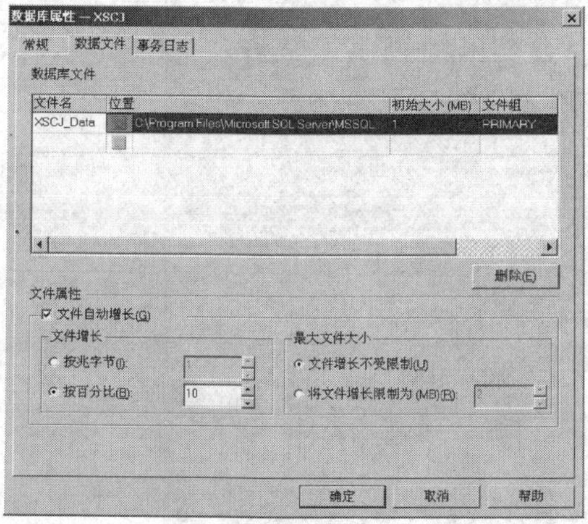

图 3－4　数据文件标签页

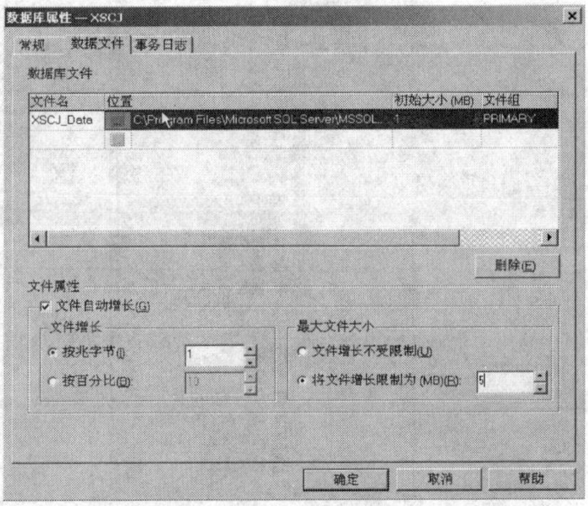

图 3－5　完成设置后的数据库文件标签页

⑥ 单击【事务日志】标签，出现如图 3－6 所示对话框。设置方法与数据库文件设置类似，本例采用系统默认的事务日志文件名“XSCJ_Log”，文件后缀为系统默认的 .LDF。将文件存放位置改为“C:\”，事务日志文件初始大小设置为 1 MB。

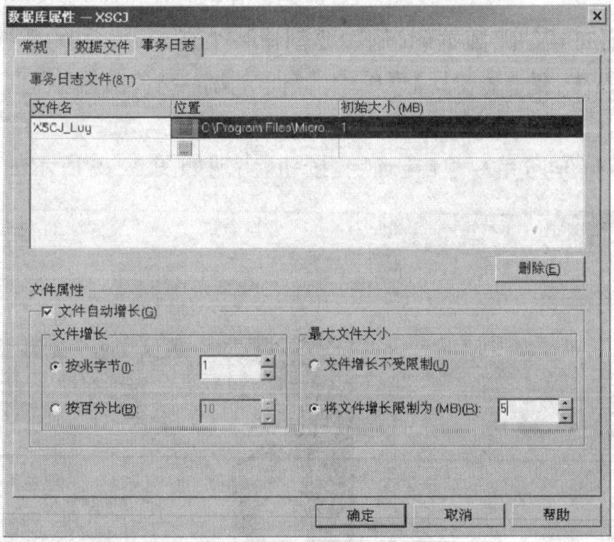

图 3－6　【事务日志】标签及设置

⑦ 事务日志文件同样采用【按兆字节】，将文件增长限制为 5 MB，如图 3－6 所示。

也可将数据文件和事务日志文件属性设置为自动增长，增长方式可选择按兆字节增长和按百分比增长两种。

⑧ 设置完成之后，单击【确定】按钮，即可在企业管理器中看到如图 3－7 所示的数据库组成信息。

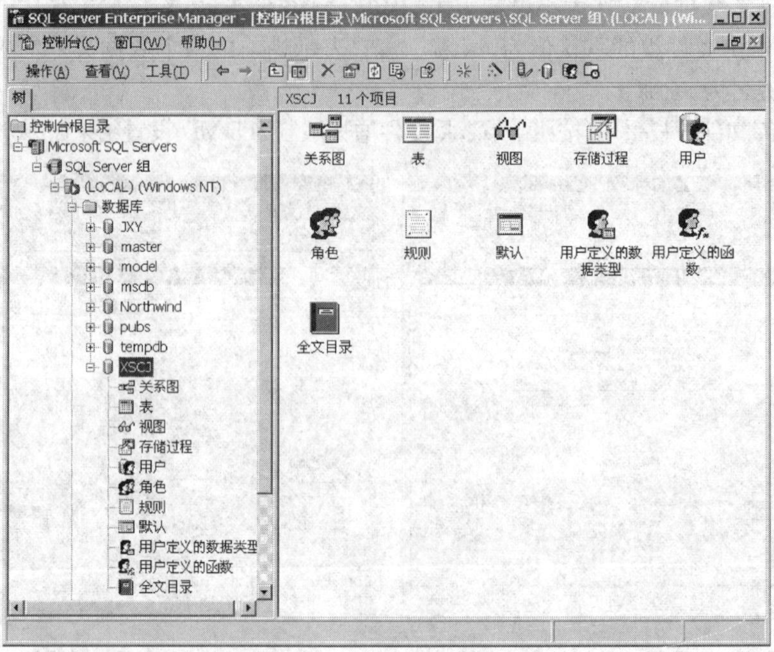

图 3-7 XSCJ 数据库组成

3.2.2 使用向导创建数据库

用户也可以使用向导创建数据库，例如要创建一个名为 CJGL 的数据库，步骤如下。

① 在企业管理器中，选择【工具】菜单中的【向导】命令，打开【选择向导】对话框，如图3-8所示。

② 选择【创建数据库向导】，单击【确定】按钮，出现如图 3-9 所示的欢迎对话框。

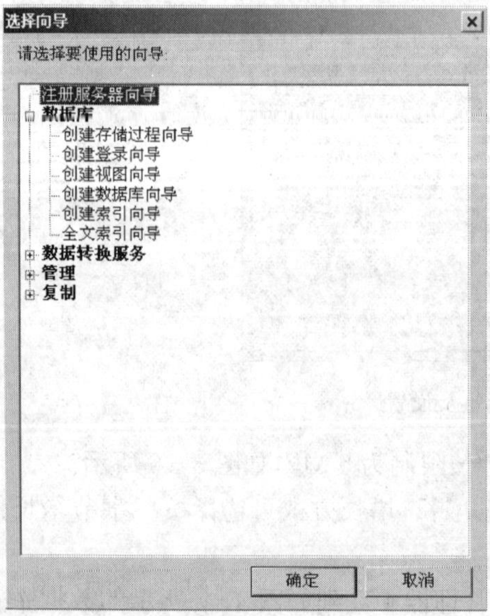

图 3-8 【选择向导】对话框

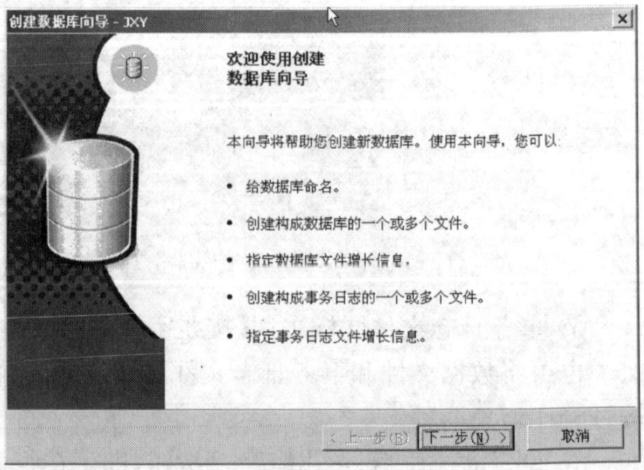

图 3-9 【创建数据库向导】的欢迎对话框

③ 单击【下一步】按钮，出现命名数据库和指定数据库文件位置对话框，如图3-10所示。

④ 在图3-10所示的数据库名称框中输入"CJGL"；在【数据库文件位置】框中单击...按钮指定数据文件的存放位置；在【事务日志文件位置】框中单击...按钮指定事务日志文件存放的位置。

⑤ 单击【下一步】按钮，显示【命名数据库文件】对话框，在此可修改数据库文件名和初始大小，此处将数据文件初始大小设置为2 MB，如图3-11所示。

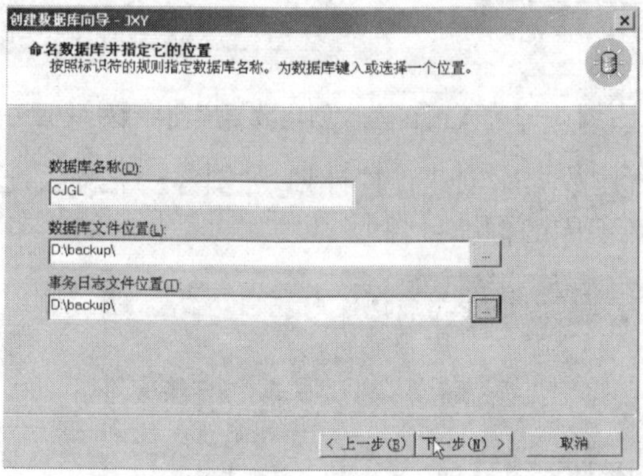

图3-10 【命名数据库并指定它的位置】对话框

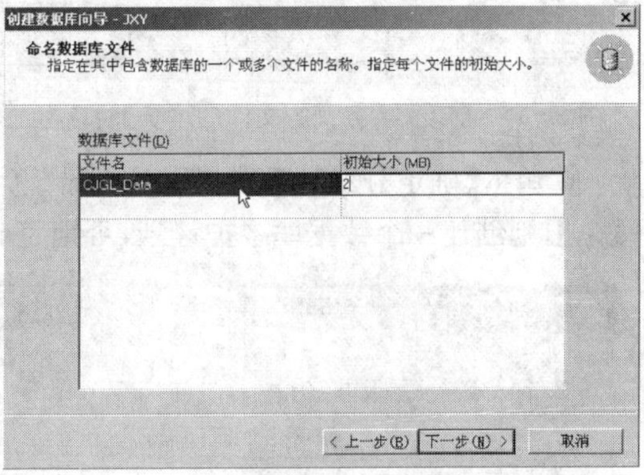

图3-11 【命名数据库文件】对话框

⑥ 单击【下一步】按钮，显示【定义数据库文件的增长】对话框，选择【按兆字节(MB)为单位增长文件】,【文件增长的最大值(MB)】框输入5，如图3-12所示。

⑦ 单击【下一步】按钮，显示【命名事务日志文件】对话框，在此可修改事务日志文件名和初始大小，此处将事务日志文件初始大小设置为1 MB，如图3-13所示。

图3-12 【定义数据库文件增长】对话框

图3-13 【命名事务日志文件】对话框

⑧ 单击【下一步】按钮，显示【定义事务日志文件的增长】对话框，选择【按兆字节(MB)为单位增长文件】,【文件增长的最大值(MB)】框输入6，如图3-14所示。

⑨ 单击【下一步】按钮，显示【正在完成创建数据库向导】对话框，如图3-15所示。单击【上一步】按钮可进行修改；单击【完成】按钮，系统将显示【创建成功】信息，如图3-16所示。

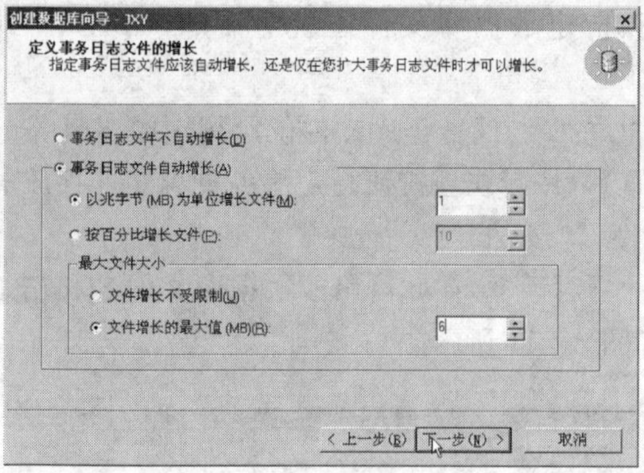

图 3-14 【定义事务日志文件的增长】对话框

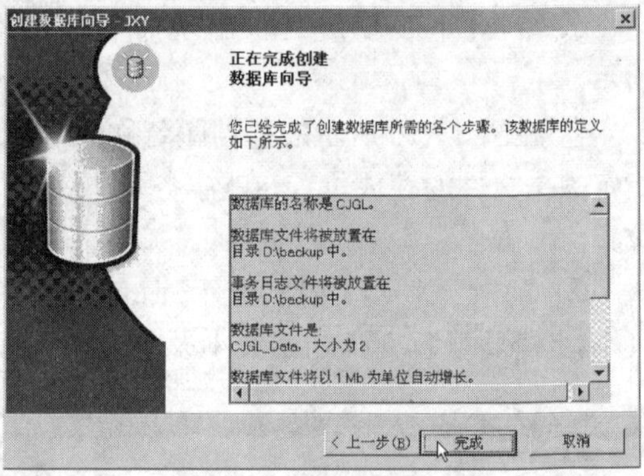

图 3-15 【正在完成创建数据库向导】对话框

⑩ 单击【确定】按钮，系统提示是否希望为所建数据库创建维护计划，如图 3-17 所示，选择【是】，则创建一个数据库维护计划，否则完成数据库的创建过程。

图 3-16 数据库创建成功对话框

图 3-17 创建维护计划提示对话框

3.2.3 使用 CREATE DATABASE 语句创建数据库

在 SQL Server 2000 中，也可用 CREATE DATABASE 语句来创建一个新数据库和存储该数据库文件。其语法为：

```
CREATE DATABASE database_name
[ON
{[PRIMARY](NAME=logical_file_name,
FILENAME='os_file_name'
[,SIZE=size]
[,MAXSIZE=max_size]
[,FILEGROWTH=growth_increment,])
}[,...n]
]
[LOG ON
{(NAME=logical_name,
FILENAME='os_file_name'
[,SIZE=size]
}[,...n]
]
```

其中：

- database_name——表示为数据库取的名字，在同一个服务器内数据库的名字必须唯一。数据库的名字必须符合 SQL Server 系统的标识符命名标准，即最大不得超过128个字符。
- PRIMARY——该选项用于指定主文件组中的文件。一个数据库只能有一个主文件。如果没有使用 PRIMARY 关键字，默认列在语句中的第一个文件即为主文件。
- NAME——指定数据库的逻辑名称，这是在 SQL Server 系统中使用的名称，是数据库在 SQL Server 中的标识。
- FILENAME——指定数据库所在文件的操作系统文件名称和路径，该操作系统文件名和 NAME 的逻辑名称一一对应，并且路径必须存在。
- SIZE——指定数据库的初始容量大小。指定大小的数字 size 可以使用 KB、MB 后缀，默认的后缀为 MB。size 中不能使用小数，其最小值为 512 kB，默认值为 1 MB。如果没有指定主文件的大小，则 SQL Server 默认为 1 MB。主文件的 size 不能小于 1 MB。
- MAXSIZE——指定操作系统文件可以增长到的最大尺寸。计量单位为 MB 或 KB。可以不指定计量单位，则系统默认为 MB。如果没有指定可以增长的最大尺寸，则文件可以不断增长直到充满整个磁盘空间。
- FILEGROWTH——指定文件增量的大小，当指定数据为 0 时，表示文件不增长；如果没有指定 FILEGROWTH，则默认值为 10%，每次扩容的最小值为 64 KB。

【例 3-2】 创建一个 XJGL 数据库，该数据库的主文件逻辑名称为 XJGL_data，物理文件名为 XJGL.mdf，初始大小为 1 MB，最大尺寸为 3 MB，增长速度为 10%；数据库的日志文件逻辑名称为 XJGL_log，物理文件名为 XJGL.ldf，初始大小为 1 MB，最大尺寸为 5 MB，增长速度为 10%。文件存放在 C:\下。

在查询分析器中通过执行以下语句可以创建此数据库。

```
CREATE DATABASE XJGL
ON
(NAME=XJGL_Data,
FILENAME='C:\XJGL_Data.MDF',
SIZE=1,
MAXSIZE=3,
FILEGROWTH=10%)
LOG ON
(NAME='XJGL_Log',
FILENAME='C:\XJGL_Log.LDF',
SIZE=1,
MAXSIZE=5,
FILEGROWTH=10%)
GO
```

运行结果如图 3-18 所示，成功创建 XJGL 数据库。在查询分析器的结果窗口中显示已分配存储空间。因为本命令中没有指定主文件，故系统默认第一个文件 XJGL_data.mdf 为主文件。

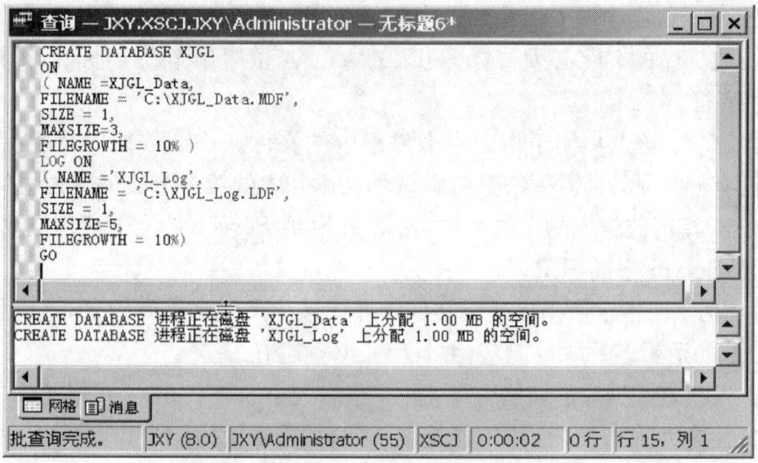

图 3-18 创建 XJGL 数据库成功

【例 3-3】 创建名为 stu 的数据库,它有 3 个数据文件组成,其中主文件为 stu_data1.mdf,使用 PRIMARY 关键字指定。Stu_data2_.ndf、stu_data3.ndf 是次文件,尺寸分别为 5 MB、3 MB、2 MB。事务日志文件有 2 个,分别为 4 MB、3 MB。数据文件和事务日志文件的最大尺寸均为 20 MB,文件增量为 2 MB。

可在查询分析器中运行如下命令:

```
CREATE DATABASE stu
ON
PRIMARY(NAME=stu_data1,
  FILENAME='C:\stu_data1.mdf',
  SIZE=5MB,
  MAXSIZE=20MB,
  FILEGROWTH=2MB),
 (NAME=stu_data2,
FILENAME='C:\stu_data2.ndf',
  SIZE=3MB,
  MAXSIZE=20MB,
  FILEGROWTH=2MB),
 (NAME=stu_data3,
FILENAME='C:\stu_data3.ndf',
  SIZE=2MB,
  MAXSIZE=20MB,
  FILEGROWTH=2MB)
LOG ON
 (NAME=stu_log1,
  FILENAME='C:\stu_log1.Ldf',
  SIZE=4MB,
```

```
  MAXSIZE=20MB,
  FILEGROWTH=2MB),
(NAME=stu_log2,
  FILENAME='C:\stu_log2.Ldf',
  SIZE=3MB,
  MAXSIZE=20MB,
  FILEGROWTH=2MB)
GO
```

运行结果如图 3 - 19 所示。

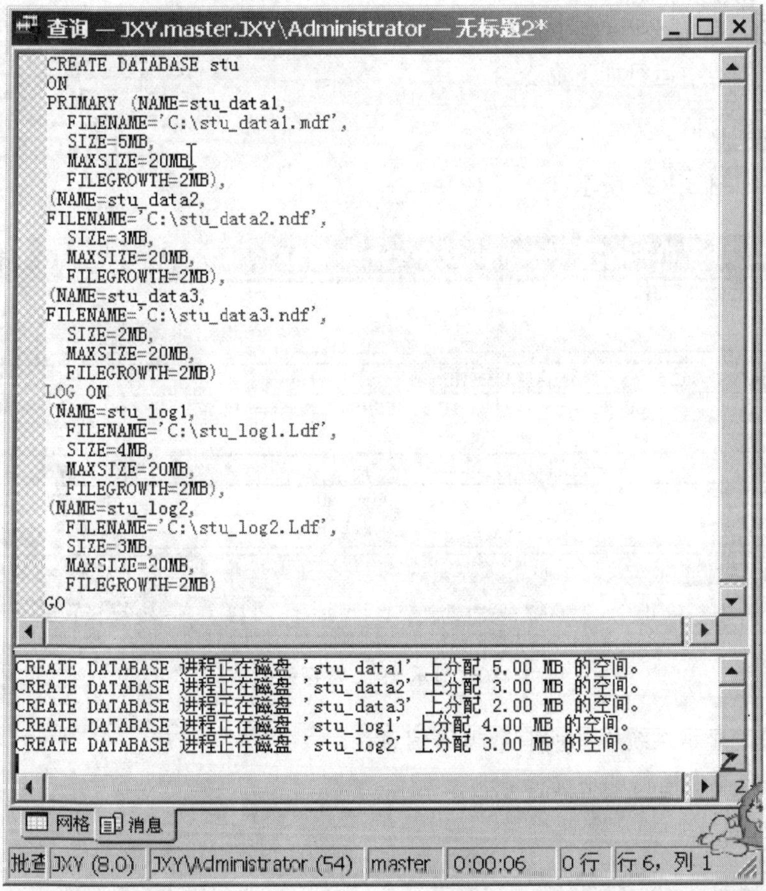

图 3 - 19　创建含有 3 个数据文件和 2 个事务日志文件的数据库 stu

3.3　管理数据库

3.3.1　查看数据库信息

显示数据库信息可以有两种方法：一种是使用企业管理器，另一种是使用系统存储过程

sp_helpdb。

1. 使用企业管理器显示数据库信息

在企业管理器中，单击【数据库】，显示 SQL 上的所有数据库名称列表，选中要查看的数据库，如 XSCJ 数据库，系统即显示该数据库包含的关系图、表、视图、存储过程、用户等信息。

2. 使用 sp_helpdb 显示数据库信息

系统存储过程 sp_helpdb [数据库文件名]显示数据库名称、尺寸、所有者、数据库 ID、创建时间、数据库状态、更新情况(可读写)、多用户、完全恢复、版本等信息。不加可选项则显示系统中所有数据库信息。

【例 3-4】 显示 XSCJ 数据库信息。

在查询分析器中运行如下命令：

```
sp_helpdb XSCJ
```

运行结果如图 3-20 所示。

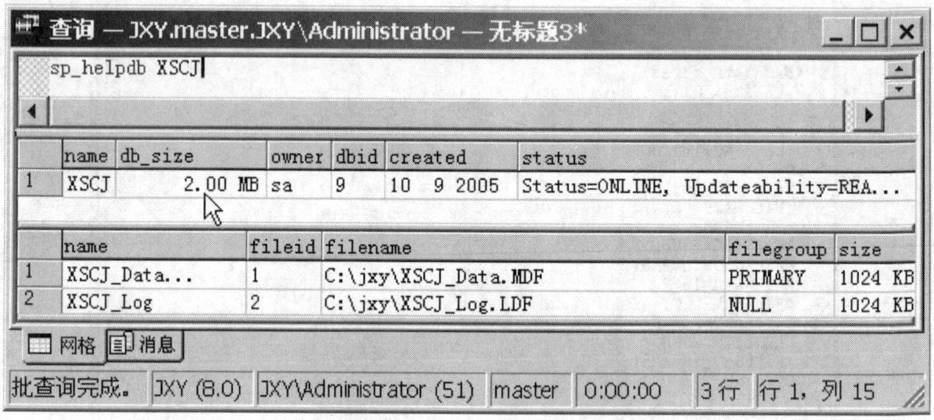

图 3-20 显示 XSCJ 数据库的信息

【例 3-5】 显示系统中的所有数据库信息。

在查询分析器中运行如下命令：

```
sp_helpdb
```

运行结果如图 3-21 所示。

3.3.2 扩充数据库容量

随着数据量和日志量的不断增加，会出现数据库和事务日志的存储空间不够的问题，在 SQL Server 2000 中，数据库所有者可以使用 3 种方法增加数据库和事务日志的容量：

① 在创建数据库时，指定文件可以按照给定的文件增量进行自动增长；

② 使用 ALTER DATABASE 命令增加数据库和事务日志容量；

③ 使用 ALTER DATABASE 命令增加数据库次要文件和事务日志容量。

	name	db_size	owner	dbid	created	status
1	CJGL	3.00 MB	JXY\Administrator	7	09 7 2005	Status=ONLINE, U
2	JXY	2.00 MB	JXY\Administrator	8	09 6 2005	Status=ONLINE, U
3	master	14.13 MB	sa	1	08 6 2000	Status=ONLINE, U
4	model	1.25 MB	sa	3	08 6 2000	Status=ONLINE, U
5	msdb	14.00 MB	sa	4	08 6 2000	Status=ONLINE, U
6	Northwind	4.25 MB	sa	6	08 6 2000	Status=ONLINE, U
7	pubs	2.50 MB	sa	5	08 6 2000	Status=ONLINE, U
8	stu	17.00 MB	JXY\Administrator	11	10 9 2005	Status=ONLINE, U
9	tempdb	8.50 MB	sa	2	10 9 2005	Status=ONLINE, U
10	XJGL	2.00 MB	JXY\Administrator	10	10 9 2005	Status=ONLINE, U
11	XSCJ	2.00 MB	sa	9	10 9 2005	Status=ONLINE, U

图 3-21　显示系统中的所有数据库信息

ALTER DATABASE 语句的语法如下：

```
ALTER DATABASE database_name
{ADD FILE<filespec>[,...n][TO FILEGROUP filegroup_name]
|ADD LOG FILE<filespec>[,...n]
|REMOVE FILE logical_file_name
|REMOVE FILEGROUP filegroup_name
|MODIFY FILE<filespec>
|MODIFY NAME=new_database_name
|ADD FILEGROUP filegroup_name
|MODIFY FILEGROUP filegroup_name
<filespec>::=
(|NAME=logical_file_name
[,NEWNAME=new_logical_file_name]
[,FILENAME='os_file_name']
[,SIZE=size]
[,MAXSIZE={max_size|UNLIMITED}]
[,FILEGROWTH=growth_increment,])
```

其中：

- ADD FILE<filespec> [,...n] [TO FILEGROUP filegroup_name]：表示向指定的文件组中添加新的数据文件。ADD LOG FILE< filespec> [,...n]：增加新的日志文件。
- REMOVE FILE logical_file_name：删除指定的操作系统文件。
- REMOVE FILEGROUP filegroup_name：删除指定的文件组。

- MODIFY FILE<filespec>:修改某个操作系统文件。
- MODIFY NAME＝new_databasename:重命名数据库。
- ADD FILEGROUP filegroup_name:增加一个文件组。
- MODIFY FILEGROUP filegroup_name:修改某个指定文件组的属性。

【例 3-6】 将数据库的数据文件 XSCJ_data 和 XSCJ_log 分别由原先的 1 MB 扩充为2 MB。

在查询分析器中运行如下命令:

```
USE XSCJ
GO
ALTER DATABASE XSCJ
MODIFY FILE
 (NAME='XSCJ_DATA',
SIZE=2MB)
GO
ALTER DATABASE XSCJ
MODIFY FILE (NAME='XSCJ_LOG',
SIZE=2MB)
GO
```

执行后,在查询分析器中执行 sp_helpdb XSCJ,显示 XSCJ 数据库的容量已为 4 MB,如图 3-22 所示。

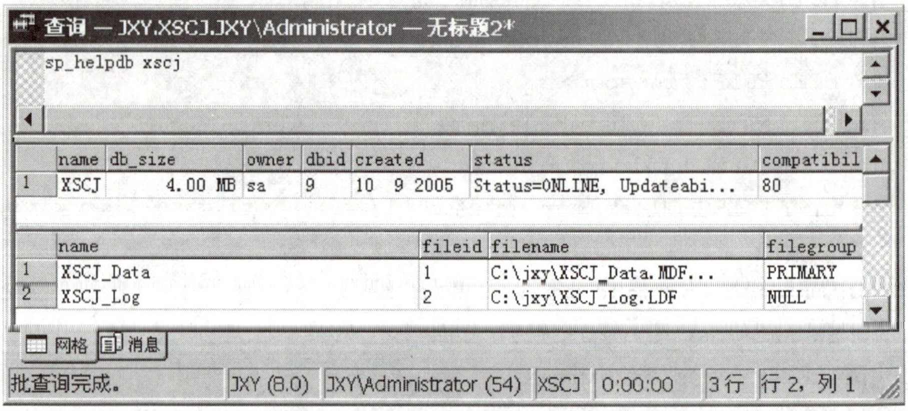

图 3-22 经过扩充后,XSCJ 数据库的容量已经增加到 4 MB

3.3.3 压缩数据库和数据文件

1. 使用企业管理器压缩数据库

在企业管理器中,右击要压缩的数据库(如 stu 数据库),在快捷菜单中选择【所有任务】下的【收缩数据库(D)】命令,在打开的对话框中按需要设置即可。如图 3-23 所示。

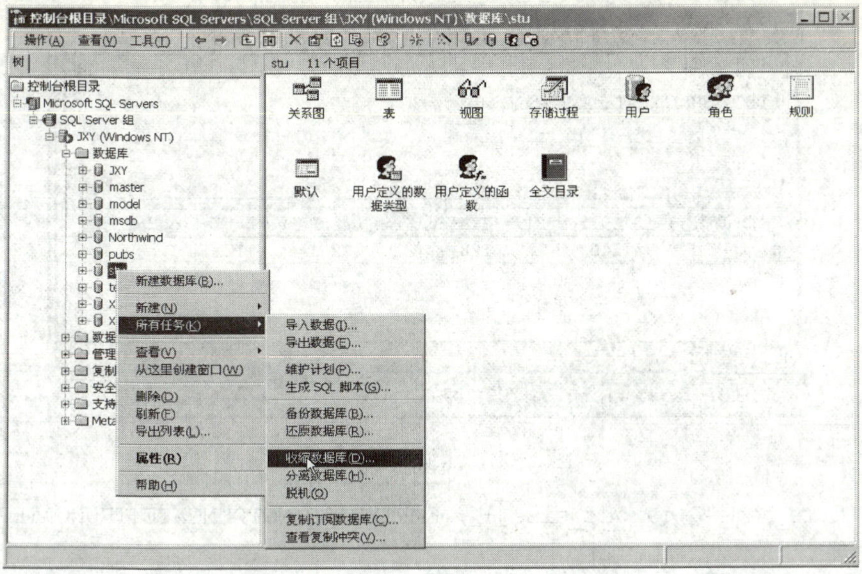

图 3-23 使用企业管理器压缩数据库

2. 使用 DBCC SHRINK DATABASE 命令压缩数据库

其语法格式为：

```
DBCC SHRINK DATABASE
(database_name [,target_percent][,{NOTRUNCATE|TRUNCATEONLY}])
```

其中：

- Target_percent——当数据库压缩后，数据库文件中剩余可用空间的百分比。
- NOTRUNCATE——被释放的文件空间依然保持在数据库文件中。如果未指定，将所释放的文件空间被操作系统回收。
- TRUNCATEONLY——将数据文件中未使用的空间释放给操作系统，并将文件压缩到上一次所分配的大小。使用 TRUNCATEONLY 时，将忽略 target_percent 的限制。

【例 3-7】 将 XSCJ 数据库由 4 MB 压缩到原来的 50%。

在查询分析器中运行如下命令：

```
USE XSCJ
GO
DBCC SHRINKDATABASE(XSCJ,50)
GO
```

运行结果如图 3-24 所示。

3. 使用 DBCC SHRINKFILE 命令压缩数据库的指定数据文件或日志文件大小

DBCC SHRINKFILE 的语法格式如下：

```
DBCC SHRINKFILE
```

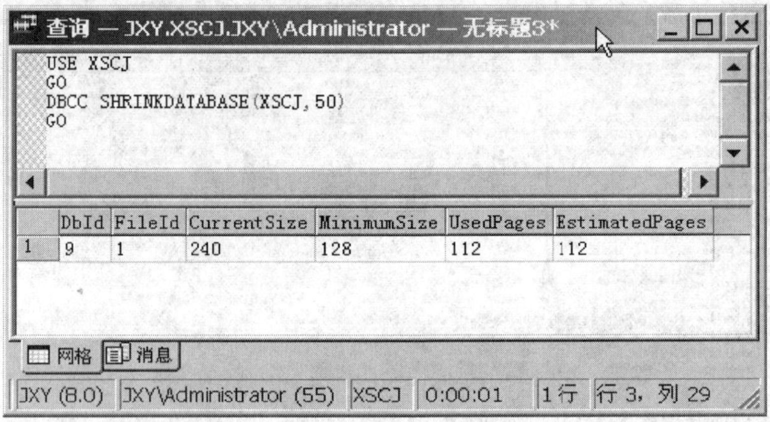

图 3-24 压缩 XSCJ 数据库

```
(file_name{[,target_size]|[,{EMPTYFILE|NOTRUNCATE|TRUNCATEONLY}]})
```

其中：

- file_name——要压缩文件的逻辑名称。
- target_size:将文件缩小到指定的长度，以 MB 为单位。如果不指定，将文件减少到最大程度。
- EMPTYFILE——将数据从指定文件中转移到同一文件组中的其他文件。
- NOTRUNCATE 和 TRUNCATEONLY:与 DBCC SHRINK DATABASE 命令中相同。

【例 3-8】 将 stu 数据库的数据文件 STU_DATA1 由 5 MB 压缩为 1 MB。

在查询分析器中运行如下命令：

```
USE stu
GO
DBCC SHRINKFILE(STU_DATA1,1)
GO
```

运行结果如图 3-25 所示，可以看到文件已经进行了压缩。运行 sp_helpdb stu 命令，结果 STU_DATA1 文件已经由原来的 5 MB 压缩为 1 MB。stu 数据库也由原来的 17 MB 压缩

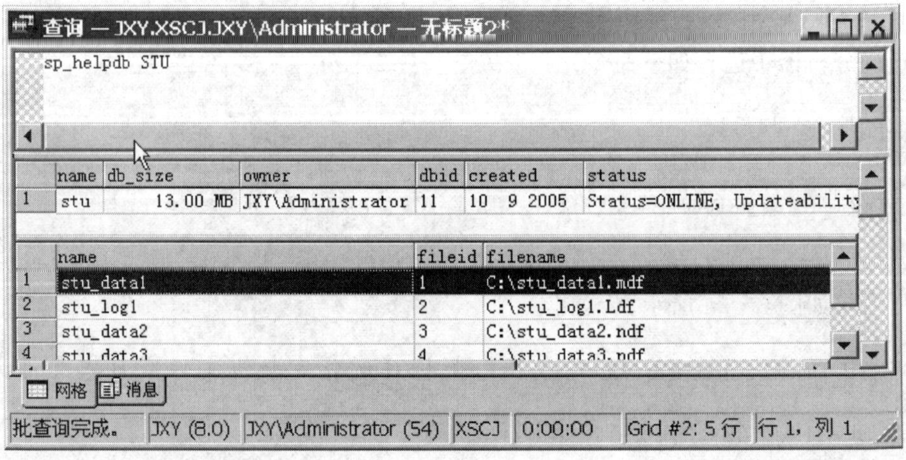

图 3-25 数据文件 STU_DATA1 已由原来的 5 MB 压缩到 1 MB

为13 MB。

3.3.4　数据库更名

在重新命名数据库之前，应该确保没有用户使用该数据库，而且数据库应该设置为单用户模式。SQL Server 使用系统存储过程 sp_renamedb 更名数据库，其语法如下：

sp_renamedb　'旧数据库文件名','新数据库文件名'

【例3-9】　将数据库 stu 更名为 student。

在查询分析器中运行如下命令即可更名：

```
sp_renamedb'stu','student'
GO
```

3.3.5　删除数据库

当数据库无用时，为了节省磁盘空间，可以删除数据库。删除数据库可以使用企业管理器和 DROP DATABASE 语句两种方法，前者一次只能删除一个数据库，后者一次可删除多个数据库。但使用后一种方法删除数据库时，系统不会给出确认提示，故需十分谨慎。

1. 使用企业管理器删除数据库

在企业管理器中右击要删除的数据库，在弹出的快捷菜单中选择【删除】命令，并进行确认即可。如图3-26所示。

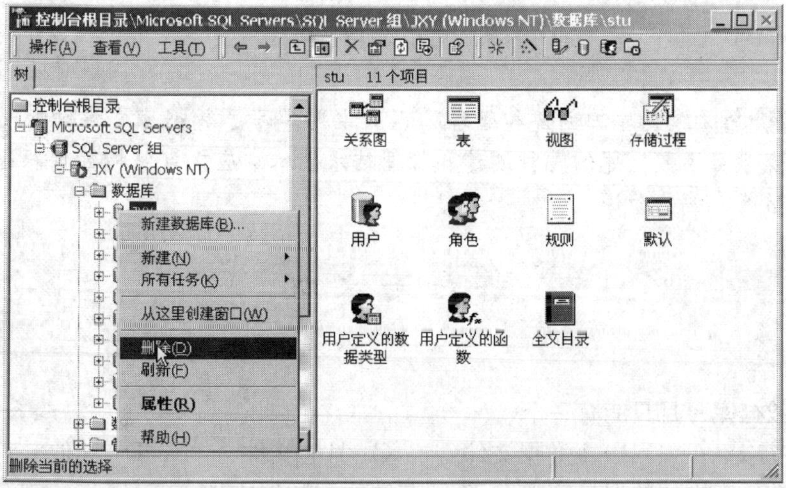

图3-26　使用企业管理器删除数据库

2. 利用 DROP DATABASE 语句删除数据库

语法格式为：

DROP DATABASE 数据库文件名[,...n]

【例 3-10】 删除 stu 数据库

在查询分析器中运行如下命令：

```
DROP DATABASE stu
GO
```

运行结果如图 3-27 所示。

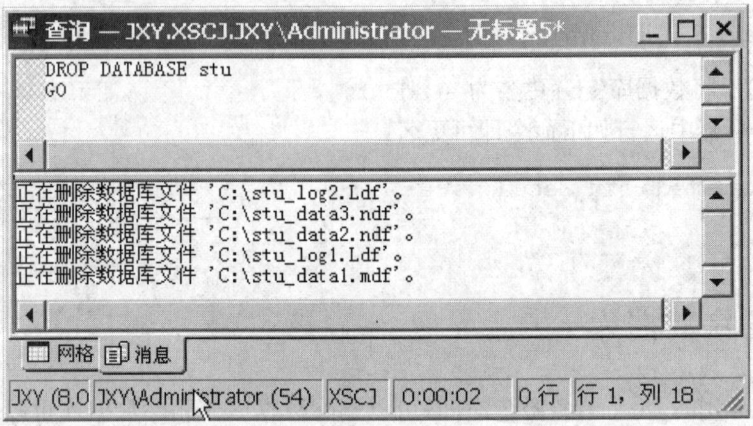

图 3-27 删除 stu 数据库

但是，当出现以下几种情况时，将无法删除数据库：

① 当数据库正在使用时；

② 当有用户正在对数据库进行操作时；

③ 当数据库正在执行数据复制时。

本 章 小 结

本章主要介绍了数据库的创建和管理知识。主要学习了数据库文件和数据库组成的基础知识，并重点学习了数据库的几种创建和管理技术。本章应重点掌握如何根据需要创建数据库，并对其进行有效的管理。

练习与上机

一、选择题

1. 每个数据库有且只能有一个(　　)。

A. 次数据文件　　B. 主数据文件　　C. 日志文件　　D. 其他

2. 如果数据库中的数据量非常大，除了存储在主数据文件中，可以将一部分数据存储在(　　)。

A. 次数据文件　　B. 主数据文件　　C. 日志文件　　D. 其他

3. 下列哪种命令可以显示数据库信息(　　)。

A. sp_helpdb　　B. sp_renamedb

C. DBCC SHRINKDATABASE　　D. DBCC SHRINKFILE

4. 下列哪种命令可以用来压缩数据库容量(　　)。

A. sp_helpdb　　B. sp_renamedb

C. DBCC SHRINKDATABASE　　D. DBCC SHRINKFILE

5. 使用下列哪种语句可以创建数据库(　　)。

A. CREATE DATABASE　　B. CREATE TABLE

C. ALTER DATABASE　　D. ALTER TABLE

6. 使用下列哪种语句可以修改数据库(　　)。

A. CREATE DATABASE　　B. CREATE TABLE

C. ALTER DATABASE　　D. ALTER TABLE

7. 使用下列哪种语句可以删除数据库(　　)。

A. DROP DATABASE　　B. CREATE TABLE

C. ALTER DATABASE　　D. DROP TABLE

二、填空题

1. 从物理结构层次上说,SQL Server 2000 数据库是由两个或多个文件组成,根据文件的作用,可以将这些文件分三类:________、________和________。

2. 一般情况下,一个数据库至少由________个主数据文件和________个事务日志文件组成。

3. 默认状态下,数据库文件存放在________目录下,主数据文件名为________,日志文件名为__________。

4. SQL Server 的每一个数据库都由__________、__________、__________、__________、__________、__________、__________、__________、__________、__________等数据库对象组成。

5. 在 SQL Server 2000 中,创建数据库有多种方法。归纳起来,一共有 3 种方法:________、________和________。

6. 在完成 SQL Server 安装后,系统即会自动创建 6 个数据库。它们分别是________、________、________、________这 4 个系统数据库和________、________这 2 个示例数据库。其中,________是最重要的系统数据库。

三、简答题

1. 简述数据库文件的分类及特点。

2. 简述系统数据库的作用。

项目实训

1. 创建货物数据库,要求:主数据文件名为 goods_data.MDF,存放在 C:\目录下,初始值大小为 2 MB,增长方式为按照 10%的比例增长;次数据文件名为 goods_data1.NDF 和 goods_data2.NDF,都存放在 D:\目录下,初始大小为 1 MB,增长方式为按 2 MB 的增量增长;日志文件名 goods_log.LDF,都存放在 E:\目录下,初始大小为 3 MB,增长方式为按照 1 MB的增量增长。要求分别使用向导和企业管理器两种方法完成,尽量使用第三种方法——使用 Transact-SQL 语句,并记录完整语句。

2. 对上述数据库分别进行查看、扩充、压缩、更名等操作并记录各项操作的完整语句。

第 4 章 创建与管理表

【学习目标】

- 了解表的基础知识
- 熟练创建与管理表
- 熟练掌握表的数据操作方法

4.1 创建表

表的创建是使用表的前提。表定义为列的集合，数据在表中是按行和列的组织形式排列的，每一行代表唯一的一条记录，每一列则代表记录中的一个域。在 SQL Server 2000 中，每个数据库中最多可以创建 200 万个表，用户创建数据库表时，最多可以定义 1 024 列，也就是可以定义 1 024 个字段。

在 SQL Server 2000 中，可以使用企业管理器和使用 CREATE TABLE 语句两种方法创建表。

4.1.1 使用企业管理器创建表

【例 4-1】 使用企业管理器创建“系部表”。

① 在控制台树中展开 XSCJ 数据库。

② 右击【表】，在弹出的菜单中单击【新建表】命令，出现如图 4-1 所示的对话框。

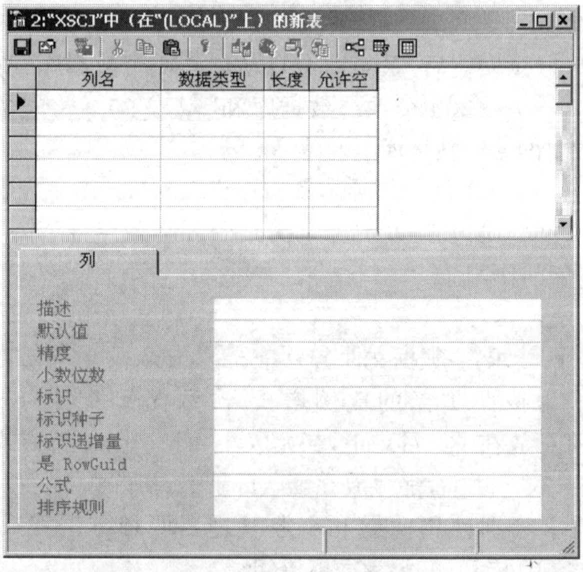

图 4-1 新建表对话框

在该对话框中，需要对表的内容进行定义，其具体内容有以下几个方面。

- 输入列名。列名在表中必须唯一，列的命名必须遵守 SQL Server 数据库对象的命名规则。
- 选择正确的数据类型、数据长度和精度，有关数据类型的相关知识可以参见 2.1.3 节 Transact-SQL 语法元素的内容。
- 规定该列的数据可否为空。
- 设置表的主键和索引。创建主键的方法非常简单，首先选中要建立主键的列，单击工具栏的【设置主键】按钮即可。建立为主键的列旁会出现一个小钥匙形的标志。

③ 本例在【列名】中输入"系部编号"，【数据类型】框中选择"char"，在【长度】中输入长度"2"，不允许为空。

④ 继续设置列，在【列名】中输入"系部名称"，【数据类型】框中选择"char"，在【长度】中输入长度"16"，不允许为空。

⑤ 设置完成后，如图 4－2 所示。

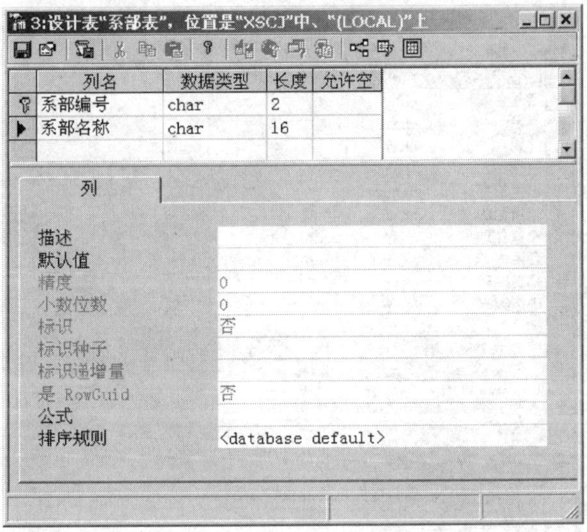

图 4－2　使用企业管理器创建"系部表"

⑥ 单击企业管理器工具栏上的【保存】按钮，出现如图 4－3 所示的对话框，输入表名"系部表"，最后单击【确定】按钮完成表的创建。

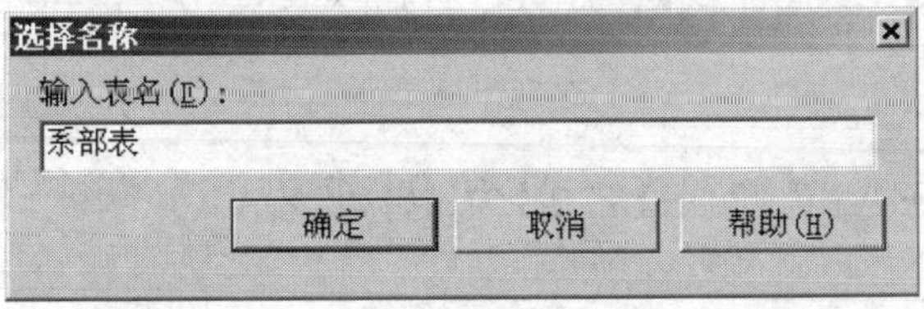

图 4－3　为创建的表命名

【例 4－2】　使用企业管理器创建"学生基本信息表"。

① 在控制台树中展开 XSCJ 数据库。

② 右击【表】，在弹出的菜单中单击【新建表】命令。

③ 本例在【列名】中输入"学号"，【数据类型】框中选择"char"，在【长度】中输入长度"8"，

不允许为空。

④ 继续设置列，在【列名】中输入“姓名”，【数据类型】框中选择“char”，在【长度】中输入长度“12”，不允许为空。

⑤ 继续设置列，在【列名】中输入“性别”，【数据类型】框中选择“char”，在【长度】中输入长度“2”，不允许为空。

⑥ 继续设置列，在【列名】中输入“族别”，【数据类型】框中选择“char”，在【长度】中输入长度“8”，不允许为空。

⑦ 继续设置列，在【列名】中输入“出生日期”，【数据类型】框中选择“datetime”，在【长度】中输入长度“8”，不允许为空。

⑧ 继续设置列，在【列名】中输入“政治面貌”，【数据类型】框中选择“char”，在【长度】中输入长度“8”，不允许为空。

⑨ 继续设置其他列，完成后的表结构如图 4-4 所示。

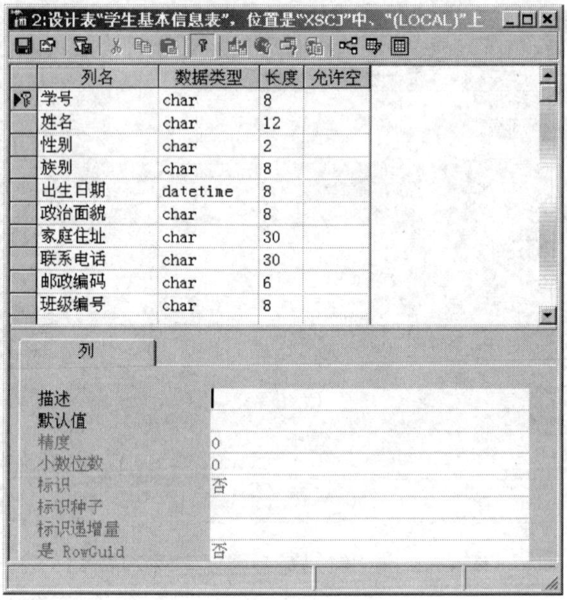

图 4-4　使用企业管理器创建“学生基本信息表”

⑩ 单击企业管理器工具栏上的【保存】按钮，输入表名“学生基本信息表”，最后单击【确定】按钮完成表的创建。

4.1.2　使用 CREATE TABLE 语句创建表

其语法形式如下：

```
CREATE TABLE
[数据库名.[拥有者名].]表名
(
列名 列的属性 [,...n])
)
```

其中:列的属性包括列的数据类型、列的长度、列上的约束等。

【例4-3】 使用SQL语句创建"班级表"、"课程信息表"、"成绩表"。

在查询分析器中运行如下命令:

```
USE XSCJ
GO
CREATE TABLE 班级表
(
班级编号 char(8) NOT NULL,
系部编号 char(2) NOT NULL,
班级名称 char(16) NOT NULL
)
GO
CREATE TABLE 课程信息表
(
课程编号 char(4) NOT NULL,
课程名称 char(30) NOT NULL,
学分 decimal(5) NOT NULL,
学时 decimal(5) NOT NULL,
考核类型 char(6) NOT NULL,
任课教师 char(12) NOT NULL,
系部编号 char(2) NOT NULL,
上课时间 char(40) NOT NULL
)
GO
CREATE TABLE 成绩表
(
学号 char(8) NOT NULL,
课程编号 char(4) NOT NULL,
成绩 decimal(9) NOT NULL
)
GO
```

4.2 管理表

4.2.1 修改表结构

1. 使用企业管理器修改表结构

使用企业管理器可以修改表的定义,包括添加、删除列,更改列的名称、类型和长度;也可以添加、删除、修改约束，启用或禁用约束和触发器等。具体操作时只需右击要修改的表，在弹出的菜单中选择【设计表】命令即可。

【例 4-4】 使用企业管理器修改 XSCJ 数据库中的“课程信息表”，将“课程编号”列设置为主键。

① 在控制台树中展开 XSCJ 数据库，单击【表】。

② 在详细列表中右击【课程信息表】，在弹出的菜单中单击【设计表】命令。

③ 选中要建立主键的列“课程编号”，单击企业管理器工具栏的【设置主键】按钮即可。建立为主键的列旁即出现一个小钥匙形的标志。

④ 单击企业管理器工具栏上的【保存】按钮完成表的修改。

2. 使用 ALTER TABLE 语句修改表结构

（1）修改表设置主键

基本语法如下：

```
ALTER TABLE 表名
ADD CONSTRAINT 约束名称
PRIMARY KEY CLUSTERED
(
列名 [,...]
)
```

其中：

ADD CONSTRAINT 表示增加约束；PRIMARY KEY 表示主键；CLUSTERED 表示聚集索引，一般主键为聚集索引。

【例 4-5】 使用 SQL 语句把“课程信息表”的“课程编号”列设置为主键“PX_课程信息表”，再将其删除。

在查询分析器中运行如下命令即可：

```
USE XSCJ
GO
ALTER TABLE 课程信息表
ADD CONSTRAINT PX_课程信息表
PRIMARY KEY CLUSTERED
(课程编号)
GO
```

（2）添加列

向表中增加一列时，应使新增加的列有默认值或允许为空值，SQL Server 将向表中已存在的行填充新增列的默认值或空值，如果既没有提供默认值也不允许为空值，那么新增列的操作将出错，因为 SQL Server 不知道该怎么处理那些已经存在的行。

向表中添加列的语句格式如下：

```
ALTER TABLE 表名
```

```
ADD列名 列的描述
```

【例4-6】 向“学生基本信息表”中添加“Email:”列。

在查询分析器中运行如下命令:

```
USE XSCJ
GO
ALTER TABLE 学生基本信息表
ADD  Email:varchar(20) NULL
GO
```

(3) 删除列

删除一列的语句格式为:

```
ALTER TABLE  表名
DROP  列名
```

【例4-7】 将“学生基本信息表”中添加的“Email:”列删除。

在查询分析器中运行如下命令:

```
USE XSCJ
GO
ALTER TABLE  学生基本信息表
DROP COLUMN Email:
GO
```

(4) 修改列定义

表中的每一列都有其定义,包括列名、数据类型、数据长度及是否允许为空值等,这些值都可以在表创建好以后修改。

修改列定义的语句格式为:

```
ALTER TABLE  表名
ALTER COLUMN  列名 列的描述
```

【例4-8】 将“学生基本信息表”中的“姓名”列改为最大长度为20的varchar型数据,且不允许空值。

在查询分析器中运行如下命令:

```
USE XSCJ
GO
ALTER TABLE  学生基本信息表
ALTER COLUMN  姓名  varchar(20)  NOT NULL
GO
```

默认状态下,列是被设置为允许空值的,将一个原来允许空值的列改为不允许空值,必须在以下两个条件满足时才能成功:

① 列中没有存放是空值的记录;

② 在列上没有创建索引。

4.2.2 表的更名

1. 使用企业管理器重新命名表

【例 4-9】 使用企业管理器将 XSCJ 数据库中的“成绩表”更名为“学生成绩表”。

具体步骤为：

① 在控制台树中展开 XSCJ 数据库，单击【表】；

② 在详细列表中右击“成绩表”，在弹出的菜单中选择【重命名】命令；

③ 输入“学生成绩表”；

④ 单击【是】按钮确认；

⑤ 单击【确定】按钮完成重命名。

2. 使用 sp_rename 存储过程重新命名表

【例 4-10】 使用 SQL 命令将 XSCJ 数据库中的“学生成绩表”重新更名为“成绩表”。

在查询分析器中运行如下命令：

```
USE XSCJ
GO
EXEC sp_rename '学生成绩表','成绩表'
GO
```

4.2.3 表的删除

1. 使用企业管理器删除表

【例 4-11】 使用企业管理器删除 XSCJ 数据库中的“课程信息表”。

具体步骤为：

① 在控制台树中展开 XSCJ 数据库，单击【表】；

② 在详细列表中右击“课程信息表”，在弹出的菜单中选择【删除】命令；

③ 单击【全部删除】按钮，完成删除。

2. 利用 DROP TABLE 语句删除表

DROP TABLE 语句可以删除一个表和表中的数据及其与表有关的所有索引、触发器、约束、许可对象。DROP TABLE 语句的语法形式如下：

```
DROP TABLE 表名
```

【例 4-12】 使用 SQL 语句删除 XSCJ 数据库中的“学生基本信息表”。

在查询分析器中运行如下命令：

```
USE XSCJ
GO
DROP TABLE 学生基本信息表
GO
```

注:为保证本书的连贯性,删除后应该原样恢复。

4.3　表的数据操作

4.3.1　向表中插入数据

1. 使用 INSERT 语句

基本语法为:

```
INSERT [INTO] 表名 [(列名)]
  VALUES (表达式)
```

(1) 添加数据到一行中的所有列

当将数据添加到一行的所有列时,使用 VALUES 关键字来给出要添加的数据。INSERT 语句中无需给出表中的列名,只要 VALUES 中给出的数据与用 CREATE TABLE 定义表时给定的列名顺序相同即可。

【例 4-13】 向"班级表"中输入一行数据。

在查询分析器中运行如下命令:

```
USE XSCJ
GO
INSERT INTO 班级表
VALUES ('20051004','01','05 高职网络 ')
GO
```

返回的结果为:

(所影响的行数为 1 行)

需要注意的是:

① 输入的顺序和数据类型必须与表中列的顺序和数据类型一致;

② 可以不给全部列赋值,但没有赋值的列必须是可以为空的列;

③ 字符型和日期型值插入时要用单引号括起来。

(2) 添加数据到一行中的部分列

要将数据添加到一行中的部分列时,则需要同时给出要使用的列名及要赋给这些列的数据。

【例 4-14】 向"学生基本信息表"中输入 1 行数据。

在查询分析器中运行如下命令:

```
USE XSCJ
GO
INSERT INTO 学生基本信息表(学号,姓名,家庭住址)
VALUES('000107','巴尔夏提','新疆库尔勒市')
GO
```

返回的结果为：

(所影响的行数为 1 行)

对于这种添加部分列的操作，在添加数据前应确认未在 VALUES 列表中出现的列允许不允许为 NULL；只有允许为 NULL 的列，才可以不出现在 VALUES 列表中。

2. 使用企业管理器添加数据

【例 4－15】 使用企业管理器向“班级表”中输入一行数据。

具体步骤为：

① 在控制台树中展开 XSCJ 数据库，单击【表】；

② 在详细列表中右击“班级表”，在弹出的菜单中选择【打开表】命令中的【返回所有行】命令；

③ 在出现的窗口中分别输入：“20051005”、“01”、“05 高职软件”；

④ 单击【关闭】按钮即可保存确认。

4.3.2 使用 UPDATE 语句更新表中数据

语法格式为：

```
UPDATE 表名
SET 列名=表达式
[WHERE 条件]
```

【例 4－16】 修改刘瑞恒的出生日期。

在查询分析器中运行如下命令：

```
USE XSCJ
GO
UPDATE 学生基本信息表
SET 出生日期='1985/10/31'
WHERE 姓名='刘瑞恒'
GO
```

返回的结果为：

(所影响的行数为 1 行)

4.3.3 使用 DELETE 语句删除表中数据

使用 Transact-SQL 中的 DELETE 语句可以删除数据表中的一个或多个记录。

DELETE 语句最简单的形式如下：

```
DELETE [FROM] 表名
[WHERE 条件表达式]
```

其中，表名是要删除数据的表的名字。如果 DELETE 语句中没有 WHERE 子句限制，表中的所有记录都将被删除。

【例 4-17】 删除"学生基本信息表"中姓名为杨文利的学生记录。

在查询分析器中运行如下命令：

```
USE XSCJ
GO
DELETE FROM 学生基本信息表
WHERE 姓名='杨文利'
GO
```

返回的结果为：

(所影响的行数为1行)

本章小结

本章介绍了如何创建、修改和删除表，以及如何使用 SQL 语句修改、添加、删除表结构等。应该重点掌握如何使用企业管理器和 SQL 语句创建、删除、修改表及表中的数据。

练习与上机

一、选择题

1. 使用下列哪种语句可以创建数据表(　　)。

A. CREATE DATABASE　　B. CREATE TABLE

C. ALTER DATABASE　　D. ALTER TABLE

2. 使用下列哪种语句可以修改数据表(　　)。

A. CREATE DATABASE　　B. CREATE TABLE

C. ALTER DATABASE　　D. ALTER TABLE

3. 使用下列哪种语句可以删除数据表(　　)。

A. DROP DATABASE　　B. CREATE TABLE

C. ALTER DATABASE　　D. DROP TABLE

4. 使用下列哪种语句可以向表中插入数据(　　)。

A. INSERT　　B. UPDATE　　C. DELETE　　D. CREATE

5. 使用下列哪种语句可以更新表中数据(　　)。

A. INSERT　　B. UPDATE　　C. DELETE　　D. CREATE

6. 使用下列哪种语句可以删除表中数据(　　)。

A. INSERT　　B. UPDATE　　C. DELETE　　D. CREATE

二、填空题

1. 在 SQL Server 2000 中,可以使用________和________语句两种方法创建表。

2. 在 SQL Server 2000 中,可以使用________和________语句两种方法重新命名表。

3. 在 SQL Server 2000 中,可以使用________和________语句两种方法删除表。

4. 在 SQL Server 2000 中,可以使用________和________语句两种方法向表中插入数据。

5. 在 SQL Server 2000 中,插入数据使用________语句、更新数据使用________语句、删除数据使用________语句。

三、简答题

1. 简述使用企业管理器创建表的步骤。

2. 向表中增加一列时,应使新增加的列有哪些要求?

3. 向表中插入数据时需要注意哪些问题?

☞项目实训

1. 创建教师数据库 teacher。

2. 在 teacher 内创建:

- 教师基本情况表(jbqk),包括教师编号(teacher_no)、教师姓名(teacher_name)、教师所在部门编号(department_no)、教师职称(teacher_grade);
- 教师部门信息表(bmxx),包括部门编号(department_no)、部门名称(department_name)、部门描述(department_ms);
- 教师上课情况表(skqk),包括教师编号(teacher_no)、所上课程(course_kc)、是否专业课(course_zy)、课时数(course_ks)、班数(classe_number)、总人数(total_number)。

设计要求:

(1) 每个表至少输入 10 条记录,要求记录要符合现实意义。

(2) 向各表中插入一条记录,再删除各表中的第 5 条记录。

(3) 操作数据表中的数据,包括插入数据、删除数据、更新数据和查询数据。

第5章 数据查询

【学习目标】

- 掌握 SELECT 语句结构
- 熟练使用 SELECT 语句查询数据

5.1 SELECT 语句结构

SELECT 在任何一种 SQL 语言中,都是使用频率最高的语句,它具有强大的查询功能,有的用户甚至只需要熟练掌握 SELECT 语句的一部分,就可以轻松地利用数据库来完成自己的工作。可以说,SELECT 是 SQL 语言的灵魂。SELECT 语句的作用是让数据库服务器根据客户端的要求搜寻出用户所需要的信息资料,并按用户规定的格式进行整理后返回给客户端。用户使用 SELECT 语句除可以查看普通数据库中的表格和视图的信息外,还可以查看 SQL Server 的系统信息。

SELECT 语句的语法格式如下:

```
SELECT select_list
[INTO new_table_name]
FROM table_source
[WHERE search_condition]
[GROUP BY group_by_expression]
[HAVING search_condition]
[ORDER BY order_expression [ASC|DESC]]
```

其中:

- select_list——指明要查询的选择列表。列表可以包括若干个列名或表达式,列名或表达式之间用逗号隔开,用来指示应该返回哪些数据。表达式可以是列名、函数或常数的列表。
- INTO new_table_name——指定用查询的结果创建成一个新表。new_table_name 为新表名称。
- FROM table_source——指定所查询的表或视图的名称。
- WHERE search_condition——指明查询所要满足的条件。
- GROUP BY group_by_expression——根据指定列中的值对结果集进行分组。
- HAVING search_condition——对用 FROM、WHERE 或 GROUP BY 子句创建的中间结果集进行行的筛选。它通常与 GROUP BY 子句一起使用。
- [ORDER BY order_expression [ASC|DESC]]——对查询结果集中的行重新排序。ASC 和 DESC 关键字分别用于指定按升序或降序排序。如果省略 ASC 或DESC,则系统默认为升序。

5.2 使用SELECT语句查询数据

5.2.1 使用 SELECT 子句

SELECT 子句的语法为：

```
SELECT [ALL|DISTINCT]
    [TOP n [PERCENT][WITH TIES]]
    <select_list>
```

其中：

- ALL 关键字——为默认设置，用于指定查询结果集的所有行，包括重复行。
- DISTINCT——用于删除结果集中重复的行。
- TOP n [PERCENT]——指定只返回查询结果集中的前 n 行。如果加了 PERCENT，则表示只返回查询结果集中的前 n% 行。
- WITH TIES——用于指定从基本结果集中返回附加的行。
- select_list——指明要查询的选择列表。列表可以包括若干个列名或表达式，列名或表达式之间用逗号隔开，用来指示应该返回哪些数据。如果使用星号 * 则表示返回 FROM 子句中指定的表或视图中的所的列。表达式可以是列名、函数或常数的列表。

【例 5-1】 查询学生基本信息表中的所有信息。

在查询分析器中运行如下命令：

```
USE XSCJ
GO
SELECT * FROM 学生基本信息表
GO
```

运行结果如图 5-1 所示，它将学生基本信息表的所有信息均显示出来。

【例 5-2】 在学生基本信息表中查询学生的学号、姓名、性别和族别信息。

在查询分析器中运行如下命令：

```
USE XSCJ
GO
SELECT 学号,姓名,性别,族别 FROM 学生基本信息表
GO
```

运行结果如图 5-2 所示。

【例 5-3】 从学生基本信息表中查询学生由几个民族构成。

提示：从例 5-2 结果可知，学生的族别有多行重复，要快速查询学生的民族构成，实际上就是对相同值的族别只需要显示一行，可使用 DISTINCT 关键字实现。

在查询分析器中运行如下命令：

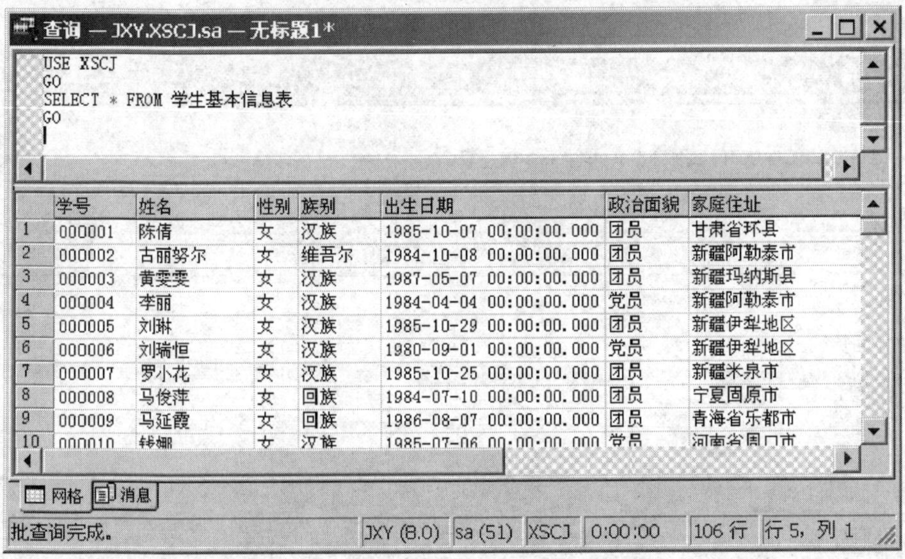

图 5-1　查询学生基本信息表中的所有信息

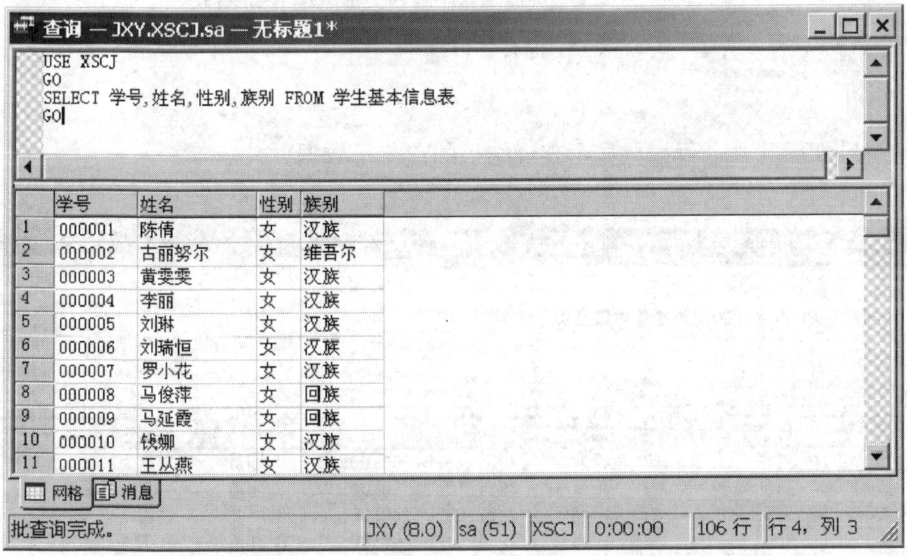

图 5-2　在学生基本信息表中查询学生的学号、姓名、性别和族别信息

```
USE XSCJ
GO
SELECT DISTINCT 族别 FROM 学生基本信息表
GO
```

运行结果如图 5-3 所示。

【例 5-4】　显示课程信息表中前 5 行的信息。

在查询分析器中运行如下命令：

```
USE XSCJ
GO
```

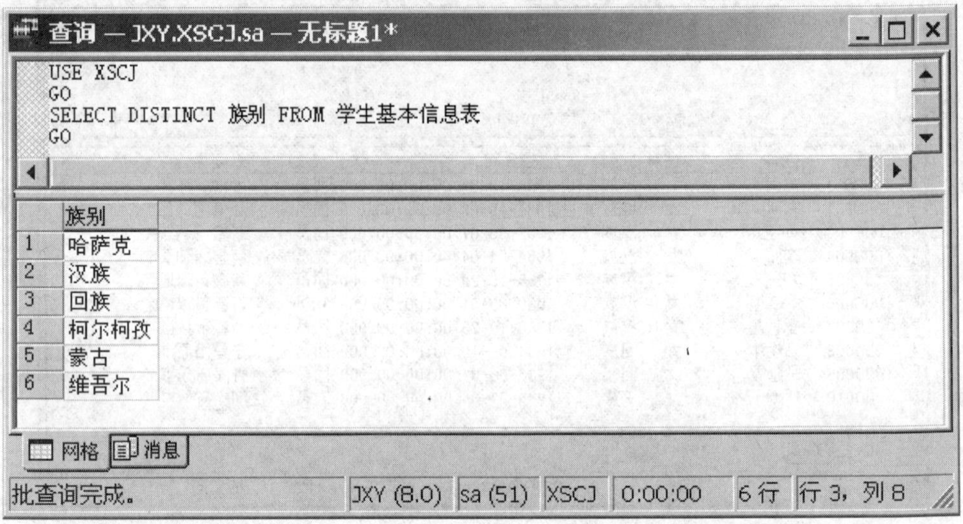

图 5-3 从学生基本信息表中查询学生由几个民族构成

```
SELECT TOP 5 * FROM 学生基本信息表
GO
```

运行结果如图 5-4 所示，只显示查询结果的前 5 行数据。

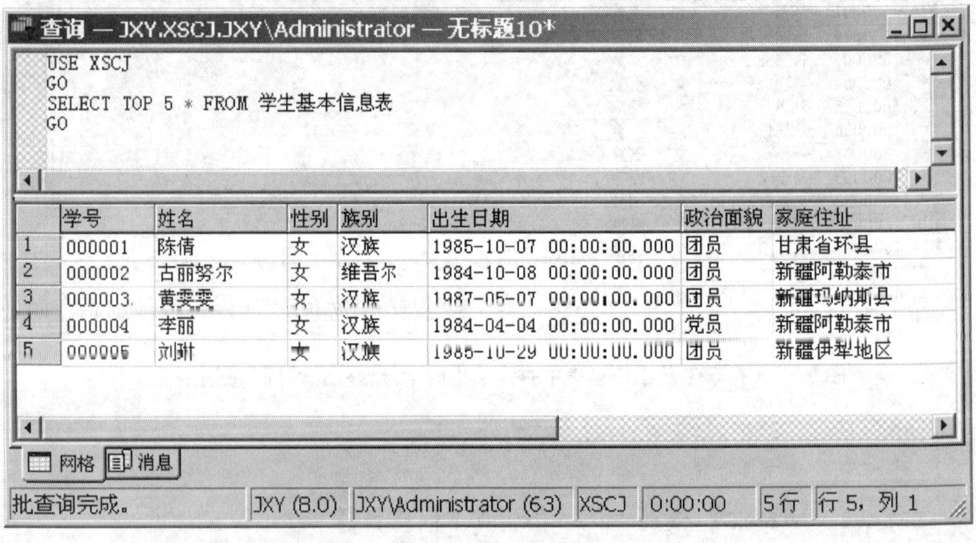

图 5-4 只显示查询结果的前 5 行数据

【例 5-5】 从学生基本信息表中只显示 5%的信息。

在查询分析器中运行如下命令：

```
USE XSCJ
GO
```

```
SELECT TOP 5 PERCENT * FROM 学生基本信息表
GO
```

运行结果如图 5-5 所示。学生基本信息表共有 106 行数据,6 行约占 106 行的 5%,所以使用 TOP 5 PERCENT 检索前 5%的数据行,其结果只显示 6 行信息。

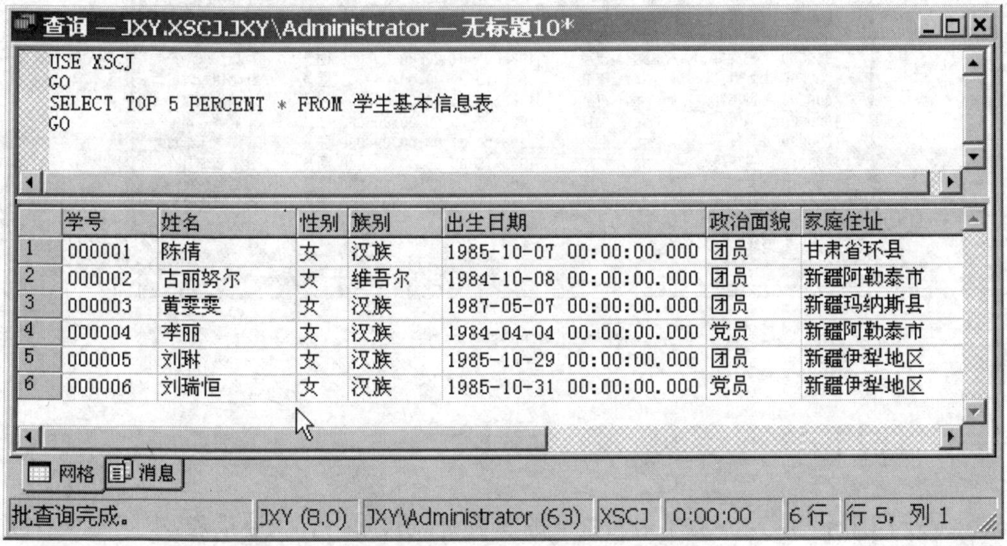

图 5-5 显示基本信息表 5%的数据行,其结果只显示 6 行信息

5.2.2 使用 INTO 子句

使用 INTO 子句可以创建一个新表,并将查询结果直接插入到新表中。但是用户必须在要创建新表的数据库中拥有 CREATE TABLE 权限,而且 INTO 子句不能与 COMPUTE 子句一起使用。

【例 5-6】 从学生基本信息表中查询所有团员的信息资料,并形成新表为团员基本信息表。

在查询分析器中运行如下命令:

```
USE XSCJ
GO
SELECT * INTO 团员基本信息表 FROM 学生基本信息表
WHERE 政治面貌='团员'
GO
SELECT * FROM 团员基本信息表
GO
```

运行结果如图 5-6 所示。

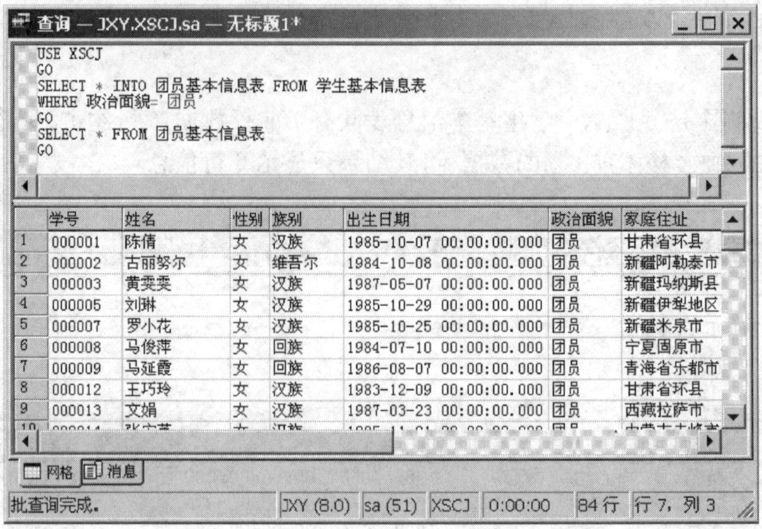

图 5-6　使用 INTO 子句

5.2.3　使用 FROM 子句

FROM 子句用于指定 SELECT 语句查询的源表、视图、派生表和连接表，中间用逗号隔开。在 FROM 子句中最多可以使用 16 个表或视图。

【例 5-7】　从成绩表中查询学生成绩。

在查询分析器中运行如下命令：

```
USE XSCJ
GO
SELECT * FROM 成绩表
GO
```

运行结果如图 5-7 所示。

【例 5-8】　从相关表中查询每一位学生的学号、姓名、课程名称、成绩。

提示：从各表数据可知，“学号”存在于“学生基本信息表”和“成绩表”，“姓名”存在于“学生基本信息表”，“课程名称”存在于“课程信息表”，“成绩”存在于“成绩表”，要实现本例查询，则需要对“学生基本信息表”、“课程信息表”、“成绩表”进行多表检索，也可以来自不同的数据库。在查询分析器中运行如下命令：

```
USE XSCJ
GO
SELECT 学生基本信息表.学号,姓名,课程名称,成绩 FROM 学生基本信息表,课程信息表,成绩表
WHERE 学生基本信息表.学号=成绩表.学号 AND 课程信息表.课程编号=成绩表.课程编号
GO
```

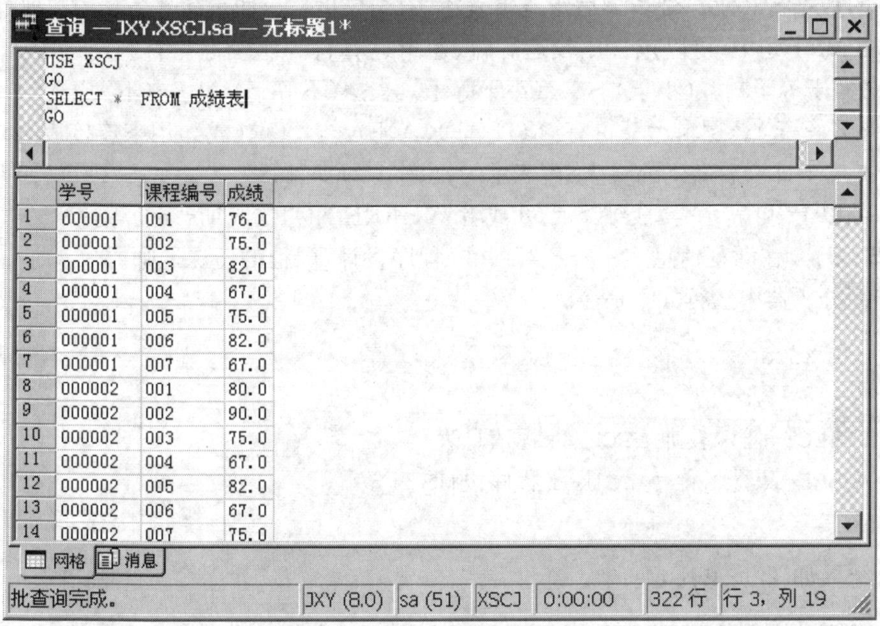

	学号	课程编号	成绩
1	000001	001	76.0
2	000001	002	75.0
3	000001	003	82.0
4	000001	004	67.0
5	000001	005	75.0
6	000001	006	82.0
7	000001	007	67.0
8	000002	001	80.0
9	000002	002	90.0
10	000002	003	75.0
11	000002	004	67.0
12	000002	005	82.0
13	000002	006	67.0
14	000002	007	75.0

图 5-7 使用 FROM 子句

运行结果如图 5-8 所示。

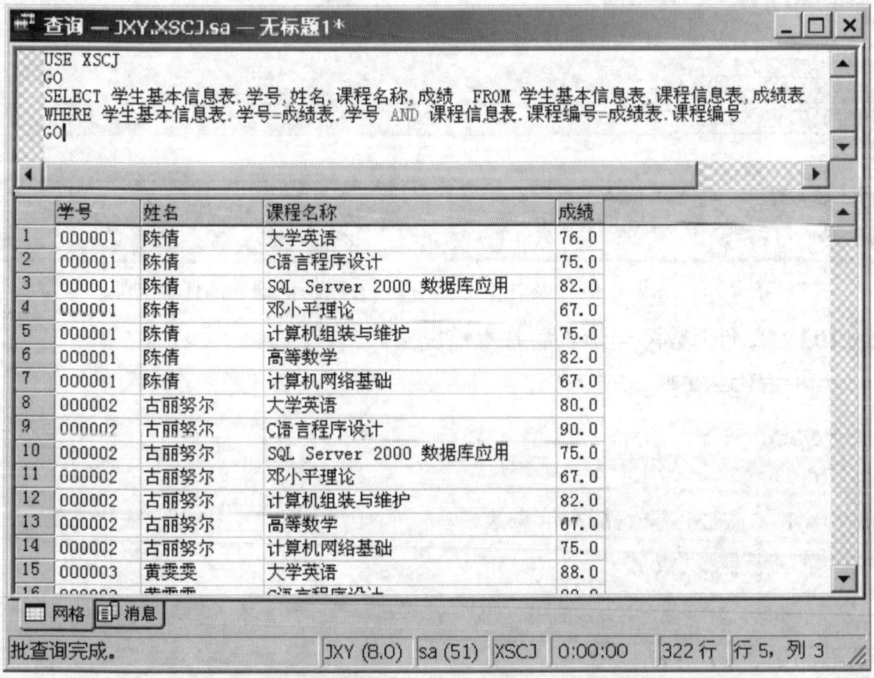

	学号	姓名	课程名称	成绩
1	000001	陈倩	大学英语	76.0
2	000001	陈倩	C语言程序设计	75.0
3	000001	陈倩	SQL Server 2000 数据库应用	82.0
4	000001	陈倩	邓小平理论	67.0
5	000001	陈倩	计算机组装与维护	75.0
6	000001	陈倩	高等数学	82.0
7	000001	陈倩	计算机网络基础	67.0
8	000002	古丽努尔	大学英语	80.0
9	000002	古丽努尔	C语言程序设计	90.0
10	000002	古丽努尔	SQL Server 2000 数据库应用	75.0
11	000002	古丽努尔	邓小平理论	67.0
12	000002	古丽努尔	计算机组装与维护	82.0
13	000002	古丽努尔	高等数学	67.0
14	000002	古丽努尔	计算机网络基础	75.0
15	000003	黄雯雯	大学英语	88.0

图 5-8 从相关表中查询每一位学生的学号、姓名、课程名称、成绩

5.2.4 使用 WHERE 子句

WHERE 子句用于指明查询所要满足的条件。通常情况下,必须定义一个或多个条件限制

检索选择的数据行。WHERE 子句后跟逻辑表达式，结果集将返回表达式为真的数据行。

在 WHERE 子句中，可以包含比较运算符、逻辑运算符。比较运算符有：=（等于）、＞（大于）、＞=（大于等于）、＜（小于）、＜=（小于等于）、＜＞（不等于）、！＞（不大于）、！＜（不小于）、！=（不等于）。逻辑运算符有：NOT（非）、AND（与）、OR（或），用来连接表达式。例如“1985 年 1 月 1 日以后出生的女生”可表示为：出生日期＞'1985-01-01' AND 性别='女'；“成绩 60 分以上”可表示为：成绩＞=60 或者 WHERE NOT（成绩＜60）等。

【例 5-9】 在课程信息表中查找“Delphi 程序设计”课程的任课老师。

在查询分析器中运行如下命令：

```
USE XSCJ
GO
SELECT 任课教师 FROM 课程信息表
WHERE 课程名称='Delphi 程序设计'
GO
```

运行结果如图 5-9 所示。

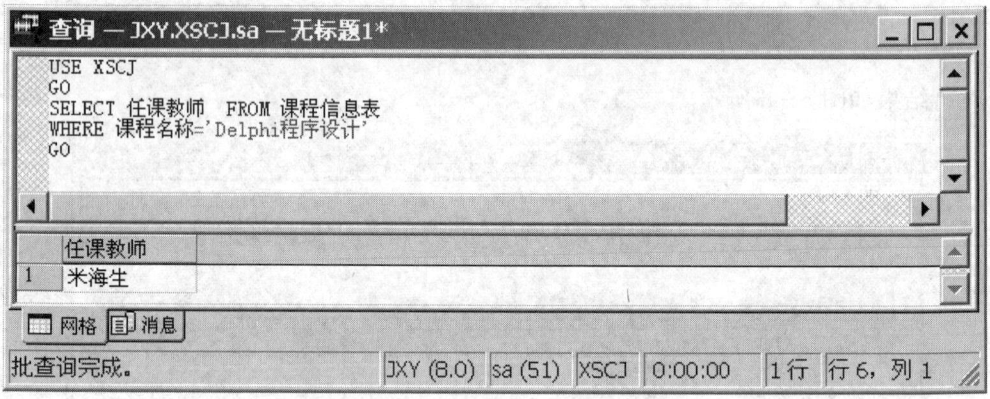

图 5-9 在课程信息表中查找“Delphi 程序设计”课程的任课老师

【例 5-10】 查询少数民族学生的基本情况。

在查询分析器中运行如下命令：

```
USE XSCJ
GO
SELECT * FROM 学生基本信息表
WHERE 族别<>'汉族'
GO
```

运行结果如图 5-10 所示。

【例 5-11】 检索 1985 年 1 月 1 日以后出生的女生基本信息。

在查询分析器中运行如下命令：

```
USE XSCJ
GO
SELECT * FROM 学生基本信息表
```

```
WHERE 出生日期>'1985-01-01' AND 性别='女'
GO
```

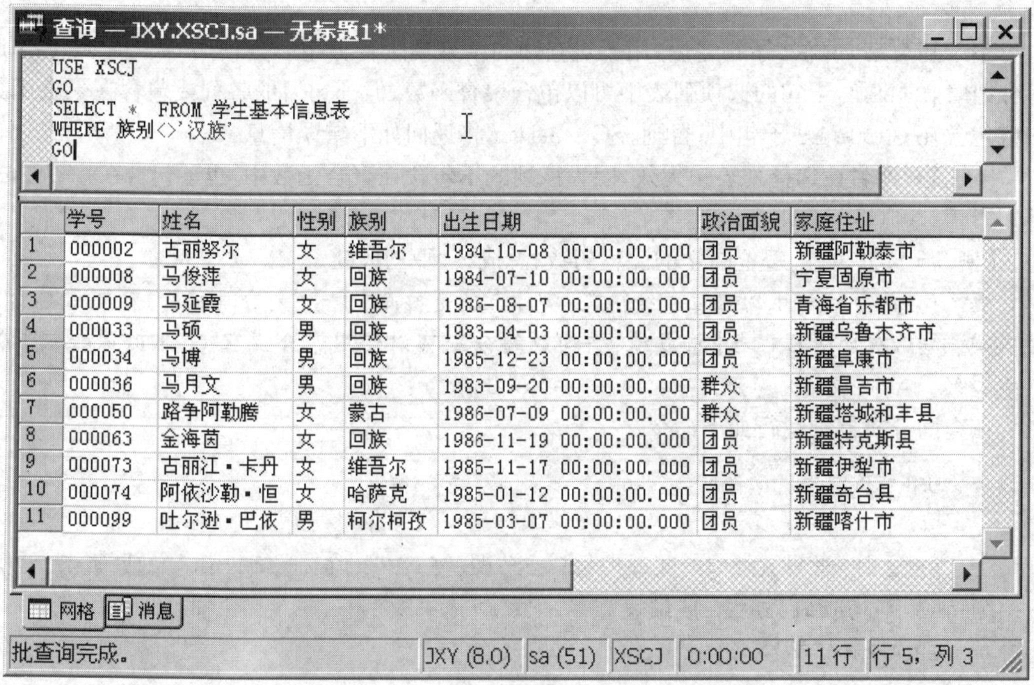

	学号	姓名	性别	族别	出生日期	政治面貌	家庭住址
1	000002	古丽努尔	女	维吾尔	1984-10-08 00:00:00.000	团员	新疆阿勒泰市
2	000008	马俊萍	女	回族	1984-07-10 00:00:00.000	团员	宁夏固原市
3	000009	马延霞	女	回族	1986-08-07 00:00:00.000	团员	青海省乐都市
4	000033	马硕	男	回族	1983-04-03 00:00:00.000	团员	新疆乌鲁木齐市
5	000034	马博	男	回族	1985-12-23 00:00:00.000	团员	新疆阜康市
6	000036	马月文	男	回族	1983-09-20 00:00:00.000	群众	新疆昌吉市
7	000050	路争阿勒腾	女	蒙古	1986-07-09 00:00:00.000	群众	新疆塔城和丰县
8	000063	金海茵	女	回族	1986-11-19 00:00:00.000	团员	新疆特克斯县
9	000073	古丽江·卡丹	女	维吾尔	1985-11-17 00:00:00.000	团员	新疆伊犁市
10	000074	阿依沙勒·恒	女	哈萨克	1985-01-12 00:00:00.000	团员	新疆奇台县
11	000099	吐尔逊·巴依	男	柯尔柯孜	1985-03-07 00:00:00.000	团员	新疆喀什市

图 5-10 查询少数民族学生的基本情况

运行结果如图 5-11 所示。

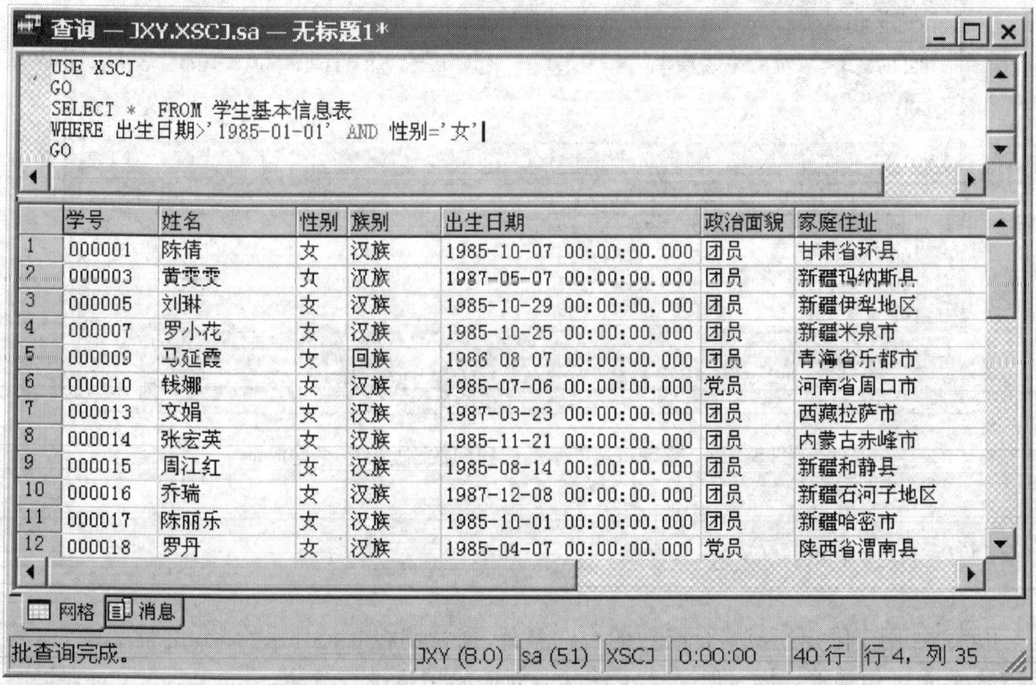

	学号	姓名	性别	族别	出生日期	政治面貌	家庭住址
1	000001	陈倩	女	汉族	1985-10-07 00:00:00.000	团员	甘肃省环县
2	000003	黄雯雯	女	汉族	1987-05-07 00:00:00.000	团员	新疆玛纳斯县
3	000005	刘琳	女	汉族	1985-10-29 00:00:00.000	团员	新疆伊犁地区
4	000007	罗小花	女	汉族	1985-10-25 00:00:00.000	团员	新疆米泉市
5	000009	马延霞	女	回族	1986-08-07 00:00:00.000	团员	青海省乐都市
6	000010	钱娜	女	汉族	1985-07-06 00:00:00.000	党员	河南省周口市
7	000013	文娟	女	汉族	1987-03-23 00:00:00.000	团员	西藏拉萨市
8	000014	张宏英	女	汉族	1985-11-21 00:00:00.000	团员	内蒙古赤峰市
9	000015	周江红	女	汉族	1985-08-14 00:00:00.000	团员	新疆和静县
10	000016	乔瑞	女	汉族	1987-12-08 00:00:00.000	团员	新疆石河子地区
11	000017	陈丽乐	女	汉族	1985-10-01 00:00:00.000	团员	新疆哈密市
12	000018	罗丹	女	汉族	1985-04-07 00:00:00.000	党员	陕西省渭南县

图 5-11 检索 1985 年 1 月 1 日以后出生的女生基本信息

5.2.5 使用 GROUP BY 子句

本子句写在 WHERE 子句之后，用于对查询的结果集进行分组。当使用 GROUP BY 子句进行分组时，SELECT 子句的选项列表中可以包含聚合函数，但子句后的各列或包含在聚合函数中或包含在 GROUP BY 子句中；否则，SQL Server 将返回如下错误信息：

“表名．列名在选择列表中无效，因为该列既不包含在聚合函数中，也不包含在 GROUP BY 子句中。”

【例 5-12】 查询每位同学的课程门数、总成绩、平均成绩。

提示：查询每位学生的课程成绩情况，实际上就是按照“学号”列分类统计，可使用 GROUP BY 学号子句，统计课程门数、总成绩、平均成绩分别可以使用聚合函数 COUNT（课程编号）、SUM（成绩）、AVG（成绩）。

在查询分析器中运行如下命令：

```
USE XSCJ
GO
SELECT 学号,COUNT(课程编号) AS '课程门数',SUM(成绩) AS '总成绩',AVG(成绩) AS'平均成绩'FROM 成绩表
GROUP BY 学号
GO
```

运行结果如图 5-12 所示。

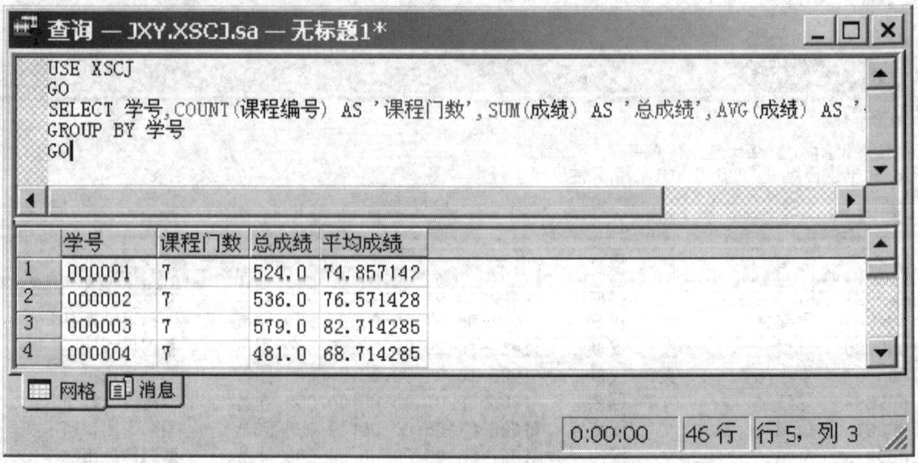

图 5-12 查询每位同学的课程门数、总成绩、平均成绩

5.2.6 HAVING 子句

HAVING 用于限定组或聚合函数的查询条件，通常用在 GROUP BY 子句之后。通常，其作用与 WHERE 子句基本一样。但 WHERE 子句是对原始记录进行过滤，HAVING 子句对查询结果进行过滤，而且 SELECT 子句和 HAVING 子句中可以使用聚合函数，WHERE 子句中不能使用聚

合函数。

【例 5-13】 从学生基本信息表中统计各民族学生人数。

提示:此例实际上是将要对学生按民族进行分类统计,可使用聚合函数 COUNT(族别)实现功能。

在查询分析器中运行如下命令:

```
USE XSCJ
GO
SELECT 族别,COUNT(族别) AS '学生人数' FROM 学生基本信息表
GROUP BY 族别
GO
```

运行结果如图 5-13 所示。

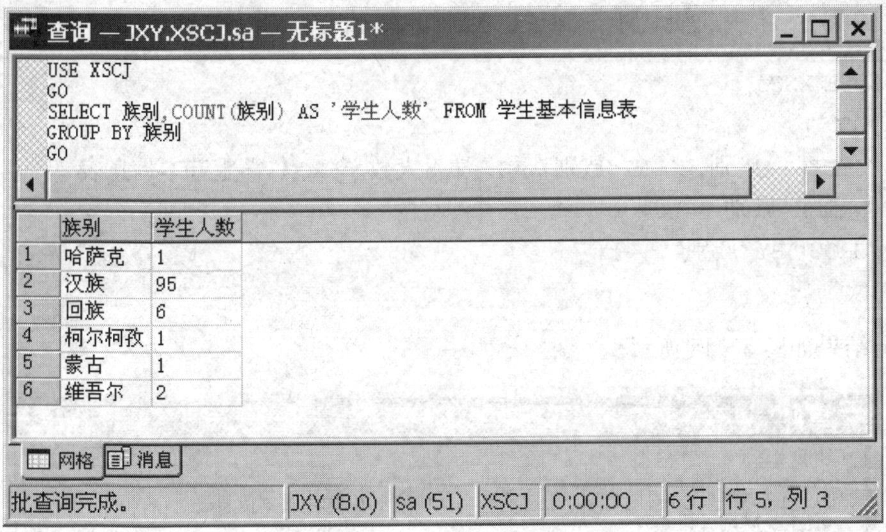

图 5-13 从学生基本信息表中统计各民族学生人数

【例 5-14】 从学生基本信息表中统计汉族学生的人数。

提示:此例就是在例 5-13 统计出各民族学生人数的基础上进一步限定查询汉族学生人数,可在 GROUP BY 子句之后跟 HAVING 族别一'汉族'子句实现此功能。

在查询分析器中运行如下命令:

```
USE XSCJ
GO
SELECT 族别,COUNT(族别) AS '学生人数' FROM 学生基本信息表
GROUP BY 族别
HAVING 族别='汉族'
GO
```

运行结果如图 5-14 所示。

此例也可使用 WHERE 子句完成功能。

格式为:

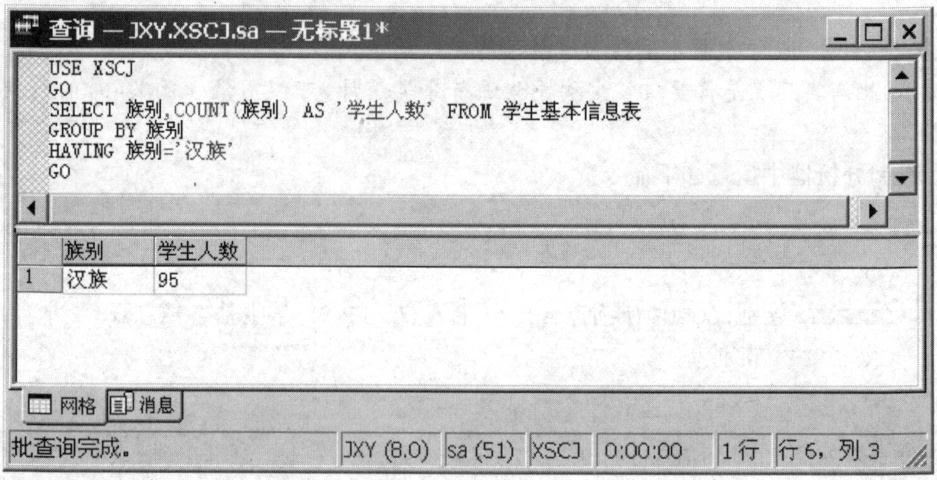

图 5-14 从学生基本信息表中统计汉族学生的人数

```
USE XSCJ
GO
SELECT 族别,COUNT(族别) AS '学生人数' FROM 学生基本信息表
WHERE 族别='汉族'
GROUP BY 族别
GO
```

运行结果如图 5-15 所示。

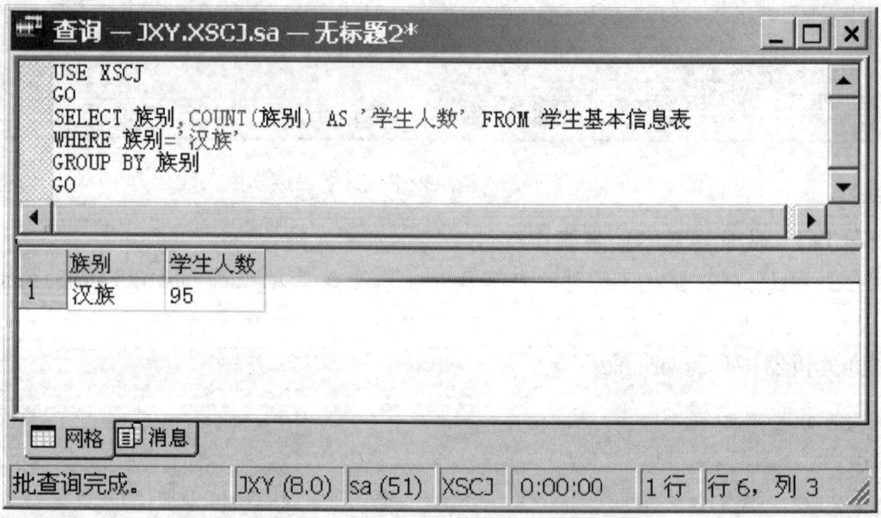

图 5-15 使用 WHERE 子句完成功能

【例 5-15】 显示平均成绩大于等于 80 分以上的学生情况。

提示:此例的限定条件是 AVG(成绩)>=80，只能使用 HAVING 子句，如果使用 WHERE 子句限定条件，则系统会显示如图 5-16 所示的错误信息。

错误使用 WHERE 子句的 SELECT 语句如下：

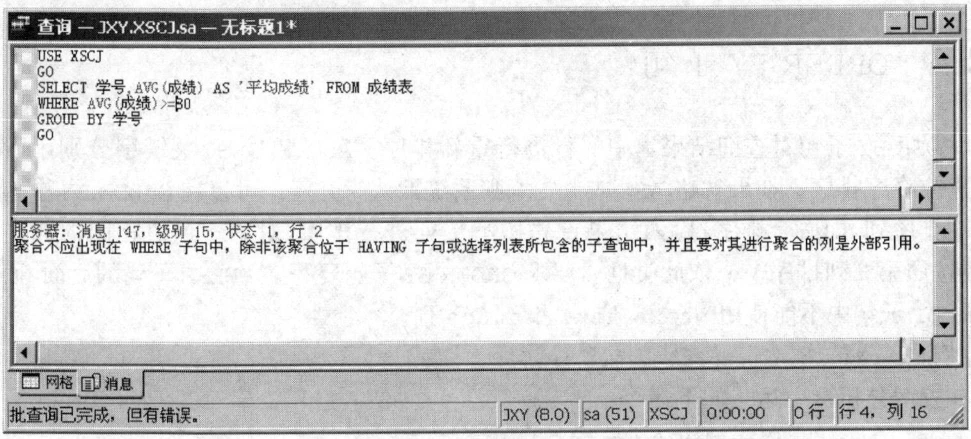

图 5-16　显示平均成绩大于等于 80 分以上的学生情况

```
USE XSCJ
GO
SELECT 学号,AVG(成绩) AS '平均成绩' FROM 成绩表
WHERE AVG(成绩)>=80
GROUP BY 学号
GO
```

运行结果如图 5-16 所示。

使用 HAVING 子句的正确语句如下：

```
USE XSCJ
GO
SELECT 学号,AVG(成绩) AS '平均成绩' FROM 成绩表
GROUP BY 学号
HAVING AVG(成绩)>=80
GO
```

运行结果如图 5-17 所示。

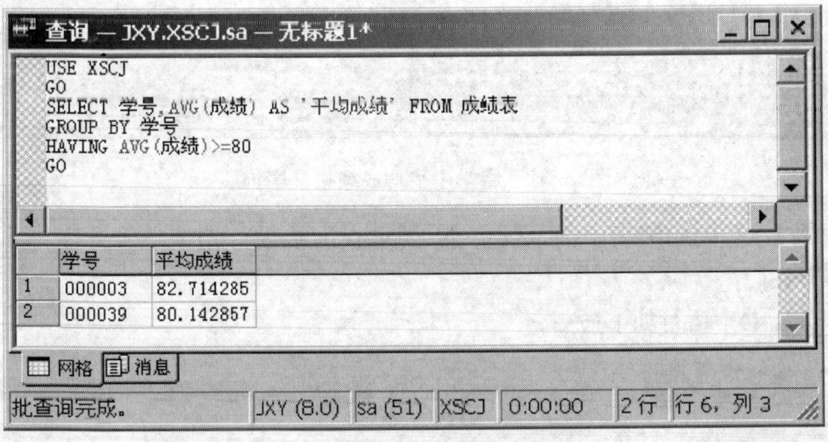

图 5-17　使用 HAVING 子句查询平均成绩大于等于 80 分以上的学生情况

5.2.7 ORDER BY 子句

ORDER BY 子句对查询结果集中的行进行重新排序。ASC 和 DESC 关键字分别用于指定按升序或降序排序。如果省略 ASC 或 DESC，则系统默认为升序。可以在 ORDER BY 子句中指定多个排序列，即嵌套排序，检索结果首先按第 1 列进行排序，对第 1 列值相同的那些数据行，再按照第 2 列排序……依此类推。要求 ORDER BY 子句要写在 WHERE 子句的后面，而且在 ORDER BY 子句中不能使用 ntext、text 和 image 列。

【例 5-16】 将学生平均成绩按升序排序。

在查询分析器中运行如下命令：

```
USE XSCJ
GO
SELECT 学号,AVG(成绩) AS '平均成绩' FROM 成绩表
GROUP BY 学号
ORDER BY AVG(成绩)
GO
```

运行结果如图 5-18 所示，省略关键字 ASC，系统默认为升序排序。

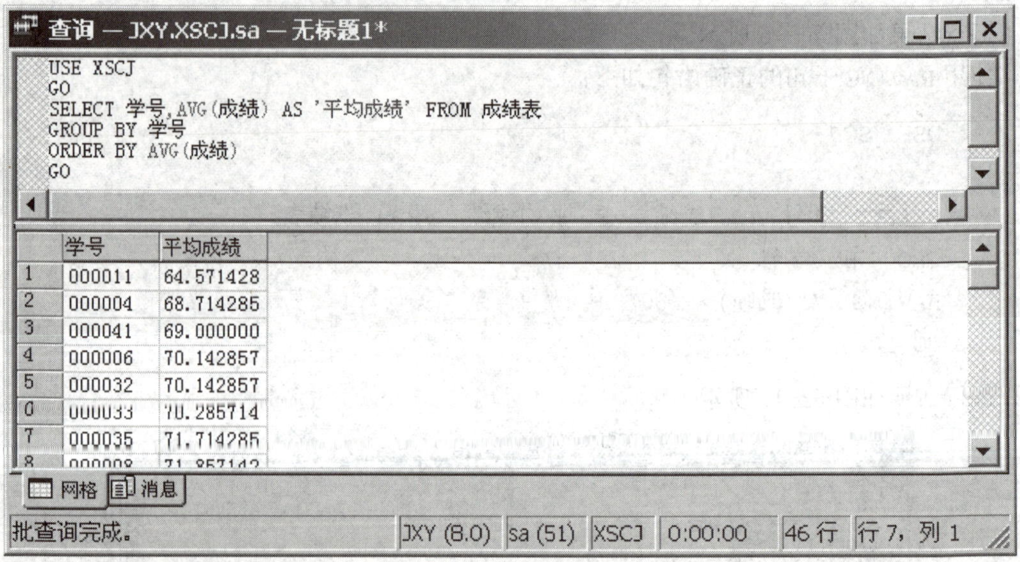

图 5-18 将学生平均成绩按升序排序

【例 5-17】 查询成绩表中的全部信息，要求查询结果首先按学号升序排序，学号相同时，按成绩降序排序。

在查询分析器中运行如下命令：

```
USE XSCJ
GO
SELECT * FROM 成绩表
```

```
ORDER BY 学号,成绩 DESC
GO
```

运行结果如图 5-19 所示。

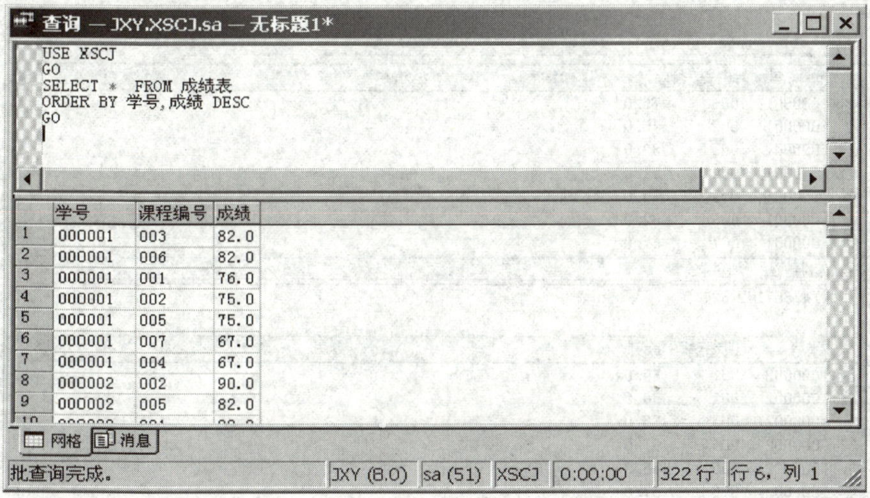

图 5-19 查询成绩表中的全部信息

5.2.8 使用 COMPUTE 子句

COMPUTE 子句用在 WHERE 子句之后,用来计算总计并进行分组小计,可使用聚合函数,总计值或小计值将作为附加新行出现在检索结果中。使用 COMPUTE 子句时必须使用 ORDER BY 对 COMPUTE BY 中 BY 指定的列进行排序,否则将出现错误信息。

【例 5-18】 按学号显示学生成绩,并计算每人的平均成绩和总成绩。

提示:此例要求按人对课程及成绩进行分组显示,并计算每人的平均成绩、总成绩。则显示成绩应按学号分类,分组计算平均成绩、总成绩的语句为 COMPUTE AVG(成绩),SUM(成绩) BY 学号,使用 COMPUTE BY 子句首先要用 ORDER BY 子句对要分组的学号列排序,即 ORDER BY 学号。

在查询分析器中运行如下命令:

```
USE XSCJ
GO
SELECT *
FROM 成绩表
ORDER BY 学号
COMPUTE AVG(成绩),SUM(成绩)BY 学号
GO
```

运行结果如图 5-20 所示。

图 5-20 按学号显示学生成绩,并计算每人的平均成绩和总成绩

5.3 使用其他子句或关键字查询数据

5.3.1 联合查询

联合查询是指将两个或两个以上的 SELECT 语句通过 UNION 运算符连接起来的查询。联合查询可以将两个或更多查询的结果组合为单个结果集,该结果集包含联合查询中所有查询的全部行。使用 UNION 组合多个查询的结果时,必须注意:所有查询中的列数和列的顺序必须相同且数据类型必须兼容。

【例 5-19】 从系部表中检索系部名称,从班级表中检索班级名称。

提示:从系部表中检索系部名称的 SELECT 语句为:SELECT 系部名称 FROM 系部表。从班级表中检索班级名称的 SELECT 语句为:SELECT 班级名称 FROM 班级表,合并这两个查询结果,需要使用 UNION 运算符。

在查询分析器中运行如下命令:

```
USE XSCJ
GO
SELECT 系部名称 FROM 系部表
```

```
UNION
SELECT 班级名称 FROM 班级表
GO
```

运行结果如图 5-21 所示,UNION 结果集的列标题取自第一个 SELECT 语句。

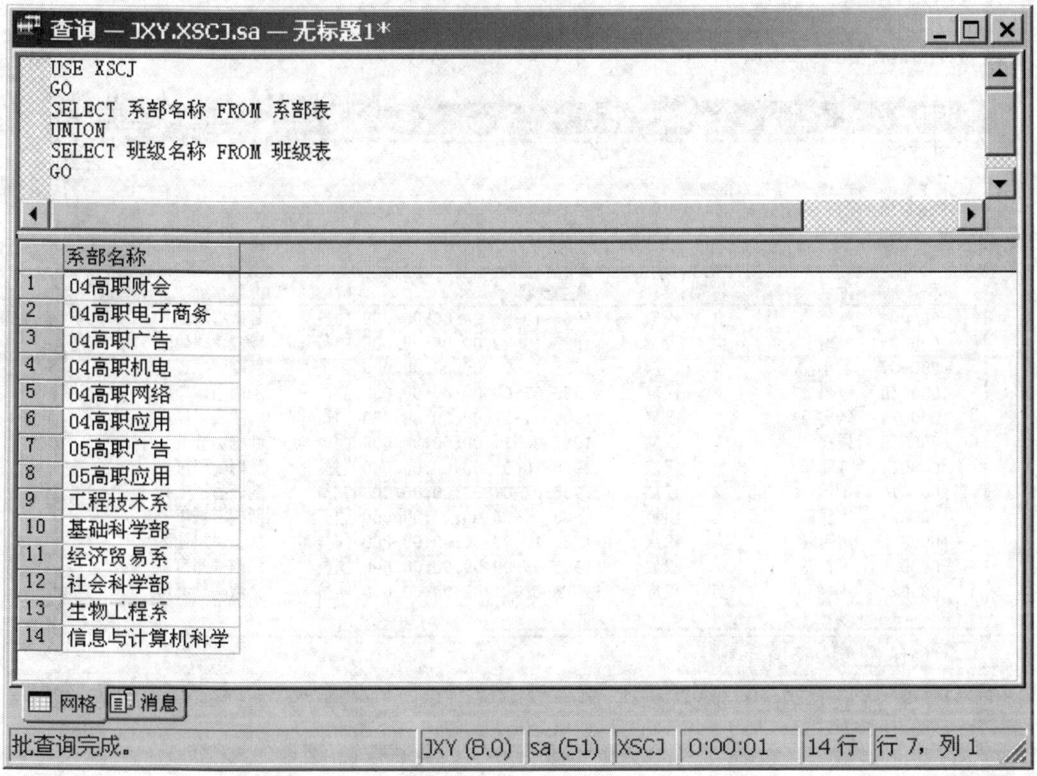

图 5-21　UNION 结果集的列标题取自第一个 SELECT 语句

5.3.2　检索某一范围内的信息

检索在某一范围内的信息,需要使用 WHERE 子句限定查询条件,这个条件通常是一个逻辑表达式。在表达式中除了可以使用比较运算符=(等于)、<(小于)、>(大于)、<>(不等于)等外,还可使用范围运算符 BETWEEN、NOT BETWEEN、IN、LIKE、IS NULL 等,逻辑运算符 NOT(非)、OR(或)、AND(与)等来限定查询条件。

1. 使用 BETWEEN 关键字

BETWEEN 关键字总是与 AND 一起使用,用来检索在一个指定范围内的信息;NOT BETWEEN 检索不在某一范围内的信息。

【例 5-20】　查询 1985 年出生的学生基本信息。

提示:1985 年出生的学生即出生日期在 1985 年 1 月 1 日至 12 月 31 日之间的学生。

在查询分析器中运行如下命令:

```
USE XSCJ
GO
SELECT * FROM 学生基本信息表
WHERE 出生日期 BETWEEN '1985-01-01' AND'1985-12-31'
GO
```

运行结果如图 5-22 所示。

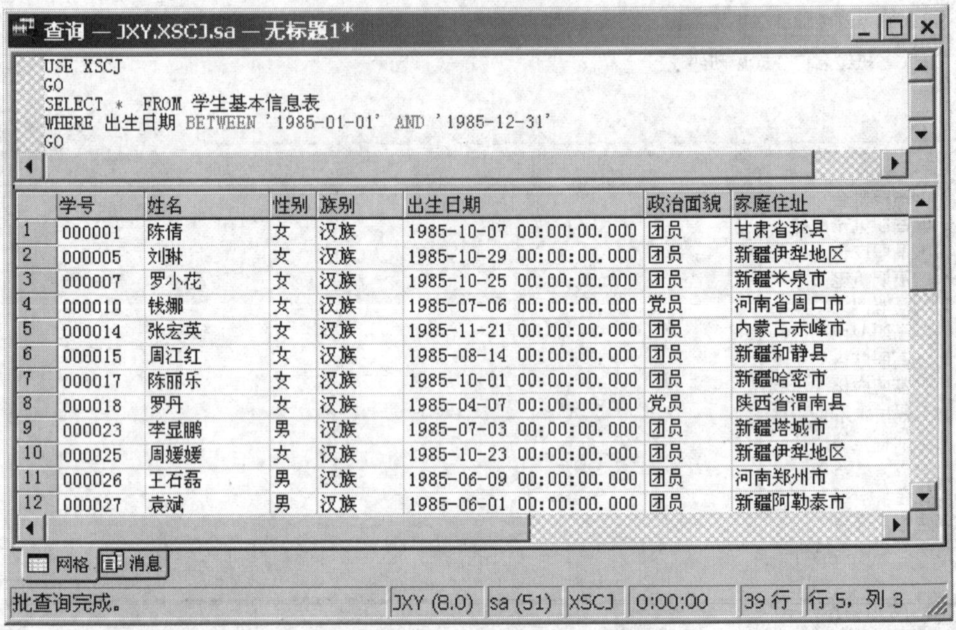

图 5-22 查询 1985 年出生的学生基本信息

【例 5-21】 查询不及格学生成绩信息。

提示：查询不及格学生成绩信息，也就是查询 0～59 之间的学生成绩，可用 BETWEEN 关键字表示为：WHERE 成绩 BETWEEN 0 AND 59。

在查询分析器中运行如下命令：

```
USE XSCJ
GO
SELECT * FROM 成绩表
WHERE 成绩 BETWEEN 0 AND 59
GO
```

运行结果如图 5-23 所示。

2. 使用 IN 关键字

IN 关键字允许用户选择与列表中的值相匹配的行，指定项必须用括号括起来，并用逗号隔开，表示“或”的关系。NOT IN 表示含义正好相反。

【例 5-22】 查询课程编号为 002、003、007、014 的课程编号、课程名称、任课教师和上课时间。

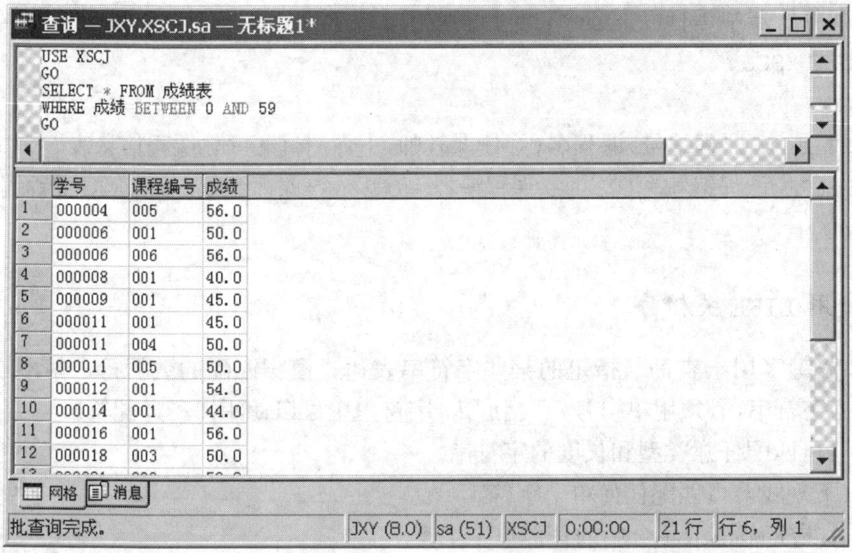

图5-23 查询不及格学生成绩信息

提示：课程编号为002、003、007、014可以写成：WHERE 课程编号 IN('002','003','007','014')，也可写成WHERE 课程编号='002' OR 课程编号='003' OR 课程编号='007' OR 课程编号='014'。显然，使用IN关键字进行检索比使用3个OR运算符进行检索更为简单，而且易于理解和阅读。

在查询分析器中运行如下命令：

```
USE XSCJ
GO
SELECT 课程编号,课程名称,任课教师,上课时间 FROM 课程信息表
WHERE 课程编号 IN('002','003','007','014')
GO
```

运行结果如图5-24所示。

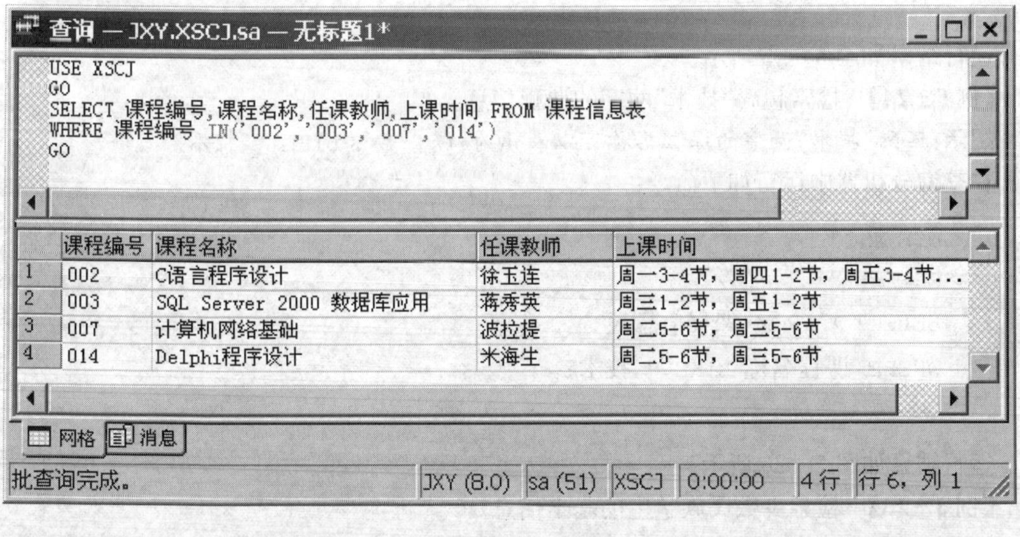

图5-24 查询课程编号为002、003、007、014的课程编号、课程名称、任课教师和上课时间

在查询分析器中运行以下命令,也可得到相同的查询结果,但这种写法显然比较烦琐。

```
USE XSCJ
GO
SELECT 课程编号,课程名称,任课教师,上课时间 FROM 课程信息表
WHERE 课程编号='002' OR 课程编号='003' OR 课程编号='007' OR 课程编号='014'
GO
```

3. 使用 LIKE 关键字

LIKE 关键字用于查询与指定的某些字符串表达式模糊匹配的数据行。LIKE 后的表达式被定义为字符串,必须用单引号('')括起来,字符串中可以使用 4 种通配符。

- %:可匹配任意类型和长度的字符串。
- _(下划线):可匹配任何单个字符。
- [ ]:指定范围或集合中的任何单个字符。
- [^]:不属于指定范围或集合的任何单个字符。

例如:LIKE '刘%' 匹配以"刘"开始的字符串;LIKE '% 技术%' 匹配的是前后字符为任意,中间含有"技术"两个字的字符串;LIKE '_秀%' 匹配的是第 2 个字为"秀"的任意字符串。

[a-i]匹配的是 a、b、c、d、e、f、g、h、I 单个字符;LIKE 'm[^w-z]%' 匹配所有以字母 m 开始并且第 2 个字母不为 w、x、y、z 的所有字符串。

【例 5-23】 检索所有姓刘的学生基本信息。

提示:匹配所有姓刘的学生可以表示为:姓名 LIKE '刘%'。

在查询分析器中运行如下命令:

```
USE XSCJ
GO
SELECT * FROM 学生基本信息表
WHERE 姓名 LIKE '刘%'
GO
```

运行结果如图 5-25 所示。

【例 5-24】 检索包含"技术"两字的课程信息。

提示:匹配"技术"两字的课程名称可以表示为:课程名称 LIKE '% 技术%'。

在查询分析器中运行如下命令:

```
USE XSCJ
GO
SELECT * FROM 课程信息表
WHERE 课程名称 LIKE '% 技术%'
GO
```

运行结果如图 5-26 所示。

【例 5-25】 检索少数民族学生的基本信息。

提示:少数民族学生或以表示为:WHERE 族别 NOT LIKE '汉族'。

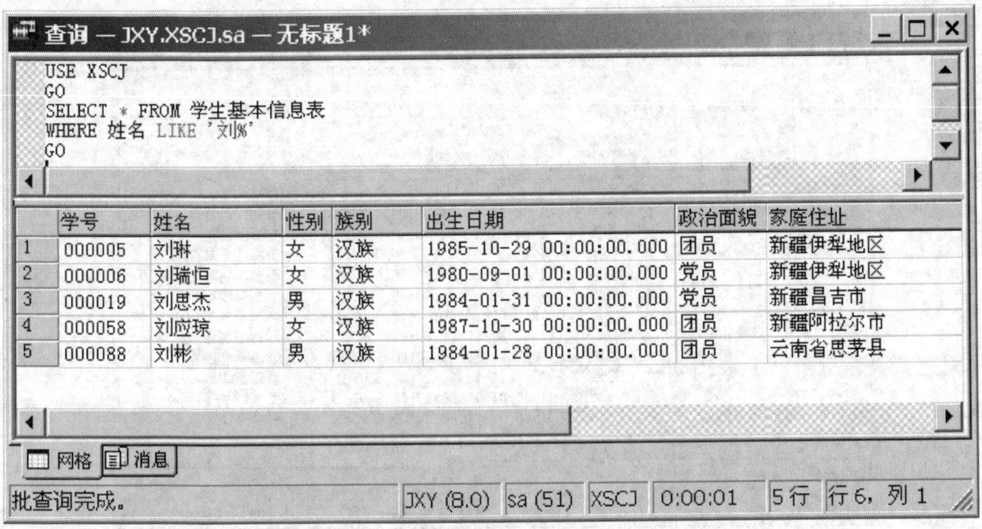

	学号	姓名	性别	族别	出生日期	政治面貌	家庭住址
1	000005	刘琳	女	汉族	1985-10-29 00:00:00.000	团员	新疆伊犁地区
2	000006	刘瑞恒	女	汉族	1980-09-01 00:00:00.000	党员	新疆伊犁地区
3	000019	刘思杰	男	汉族	1984-01-31 00:00:00.000	党员	新疆昌吉市
4	000058	刘应琼	女	汉族	1987-10-30 00:00:00.000	团员	新疆阿拉尔市
5	000088	刘彬	男	汉族	1984-01-28 00:00:00.000	团员	云南省思茅县

图 5-25　检索所有姓刘的学生基本信息

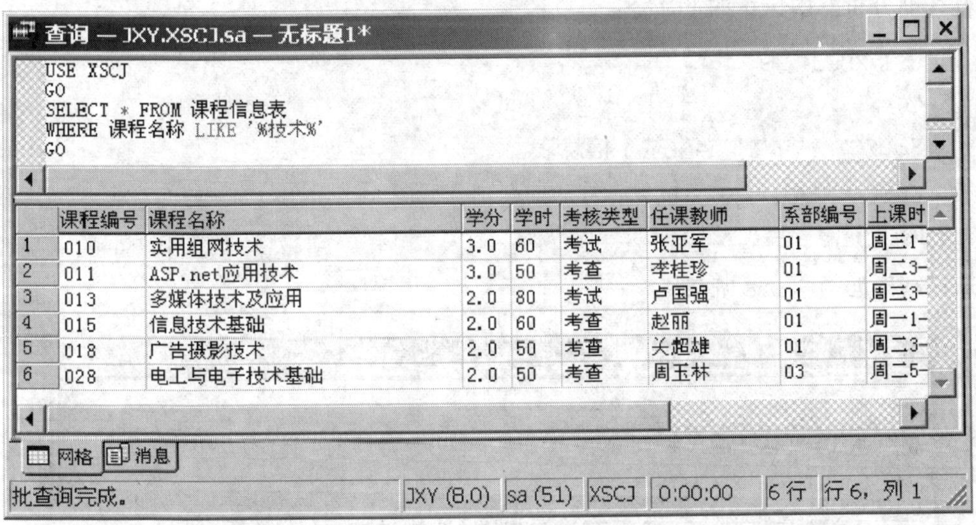

	课程编号	课程名称	学分	学时	考核类型	任课教师	系部编号	上课时
1	010	实用组网技术	3.0	60	考试	张亚军	01	周三1-
2	011	ASP.net应用技术	3.0	50	考查	李桂珍	01	周二3-
3	013	多媒体技术及应用	2.0	80	考试	卢国强	01	周三3-
4	015	信息技术基础	2.0	60	考查	赵丽	01	周一1-
5	018	广告摄影技术	2.0	50	考查	关超雄	01	周二3-
6	028	电工与电子技术基础	2.0	50	考查	周玉林	03	周二5-

图 5-26　检索包含“技术”两字的课程信息

在查询分析器中运行如下命令：

```
USE XSCJ
GO
SELECT * FROM 学生基本信息表
WHERE 族别 NOT LIKE '汉族'
GO
```

运行结果如图 5-27 所示。

【例 5-26】 查询第 2 个字为“丽”的学生信息。

提示：在学生基本信息表中，匹配第 2 个字为“丽”的学生姓名应表示为：姓名

LIKE '_丽%'。

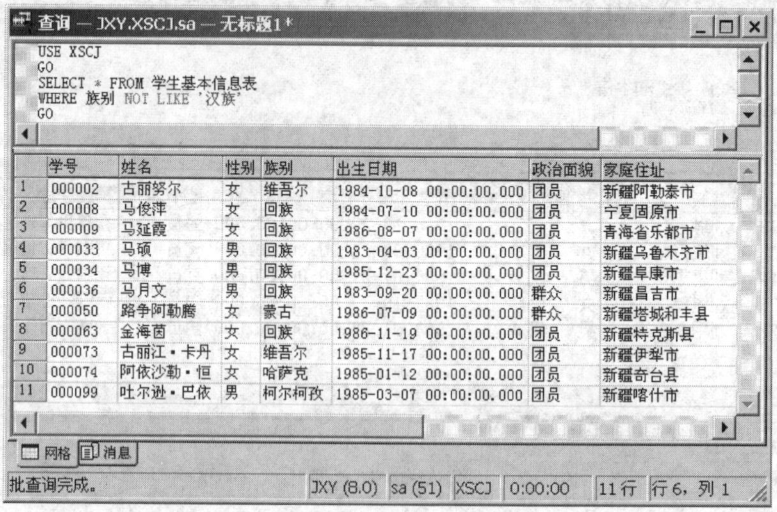

图 5-27 检索少数民族学生的基本信息

在查询分析器中运行如下命令：

```
USE XSCJ
GO
SELECT * FROM 学生基本信息表
WHERE 姓名 LIKE '_丽%'
GO
```

运行结果如图 5-28 所示。

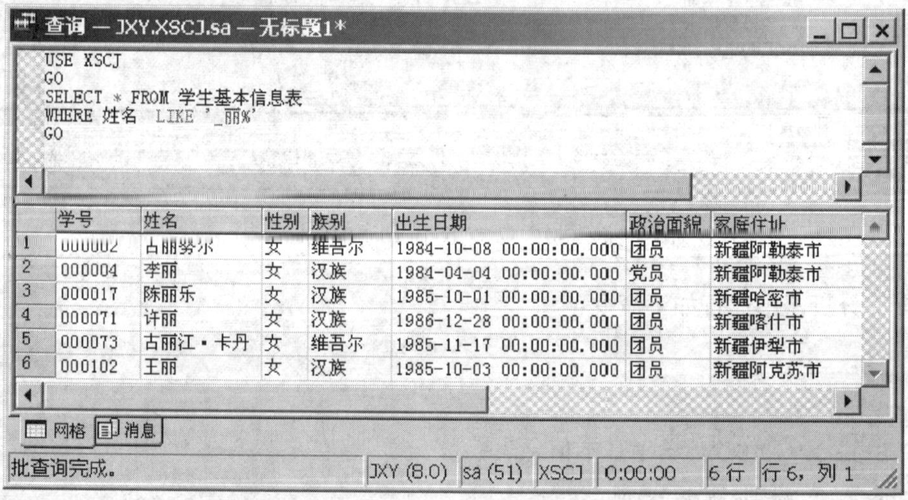

图 5-28 查询第 2 个字为“丽”的学生信息

4. 使用 IS NULL 关键字

IS NULL 关键字可以检索数据列中没有赋值的行。

【例 5－27】 查询课程信息表中教师未定的课程信息。

提示：课程信息表中教师未定的表达式可以表示为：WHERE 任课教师 IS NULL。

在查询分析器中运行如下命令：

```
USE XSCJ
GO
SELECT * FROM 课程信息表
WHERE 任课教师 IS NULL
GO
```

运行结果如图 5－29 所示，因为没有任课教师为空(NULL)的课程，所以查询结果为 0 行。

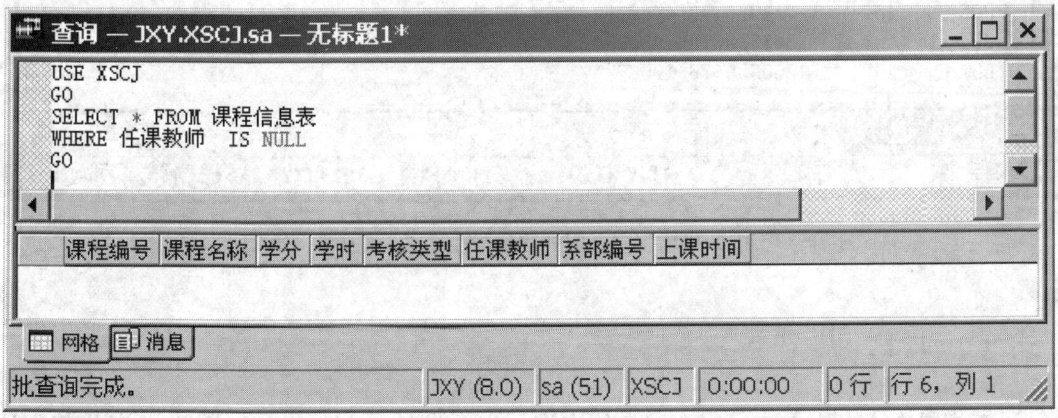

图 5－29　查询课程信息表中教师未定的课程信息

5.3.3　指定结果集的列的别名

有时需要为查询结果集中的某些列增加可读性或者为没有名称的导出列指定名称，可使用 AS 子句。

【例 5－28】 统计成绩表中各门课程的学生人数、总成绩、平均成绩。

提示：统计成绩表中各门课程信息，需要将学生成绩按课程编号分组 GROUP BY 课程编号，统计学生人数、总成绩、平均成绩分别需要使用聚合函数 COUNT(学号)、SUM(成绩)、AVG(成绩)。因为新生成的学生人数、总成绩、平均成绩三列没有列名，所以可使用 AS 子句实现。

在查询分析器中运行如下命令：

```
USE XSCJ
GO
SELECT 课程编号,COUNT(学号) AS'学生人数',SUM(成绩) AS '总成绩',AVG(成绩) AS '平均成绩'
FROM 成绩表
GROUP BY 课程编号
GO
```

运行结果如图 5－30 所示。

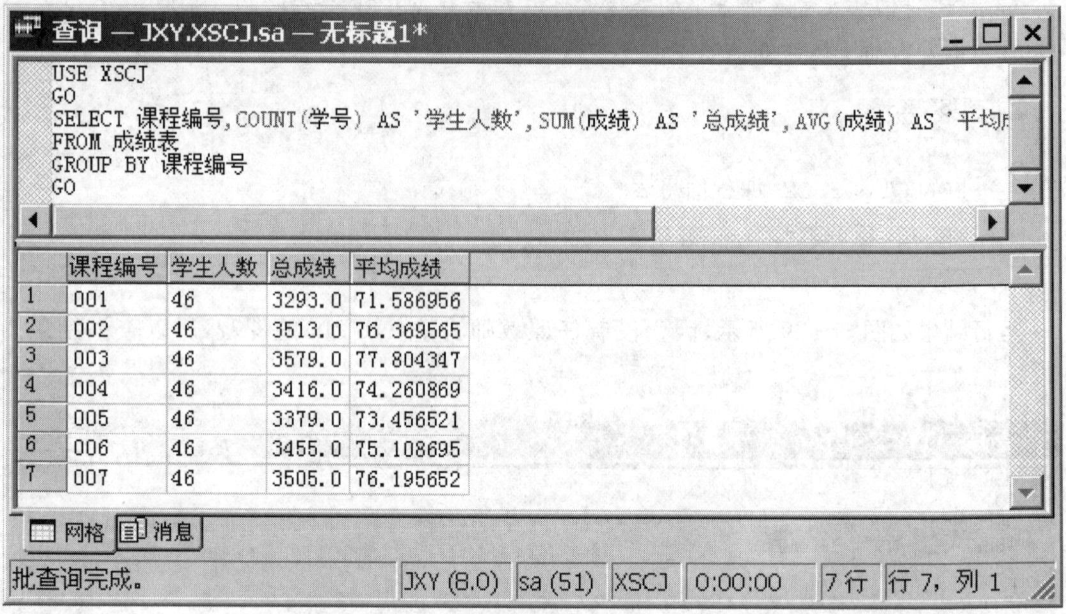

图 5－30　统计成绩表中各门课程的学生人数、总成绩、平均成绩

5.3.4　子查询

子查询是在查询中包含另一个查询的查询。它本身是一个 SELECT 查询，可以代替表达式出现在 WHERE 子句中。它返回单个值且嵌套在 SELECT、INSERT、UPDATE、DELETE 语句或其他子查询中。任何允许使用表达式的地方都可以使用子查询。子查询的 SELECT 查询总是使用圆括号括起来，且不能包括 COMPUTE 子句；如果同时指定 TOP 子句，则可能只包括 ORDER BY 子句。

【例 5－29】　检索单科成绩高于全班平均分的学生成绩信息。

提示：此例中，全班平均成绩为 SELECT AVG(成绩) AS '平均成绩' FROM 成绩表，单科成绩高于全班平均分可以表述为 WHERE 成绩>(SELECT AVG(成绩) FROM 成绩表)。

在查询分析器中运行如下命令：

```
USE XSCJ
GO
SELECT AVG(成绩) AS '平均成绩' FROM 成绩表
GO
SELECT * FROM 成绩表
WHERE 成绩>(SELECT AVG(成绩) FROM 成绩表)
GO
```

运行结果如图 5－31 所示。

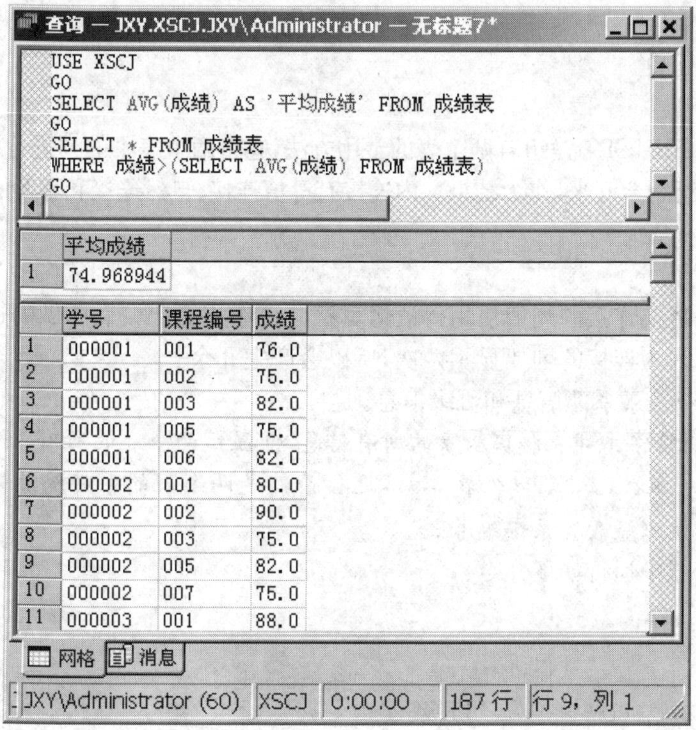

图 5-31　检索单科成绩高于全班平均分的学生成绩信息

5.4　连接查询

用户在前面所做的查询大多是对单个表进行的查询，而在数据库的应用中，经常需要从多个相关的表中查询数据，这就需要使用连接查询。用户通过连接可以使用一个表中的数据来查询其他表的数据，从而大大增加了灵活性。由于连接涉及多个表及其之间的引用，所以列的引用均必须明确，对于重复的列名必须用表名限定。

对多个表或视图进行查询，需要在 FROM 子句或 WHERE 子句中定义连接条件。

在 FROM 子句中定义连接的语法形式为：

```
FROM 表 1[连接类型] JOIN 表 2 ON 表 1. 列=表 2. 列
```

在 WHERE 子句中定义连接的语法形式为：

```
FROM 表 1,表 2
WHERE 表 1. 列 连接操作 表 2. 列
```

但由于在 FROM 子句中指定连接条件有助于区分连接条件与 WHERE 子句中指定的搜索条件，所以建议使用 FROM 子句的方法。

连接的类型有内连接、外连接、交叉连接 3 种。

5.4.1 内连接

内连接(INNER JOIN)是组合两个表的常用方法,它将两个表中的列进行比较,将两个表中满足连接条件的行组合起来,作为结果。内连接有等值连接、自然连接和不等值连接 3 种。

1. 等值连接

等值连接是将要连接的列值使用等值运算符(=)作相等比较后所做的连接,返回所有列(包括重复列)。因为连接的列要显示两次,所以会产生冗余。

【例 5-30】 检索系部信息和班级信息。

提示:此例要检索系部表和班级表的所有信息,即显示两个表的所有信息。可在 SELECT 子句中使用 *、系部表.* 或班级表.*,连接条件是两个表的系部编号的值要相等,即系部表.系部编号=班级表.系部编号。

在查询分析器中运行如下命令:

```
USE XSCJ
GO
SELECT * FROM 系部表,班级表
WHERE 系部表.系部编号=班级表.系部编号
GO
```

运行结果如图 5-32 所示,检索结果中有完全相同的两列系部编号,数据产生了冗余。

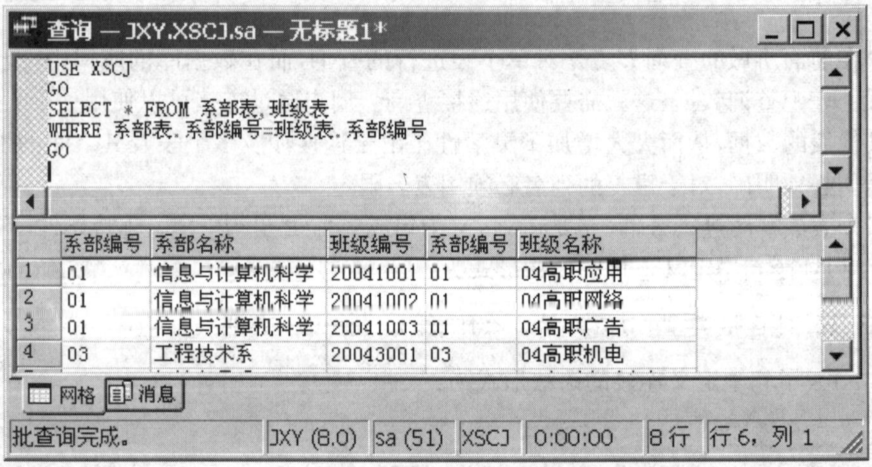

图 5-32 检索系部信息和班级信息

使用 ANSI 连接语法的 SELECT 语句如下:

```
USE XSCJ
GO
SELECT * FROM 系部表 INNER JOIN 班级表
ON 系部表.系部编号=班级表.系部编号
```

```
GO
```

运行结果与图 5-32 所示相同。

2. 自然连接

自然连接是将要连接的列作相等比较的连接,但连接的列只显示一次,因而消除了等值连接产生的冗余。

【例 5-31】 检索系部信息和班级信息,要求连接的列只显示一次。

提示:本例与例 5-29 的区别是对连接的列只显示一列,用 SELECT 子句可以写成:SELECT 系部表.*,班级编号,班级名称。

在查询分析器中运行如下命令:

```
USE XSCJ
GO
SELECT 系部表.*,班级编号,班级名称 FROM 系部表,班级表
WHERE 系部表.系部编号=班级表.系部编号
GO
```

运行结果如图 5-33 所示。

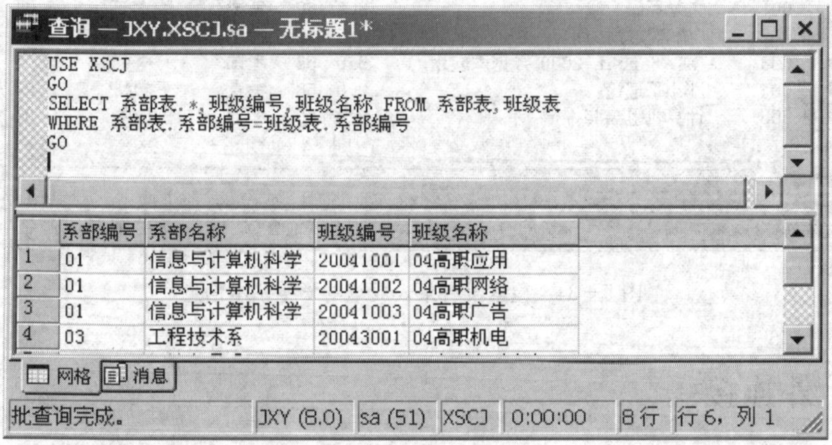

图 5-33 检索系部信息和班级信息,要求连接的列只显示一次

使用 ANSI 连接语法的 SELECT 语句如下:

```
USE XSCJ
GO
SELECT 系部表.*,班级编号,班级名称 FROM 系部表 INNER JOIN 班级表
ON 系部表.系部编号=班级表.系部编号
GO
```

运行结果与图 5-33 所示相同。

3. 不等值连接

不等值连接就是在连接时不使用等值运算符,而采用比较运算符进行连接。

【例 5-32】 检索没有录入成绩的课程情况。

在查询分析器中运行如下命令：

```
USE XSCJ
GO
SELECT DISTINCT 课程信息表 . * FROM 课程信息表,成绩表
WHERE 课程信息表 . 课程编号< >成绩表 . 课程编号
GO
```

运行结果如图 5-34 所示。

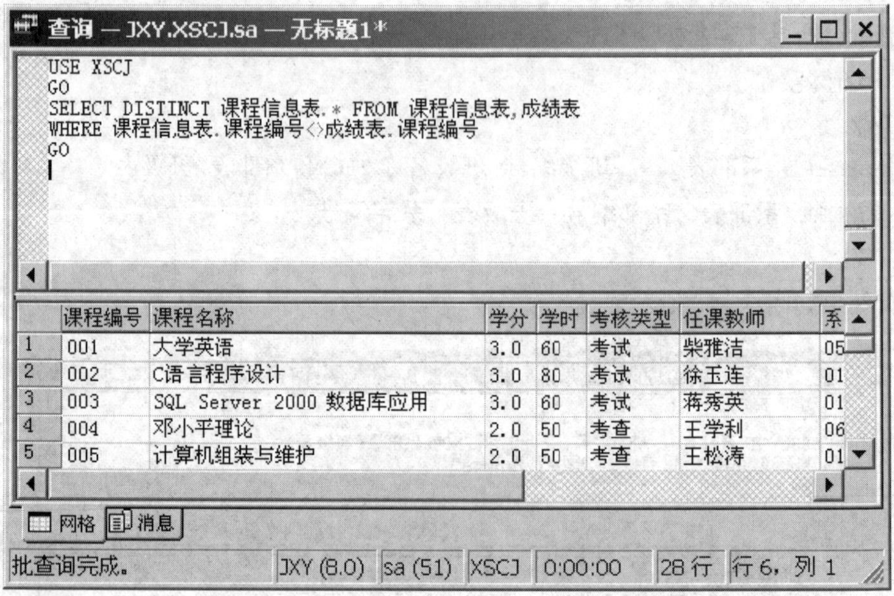

图 5-34 检索没有录入成绩的学生基本信息

5.4.2 外连接

外连接(OUTER JOIN)只限制一个表，而对另外一个表不加限制(即所有的行都出现在结果集中)。

外连接分为左外连接(LEFT OUTER JOIN)、右外连接(RIGHT OUTER JOIN)和全外连接(FULL OUTER JOIN)。括号中为使用 FROM 子句定义外连接的关键字，使用中可以省略 OUTER。

1. 左外连接

左外连接对连接条件中左边的表不加限制。左外连接需要在 FROM 子句中采用下列语法格式：

FROM 左表名 LEFT［OUTER］JOIN 右表名 ON 连接条件

【例 5-33】 使用左外连接检索学生成绩信息(学号，姓名，课程名称)。

在查询分析器中运行如下命令：

```
USE XSCJ
GO
SELECT 学号,课程信息表.课程编号,课程信息表.课程名称,成绩
FROM 课程信息表 LEFT JOIN 成绩表 ON 课程信息表.课程编号=成绩表.课程编号
GO
```

运行结果如图 5-35 所示(所影响的行数为 343 行)。

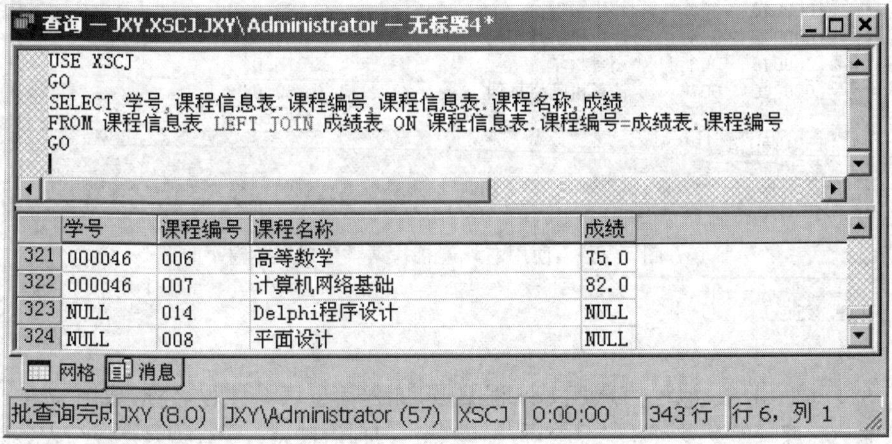

图 5-35 使用左外连接检索学生成绩信息

2. 右外连接

右外连接对右边的表不加限制。右外连接需要在 FROM 子句采用下列语法格式:

FROM 左表名 RIGHT [OUTER] JOIN 右表名 ON 连接条件

【例 5-34】 使用右外连接检索学生成绩信息(学号,姓名,课程名称)。

在查询分析器中运行如下命令:

```
USE XSCJ
GO
SELECT 学号,课程信息表.课程编号,课程信息表.课程名称,成绩
FROM 课程信息表 RIGHT JOIN 成绩表 ON 课程信息表.课程编号=成绩表.课程编号
GO
```

运行结果如图 5-36 所示(所影响的行数为 322 行)。

3. 全外连接

全外连接对两个表都不加限制,所有两个表中的行都会包括在结果集中。使用全外连接需要在 FROM 子句采用下列语法格式:

FROM 左表名 FULL [OUTER] JOIN 右表名 ON 连接条件

【例 5-35】 使用全外连接检索学生成绩信息(学号,姓名,课程名称)。

在查询分析器中运行如下命令:

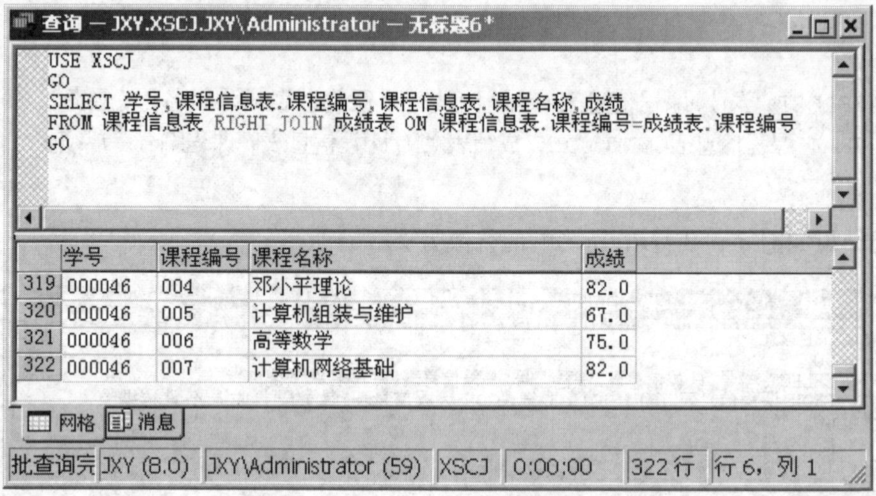

图 5-36 使用右外连接检索学生成绩信息

```
USE XSCJ
GO
SELECT 学号,课程信息表.课程编号,课程信息表.课程名称,成绩
FROM 课程信息表 FULL JOIN 成绩表 ON 课程信息表.课程编号=成绩表.课程编号
GO
```

运行结果如图 5-37 所示(所影响的行数为 343 行)。

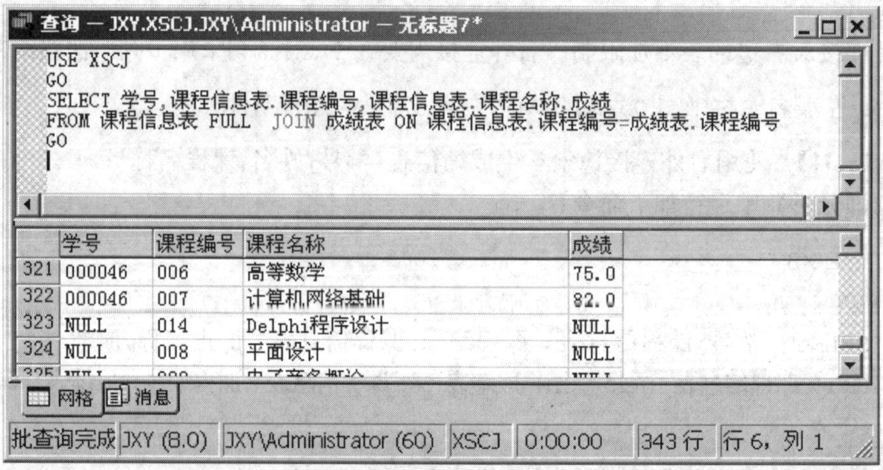

图 5-37 使用全外连接检索学生成绩信息

5.4.3 交叉连接

交叉连接(CROSS JOIN)也叫非限制连接,它将两个表不加任何约束地组合起来。在数学上,就是两个表的笛卡儿积。交叉连接后得到的结果集的行数是两个被连接表的行数的乘积。

【例 5－36】 计算系部表和班级表的交叉连接。

在查询分析器中运行如下命令：

```
USE XSCJ
GO
SELECT * FROM 班级表 CROSS JOIN 系部表
GO
```

运行结果如图 5－38 所示，检索结果为 48 行，由班级表的 8 行和系部表的 6 行组合而成（6×8＝48），由连接结果可以看出，这种交叉连接的结果没有实际意义。

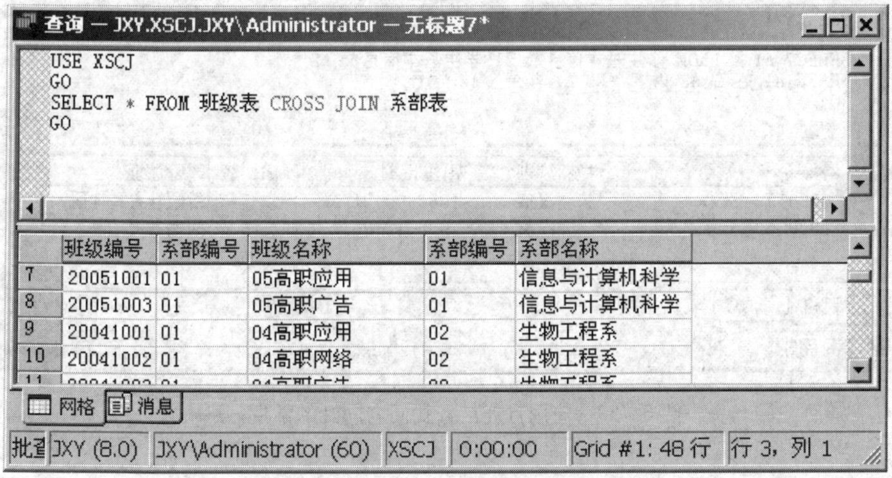

图 5－38　计算系部表和班级表的交叉连接

此例也可用 FROM 子句写成如下语句，运行结果相同。

```
USE XSCJ
GO
SELECT * FROM 班级表,系部表
GO
```

在实际应用中使用交叉连接产生的结果集一般没有什么意义，但在数据库的数学模式上有重要的作用。

5.4.4　自连接

自连接(SELF JOIN)就是一个表与它自身的不同行进行连接。因为表名要在 FROM 子句中出现两次，所以需要对表指定两个别名，使之在逻辑上成为两张表。在 SELECT 子句中引用的列名也要使用表的别名进行限定。

【例 5－37】 查找同名同姓的学生信息。

提示：该例是对学生基本信息表进行行自连接，这里将学生基本信息表分别定义别名为 A1、A2，将 FROM 子句写成 FROM 学生基本信息表 A1，学生基本信息表 A2，连接条件为 WHERE A1. 姓名＝A2. 姓名 AND A1. 学号< > A2. 学号。

在查询分析器中运行如下命令：

```
USE XSCJ
GO
SELECT A1. * FROM 学生基本信息表 A1,学生基本信息表 A2
WHERE A1. 姓名＝A2. 姓名 AND A1. 学号 < > A2. 学号
GO
```

运行结果如图 5－38 所示。

图 5－39　使用自连接查找同名同姓的学生信息

本 章 小 结

本章主要介绍了 SELECT 语句在数据查询中的应用技术。SELECT 语句在 SQL 语言中功能最为强大，应用最为广泛。要求掌握 SELECT 语句结构，能够熟练使用 SELECT 语句查询数据。

练习与上机

一、选择题

1. 在 SELECT 语句中，下列哪种子句用于选择列表（　　）。

A. SELECT 子句　B. INTO 子句　C. FROM 子句　D. WHERE 子句

2. 在 SELECT 语句中，下列哪种子句用于将查询结果存储在一个新表中（　　）。

A. SELECT 子句　B. INTO 子句　C. FROM 子句　D. WHERE 子句

3. 在 SELECT 语句中，下列哪种子句用于指出所查询的数据表名（　　）。

A. SELECT 子句　B. INTO 子句　C. FROM 子句　D. WHERE 子句

4. 在 SELECT 语句中，下列哪种子句用于对数据按照某个字段分组（　　）。

A. SELECT 子句　B. INTO 子句　C. FROM 子句　D. WHERE 子句

5. 在 SELECT 语句中，下列哪种子句用于对分组统计进一步设置条件（　　）。

A. HAVING 子句　B. GROUP BY 子句　C. ORDER BY 子句　D. WHERE 子句

6. 在 SELECT 语句中,下列哪种子句用于对搜索的结果进行排序(　　)。

A. HAVING 子句　B. GROUP BY 子句　C. ORDER BY 子句　D. WHERE 子句

7. 在 SELECT 语句中,如果想要返回的结果集中不包含相同的行,应该使用关键字(　　)。

A. TOP　B. AS　C. DISTINCT　D. JOIN

二、填空题

1. SELECT 语句的子句有________、________、________、________、________、________等。

2. 连接查询的类型有________、________、________3 种。

3. 内连接有________、________、________。

4. 外连接有________、________、________。

三、简答题

1. 说明 SELECT 语句的基本语法结构。

2. 使用 SELECT 语句时,在选择列表中更改列标题有哪 3 种格式?

四、上机练习

1. 打开 XSCJ 数据库;

2. 查看学生基本信息表中的全部信息;

3. 显示学生基本信息表中每位学生的学号、姓名、出生日期;

4. 从学生基本信息表中查看政治面貌,要求取消政治面貌代码相同的行;

5. 显示成绩表的前 10 行;

6. 从成绩表和课程信息表中查看所有学生的 SQL Server 2000 数据库应用课程成绩;

7. 从成绩表和课程信息表中查看 SQL Server 2000 数据库应用课程的最高分、最低分、平均成绩;

8. 将成绩表中某一课程的成绩按降序排序;

9. 从成绩表中查看课程编号为'002'、'003'、'006'的学生成绩;

10. 从学生基本信息表中查看某一省份的学生基本信息;

11. 查看某一地区的学生信息;

12. 查看所有姓"马"的学生信息;

13. 查看 90 分以上学生的成绩、课程名称、学生姓名;

14. 对所有学生按学号分组并计算每人本学期平均成绩;

15. 显示所有学生的学号、姓名、课程名称、成绩。

☞项目实训

1. 查询 pubs 数据库的 authors 表中的作者的姓(au_lname)、名(au_fname)和电话号码(phone)。

2. 使用 TOP 关键字,从 Northwind 数据库的 customers 表中搜索返回前 20%的数据。

3. 查询 Northwind 数据库的 Orders 表中的数据,并将其中的货物重量 feight 增加 50%。

4. 使用 WHERE 子句从 Northwind 数据库的 Products 表中检索出所有单位价格(Unit Price)超过 50 美元的货物名称(Product Name)、货物代号(Product ID)及每单位重量(Quantity PerUnit)。

5. 在 Northwind 数据库的 Employees 表中搜索出职务(Title)为销售代表(Sales Representative),称呼(TitleOfCourtesy)为小姐(MS)的所有职员的名(FirstName)、姓(LastName)和生日(BirhthDate)。

6. 查询在 Northwind 数据库的 Employees 表中以字母 A 作 Firstname 第一个字母的雇员的 Firstname 和 Lastname。

7. 查询 Northwind 数据库 Employees 表中所有雇员的 Firstname 和 Lastname,并按生日 BirthDate 从小到大进行排列。

8. 在 Northwind 数据库的 Products 表中查询出每个供应商(Suppliers)所提供的每一种平均价格(Unitprice)超过 15 美元的产品,并按供应商的 ID 分类。

第 6 章　视图与索引

【学习目标】

- 理解视图与索引的涵义及作用
- 熟练创建和管理视图及索引
- 灵活运用视图及索引以提高系统开发效率

6.1　创建视图

6.1.1　认识视图

1. 视图的概念

视图是从一个或多个基本表派生出的虚拟表，它可以是连接多张数据表的虚表，也可以是使用 WHERE 子句限制条件的查询结果。与真实的表一样，视图也包括几个被定义的数据列和多个数据行，但从本质上讲，这些数据列和数据行的物理存储位置仍然在它所引用的基本表中。

2. 使用视图的优点和作用

视图一经定义后，就可以像表一样被查询、修改、删除和更新，但与直接使用表相比，使用视图又具有许多优点。

① 为用户集中数据，简化用户的数据查询和处理。有时用户所需要的数据分散在多个表中，定义视图可将它们集中在一起，从而方便用户的数据查询和处理。

② 屏蔽数据库的复杂性。用户不必了解复杂的数据库中的表结构，并且数据表的更改也不影响用户对数据库的使用。

③ 简化用户权限的管理。使用视图时，只需授予用户使用视图的权限，而不必指定用户只能使用表的特定列，增加了安全性。

④ 便于数据共享。各用户不必都定义和存储自己所需的数据，可共享数据库的数据，这样同样的数据只需存储一次。

⑤ 可以重新组织数据以便输出到其他应用程序中。

6.1.2　创建视图

视图在数据库中是作为一个对象来存储的。创建视图前，要保证创建视图的用户已被数据库所有者授权使用 CREATE VIEW 语句，并且有权操作视图所涉及的表或其他视图。在 SQL Server 2000 中，创建视图可以在企业管理器或视图向导中进行，也可以使用 Transact-SQL 的

CREATE VIEW 语句。

创建视图时,需要注意以下事项。

① 只能在当前数据库中创建视图。

② 如果视图引用的基表或者视图被删除,则该视图不能再被使用,直到创建新的基表或者视图。

③ 如果视图中某一列是函数、数学表达式、常量或者来自多个表的列名相同,则必须为列定义名称。

④ 不能在视图上创建索引,不能在规则、缺省、触发器的定义中引用视图。

⑤ 当通过视图查询数据时,SQL Server 要检查以确保语句中涉及的所有数据库对象存在,而且数据修改语句不能违反数据完整性规则。

⑥ 视图的名称必须遵循标识符的规则,且对每个用户必须是唯一的。此外,该名称不得与该用户拥有的任何表的名称相同。

1. 使用企业管理器创建视图

【例 6-1】 使用企业管理器在 XSCJ 数据库中创建 V_05GZYY 的视图,只显示【学生基本信息表】中班级编码为 20051001 的班级的学生信息。

① 打开【企业管理器】,在控制台树中展开【数据库】,右击 XSCJ,在弹出的快捷菜单中选择【新建】菜单的【视图】命令。或者展开 XSCJ 数据库,右击【视图】,在弹出的快捷菜单中选择【新建视图】命令。

② 在所出现窗口的第一个子窗口中单击鼠标右键,将弹出一个【添加表】快捷菜单,如图 6-1所示。

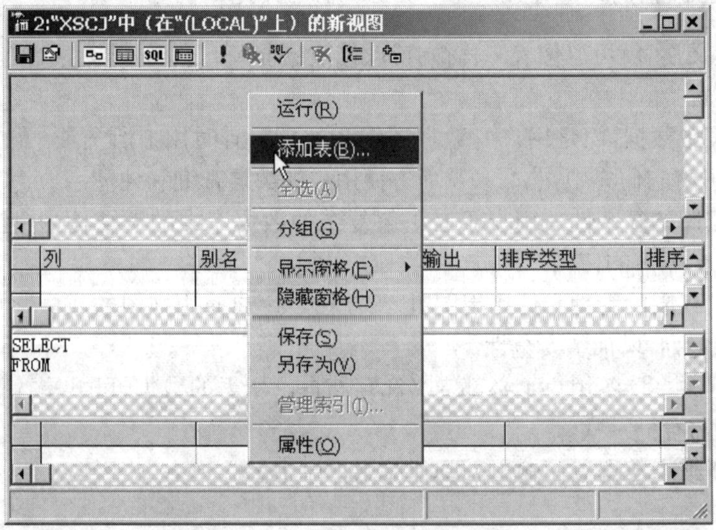

图 6-1 【添加表】快捷菜单

③ 在快捷菜单中选择【添加表】菜单项,将出现如图 6-2 所示的【添加表】对话框。

④ 在如图 6-2 所示的【添加表】对话框中选择与视图相关联的表、视图或函数,可以使用 Ctrl 或 Shift 键进行多选,此处选择"学生基本信息表",选择完毕后,单击【添加】按钮,如图 6-3 所示。

⑤ 在如图 6-1 所示的窗口的第二个子窗口中选择创建视图所需的字段,可以指定列的

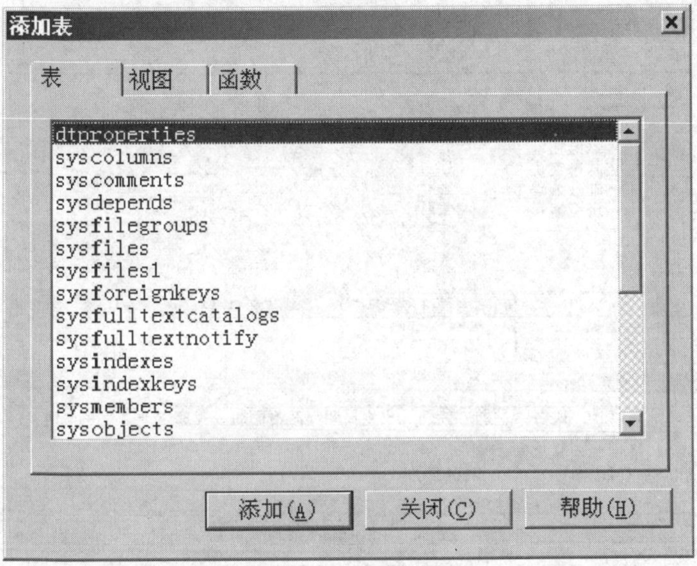

图 6-2　【添加表】对话框

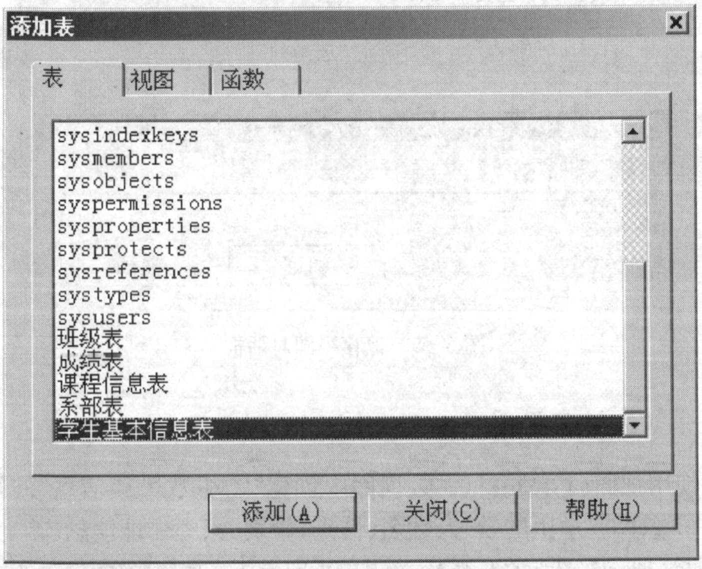

图 6-3　选择表、视图或函数

别名、排序方式和规则等，此处选择表中所有的字段，在“班级编号”字段的准则处设置准则为“='20051001'”，如图 6-4 所示。注意当视图中需要一个与原字段名不同的字段名，或视图的源表中有同名的字段，或视图中包含了计算列时，需要为视图中的这样的列重新指定名称。

需要说明的是，这一步所选择的字段、规则等的情况相对应的 SELECT 语句将会自动显示在第三个小窗口中。也可以直接在该小窗口输入 SELECT 语句。

⑥ 上一步完成后，单击【保存】按钮，出现如图 6-5 所示的保存视图对话框。在其中输入视图名，此处输入“V_05GZYY”并单击【确定】按钮，便完成了视图的创建。

视图一经创建成功，其中便包含了所选择的列数据。此例中，创建了视图 V_05GZYY，则可查看其结构及内容，方法是：在视图 V_05GZYY 上单击鼠标右键，选择【设计视图】功能项即可以查看并修改视图结构；选择【打开视图】→【返回所有行】将可查看视图的数据内容。

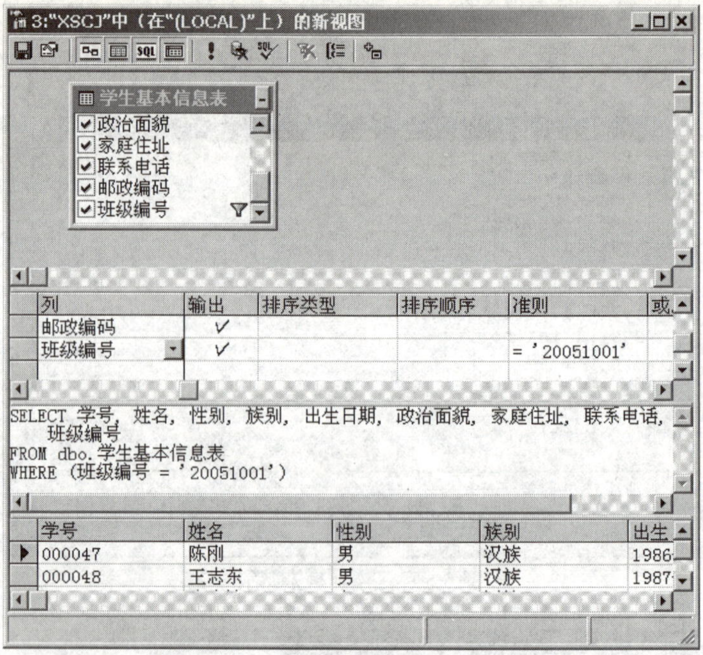

图 6-4 选择列

图 6-5 保存视图对话框

2. 通过视图向导创建视图

【例 6-2】 使用视图向导在 XSCJ 数据库中创建"V_少数民族信息"的视图，只显示【学生基本信息表】中少数民族学生的学号、姓名、性别、族别、家庭住址信息。

① 打开【企业管理器】，选择【工具】菜单中的【向导】菜单项，出现如图 6-6 所示的【选择向导】对话框。

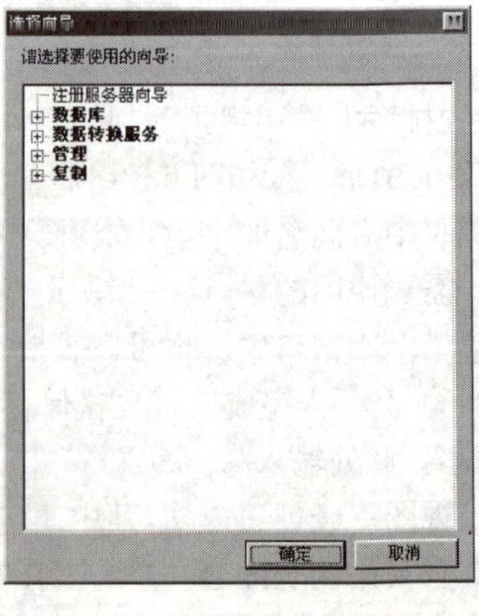

图 6-6 【选择向导】对话框

② 在【选择向导】对话框中展开【数据库】，选择【创建视图向导】菜单项，单击【确定】按钮，将出现欢迎使用向导界面。

③ 在欢迎使用向导界面中单击【下一步】，出现如图 6-7所示的选择数据库对话框。选择数据库名称，此处选择 XSCJ，单击【下一步】，出现选择对象对话框。

④ 在如图 6-8 所示的选择对象对话框中选择与视图相关联的表，此处选择"学生基本信息表"，单击【下一步】，出现如图 6-9 所示的选择列对话框。

⑤ 在选择列对话框中选择视图所需要的列，此处选

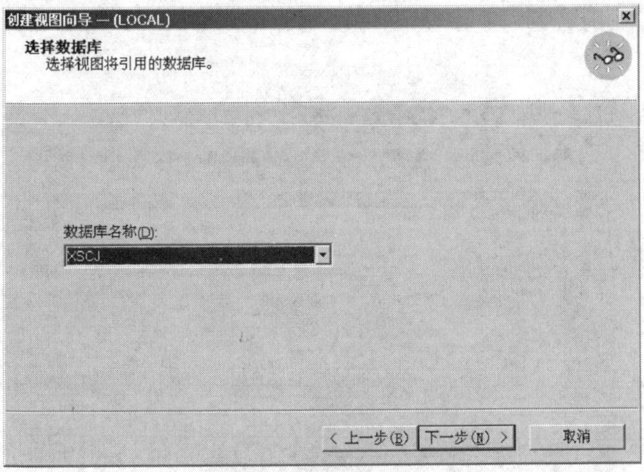

图 6-7　选择数据库

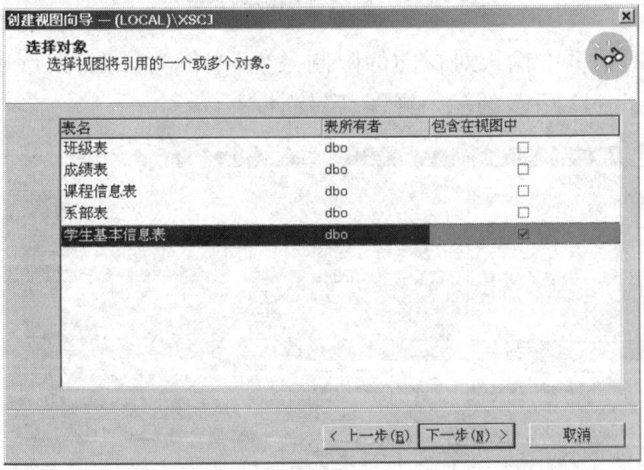

图 6-8　选择对象对话框

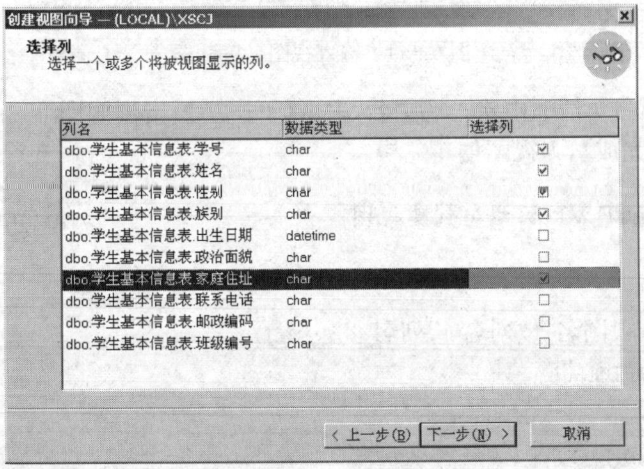

图 6-9　选择列对话框

择“学号”、“姓名”、“性别”、“族别”、“家庭住址”列，单击【下一步】，出现如图 6－10 所示的视图限制对话框。

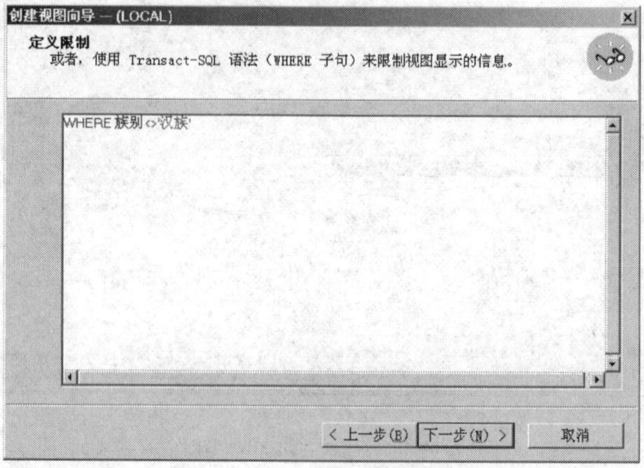

图 6－10　输入视图限制对话框

⑥ 在视图限制对话框中输入对视图的限制条件，本例为：WHERE 族别<>'汉族'，单击【下一步】，出现如图 6－11 所示的输入视图名对话框。

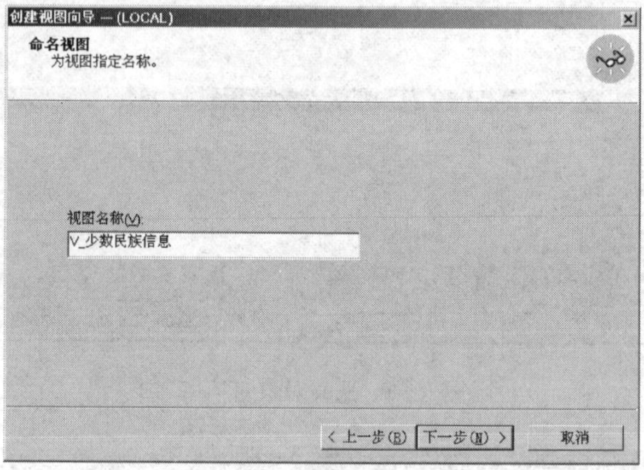

图 6－11　输入视图名对话框

⑦ 在输入视图名对话框中输入视图名，单击【下一步】，出现如图 6－12 所示的视图创建完成对话框，单击【完成】，则视图创建完毕。

3. 使用 CREATE VIEW 语句创建视图

语法格式为：

```
CREATE VIEW 视图名 [(列名 1,列名 2[,…n])]
[WITH ENCRYPTION]]
AS 查询语句
[WITH CHECK OPTION]
```

其中：

- 列名——视图中包含的列，可以有多个列名，最多可引用 1 024 个列。若使用与源表

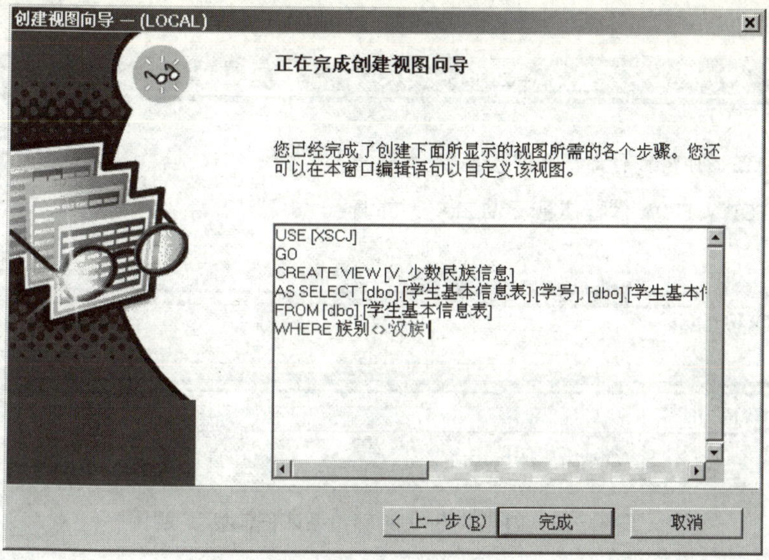

图 6-12 视图创建完成对话框

或视图中相同的列名时，则不必给出列名。

- ENCRYPTION——说明在系统表 syscomments 中存储 CREATE VIEW 语句时进行加密。
- 查询语句——用来创建视图的 SELECT 语句。可在 SELECT 语句中查询多个表或视图，以表明新创建的视图所参照的表或视图，但对 SELECT 语句有以下的限制：

① 定义视图的用户必须对所参照的表或视图有查询权限，即可执行 SELECT 语句；

② 不能使用 COMPUTE 或 COMPUTE BY 子句；

③ 不能使用 ORDER BY 子句；

④ 不能使用 INTO 子句；

⑤ 不能在临时表或表变量上创建视图。

- WITH CHECK OPTION——指出在视图上所进行的修改都要符合查询语句所指定的限制条件，这样可以确保数据修改后仍可通过视图看到修改的数据。例如对于 V_05GZYY视图，只能修改除“班级编号”字段以外的字段值，而不能把“班级编号”字段的值改为“='20051001'”以外的值，以保证仍可通过 V_05GZYY 视图查询到修改后的数据。

【例 6-3】 创建一个名为“V_计算机系课程信息”的视图，要求显示系部编号为 01 的课程信息。

在查询分析器中运行如下命令：

```
USE XSCJ
GO
CREATE VIEW V_计算机系课程信息
AS
SELECT * FROM 课程信息表 WHERE 系部编号='01'
GO
```

运行结果如图 6-13 所示。

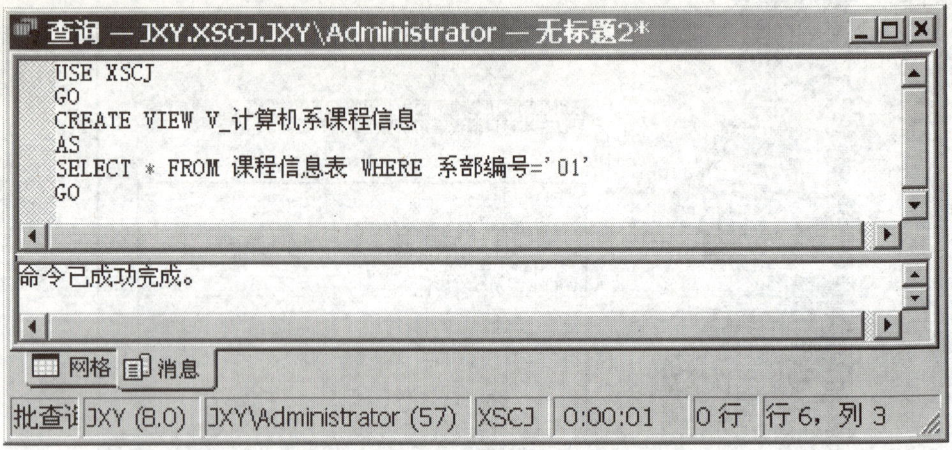

图 6-13 创建名为“V_计算机系课程信息”的视图

【例 6-4】 使用 SELECT 语句查看“V_计算机系课程信息”视图的返回结果。

在查询分析器中运行如下命令：

```
USE XSCJ
GO
SELECT * FROM
GO
```

运行结果如图 6-14 所示。

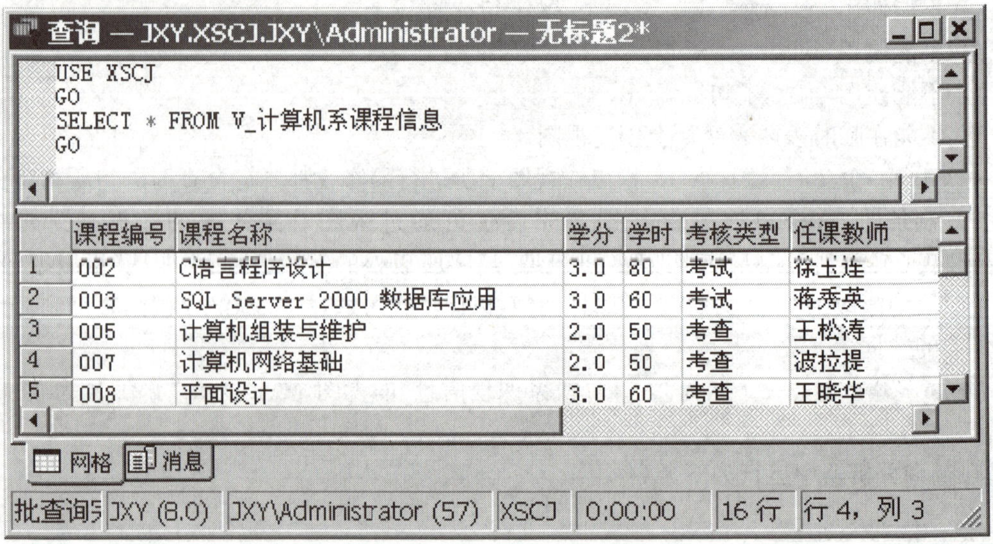

图 6-14 使用 SELECT 语句查看视图返回结果

【例 6-5】 使用企业管理器查看“V_少数民族信息”视图的返回结果。

① 在控制台树中展开 XSCJ 数据库。

② 单击【视图】，在视图详细列表中右击【V_少数民族信息】视图，在弹出菜单中选择【切

换到视图】下的【返回所有行】命令。返回结果如图 6-15 所示。

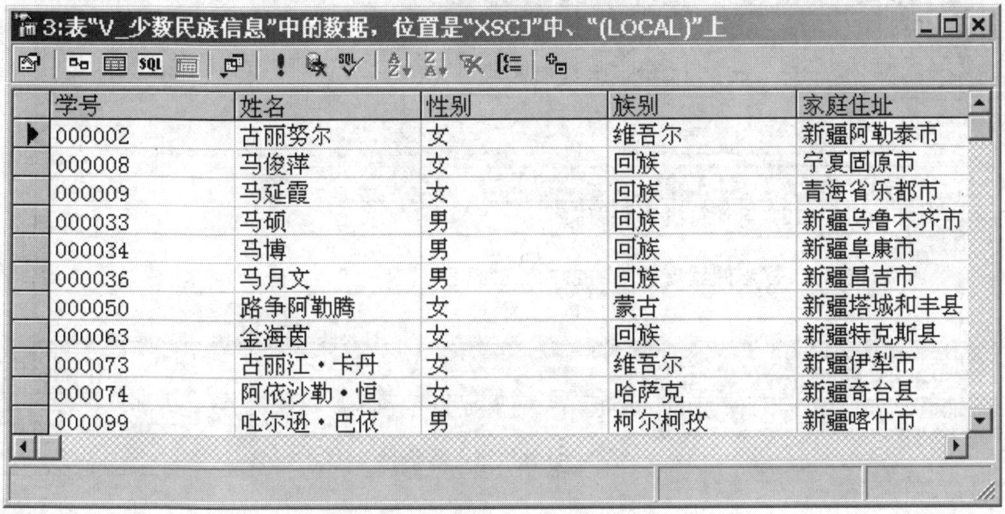

学号	姓名	性别	族别	家庭住址
000002	古丽努尔	女	维吾尔	新疆阿勒泰市
000008	马俊萍	女	回族	宁夏固原市
000009	马延霞	女	回族	青海省乐都市
000033	马硕	男	回族	新疆乌鲁木齐市
000034	马博	男	回族	新疆阜康市
000036	马月文	男	回族	新疆昌吉市
000050	路争阿勒腾	女	蒙古	新疆塔城和丰县
000063	金海茵	女	回族	新疆特克斯县
000073	古丽江·卡丹	女	维吾尔	新疆伊犁市
000074	阿依沙勒·恒	女	哈萨克	新疆奇台县
000099	吐尔逊·巴依	男	柯尔柯孜	新疆喀什市

图 6-15 使用企业管理器查看"V_少数民族信息"视图的返回结果

6.2 管理视图

6.2.1 查看视图信息

每当创建了一个新的视图后，则在系统说明的系统表中就定义了该视图的存储，因此，可以使用系统存储过程 sp_help 显示视图特征，使用 sp_helptext 显示视图在系统表中的定义，使用 sp_depends 显示该视图所依赖的对象。它们的语法形式分别如下：

- sp_help——数据库对象名称；
- sp_helptext——视图(触发器、存储过程)名；
- sp_depends——数据库对象名称。

【例 6-6】 使用系统存储过程 sp_helptext 查看"V_计算机系课程信息"视图的定义信息。

在查询分析器中运行如下命令：

```
USE XSCJ
GO
EXEC sp_helptext V_计算机系课程信息
GO
```

运行结果如图 6-16 所示。

【例 6-7】 使用系统存储过程 sp_help 显示视图"V_05GZYY"特征。

在查询分析器中运行如下命令：

```
USE XSCJ
```

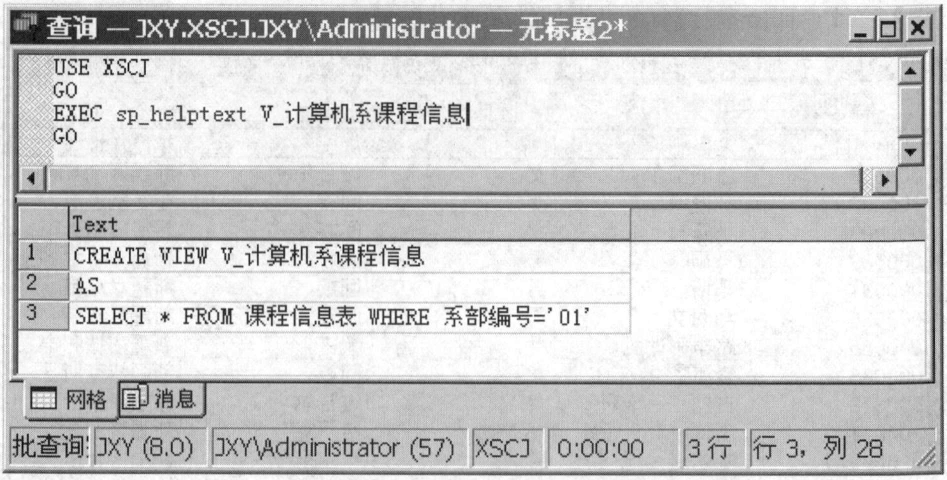

图 6-16 查看“V_计算机系课程信息”视图的定义

```
GO
sp_help V_05GZYY
GO
```

运行结果如图 6-17 所示。

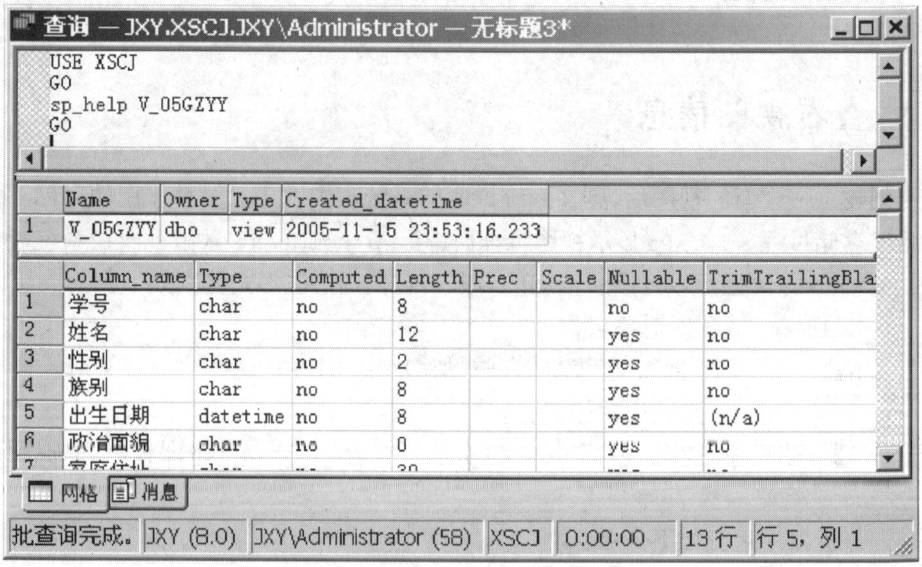

图 6-17 使用系统存储过程 sp_help 显示视图“V_05GZYY”特征

【例 6-8】 使用系统存储过程 sp_depends 显示视图“V_05GZYY”所依赖的对象。

在查询分析器中运行如下命令：

```
USE XSCJ
GO
sp_depends V_05GZYY
GO
```

运行结果如图 6-18 所示。

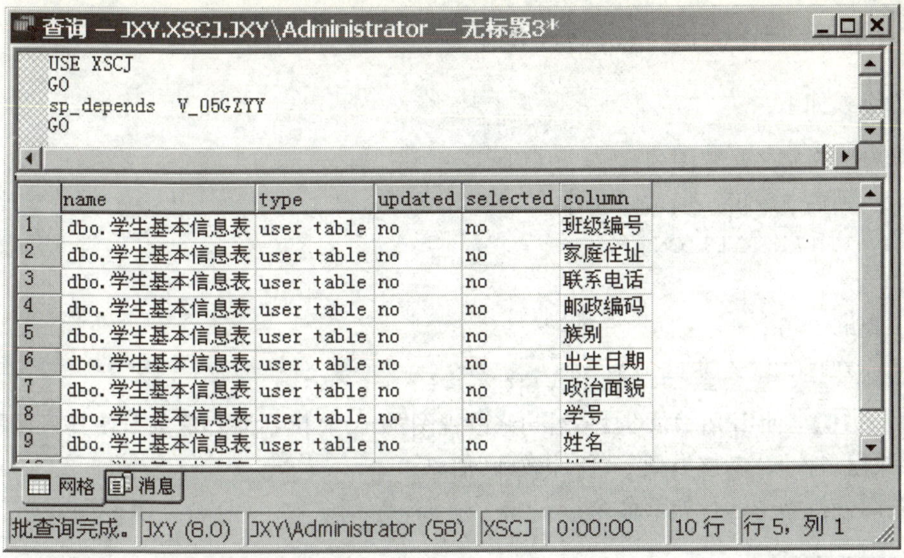

图 6－18　使用系统存储过程 sp_depends 显示视图“V_05GZYY”所依赖的对象

6.2.2　修改视图

1. 使用企业管理器修改视图

【例 6－9】　使用企业管理器将视图“V_05GZYY”修改为只显示女生信息。

① 在控制台树中展开 XSCJ 数据库。

② 单击【视图】，在视图列表中双击【V_05GZYY】视图，可以看到该视图的属性对话框，如图 6－19 所示。可以在该对话框中直接对视图的定义进行修改，此处将条件改为“WHERE 班级编号＝'20051001' AND 性别＝'女'”，修改完毕后，单击【确定】按钮返回。

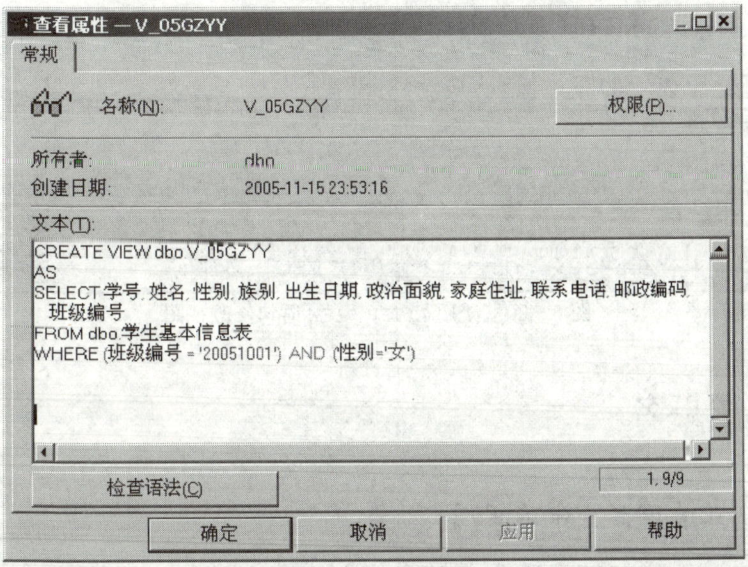

图 6－19　使用企业管理器修改视图

2. 使用 ALTER VIEW 语句修改视图

语法格式如下：

```
ALTER VIEW 视图名
[(列名 1,列名 2[,... n])]
[WITH ENCRYPTION]
AS
查询语句
[WITH CHECK OPTION]
```

【例 6－10】 使用 ALTER VIEW 语句修改视图"V_计算机系课程信息"，使其只显示"课程编号"、"课程名称"、"考核类型"、"任课教师"信息。

在查询分析器中运行如下命令：

```
USE XSCJ
GO
ALTER VIEW V_计算机系课程信息
AS
SELECT 课程编号,课程名称,考核类型,任课教师 FROM 课程信息表 WHERE 系部编号='01'
GO
```

运行结果如图 6－20 所示。

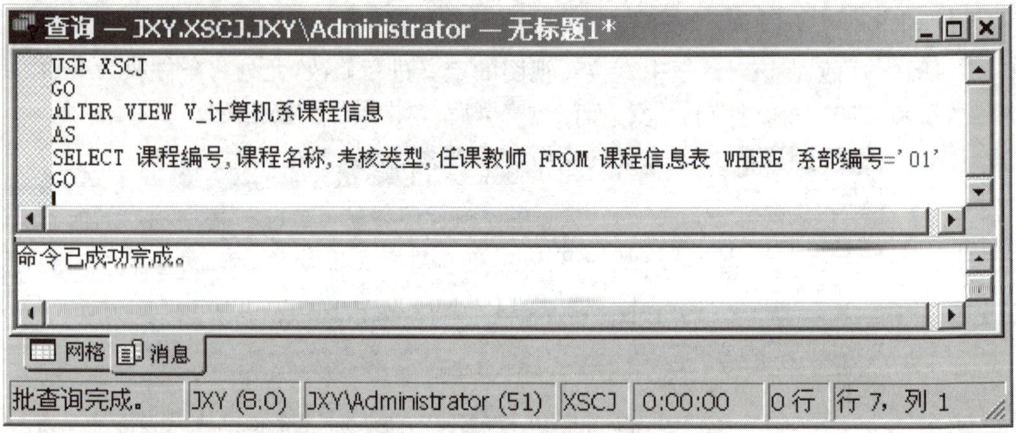

图 6－20 使用 ALTER VIEW 语句修改视图

6.2.3 视图更名

1. 使用企业管理器重命名视图

【例 6－11】 使用企业管理器将视图"V_05GZYY"重命名为"V_05 高职应用"。

① 在控制台树中展开 XSCJ 数据库。

② 单击【视图】,在视图详细列表中右击“V_05GZYY”,在弹出的菜单中单击【重命名】命令。

③ 输入视图的新名称“V_05 高职应用”。

④ 在重命名对话框中单击【是】按钮,确认新名称。

⑤ 系统显示成功命名提示后,单击【确定】按钮。

2. 使用系统存储过程 sp_rename 修改视图名称

该过程的语法形式如下:

```
sp_rename 旧名称,新名称
```

【例 6-12】 使用系统存储过程 sp_rename 将视图“V_05 高职应用”改回为“V_05GZYY”。

在企业管理器中运行如下命令:

```
USE XSCJ
GO
sp_rename V_05 高职应用,V_05GZYY
GO
```

运行结果如图 6-21 所示。

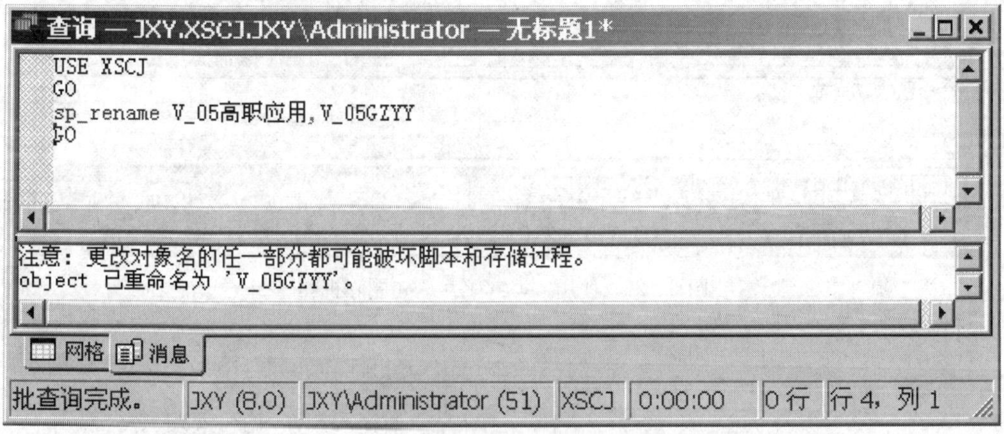

图 6-21　使用系统存储过程 sp_rename 更改视图名称

6.2.4　删除视图

1. 使用企业管理器删除视图

【例 6-13】 使用企业管理器删除视图“V_05GZYY”。

① 在控制台树中展开 XSCJ 数据库。

② 单击【视图】,在视图详细列表中右击“V_05GZYY”,在弹出的快捷菜单中选择【删除】命令。

③ 然后再单击【全部除去】按钮即可。

2. 使用 DROP VIEW 语句删除视图

语法格式为：

```
DROP VIEW 视图名[,...n]
```

可以使用该命令同时删除多个视图，只需在要删除的视图名称之间用逗号隔开即可。

【例 6-14】 使用 DROP VIEW 语句删除视图“V_计算机系课程信息”、“V_少数民族信息”。

在企业管理器中运行如下命令：

```
USE XSCJ
GO
DROP VIEW V_计算机系课程信息,V_少数民族信息
GO
```

运行结果如图 6-22 所示。

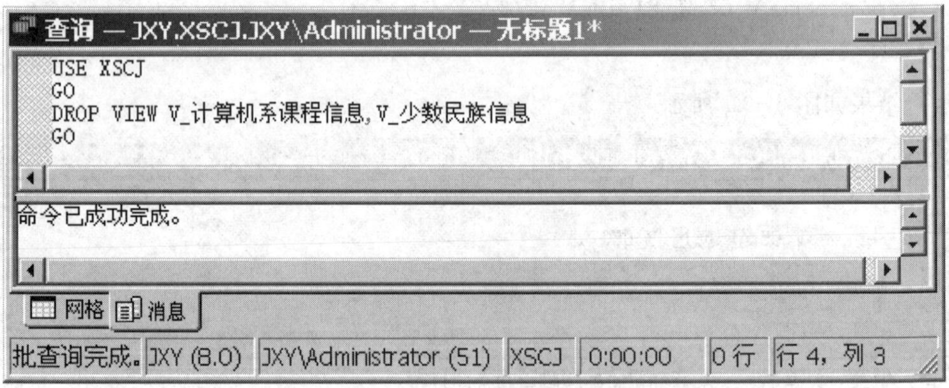

图 6-22 使用 DROP VIEW 语句删除视图

6.3 索引

6.3.1 索引基础知识

1. 索引的概念

数据库中的索引与书籍中的索引类似。在一本书中，使用索引可以快速查找所需信息，无需阅读整本书。在数据库中，索引使数据库程序无须对整个表进行扫描，就可以在其中找到所需数据。书中的索引是一个词语列表，其中注明了包含各个词的页码。而数据库中的索引是指某个表中一列或者若干列值的集合和相应的指向表中物理标识这些值的数据页的逻辑指针清单。

2. 索引的作用

- 通过创建唯一索引,可以保证数据记录的唯一性。
- 可以大大加快数据检索速度。
- 可以加速表与表之间的连接,这一点在实现数据的参照完整性方面有特别的意义。
- 在使用 ORDER BY 和 GROUP BY 子句中进行检索数据时,可以显著减少查询中分组和排序的时间。
- 使用索引可以在检索数据的过程中使用优化隐藏器,提高系统性能。

3. 索引的分类

索引有聚集索引与非聚集索引之分。

(1) 聚集索引

聚集索引对表和视图中的数据进行物理排序,然后再重新存储到磁盘上,这种索引对查询非常有效。表和视图中只能有一个聚集索引。当建立主键约束时,如果表中没有聚集索引,SQL Server 会用主键列作为聚集索引键。

用户可以在表的任何列或列的组合上建立索引,但一般是为定义成主键约束的列建立聚集索引。

(2) 非聚集索引

非聚集索引不用将表和视图中的数据进行物理排序。如果表中不存在聚集索引,则表是未排序的。在表或视图中,最多可以建立 250 个非聚集索引或者 249 个非聚集索引和 1 个聚集索引。

一般在那些经常被用来查询的表的列上建立索引以获得最佳查询性能。但索引也需要占用空间,表越大,建立的包含该表的索引也越大。当一个含有索引的表被改动时,改动数据的速度会减慢,所以不要在表中建立太多且很少用到的索引。

6.3.2 创建索引

可以使用企业管理器和 CREATE INDEX 语句的方法创建索引。

1. 使用企业管理器创建索引

【例 6-15】 在 XSCJ 数据库的"学生基本信息表"中创建基于"姓名"列的名为"IX_学生姓名"的非聚集索引、非唯一索引。

① 在企业管理器中,展开指定的服务器和数据库 XSCJ,单击【表】。

② 在详细列表中右击"学生基本信息表",在弹出的快捷菜单中选择【所有任务】项的【管理索引】选项,即会出现【管理索引】对话框,如图 6-23 所示。在该对话框中,可以选择要处理的数据库和表。此处选择 XSCJ 和"学生基本信息表"。

③ 单击【新建】按钮,则出现【新建索引】对话框,如图 6-24 所示。

④ 选择"姓名"列,并输入索引姓名"IX_学生姓名",完成后单击【确定】按钮,即可生成新的索引。

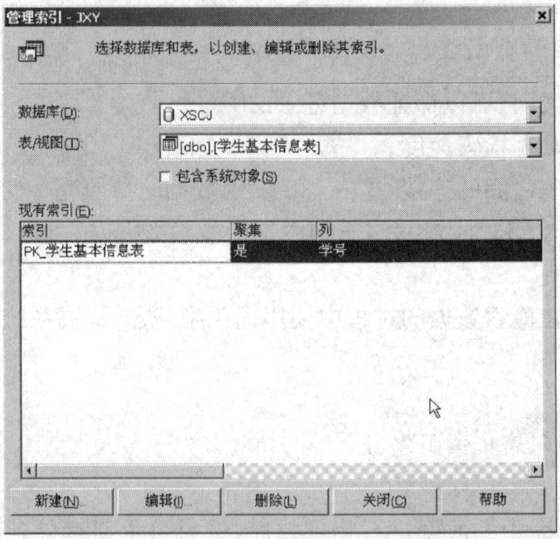

图 6-23 【管理索引】对话框

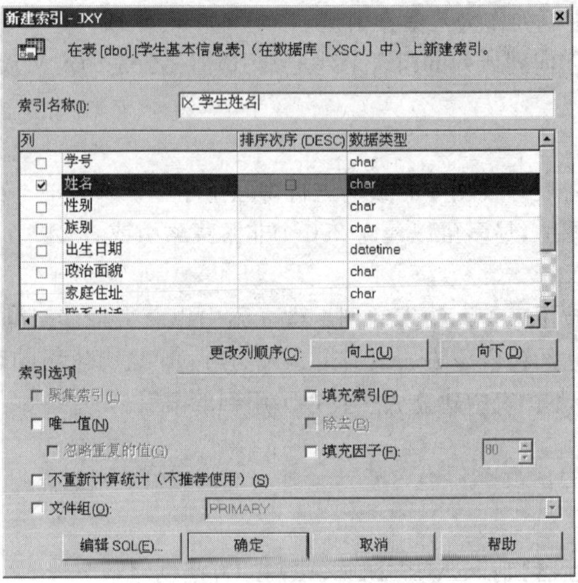

图 6-24 【新建索引】对话框

2. 使用 CREATE INDEX 语句创建索引

其语法格式如下：

```
CREATE[UNIQUE][CLUSTERED|NONCLUSTERED]
INDEX 索引名 ON {表名|视图名}(列名[ ASC|DESC][,...n])
[WITH[PAD_INDEX]
[[,]FILLFACTOR=fillfactor][[,]IGNORE_DUP_KEY]
[[,]DROP_EXISTING]
    [[,]STATISTICS_NORECOMPUTE]
[[,]SORT_IN_TEMPDB]
```

```
]
[ON filegroup]
```

其中：

- UNIQUE——用于指定为表或视图创建唯一索引，即不允许存在索引值相同的两行。
- CLUSTERED——用于指定创建的索引为聚集索引。
- NONCLUSTERED——用于指定创建的索引为非聚集索引。
- 索引名——用于指定所创建的索引的名称。
- 表名——用于指定创建索引的表的名称。
- 视图名——用于指定创建索引的视图的名称。
- ASC|DESC——用于指定具体某个索引列的升序或降序排序方向。
- 列名——用于指定被索引的列。
- PAD_INDEX——用于指定索引中间级中每个页(节点)上保持开放的空间。
- FILLFACTOR＝fillfactor——用于指定在创建索引时，每个索引页的数据占索引页大小的百分比，fillfactor 的值为 1 到 100。
- IGNORE_DUP_KEY——用于控制当往包含于一个唯一聚集索引中的列中插入重复数据时 SQL Server 所做的反应。
- DROP_EXISTING——用于指定应删除并重新创建已命名的先前存在的聚集索引或者非聚集索引。
- STATISTICS_NORECOMPUTE——用于指定过期的索引统计不会自动重新计算。
- SORT_IN_TEMPDB——用于指定创建索引时的中间排序结果将存储在 tempdb 数据库中。
- ON filegroup——用于指定存放索引的文件组。

【例 6-16】 使用 CREATE INDEX 语句在 XSCJ 数据库的"成绩表"上创建名为"IX_学号课号"的聚集、唯一、复合索引，该索引基于"学号"和"课程编号"列创建。

在查询分析器中运行如下命令：

```
USE XSCJ
GO
CREATE UNIQUE CLUSTERED
INDEX IX_学号课号 ON 成绩表(学号,课程编号)
GO
```

6.4 管理索引

6.4.1 查看、修改索引

1. 使用企业管理器查看、修改索引

要查看和修改索引的详细信息，可以在企业管理器中，展开指定的服务器和数据库项，用

右键单击要查看的表，从弹出的快捷菜单中选择【所有任务】子菜单中的【管理索引】选项，则会出现【管理索引】对话框。选择要查看或者修改的索引，单击【编辑】按钮，就会出现【修改索引】对话框。在该对话框中，可以修改索引的大部分设置，还可以直接修改其 SQL 脚本，只需按下【编辑 SQL…】按钮，即可出现【编辑 SQL 脚本】对话框，其中可以编辑、测试和运行索引的 SQL 脚本。

2. 使用系统存储过程查看、更名索引

系统存储过程 sp_helpindex 可以返回表的所有索引信息，其语法形式如下：

```
sp_helpindex '表名称'
```

另外，系统存储过程 sp_rename 可以用来更改索引的名称，其语法形式如下：

```
sp_rename '表名.旧索引名','新索引名'
```

【例 6-17】 使用系统存储过程 sp_helpindex 查看 XSCJ 数据库中“成绩表”的索引信息。

在查询分析器中运行如下命令：

```
USE XSCJ
GO
sp_helpindex '成绩表'
GO
```

运行结果如图 6-25 所示。

图 6-25 使用系统存储过程 sp_helpindex 查看 XSCJ 数据库中“成绩表”的索引信息

【例 6-18】 使用系统存储过程将索引“PK_成绩表”更名为“IX_成绩表”。

在查询分析器中运行如下命令：

```
USE XSCJ
GO
EXEC sp_rename '成绩表.PK_成绩表','IX_成绩表'
GO
```

运行结果如图 6-26 所示。

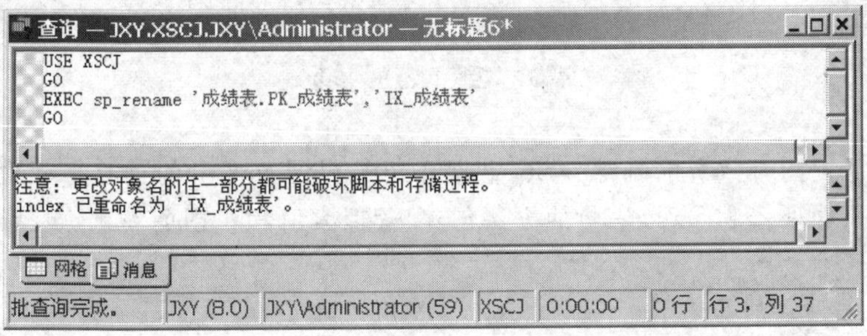

图 6-26　使用系统存储过程将索引“PK_成绩表”更名为“IX_成绩表”

6.4.2　删除索引

1. 使用企业管理器删除索引

要删除索引，可以在企业管理器中，从【管理索引】对话框中或者【表的属性】对话框中，选择要删除的索引，单击【删除】按钮，即可删除索引。

2. 使用 DROP INDEX 命令删除索引

当不再需要某个索引时，可以将其删除，DROP INDEX 命令可以删除一个或者多个当前数据库中的索引，其语法格式如下：

```
DROP INDEX table.index|view.index[,...n]
```

其中：table|view 用于指定索引列所在的表或索引视图；index 用于指定要删除的索引名称。应当注意的是，DROP INDEX 命令不能删除由 CREATE TABLE 或者 ALTER TABLE 命令创建的主键或者唯一性约束索引，也不能删除系统表中的索引。

【例 6-19】　删除“学生基本信息表”中名为“IX_学生姓名”的索引。

在查询分析器中运行如下命令：

```
USE XSCJ
GO
DROP INDEX 学生基本信息表.IX_学生姓名
GO
```

运行结果如图 6-27 所示。

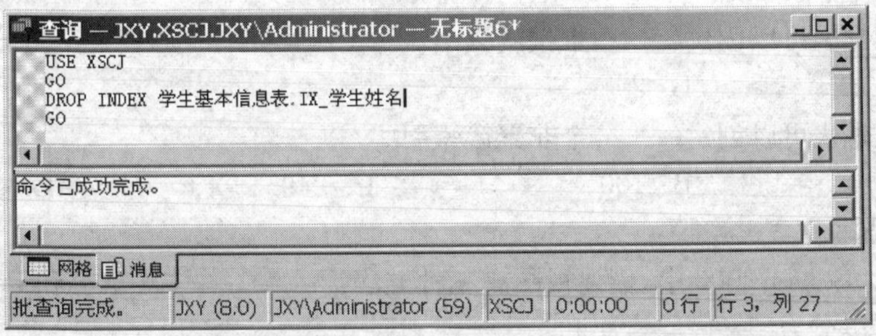

图 6-27　删除“学生基本信息表”中名为“IX_学生姓名”的索引

本 章 小 结

本章介绍了视图与索引的基础知识，重点介绍了视图与索引的创建与管理技术，用户应该掌握使用企业管理器和SQL语句的方法创建、管理索引和视图的技术，灵活运用视图及索引以提高系统开发效率。

练 习 与 上 机

一、选择题

1. SQL Server 2000 提供了系统过程（　　），可以用来修改视图的名称。

A. sp_help　　B. sp_bindefault　　C. sp_rename　　D. 其他

2. 下面语句中，哪种语句用来创建视图（　　）？

A. CREATE TABLE　　B. ALTER VIEW

C. DROP VIEW　　D. CREATE VIEW

3. 下面语句中，哪种语句用来修改视图（　　）。

A. CREATE TABLE　　B. ALTER VIEW

C. DROP VIEW　　D. CREATE VIEW

4. 下面语句中，哪种语句用来删除视图（　　）。

A. CREATE TABLE　　B. ALTER VIEW

C. DROP VIEW　　D. CREATE VIEW

5. 下列哪种情况的列适合使用聚簇索引（　　）？

A. 包含大量非重复值的列，即该列或更多的组合在数据表的记录中重复值极少

B. 精确匹配查询的搜索条件 WHERE 子句中经常使用的列

C. 包含数量有限的唯一值的列

D. 以上都不对

6. 下列哪种情况的列适合使用非聚簇索引（　　）？

A. 包含数量有限的唯一值的列

B. 用户经常使用 BETWEEN，＞，＞＝，＜和＜＝运算符限制某列来查询满足条件的数据时

C. 包含大量非重复值的列

D. 以上都不对

7. 每个数据表可以创建（　　）个聚簇索引。

A. 1　　B. 2　　C. 10　　D. 无数个

8. 每个数据表可以创建（　　）个非聚簇索引。

A. 1　　B. 100　　C. 249　　D. 无数个

二、填空题

1. 在 SQL Server 2000 中，创建视图有三种方法：________、________和________。

2. 索引可以分为________索引和________索引。

3. 视图名及创建日期等信息存放在系统表________中。

4. 视图是从一个或多个基本表(或视图)派生出的________表。

5. 可以使用系统存储过程________显示视图特征,使用________显示视图在系统表中的定义,使用________显示该视图所依赖的对象。

6. 系统存储过程________可以返回表的所有索引信息,系统存储过程________可以用来更改索引的名称。

三、简答题

1. 简述视图的概念和优点。

2. 创建视图时,需要注意哪些事项?

3. 简述索引的概念和作用。

4. 简述聚集索引和非聚集索引的涵义与要求。

☞项目实训

1. 在 XSCJ 数据库中创建视图:

(1) 创建名为 v_men 的视图,该视图仅查看学生基本信息表中男生的基本信息。

(2) 创建名为 v_all 的视图,该视图查看学生基本信息表中所有学生的学号、姓名、性别、出生日期、政治面貌、家庭住址、班级信息。

2. 查看视图。

3. 修改视图的属性。

4. 视图的修改与删除。

5. 视图的重命名及显示视图信息。

6. 创建各表索引:

(1) 基于学生基本信息表的学号列创建名为 IX_学号的聚集、唯一索引;

(2) 基于成绩表的学号、课程 ID 列创建名为 IX_成绩的聚集、唯一索引、复合索引;

(3) 基于成绩表的成绩列创建名为 IX_成绩的非聚集索引,并删除;

7. 显示索引信息。

8. 对索引进行重命名。

第 7 章　实现数据完整性

【学习目标】

- 理解完整性的概念、类型及作用
- 灵活使用约束、规则、默认值、IDENTITY 列实现数据完整性

7.1　数据完整性概述

7.1.1　数据完整性的定义

数据完整性是指存放在数据库中的数据要满足的业务规则，是确保数据库的数据一致、正确及符合企业规则的一种思想。如年龄 0～150，性别{男，女}，成绩表中学号必须在学生基本信息表中存在等。这样可以保证有效的、有意义的数据存放到数据库中。

7.1.2　完整性类型

数据完整性有 4 种类型：实体完整性、域完整性、引用完整性、用户自定义完整性。

(1) 实体完整性

实体完整性也可称为表的完整性，是指表中必须有一个主关键字，用来唯一地标识表中的每一行，且不允许为空值(NULL)。实体完整性强制表的标识符列或主键的完整性(通过索引、UNIQUE 约束、PRIMARYKEY 约束或 IDENTITY 属性实现)。

(2) 域完整性

域完整性也可称为列的完整性，是指给定列的输入有效性，用于限制向表中输入的值的范围。强制域有效性的方法有：限制类型(通过类型)、格式(通过 CHECK 约束和规则)或可能值的范围(通过 FOREIGN KEY 约束、CHECK 约束、DEFAULT 定义、NOT NULL 定义和规则)。

(3) 引用完整性

引用完整性也称参照完整性，在输入或删除记录时，引用完整性保持表之间已定义的关系。在 SQL Server 2000 中，引用完整性基于外键与主键之间或外键与唯一键之间的关系(通过 FOREIGN KEY 和 CHECK 约束)。引用完整性确保键值在所有表中一致。这样的一致性要求不能引用不存在的值，如果键值更改了，那么在整个数据库中，对该键值的所有引用要进行一致的更改。

强制引用完整性时，SQL Server 禁止用户进行下列操作：

- 当主表没有关联的记录时，将记录添加到相关表中；
- 更改主表中的值并导致相关表中的记录孤立；
- 从主表中删除记录，但仍存在与该记录匹配的相关记录。

(4) 用户自定义完整性

用户自定义完整性主要体现实际运用的业务规则中。例如，在“班级表”中，规定 04 届学

生班级的“班级名称”前两个字符必须是04等。用户定义的完整性可以通过前面3种完整性的实施得到维护。

7.2　使用约束实现数据完整性

7.2.1　PRIMARY KEY约束

表中经常有一个列或列的组合，其值能唯一地标识表中的每一行。这样的一列或多列称为表的主键(PK)，通过它可强制表的实体完整性。当创建或更改表时可通过定义PRIMARY KEY约束来创建主键。应当注意的是，每个表有且只有一个PRIMARY KEY约束，PRIMARY KEY约束中的列不能接受空值，系统在定义PK的列上自动建立唯一索引，主键可以是多列的组合。

如果PRIMARY KEY约束定义在不止一列上，则一列中的值可以重复，但PRIMARY KEY约束定义的所有列的组合的值必须唯一。

只有在进行连接或执行INSERT时才检查主键约束。

【例7-1】　为数据库XSCJ中“学生基本信息表”的“学号”列上创建PRIMARY KEY约束。

方法一：使用企业管理器创建主键约束，可以按以下步骤操作。

① 展开服务器，单击【数据库】，在展开数据库XSCJ后，单击【表】，显示XSCJ数据库所属的表信息。

② 右击【学生基本信息表】，在弹出的快捷菜单中单击【设计表】，打开如图7-1所示对话框。

③ 单击【列名】下的【学号】列。

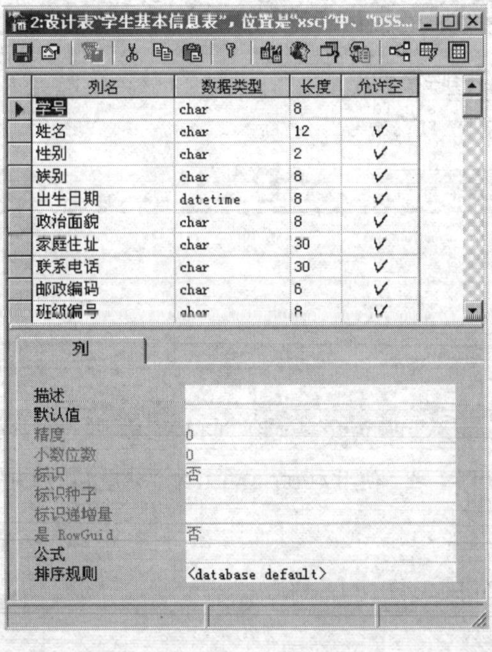

图7-1　设计表

④ 单击工具栏中的【设置主键】按钮，单击【保存】按钮即可。

方法二：用 ALTER TABLE 命令来创建一个主键约束。

其语法为：

```
ALTER TABLE   table_name
ADD  [CONSTAINT   Constraint_name]
PRIMARY KEY
{(Column[,...n])
```

其中：

- table_name——要更改的表名称。如果表不在当前数据库中或者不属于当前用户所拥有，可以显式指定数据库和所有者。
- constrain_name——新约束的名称。约束的名称必须符合标识符规则，但其名称的首字符不能为＃。如果没有提供 constraint_name，约束使用系统生成的名称。
- column[,...n]——新约束所用的一列或多列(置于括号中)的列名。

在查询分析器中执行以下语句可以完成例 7－1 的任务。

```
USE XSCJ
GO
ALTER TABLE  学生基本信息表
ADD CONSTRAINT PK_stu_id
          PRIMARY KEY (学号)
GO
```

运行结果如图 7－2 所示，成功地在“学生基本信息表”上创建了 PRIMARY KEY 约束。

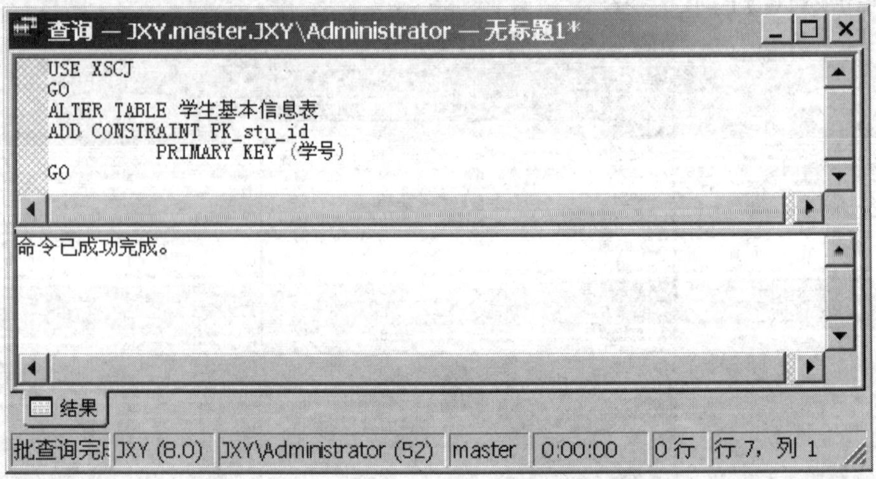

图 7－2　使用 ALTER TABLE 命令创建主键约束

7.2.2　UNIQUE 约束

使用 UNIQUE 约束可以确保表中在非主键列中不输入重复值。尽管 UNIQUE 约束和

PRIMARY KEY 约束都强制唯一性，但在强制下面的唯一性时应使用 UNIQUE 约束而不是 PRIMARY KEY 约束。

(1) 非主键的一列或组合

一个表可以定义多个 UNIQUE 约束，而只能定义一个 PRIMARY KEY 约束。

(2) 允许空值的列

允许空值的列上可以定义 UNIQUE 约束，但不能定义 PRIMARY KEY 约束。FOREIGN KEY 约束也可以引用 UNIQUE 约束。

【例 7-2】 为数据库 XSCJ 中"系部表"的"系部名称"列上创建 UNIQUE 约束。

方法一：在企业管理器中创建 UNIQUE 约束，可以按以下步骤操作。

① 展开服务器，单击【数据库】，在展开数据库 XSCJ 后，单击【表】。

② 右击【系部表】，在弹出的快捷菜单中单击【设计表】，打开如图 7-3 所示的设计表对话框。

③ 单击【管理约束】按钮，弹出如图 7-4 所示的【属性】对话框，选择【索引/键】标签。如图 7-4 所示。

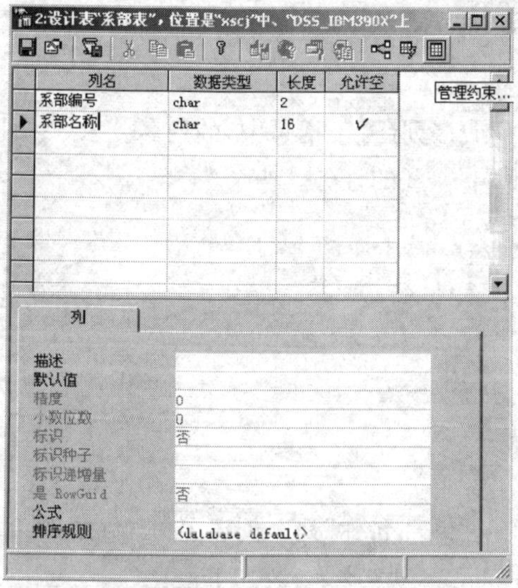

图 7-3 设计表

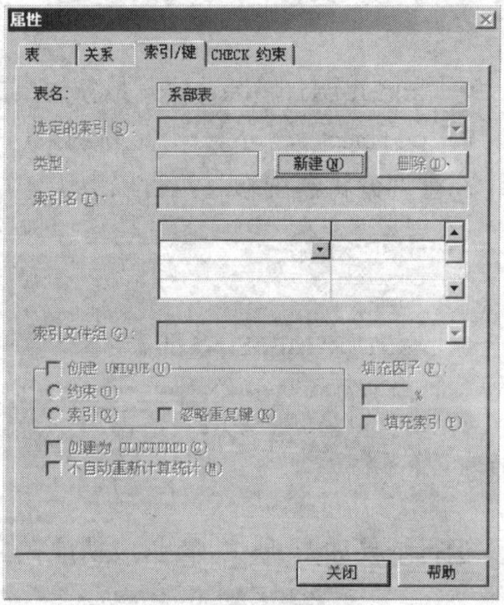

图 7-4 【属性】对话框

④ 单击【新建】按钮，在列名下选择【系部名称】，再在【创建 UNIQUE(U)】复选框上打√，单击【约束】。如图 7-5 所示。

⑤ 单击【关闭】按钮，在设计窗口单击【保存】按钮后，关闭设计表对话框即可。

方法二：在 SQL Server 2000 中，也可用 ALTER TABLE 命令来创建一个 UNIQUE 约束。其语法为：

```
ALTER TABLE  table_name
ADD [CONSTAINT  Constraint_name]
     UNIQUE  {(Column[,…n])
```

其中：

- table_name——要更改的表名称。如果表不在当前数据库中或者不属于当前用户所拥有，可以显示指定数据库和所有者。

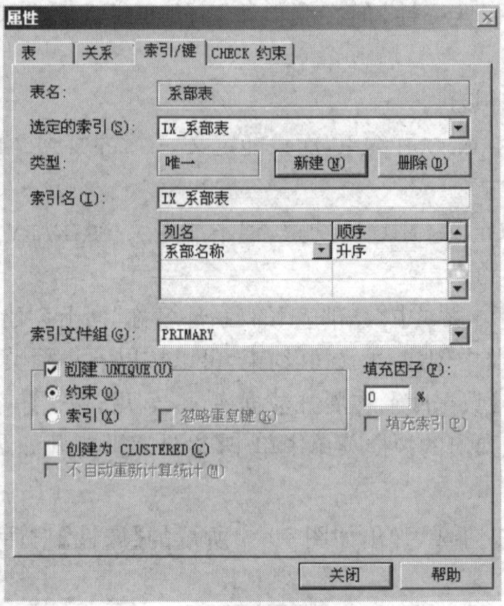

图 7-5　管理约束界面

- constrain_name——是新约束的名称。
- column[,... n]——是新约束所用的一列或多列(置于括号中)的列名。

在查询分析器中通过执行以下语句可以实现例 7-2 的任务。

```
USE XSCJ
GO
ALTER TABLE 系部表
ADD CONSTRAINTUNI_stu_addr
        UNIQUE(系部名称)
GO
```

运行结果如图 7-6 所示,成功地在"系部表"的"系部名称"列上创建了 UNIQUE 约束。

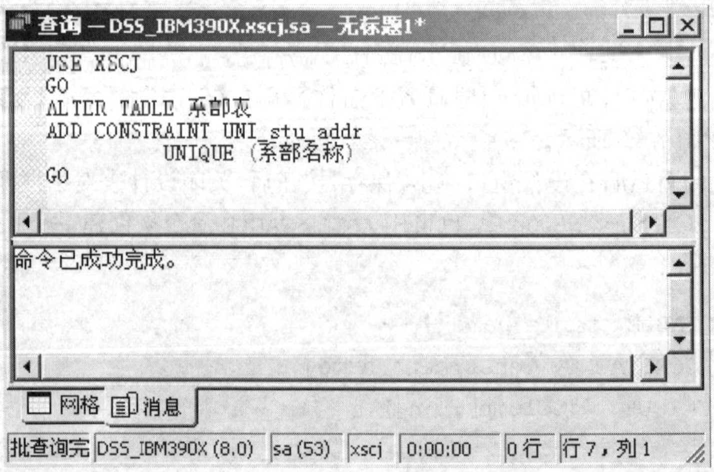

图 7-6　使用 ALTER TABLE 命令创建 UNIQUE 约束

7.2.3　CHECK 约束

CHECK 约束通过限制输入到列中的值来强制域的完整性。这与 FOREIGN KEY 约束控制列中数值相似。区别在于它们如何判断哪些值有效：FOREIGN KEY 约束从另一个表中获得有效数值列表，CHECK 约束从逻辑表达式判断而非基于其他表的数据。

可以通过任何基于逻辑运算符返回结果 TRUE 或 FALSE 的逻辑(布尔)表达式来创建 CHECK 约束。对单独一列可使用多个 CHECK 约束。按约束创建的顺序对其取值。

只有当 INSERT、UPDATE 时才检查 CHECK 约束。

【例 7-3】　为数据库 XSCJ 中"学生基本信息表"的"性别"列上创建 CHECK 约束。

方法一：在企业管理器中创建 CHECK 约束，可以按以下步骤操作。

① 展开服务器，单击【数据库】，在展开数据库 XSCJ 后，单击【表】。

② 右击【学生基本信息表】，在弹出的快捷菜单中单击【设计表】。如图 7-7 所示。

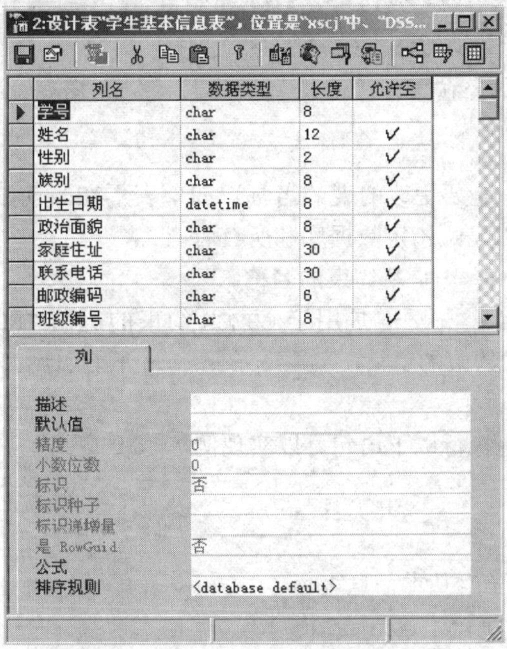

图 7-7　设计"学生基本信息表"

③ 单击【管理约束】按钮，弹出【属性】对话框，单击【CHECK 约束】标签。如图7　8所示。

④ 单击【新建】后，在【约束表达式】栏中添入"性别＝'男'OR 性别＝'女'"即可。如图 7-9所示。

⑤ 单击【关闭】按钮，在设计窗口单击【保存】按钮后，关闭设计表窗口。

方法二：在 SQL Server 2000 中，也可用 ALTER TABLE 命令来创建一个 CHECK 约束。其语法为：

```
ALTER TABLE  table_name
ADD [CONSTAINT  Constraint_name]
    CHECK  logical_expression
```

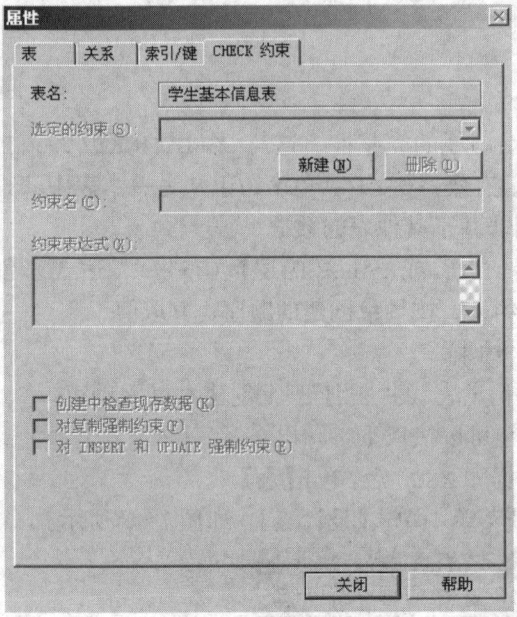

图 7-8　管理约束界面

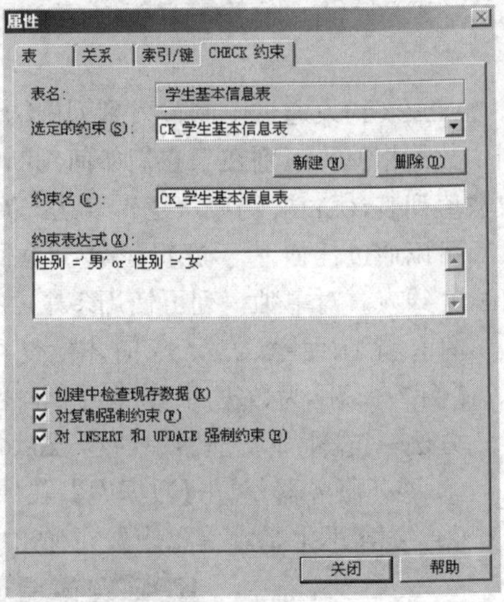

图 7-9　设置约束表达式

其中：

- table_name——是要更改的表的名称。如果表不在当前数据库中或者不属于当前用户所拥有，可以显式指定数据库和所有者。
- constrain_name——是新约束的名称。
- logical_expression——是用于 CHECK 约束的返回 TRUE 或 FALSE 的逻辑表达式。用于 CHECK 约束的 Logical_expression 不能引用其他表，但可引用同一表中同一行的其他列。

在查询分析器中通过执行以下语句可以实现例 7-3 的任务。

```
USE XSCJ
GO
ALTER TABLE 学生基本信息表
ADD CONSTRAINT UNI_stu_addr
        CHECK (性别='男'or 性别='女')
GO
```

运行结果如图 7-10 所示，成功地在“学生基本信息表”的“性别”列上创建了 CHECK 约束。

7.2.4　FOREIGN KEY 约束

外键(FOREIGN KEY，FK)是用于实现两个表之间数据联系的一个列或多个列的组合。通过将保存表中主键值的一列或多列添加到另一个表中，可创建两个表之间的数据联系，这个列就成为第二个表的外键。当创建或更改表时可通过定义 FOREIGN KEY 约束来创建外键。

建立 FOREIGN KEY 约束后系统自动维护如下引用完整性。

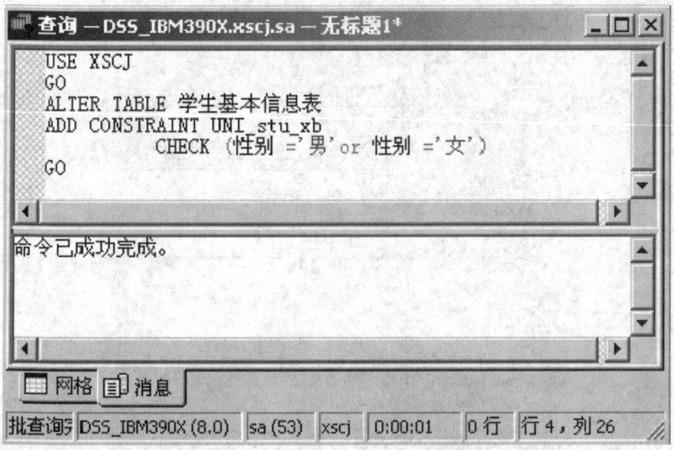

图 7-10　使用 ALTER TABLE 命令创建 CHECK 约束

- 修改父表主键时检查；
- 删除父表记录时检查；
- 在子表中插入数据时检查。

【例 7-4】 数据库 XSCJ 中以"系部表"为父表，以"班级表"为子表，通过"系部编号"在"班级表"上建立 FOREIGN KEY 约束。

方法一：在企业管理器中创建外键约束，可以按以下步骤操作。

① 展开服务器，单击【数据库】，在展开数据库 XSCJ 后，单击【表】。

② 右击【班级表】，在弹出的快捷菜单中单击【设计表】。如图 7-11所示。

③ 单击【管理关系】按钮，弹出【属性】对话框。如图 7-12 所示。

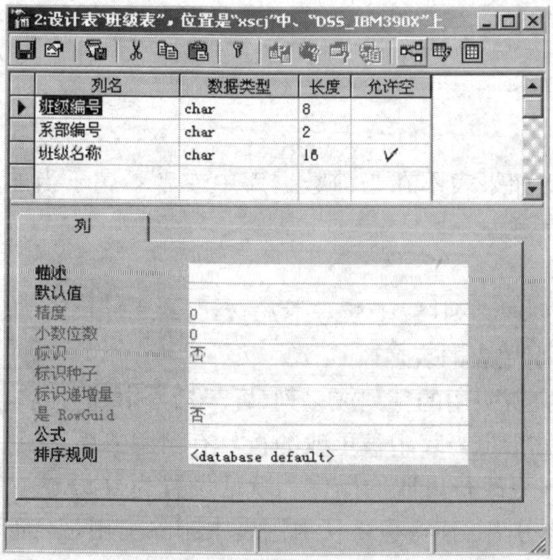

图 7-11　设计"班级表"

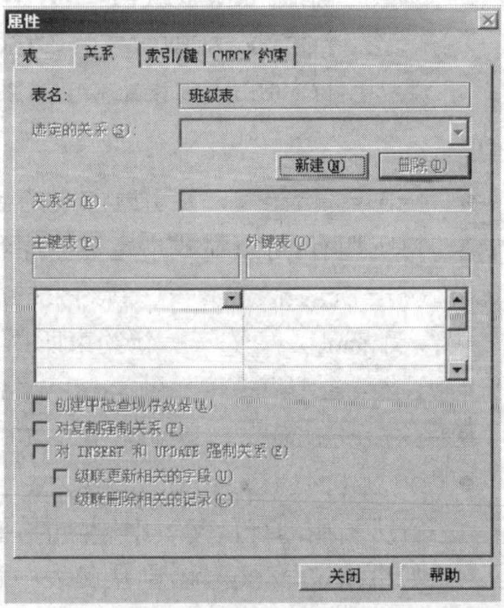

图 7-12　【属性】对话框

④ 单击【新建】按钮，在【主键表(P)】下方选择【系部表】后，再选择【系部表】的主键【系部编号】，然后，在【外键表(O)】下方选择【班级表】后，再选择【班级表】中的列【系部编号】。如图 7-13所示。

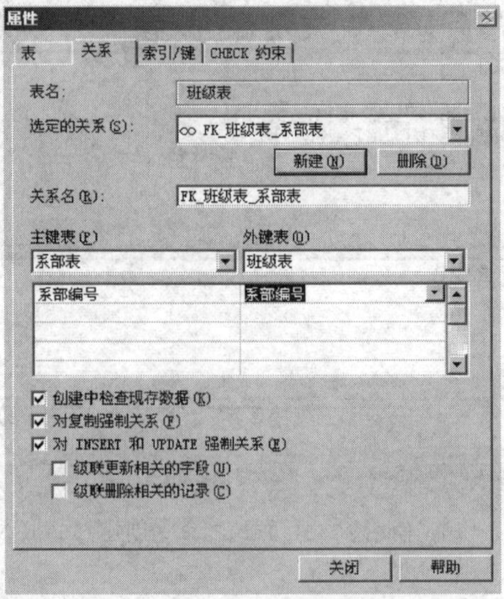

图 7-13 在企业管理器中创建外键约束

⑤ 单击【关闭】按钮,在设计窗口单击【保存】按钮,即可关闭设计表窗口。

注意:在做上述操作前,要先为"系部表"创建主键约束,即"系部编号"是系部表的主键。

方法二:在 SQL Server 2000 中,也可用 ALTER TABLE 命令来创建一个 FOREIGN KEY 约束。其语法为:

```
ALTER TABLE  table_name
ADD  [CONSTAINT  Constraint_name]
     [FOREIGN  KEY][(column[,...n])]
     REFERENCES ref_table[(ref_column[,...n])]
     [ON DELETE{CASCADE|NO ACTION}]
     [ON UPDATE{CASCADE|NO ACTION}]
```

其中:

- table_name——要更改的表的名称。如果表不在当前数据库中或者不属于当前用户所拥有,可以显式指定数据库和所有者。
- constrain_name——新约束的名称。
- column[,... n]——新约束所用的一列或多列(置于括号中)的列名。
- ref_table——FOREIGN KEY 约束所引用表的表名。
- ref_column——新 FOREIGN KEY 约束所引用的一列或多列(置于括号中)的列名。
- ON DELETE{CASCADE|NO ACTION}——指定当表中被更改的行具有引用关系,并且该行所引用的行从父表中删除时,要对被更改行采取的操作。默认设置为 NO ACTION。如果指定 CASCADE,则从父表中删除被引用行时,也将从引用表中删除引用行。如果指定 NO ACTION,SQL Server 将产生一个错误并回滚父表中的行删除操作。如果表中已存在 ON DELETE 的 INSTEAD OF 触发器,那么就不能定义 ON DELETE 的CASCADE 操作。
- ON UPDATE{CASCADE|NO ACTION}——指定当表中被更改的行具有引用关系,并且该行所引用的行在父表中更新时,要对被更改行采取的操作。默认设置为 NO ACTION。

如果指定 CASCADE，则在父表中更新被引用行时，也将在引用表中更新引用行。如果指定 NO ACTION，SQL Server 将产生一个错误并回滚父表中的行更新操作。如果表中已存在 ON DELETE 的 INSTEAD OF 触发器，那么就不能定义 ON DELETE 的CASCADE 操作。

在查询分析器中通过执行以下语句可以实现例 7 - 4 的任务。

```
USE XSCJ
GO
ALTER TABLE 班级表
ADD CONSTRAINT FK_xb_xbbh
FOREIGN  KEY(系部编号)
REFERENCES 系部表(系部编号)
GO
```

运行结果如图 7 - 14 所示，成功地在“班级表”上创建了 FOREIGN KEY 约束。

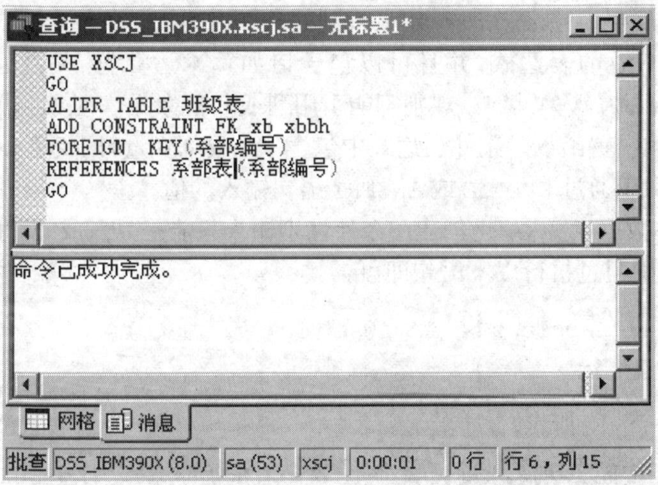

图 7 - 14　使用 ALTER TABLE 命令创建外键约束

7.3　使用规则

规则也是实现数据完整性的方法之一。规则是独立于表的数据库对象，定义后需绑定到列或用户定义的数据类型。它类似于 CHECK 约束，但规则不能进行同表不同列之间的比较，它只能用于检查单列。

规则的优点是同一个规则对象可以供不同数据表的不同字段使用，但每个字段最多只能和一个规则对象结合。在一个数据表中可以同时使用 CHECK 约束和规则对象，但微软建议尽量使用 CHECK 来做检查，这是因为当很多规则对象和很多字段绑定时，数据库会变得较为复杂而不易管理及维护，而且规则对象只能针对单一字段做检查，不像 CHECK 约束方式使用灵活。

使用规则需要先创建规则，然后再将其绑定到列上或用户自定义的数据类型上。删除规则前，也必须先删除该规则的绑定。

7.3.1 创建规则

在 SQL Server 2000 中，可以使用 CREATE RULE 语句和企业管理器两种方法创建一个新的规则。

1. 使用 CREATE RULE 语句创建规则

其语法为：

```
CREATE RULE  rule_name
As  condition_expression
```

其中：

- rule_name——新规则的名称。规则名称必须符合标识符规则。可以选择是否指定规则所有者的名称。
- condition_expression——定义规则的条件表达式。条件表达式可以是 WHERE 子句中任何有效的表达式，并且可以包含诸如算术运算符、关系运算符及诸如 IN、LIKE、BETWEEN 等关键字。规则不能引用列或其他数据库对象。可以包含不引用数据库对象的内置函数。条件表达式中包含一个局部变量，该变量必须以符号@ 打头。该表达式引用通过 UPDATE 或 INSERT 语句输入的值。

【例 7-5】 在数据库 XSCJ 上创建一个使性别输入只能是“男”或“女”的规则。

在查询分析器中通过执行以下语句即可：

```
CREATE  RULE rule_sex  AS  @sex in('男','女')
GO
```

运行结果如图 7-15 所示。

图 7-15 使用 CREATE RULE 语句创建规则

2. 使用企业管理器创建规则

操作步骤如下。

① 展开服务器，单击【数据库】，右击 XSCJ，在弹出的快捷菜单中选择【新建】命令，在弹出

的级联菜单中选择【规则】,出现创建规则对话框如图 7-16 所示。

② 在【名称】框内输入规则的名称,在【文本】框内输入规则的表达式,如图 7-17 所示。

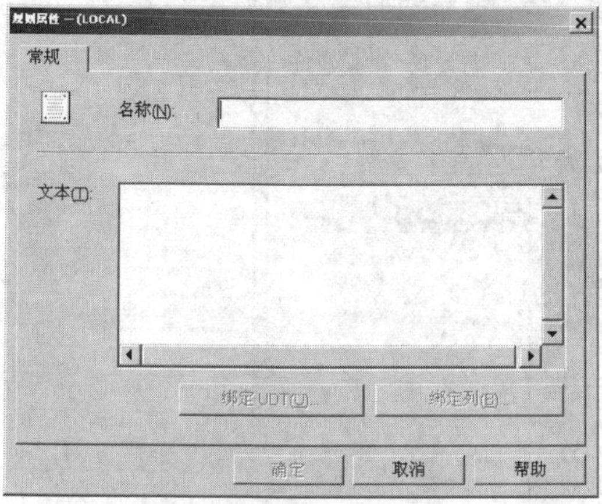

图 7-16　创建规则界面

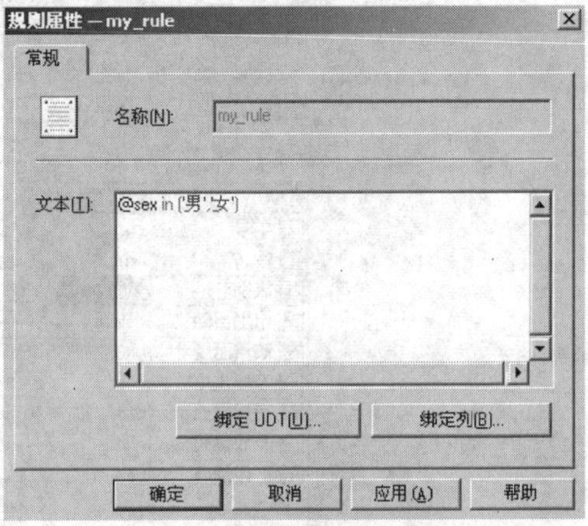

图 7-17　使用企业管理器创建规则

③ 单击【确定】按钮即可。

7.3.2　绑定规则

1. 使用企业管理器绑定规则

【例 7-6】 将 rule_sex 规则绑定到“学生基本信息表”的“性别”列上。

使用企业管理器绑定规则,可以按以下步骤操作。

① 在创建规则对话框(如图 7-17 所示)中,单击【绑定列】,出现【将规则绑定到列】对话框,如图 7-18 所示。

② 在绑定列对话框上的【表】栏中选择【学生基本信息表】,在未绑定的列中选择【性别】后,再单击【添加】按钮,单击【确定】即可完成规则的绑定。如图 7-18 所示。

2. 用 sp_bindrule 存储过程绑定规则

其语法为:

```
sp_bindrule[@rulename=]'rule',
[@objname=]'object_name'
[,[@futureonly=]'futureonly_flag']
```

其中:

- [@rulename=]'rule'——由 sp_bindrule 过程创建的规则名称。rule 的数据类型为 nvarchar(776),无默认值。
- [@objname=]'object_name'——绑定了规则的表和列或用户定义的数据类型。object_name 的数据类型为 nvarchar(517),无默认值。如果 object_name 没有采取 table.column 格式,则认为它属于用户定义数据类型。默认情况下,用户定义的数据类型的现有列继承 rule,除非直接在列上绑定了规则。

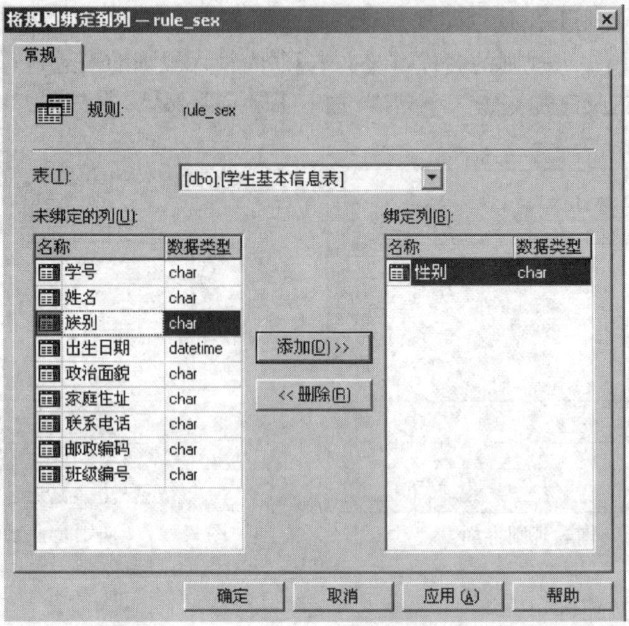

图 7 - 18 【将规则绑定到列】对话框

- [@futureonly=]'futureonly_flag'——仅用于解除用户定义数据类型默认值的绑定。futureonly_flag 的数据类型为 varchar(15)，其默认值为 NULL。当参数 futureonly_flag 为 futureonly 时，现有的属于该数据类型的列不会失去指定默认值。

在查询分析器中，执行如下命令可实现将 rule_sex 规则绑定到【学生基本信息表】的【性别】列上：

```
USE XSCJ
GO
sp_bindrule rule_sex,'学生基本信息表.性别'
GO
```

运行结果如图 7 - 19 所示，已将 rule_sex 规则绑定到"学生基本信息表"的"性别"列上。

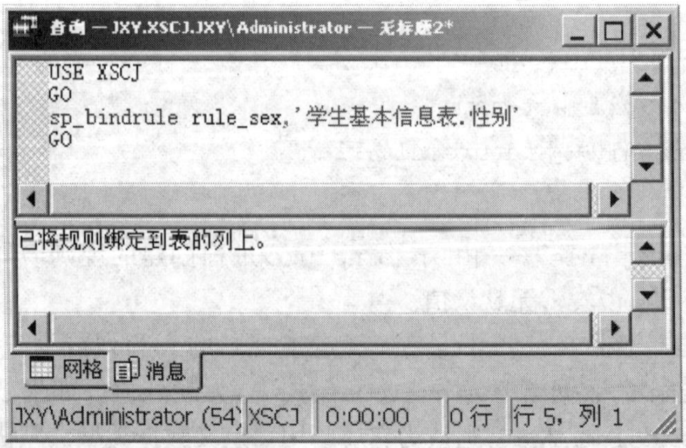

图 7 - 19 使用 sp_bindrule 存储过程绑定规则

7.3.3 解除绑定

1. 使用企业管理器解除绑定规则

在图 7 - 18 绑定列对话框的【绑定列】栏中，选择要解除绑定的列，单击【删除】按钮，单击【确定】即可完成解除绑定。

2. 使用 sp_unbindrule 存储过程解除绑定规则

其语法为：

```
sp_unbindrule[@objname=]'object_name'
[,[@futureonly=]'futureonly_flag']
```

其中：

- [@objname=]'object_name'——是要解除规则绑定的表和列或者用户定义数据类型的名称。object_name 的数据类型为 nvarchar(776)，无默认值。如果参数不是 table.column 的形式，则假定 object_name 为用户定义数据类型。当为用户定义数据类型解除规则绑定时，所有属于该数据类型并具有相同规则的列也同时解除规则绑定。对属于该数据类型的列，如果其规则直接绑定到列上，则该列不受影响。
- [@futureonly=]'futureonly_flag'——仅用于解除用户定义数据类型默认值的绑定。futureonly_flag 的数据类型为 varchar(15)，其默认值为 NULL。当参数 futureonly_flag 为 futureonly 时，现有的属于该数据类型的列不会失去指定默认值。

【例 7 - 7】 将 rule_sex 规则在【学生基本信息表】的【性别】列上的绑定解除。

在查询分析器中执行如下命令：

```
USE XSCJ
GO
sp_unbindrule  '学生基本信息表.性别'
GO
```

运行结果如图 7 - 20 所示，已将绑定的规则解除。

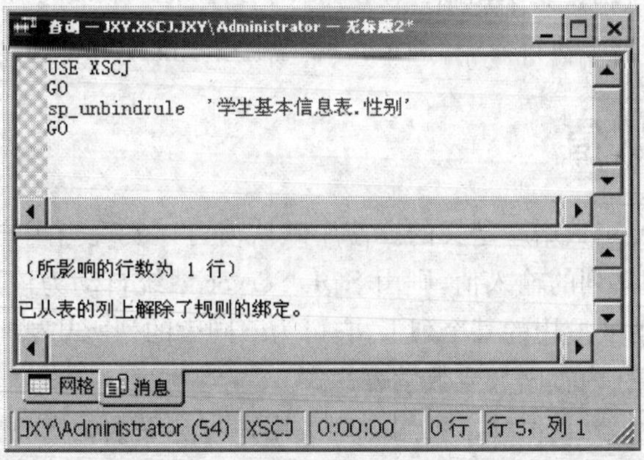

图 7 - 20 使用 sp_unbindrule 存储过程解除绑定规则

7.3.4 删除规则

1. 使用企业管理器删除规则

可按以下步骤操作。

① 展开服务器,单击【数据库】,选择指定数据库 XSCJ,单击【规则】,在要删除的规则上单击鼠标右键,在弹出的快捷菜单中选择【删除】,出现删除规则对话框,如图 7-21 所示。

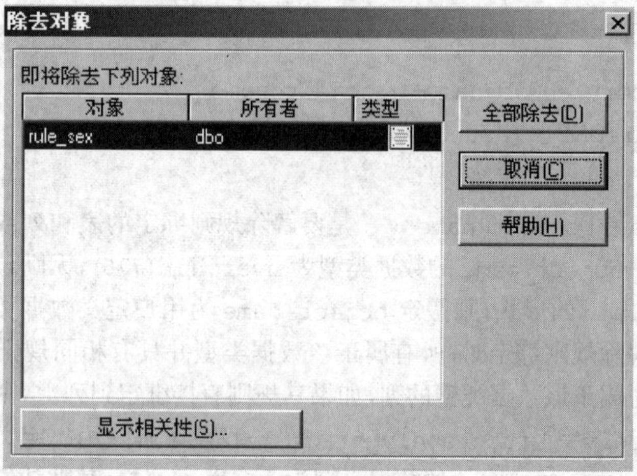

图 7-21 删除规则对话框

② 单击【全部除去】按钮即可。

2. 使用 DROP RULE 命令删除规则

其语法为:

```
DROP RULE {rule}[,...n]
```

其中:

- rule——要删除的规则名称;
- n——表示可以指定多个规则。

例如:在查询分析器中执行命令 DROP RULE rule_sex 即可将规则 rule_sex 删除。

7.4 使用默认值

默认值对象是为特定数据库定义的。使用默认值可以实现当用户向数据库表中插入新记录时,如果没有给定某列的输入值,则由 SQL Server 系统自动为该列输入默认值的功能。通过将其绑定到默认值要应用的某个列上,它可为不同表的列所共享。

默认值可以是常量、内置函数或数学表达式。

与规则类似,需要将默认值绑定到用户列或用户自定义数据类型上,它才能为列和用户自定义数据类型提供默认值。

使用企业管理器创建、绑定、解除和删除默认值的步骤和方法与使用规则相似，请参考7.3节内容，本节只介绍使用 T-SQL 命令创建、绑定、解除和删除默认值的方法。

7.4.1　创建默认值

语法如下：

```
CREATE DEFAULT default
AS constant_expression
```

其中：

- Default——默认值的名称。可以选择是否指定默认值所有者名称。
- constant_expression——只包含常量值的表达式(不能包含任何列或其他数据库对象的名称)。可以使用任何常量、内置函数或数学表达式。字符和日期常量用单引号(')引起来；货币、整数和浮点常量不需要使用引号。二进制数据必须以 0x 开头，货币数据必须以美元符号($)开头。默认值必须与列数据类型兼容。

【例7-8】 在数据库 XSCJ 中创建默认值对象 default_zz，其默认值为“群众”。

在查询分析器中，执行如下命令：

```
USE XSCJ
GO
CREATE DEFAULT default_zz
AS '群众'
GO
```

运行结果如图7-22所示。

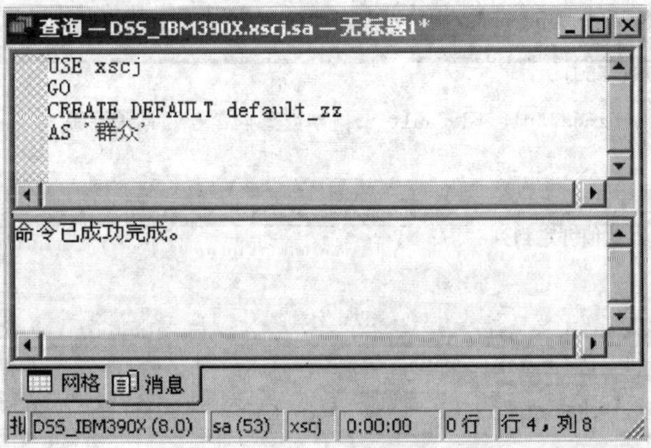

图7-22　使用 CREATE DEFAULT 语句创建默认值

7.4.2　绑定默认值

语法如下：

```
sp_bindefault[@defname=]'default',
```

```
[@objname=]'object_name'
[,[@futureonly=]'futureonly_flag']
```

其中：

- [@defname=]'default'——由 CREATE DEFAULT 语句创建的默认名称。default 的数据类型为 nvarchar(776)，无默认值。
- [@objname=]'object_name'——要绑定默认值的表和列名称或用户定义的数据类型。object_name 的数据类型为 nvarchar(517)，无默认值。如果 object_name 没有采取 table.column 格式，则认为它属于用户定义数据类型。默认情况下，用户定义数据类型的现有列继承 default，除非默认值直接绑定到列中。默认值无法绑定到 timestamp 数据类型的列、带 IDENTITY 属性的列或者已经有 DEFAULT 约束的列。
- [@futureonly=]'futureonly_flag'——仅用于解除用户定义数据类型默认值的绑定。futureonly_flag 的数据类型为 varchar(15)，其默认值为 NULL。当参数 futureonly_flag 为 futureonly 时，现有的属于该数据类型的列不会失去指定默认值。

【例 7-9】 将默认值对象 default_zz 绑定到"学生基本信息表"的"政治面貌"列上。

在查询分析器中，执行如下命令：

```
USE XSCJ
GO
sp_bindefault  default_zz,'学生基本信息表.政治面貌'
GO
```

运行结果如图 7-23 所示。

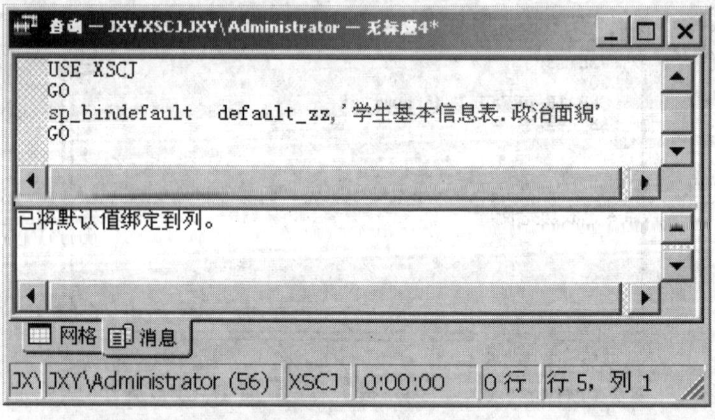

图 7-23 使用 sp_bindefault 绑定默认值

7.4.3 解除绑定

语法如下：

```
sp_unbindefault[@objname=]'object_name'
```

[,[@futureonly=]'futureonly_flag']

其中：

- [@objname=]'object_name'——要解除默认值绑定的表和列或者用户定义数据类型的名称。object_name 的数据类型为 nvarchar(776)，无默认值。如果参数不是 table.column 的形式，则假定 object_name 为用户定义数据类型。当为用户定义数据类型解除默认值绑定时，所有属于该数据类型并具有相同默认值的列也同时解除默认值绑定。对属于该数据类型的列，如果其默认值直接绑定到列上，则该列不受影响。
- [@futureonly=]'futureonly_flag'——仅用于解除用户定义数据类型默认值的绑定。futureonly_flag 的数据类型为 varchar(15)，其默认值为 NULL。当参数 futureonly_flag 为 futureonly 时，现有的属于该数据类型的列不会失去指定默认值。

【例 7-10】 将"学生基本信息表"的"政治面貌"列上绑定的默认值对象 default_zz 解除。

在查询分析器中执行如下命令：

```
USE XSCJ
GO
sp_unbindefault '学生基本信息表.政治面貌'
GO
```

运行结果如图 7-24 所示。

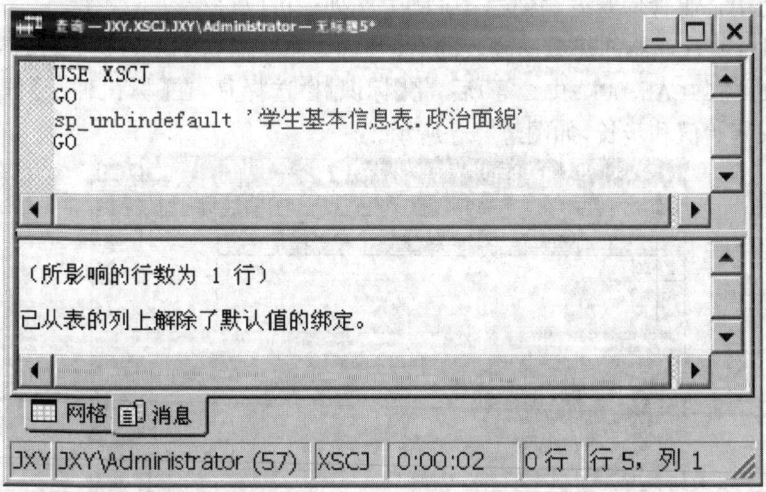

图 7-24　使用 sp_unbindefault 解除绑定

7.4.4　删除默认值

语法如下：

```
DROP DEFAULT {default}[,...n]
```

其中：

- default——现有默认值的名称。若要查看现有默认值的列表，可执行 sp_help。
- n——表示可以指定多个默认值的占位符。

【例 7-11】 将数据库 XSCJ 中的默认值对象 default_zz 删除。

在查询分析器中执行如下命令，即可删除绑定：

```
USE XSCJ
GO
DROP DEFAULT default_zz
GO
```

7.5 使用IDENTITY 列

IDENTITY 就是在表中创建一个自动编号的标识列，为该列设定起始值和步长，随着对表的操作，服务器会自动为新增加的行中的 IDENTITY 列设置一个唯一编号的行序列号。编号也会自动按步长增长。该属性与 CREATE TABLE 及 ALTER TABLE 语句一起使用。

7.5.1 建立 IDENTITY 列

【例 7-12】 在数据库 XSCJ 中新建一名为 New_Table 的新表，创建 ID 列，数据类型为 int，长度为 4，初始值为 1，步长值为 2。

方法一：使用企业管理器方法创建 IDENTITY 列。可以进行以下操作。

① 在使用企业管理器创建或修改表的对话框上，在要建立 IDENTITY 列的类型上选择数字类型（如 INT、DECIMAL、NUMERIC 等）后，将【标识】栏选择是，在【标识种子】框和【标识递增量】框分别输入起始值和步长，如图 7-25 所示。

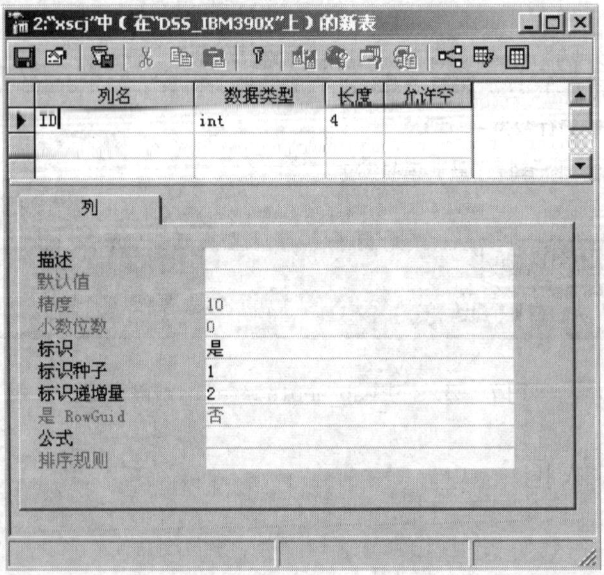

图 7-25 创建、修改表界面

② 设置完毕后，单击保存按钮，关闭窗口。

方法二：使用 CREATE TABLE 或 ALTER TABLE 创建 IDENTITY 列

语法如下：

```
IDENTITY [(seed,increment)]
```

其中：

- seed——装载到表中的第一个行所使用的值，也叫标识种子。可以理解为起始值。
- increment——增量值，该值被添加到前一个已装载的行的标识值上。

必须同时指定起始值和增量值，或者两者都不指定。如果两者都未指定，则取默认值(1,1)。

在查询分析器中运行如下命令，可以完成例 7-12 任务：

```
USE XSCJ
GO
CREATE TABLE New_Table
(
id_num int IDENTITY(1,2)
)
GO
```

【例 7-13】 在示例数据库 Northwind 中创建一个名为 new_employees 的新表，分别定义 id_num 列，数据类型为 int，设置 IDENTITY 列，初始值和步长值分别取默认值，定义 fname 列，数据类型为 varchar，长度 20，定义 minit 列，数据类型为 char，长度 30。

在查询分析器中运行如下命令：

```
USE Northwind
GO
CREATE TABLE new_employees
(
 id_num int IDENTITY(1,1),
 fname varchar(20),
 minit char(1),
 lname varchar(30)
)
GO
```

运行结果如图 7-26 所示。

【例 7-14】 在示例数据库 Northwind 中利用修改表 doc_exe 时增加一个 IDENTITY 列，初始值为 3，步长为 2。

在查询分析器中运行如下命令，即可完成上述任务：

```
USE Northwind
GO
```

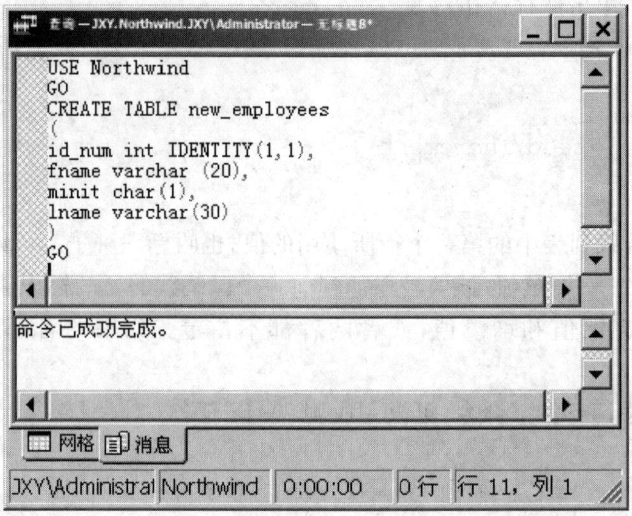

图 7-26 使用 CREATE TABLE 创建 IDENTITY 列

```
ALTER TABLE doc_exe ADD
column_a INT IDENTITY(3,2)
CONSTRAINT column_a_pk PRIMARY KEY
GO
```

7.5.2 使用 IDENTITY 列

【例 7-15】 在数据库 XSCJ 中新建表 iden,并向表中插入 10 条记录。

① 建立表 iden

在查询分析器中执行如下命令：

```
USE XSCJ
GO
CREATE TABLE iden
(
 Id  int IDENTITY(1,2),
 fname varchar(20),
 sex char(1),
 lname varchar(30)
    )
GO
```

② 向表 iden 插入 10 条记录

在查询分析器中执行如下命令：

```
INSERT INTO iden(fname,sex,lname)VALUES('zhang1','F','san')
INSERT INTO iden(fname,sex,lname)VALUES('zhang2','M','san')
```

```
INSERT INTO iden(fname,sex,lname)VALUES('zhang3','M','san')
INSERT INTO iden(fname,sex,lname)VALUES('zhang4','F','san')
INSERT INTO iden(fname,sex,lname)VALUES('zhang5','F','san')
INSERT INTO iden(fname,sex,lname)VALUES('zhang6','M','san')
INSERT INTO iden(fname,sex,lname)VALUES('zhang7','M','san')
INSERT INTO iden(fname,sex,lname)VALUES('zhang8','F','san')
INSERT INTO iden(fname,sex,lname)VALUES('zhang9','F','san')
INSERT INTO iden(fname,sex,lname)VALUES('zhang10','M','san')
```

③ 查询表 iden

在查询分析器中执行如下命令：

```
SELECT * FROMiden
GO
```

④ 运行结果如图 7－27 所示，IDENTITY 列及 Id 列是以 1 为开始值，每增加一条记录就在 ID 列的最大值上加 2，作为新增记录的 ID 列的值。

注： 如果在经常进行删除操作的表中存在着标识列，那么在标识值之间可能会产生差距。如果这构成了问题，那么请不要使用 IDENTITY 属性。但是，为了确保不产生差距，或者为了弥补现有的差距，在用 SET IDENTITY_INSERT ON 显式地输入标识值之前，请先对现有的标识值进行计算。

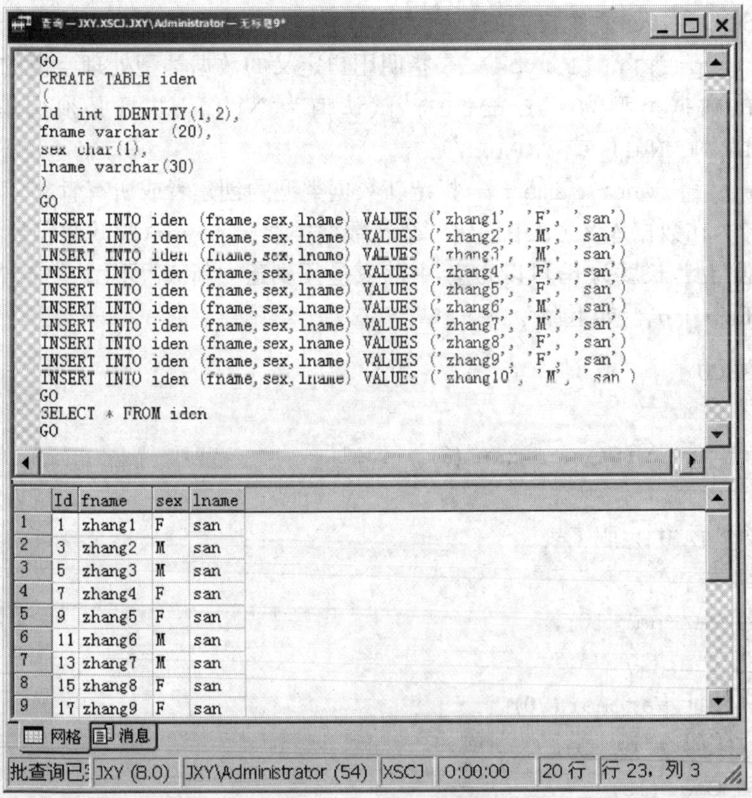

图 7－27　在数据库 XSCJ 中新建表 iden 并使用 IDENTITY 列

7.6 用户自定义数据类型

如果 SQL Server 提供的系统数据类型不能满足设计需要，用户就可以在 SQL Server 系统数据类型的基础上自己定义数据类型。

在 Model 数据库中创建的用户自定义数据类型将出现在所有以后新建的数据库中；而在用户数据库中创建的用户自定义数据类型只会出现在该用户数据库中。

7.6.1 使用 sp_addtype 创建用户自定义数据类型

语法如下：

```
sp_addtype[@typename=]type,
[@phystype=]system_data_type
[,[@nulltype=]'null_type']
[,[@owner=]'owner_name']
```

其中：

- [@typename=]type——用户定义的数据类型名称。数据类型名称必须遵照标识符的规则，而且在每个数据库中必须是唯一的。
- [@phystype=]system_data_type——用户定义的数据类型所基于的物理数据类型或 SQL Server 系统提供的数据类型（如 decimal、int 等）。
- [@nulltype=]'null_type'——指明用户定义的数据类型处理空值的方式。null_type 的数据类型为 varchar(8)，默认值为 NULL，并且必须用单引号引起来（'NULL'、'NOTNULL' 或 'NONULL'）。
- [@owner=]'owner_name'——指定新数据类型的创建者或所有者。

【例 7-16】 在数据库 XSCJ 中创建一个新数据类型 ziptype（邮政编码类型），并将其定义为 char 数据类型，长度为 6，可以为空，并将其应用到建立新表"职工表"中。

在查询分析器中执行如下命令：

```
USE XSCJ
GO
sp_addtype ziptype,'char(6)','null'
GO
CREATE TABLE 职工表
(
  姓名 Varchar(10),
  性别 Char(1),
  家庭住址 Varchar(20),
  邮政编码 ziptype,
  电话 Char(15)
)
```

```
GO
```

运行结果如图 7-28 所示。

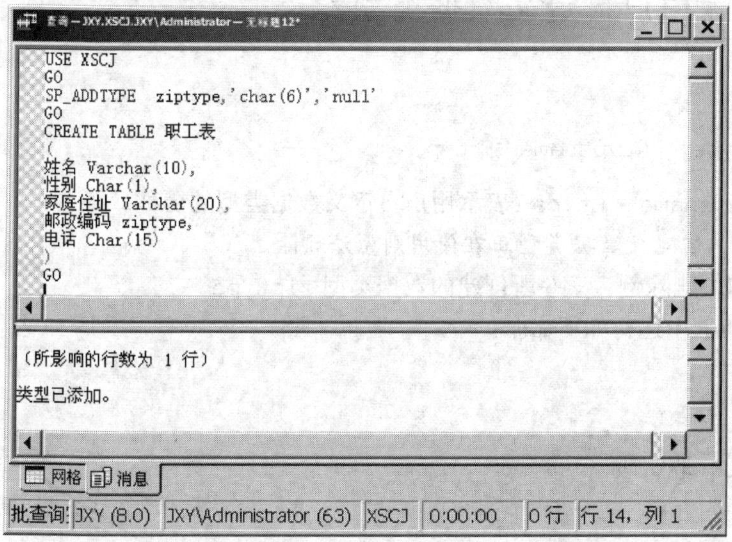

图 7-28 使用 sp_addtype 创建用户自定义数据类型

7.6.2 使用企业管理器创建用户自定义数据类型

在企业管理器中执行如下操作,两样可完成例 7-16 的任务。

① 展开服务器,单击【数据库】,在展开数据库 XSCJ 后,右击 XSCJ,在弹出的快捷菜单中选择【新建】命令,在级联菜单中选择【用户定义的数据类型(Y)…】命令,出现【用户定义的数据类型属性】对话框,如图 7-29 所示。

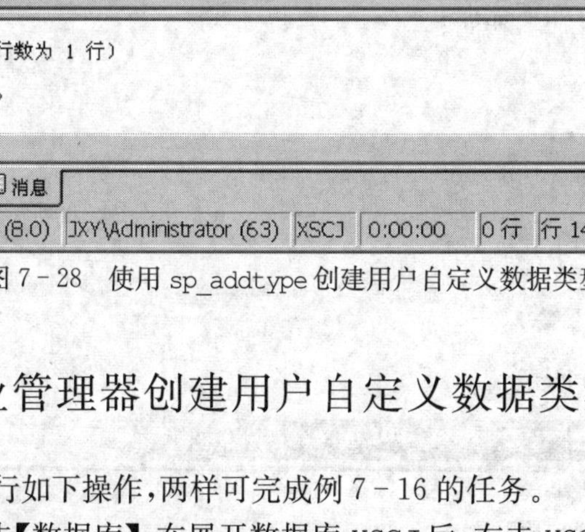

图 7-29 用户定义的数据类型属性对话框

② 在【名称】栏内输入新定义类型的名称,在【数据类型】框中选择新类型的系统类型,在【长度】栏中输入新类型的系统类型长度。如果想将规则或默认值绑定到新类型上,可以在规则栏或默认值栏选择绑定的规则或默认值。

③ 单击【确定】,新类型即被建立。

7.6.3 删除用户自定义数据类型

语法如下:

```
sp_droptype [@typename=]'type'
```

其中,[@typename=]'type':表示用户自定义数据类型的名称。

注:如果用户自定义数据类型正在使用则无法删除。

【例 7-17】 删除例 7-16 所创建的数据类型 ziptype。

在查询分析器中运行如下命令:

```
USE XSCJ
GO
DROP TABLE 职工表
GO
sp_droptype  ziptype
GO
```

运行结果如图 7-30 所示。

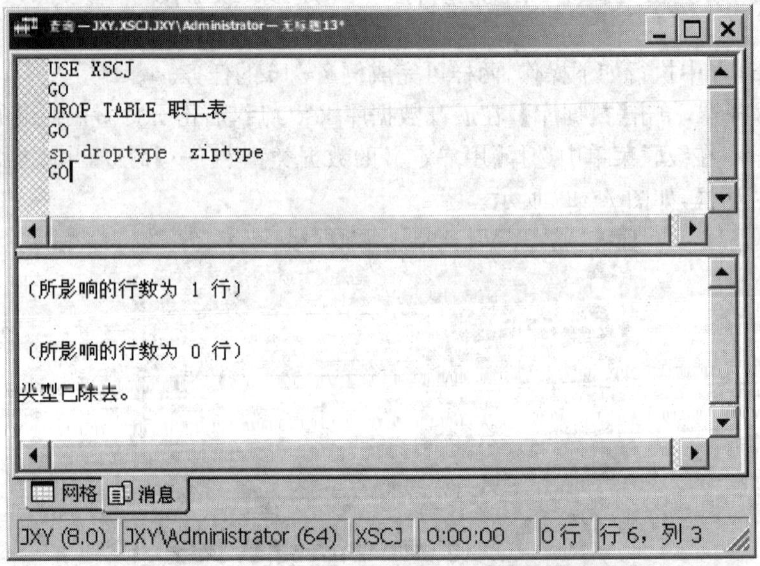

图 7-30 删除例 7-16 所创建的数据类型 ziptype

7.7 用户自定义函数

用户自定义函数是由一个或多个 Transact-SQL 语句组成的子程序,可用于封装代码以便重复使用。可使用 CREATE FUNCTION 语句创建,使用 ALTER FUNCTION 语句修改,使用 DROP FUNCTION 语句除去用户自定义函数。

SQL Server 2000 支持 3 种用户自定义函数：

- 标量函数；
- 内嵌表值函数；
- 多语句表值函数。

7.7.1 创建用户自定义函数

1. 标量函数

标量函数返回在 RETURN 子句中定义的类型的单个数据值。

语法如下：

```
CREATE FUNCTION[owner_name.]function_name
([{@parameter_name[AS]scalar_parameter_data_type[=default]}[,...n]])
RETURNS scalar_return_data_type
[WITH<ENCRYPTION|SCHEMABINDING>[[,]...n]]
[AS]
BEGIN
  function_body
  RETURN scalar_expression
END
```

其中：

- owner_name——拥有该用户定义函数的用户 ID 的名称。owner_name 必须是现有的用户 ID。
- function_name——用户定义函数的名称。函数名称必须符合标识符的规则，对其所有者来说，该名称在数据库中必须是唯一的。
- @parameter_name——用户定义函数的参数。CREATE FUNCTION 语句中可以声明一个或多个参数。函数最多可以有 1 024 个参数。函数执行时每个已声明参数的值必须由用户指定，除非该参数的默认值已经定义。如果函数的参数有默认值，在调用该函数时必须指定"default"关键字才能获得默认值。这种行为不同于存储过程中有默认值的参数，在存储过程中省略参数也意味着使用默认值。

  使用@符号作为第一个字符来指定参数名称。参数名称必须符合标识符的规则。每个函数的参数仅用于该函数本身；相同的参数名称可以用在其他函数中。参数只能代替常量；而不能用于代替表名、列名或其他数据库对象的名称。
- scalar_parameter_data_type——参数的数据类型。所有标量数据类型（包括 bigint 和 sql_variant）都可用作用户定义函数的参数。不支持 timestamp 数据类型和用户定义数据类型。不能指定非标量类型（例如 cursor 和 table）。
- scalar_return_data_type——是标量用户定义函数的返回值。scalar_return_data_type 可以是 SQL Server 支持的任何标量数据类型（text、ntext、image 和 timestamp 除外）。

- scalar_expression——指定标量函数返回的标量值。
- function_body——是一系列合起来求得标量值的 Transact-SQL 语句。
- ENCRYPTION——指出 SQL Server 加密包含 CREATE FUNCTION 语句文本的系统表列。使用 ENCRYPTION 可以避免将函数作为 SQL Server 复制的一部分发布。
- SCHEMABINDING——指定将函数绑定到它所引用的数据库对象。如果函数是用 SCHEMABINDING 选项创建的,则不能更改(使用 ALTER 语句)或除去(使用 DROP 语句)该函数引用的数据库对象。

【例 7-18】 在 Northwind 数据库中创建一个标量函数 fn_NewRegion,用于检查如果是 NULL 值时,返回【不知道】。

在查询分析器中执行如下语句:

```
USE  Northwind
GO
CREATE FUNCTION fn_NewRegion(@input nvarchar(30))
     RETURNS nvarchar(30)
BEGIN
    if @input is NULL
    set @input='不知道'
    RETURN @input
END
GO
SELECT lastname,city,region,country FROM employees
SELECT lastname,city,dbo.fn_newregion(region)as region,country
FROM employees
GO
```

运行结果如图 7-31 所示。

2. 内嵌表值函数

内嵌表值函数返回的值为表,并且内嵌表值函数只能定义 SELECT 语句,内嵌表值函数没有函数体。

语法如下:

```
CREATE FUNCTION[owner_name.]function_name
([{@parameter_name[AS]scalar_parameter_data_type[=default]}[,...n]])
RETURNS TABLE
[WITH<ENCRYPTION|SCHEMABINDING>[[,]...n]]
[AS]
RETURN[()select-stmt[]]
```

其中:

- select-stmt——是定义内嵌表值函数返回值的单个 SELECT 语句。

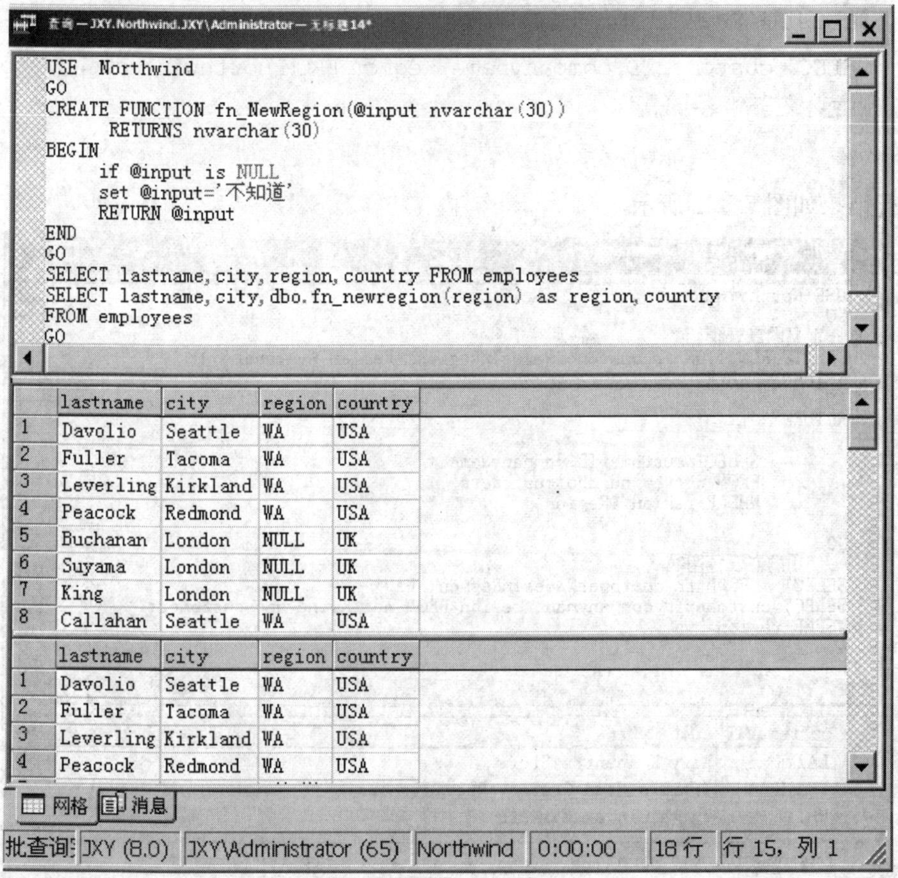

图 7-31 在 Northwind 数据库中创建标量函数 fn_NewRegion

- 其他参数见标量函数的参数介绍。

【例 7-19】 在 Northwind 数据库中创建内嵌表值函数量函数 fn_customerNamesInRegion，使用其返回某区域的客户。

在查询分析器中执行如下语句：

```
USE Northwind
GO
——定义内嵌表值函数
CREATE FUNCTION fn_customerNamesInRegion(@Region nvarchar(30))
RETURNS TABLE
AS
RETURN
(    SELECT customerID,companyName
     FROM northwind.dbo.customers
     WHERE region＝@Region
)
GO
——使用内嵌表值函数
```

```
SELECT * FROM fn_customerNamesInRegion('WA')
SELECT customerID,companyname,region FROM northwind.dbo.customers
WHERE region='wa'
GO
```

运行结果如图 7-32 所示。

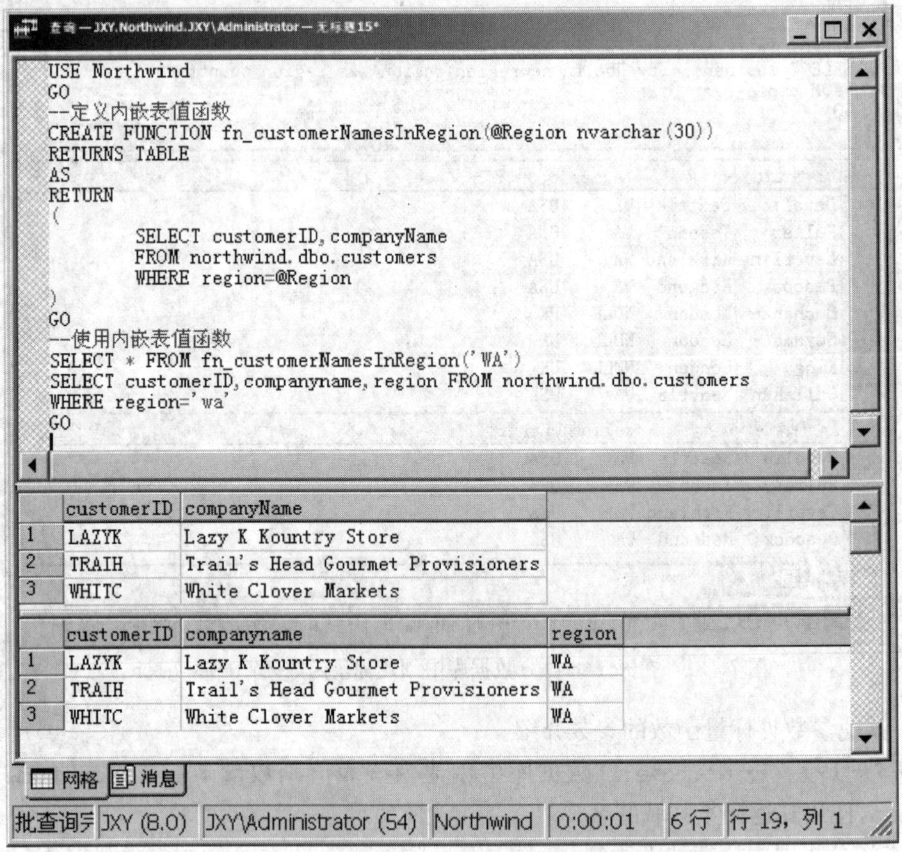

图 7-32　在 Northwind 数据库中创建内嵌表值函数

3. 多语句表值函数

多语句表值函数返回的值为表，函数体是一系列填充表返回变量的 Transact-SQL 语句。语法如下：

```
CREATE FUNCTION[owner_name.]function_name
([{@parameter_name[AS]scalar_parameter_data_type[=default]}[,...n]])
RETURNS @return_variable TABLE<table_type_definition>
[WITH<ENCRYPTION|SCHEMABINDING>[[,]...n]]
[AS]
BEGIN
  function_body
RETURN
```

```
END
```

其中：

- <table_type_definition>——定义表的列。列名前要加@。
- function_body——function_body 是一系列填充表返回变量的 Transact-SQL 语句。
- 其他参数见标量函数的参数介绍。

【例 7-20】 在 Northwind 示例数据库中创建多语句表值函数 fn_employees。

在查询分析器中，执行如下语句：

```
USE Northwind
GO
——定义函数
CREATE FUNCTION fn_employees(@length nvarchar(9))
 RETURNS @fn_employees table
(employeeID int primary key not null,
[employee name]nvarchar(61)not null)
AS
BEGIN
 IF @length='shortname'
 INSERT INTO @fn_employees SELECT employeeid,lastname FROM employees
 ELSE IF @length='Longname'
 INSERT INTO @fn_employees SELECT employeeid,(firstname+ ''+ last-
name)FROM employees
 RETURN
END
GO
——调用函数
SELECT * FROM dbo.fn_employees('longname')
SELECT * FROM dbo.fn_employees('shortname')
GO
```

运行结果如图 7-33 所示。

7.7.2　用户自定义函数的删除

语法如下：

```
DROP FUNCTION {[owner_name.]function_name}[,...n]
```

其中：

- function_name——是要删除的用户定义的函数名称。可以选择是否指定所有者名称，但不能指定服务器名称和数据库名称。
- n——表示可以指定多个用户定义的函数的占位符。

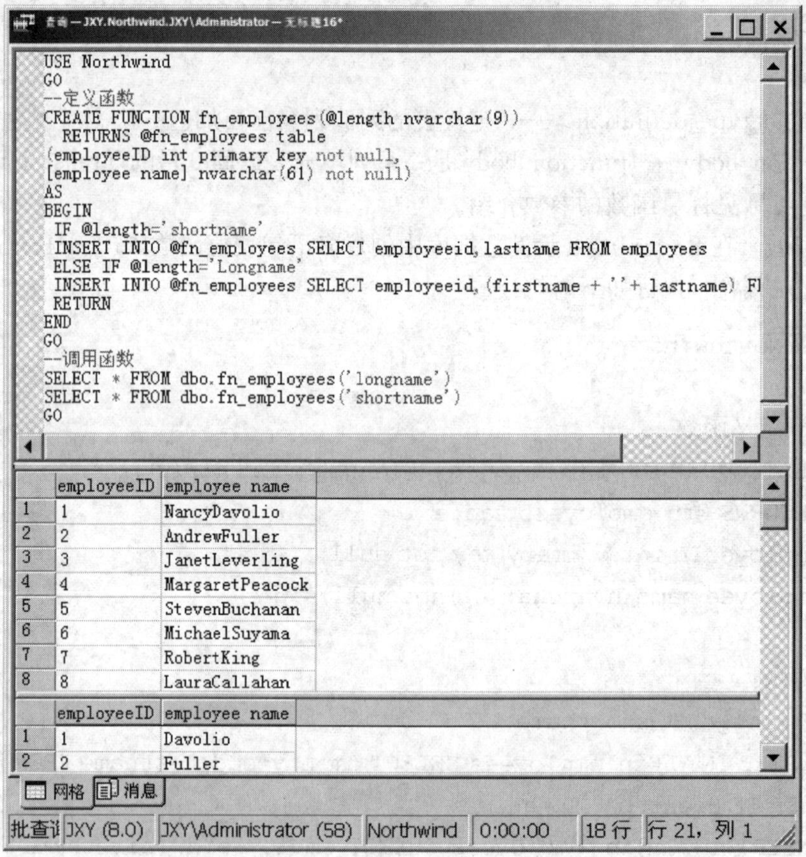

图 7-33 在 Northwind 示例数据库中创建多语句表值函数

【例 7-21】 在 Northwind 示例数据库中删除用户自定义函数 fn_employees。在查询分析器中执行如下语句：

```
USE Northwind
GO
DROP FUNCTION fn_employees
GO
```

运行结果如图 7-34 所示。

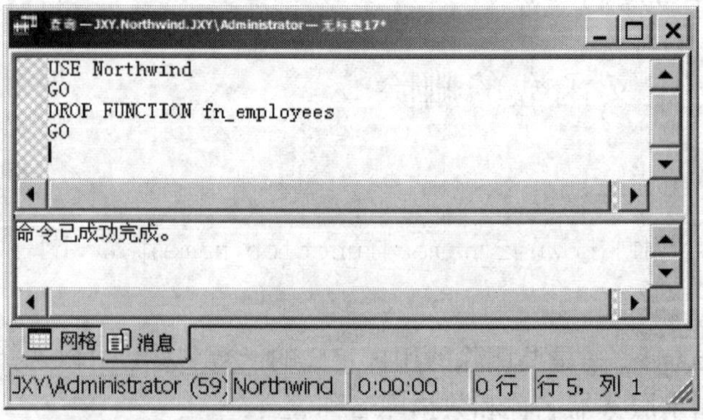

图 7-34 删除用户自定义函数 fn_employees

7.7.3　相关的存储过程

sp_helptext 存储过程用来显示规则、默认值、未加密的存储过程、用户定义函数、触发器或视图的文本等。

语法如下：

```
sp_helptext [@objname=]'name'
```

其中[@objname=]'name' 表示对象的名称，将显示该对象的定义信息。对象必须在当前数据库中。

【例 7-22】 将函数 fn_customerNamesInRegion 的创建命令全部显示出来。

在查询分析器中，执行如下语句：

```
USE Northwind
GO
sp_helptextfn_customerNamesInRegion
GO
```

运行结果是将函数 fn_customerNamesInRegion 的创建命令全部显示出来，如图7-35所示。如果在创建函数时选择了 WITH ENCRYPTION 参数，那么就无法显示全部创建命令。

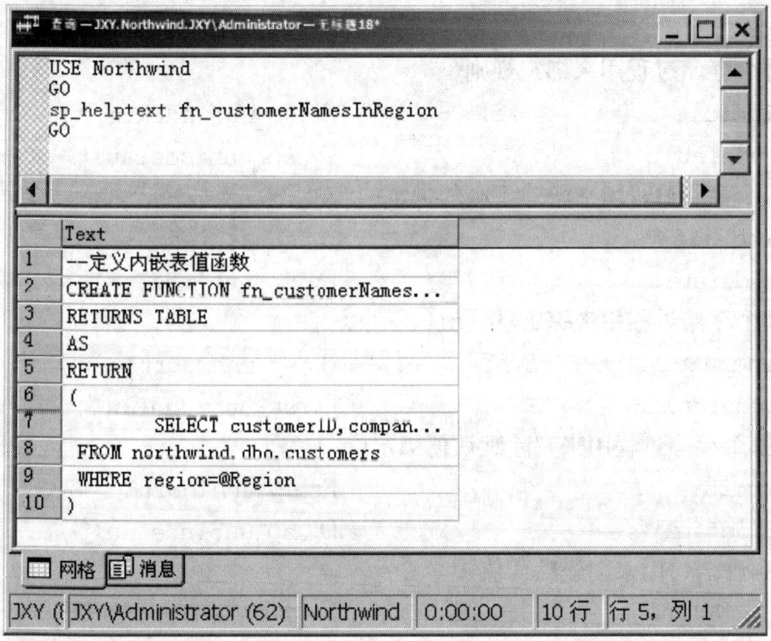

图 7-35　将函数 fn_customerNamesInRegion 的创建命令全部显示出来

本 章 小 结

本章简要介绍了数据完整性的概念、类型和作用，重点介绍了约束、规则、默认值、自定义类型和自定义函数的定义和使用方法。本章应重点掌握如何创建约束、规则、默认值，以及规则和默认值的绑定，并对其进行合理的应用。

练习与上机

一、选择题

1. 下列哪种完整性中，将每一条记录定义为表中的唯一实体，即不能重复(　　)?

A. 域完整性　B. 引用完整性　C. 实体完整性　D. 其他

2. UNIQUE 约束和主键约束也是哪种完整性的体现(　　)?

A. 域完整性　B. 引用完整性　C. 实体完整性　D. 其他

3. 下列哪种语句用来创建规则(　　)?

A. CREATE RULE　B. DROP RULE　C. CREATE TABLE　D. 其他

4. 下列哪种语句用来删除规则(　　)?

A. CREATE RULE　B. DROP RULE　C. CREATE TABLE　D. 其他

5. 下列哪个关键字用来创建主键约束(　　)?

A. PRIMARY KEY　B. UNIQUE

C. CHECK　D. FOREIGN KEY

6. 下列哪个关键字用来创建外键约束(　　)?

A. PRIMARY KEY　B. UNIQUE

C. CHECK　D. FOREIGN KEY

7. 下列哪个存储过程用来绑定规则(　　)?

A. sp_bindrule　B. sp_unbindrule

C. sp_bindefault　D. sp_unbindefault

8. 下列哪个存储过程用来解除规则的绑定(　　)?

A. sp_bindrule　B. sp_unbindrule

C. sp_bindefault　D. sp_unbindefault

9. 下列哪个存储过程用来绑定默认值(　　)?

A. sp_bindrule　B. sp_unbindrule

C. sp_bindefault　D. sp_unbindefault

10. 下列哪个存储过程用来解除默认值绑定(　　)?

A. sp_bindrule　B. sp_unbindrule

C. sp_bindefault　D. sp_unbindefault

11. 下列哪种语句用来创建默认值(　　)?

A. DROP DEFAULT　B. CREATE DEFAULT

C. CREATE FUNCTION　D. DROP FUNCTION

12. 下列哪种语句用来创建用户自定义函数(　　)?

A. DROP DEFAULT　B. CREATE DEFAULT

C. CREATE FUNCTION　D. DROP FUNCTION

二、判断题

1. 强制数据完整性可以确保数据库存中的数据质量。(　　)

2. 规则可以在其他数据库存中创建。( )

3. 规则能绑定到系统数据类型。( )

4. 规则不能绑定到数据类型为 image,text 和 timestamp 的列。( )

5. 一个数据表中只能有一个主键约束,但可以有多个 UNIQUE 约束。( )

6. 主键约束中的字段不能接受空值,UNIQUE 约束的字段不能接受空值。( )

7. 标识属性和默认值都属于数据完整性的范畴。( )

三、填空题

1. 数据完整性有 4 种类型,分别是:________、________、________和________。

2. 在 SQL Server 2000 中,一共有 4 种约束,分别是:________、________、________和________。

3. 系统存储过程________用于将规则绑定列或者用户定义数据类型上。

4. 系统存储过程________用于将规则与列或者用户定义数据类型的绑定。

5. SQL Server 2000 支持的 3 种用户自定义函数是________、________、________。

四、简答题

1. 什么叫实体完整性?

2. 什么叫域完整性?

3. 什么叫引用完整性?

4. 创建和使用规则时要注意什么?

5. 主键约束与 UNIQUE 约束有哪些区别?

五、上机练习

练习 1 定义 DEFAULT 约束

实验步骤:

1. 输入并执行下面语句,在创建表结构时同时创建缺省值:

```
USE XSCJ
GO
CREATE TABLE default_table
(id int constraint DF_ID default(0),
name varchar(10)
)
```

2. 使用下面语句查看表 default_table 上的约束。

```
sp_helpconstraint default_table
```

3. 查看结果集中的 constraint_type、constraint_name 和 constraint_keys 3 列。

4. 使用下面的语句测试缺省值:

```
INSERT INTO default_table(name)values('李四')
SELECT * FROM default table
```

5. 字段 id 的值为________?

6. 使用下面的语句删除约束。

```
ALTER TABLE default_table
DROP CONSTRAINT DF_ID
```

7. 使用下面语句重新创建缺省值,先创建表结构,再添加约束。

```
USE XSCJ
GO
CREATE TABLE default table
(id int,name varchar(10))
GO
ALTER TABLE default table
ADD
CONSTRAINT DF_ID default(3)FOR id
```

8. 使用步骤 2 查看约束,使用步骤 4 测试约束。

练习 2　定义 Check 约束

实验步骤:

1. 输入并执行下面语句,创建表 check_table:

```
USE XSCJ
GO
CREATE TABLE check_table
(id int,phone varchar(10),name varchar(10))
```

2. 输入并执行下面语句,添加 Check 约束

```
ALTER TABLE check_table
ADD CONSTRAINT CK_Phone Check(phone like'[7-9][0-5][0-9]%')
```

3. 输入并执行下面语句查看表 check_table 上的约束。

```
sp_helpconstraint check_table
```

4. 输入并执行下面的语句测试 Check 约束

```
INSERT INTO check table values(1,'119','火警')
```

5. 语句执行是否成功________,为什么________。
6. 输入并执行下面的语句测试 Check 约束

```
INSERT INTO check table values(1,'80020800','数据库培训')
```

7. 语句执行是否成功________。

练习 3　定义 Primary Key 约束

实验步骤:

1. 输入并执行下面语句,创建表 primary_table:

```
USE XSCJ
GO
```

```
CREATE TABLE primary_table
(id int,name varchar(10))
```

2. 输入并执行下面语句,添加 Primary Key:

```
ALTER TABLE primary_table
ADD CONSTRAINT PK_id primary key(id)
```

3. 执行是否成功________? 为什么________?
4. 输入并执行下面语句,不允许 id 字段为空

```
ALTER TABLE primary_table
ALTER COLUMN id int not null
```

5. 重新执行步骤 2,添加 Primary Key,执行是否成功________?
6. 输入并执行下面语句查看表 Primary_Table 上的主键信息。

```
sp_helpconstraint Primary_Table
```

7. 输入并执行下面的语句测试 Primary Key 约束

```
INSERT INTO primary_table values(1001,'张三')
SELECT * FROM primary_table
```

8. 执行是否成功________?
9. 输入并执行下面的语句继续测试 Primary Key 约束

```
INSERT INTO primary_table values(1001,'张三')
```

10. 执行是否成功________? 为什么________?
11. 输入并执行下面的语句继续测试 Primary Key 约束

```
INSERT INTO primary table(name)values('张三')
```

12. 执行是否成功________? 为什么________?

练习 4 定义 FOREIGN KEY 约束

实验步骤:

1. 输入并执行下面语句,创建表 foreign_table:

```
USE XSCJ
GO
CREATE TABLE FOREIGN
(id int,course varchar(10))
```

2. 输入并执行下面语句,添加 Foreign Key:

```
ALTER TABLE foreign_table
ADD CONSTRAINT FK_id foreign key(id)
references primary_table(id)
```

3. 输入并执行下面语句查看表 Foreign_Table 上的外键信息。

```
Sp_helpconstraint Foreign_Table
```

4. 输入并执行下面的语句测试 Foreign Key 约束

```
INSERT INTO foreign_table values(1002,'羽毛球')
```

5. 执行是否成功________? 为什么________?
6. 输入并执行下面的语句测试 Foreign Key 约束:

```
INSERT INTO foreign_table values(1001,'乒乓球')
```

7. 执行是否成功________?

☞项目实训

1. 在数据库(XSCJ)中,根据下列 6 张表的关系图,创建 5 个外键约束来实现下列关系图。

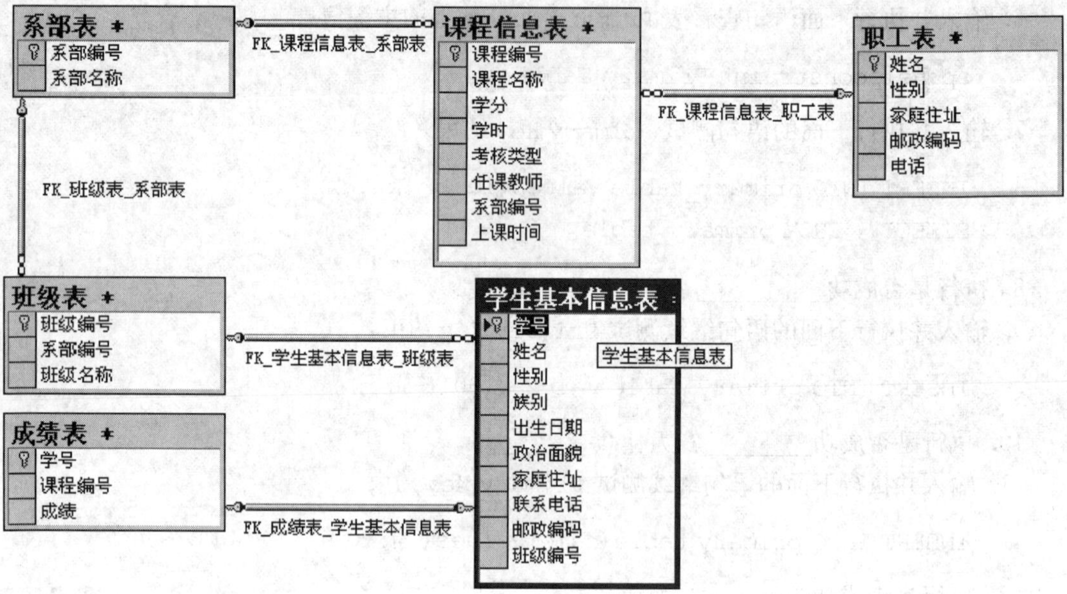

2. 为职工表的性别列建立 CHECK 约束(男,女)、为学生基本信息表的政治面貌列建立 DEFAULT 约束(群众)、创建一个规则,将其绑定到学生基本信息表的性别列上。

第 8 章　存储过程与触发器

【学习目标】

- 理解存储过程和触发器的作用
- 熟练创建和管理存储过程及触发器
- 灵活运用存储过程和触发器提高系统开发效率

8.1　存储过程

8.1.1　存储过程基础知识

1. 存储过程简介

存储过程是存储在服务器上的由 SQL 语句和控制流语句组成的一个预编译集合。存储过程划分为系统存储过程和用户存储过程。一个存储过程可以作为一个独立的单元进行处理。在 SQL Server 中可以通过存储过程来完成很多管理任务，利用一些常用的系统存储过程可以很方便地查看、操作数据库对象。系统存储过程的命名通常以“sp_”作为前缀，并且存储于 Master 数据库中，如果用户拥有足够的权限，就可以在任何数据库中调用这些存储过程。

存储过程提供了一种封装某一个需要重复执行任务的方法。一旦定义了一个存储过程之后，在应用程序中就可以对其进行调用。在存储过程中，不仅可以包含程序流、逻辑及对数据库的查询，而且也可以接受参数、输出参数、返回单个或多个结果集。所以通过设计自定义用户存储过程，用户可以使其实现强大的编程功能。

使用存储过程可以比单独的 SQL 语句完成更为复杂的功能，并且系统会对存储过程中的 SQL 语句进行了预编译处理，使得执行速度有了大幅度的提升。存储过程被第一次调用后，会保存在高速缓冲区中，这样再次执行同一个存储过程时，会提高重复调用的效率。在实际应用中，可以将复杂的商业规则封装在存储过程中，从而提高程序语句的利用率。

2. 存储过程的优点

- 可以在单个存储过程中执行一系列 SQL 语句，因而可以用于设计、封装企业的功能模块。应用程序使用相同的存储过程进行操作，确保了在数据访问、操纵的一致性。
- 可以在当前的存储过程内部引用其他存储过程，这样可以将复杂语句进行简化。
- 提供了一种数据库访问的途径，只需要用户拥有执行存储过程的权限，通过使用存储过程就可以完成对数据库的各种操作，如添加数据、修改数据、删除数据等，而不需要考虑用户是否拥有存储过程所处理的数据对象的访问权限。
- 存储过程一旦执行一次后，其执行的计划就会驻留在计算机的高速缓冲存储器中。其后对同一个存储过程的调用就可以直接利用编译后在高速缓存中的二进制形式来完成操作。

3. 使用存储过程的注意事项

- 在命名自定义存储过程时避免与系统存储过程名相同。
- 存储过程最多能够支持 32 层的嵌套。
- 命名存储过程中的标识符时，长度不能超过 128 个字符。
- 存储过程中参数的个数不能超过 2 100。

8.1.2 创建和执行存储过程

在 SQL Server 中，既可以通过企业管理器，也可以通过使用 CREATE PROCEDRUE 语句的方式来创建存储过程。

1. 使用企业管理器创建存储过程

步骤如下。

① 在企业管理器中，展开服务器组、服务器节点、数据库节点。

② 选择某一个数据库并在该节点上单击鼠标右键，选择【新建】菜单下的【存储过程】级联菜单，将弹出如图 8-1 所示的对话框。

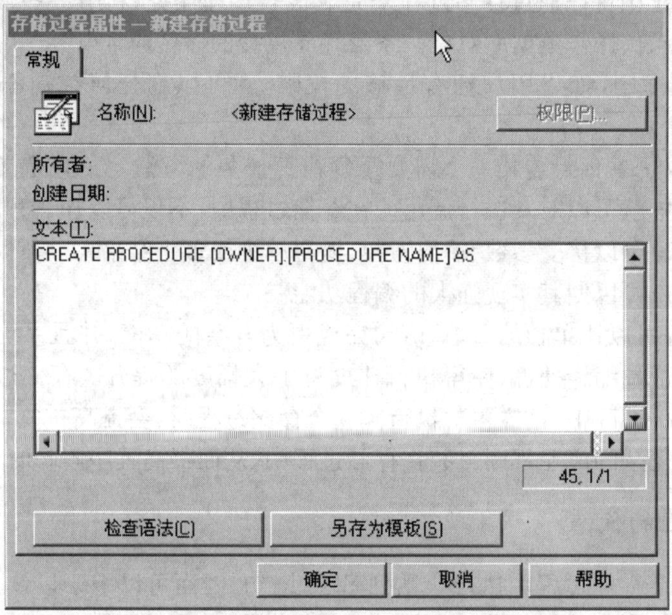

图 8-1 【存储过程属性】对话框

③ 在【存储过程属性】对话框中的【文本】编辑框中，对[OWNER]及[PROCEDURE NAME]部分进行修改，分别修改为该存储过程的所有者和存储过程名称，并且输入该存储过程所包含的 SQL 语句。如图 8-2 所示为创建了一个用于查询学生信息的存储过程。

④ 如果需要验证存储过程中的 SQL 语句的正确性，可以单击【检查语法】按钮，如果没有语法错误则会弹出如图 8-3 所示的"语法检查成功"的对话框。

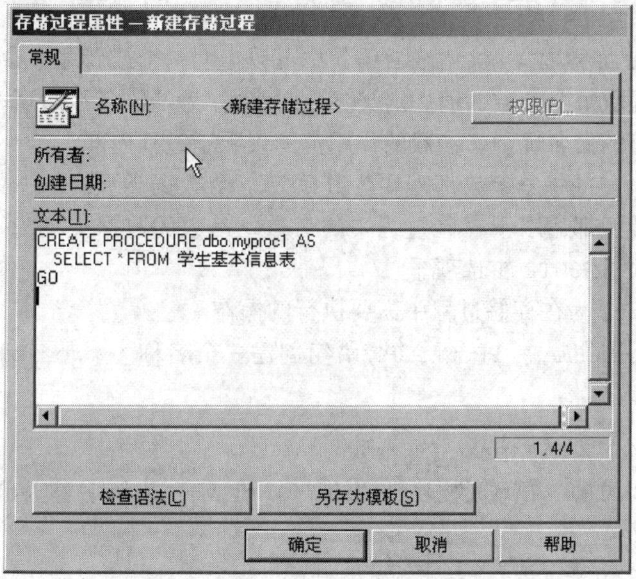

图8-2　用于查询学生信息的存储过程

图8-3　“语法检查成功”的提示对话框

⑤ 当存储过程中没有语法错误后，可以单击【确定】按钮来保存自定义的存储过程。

2. 使用 CREATE PROCEDURE 语句来创建存储过程

该语句可以创建永久使用的存储过程，也可以创建局部临时过程、全局临时过程。

语法格式为：

```
CREATE PROCEDURE 存储过程名称[;数值]
[{@参数 数据类型}
    [VARYING][=参数的默认值][OUTPUT][,...n]
[WITH{RECOMPILE|ENCRYPTION|RECOMPILE,ENCRYPTION}]
[FOR REPLICATION]
AS SQL 语句[...n]]
```

其中：

- 存储过程名称——必须符合标识符命名规则，而且对于数据库及所有者命名必须唯一。一个完整的命名不能超过128个字符。
- 数值选项——便于对存储过程进行分组，这样在删除存储过程时可以将同一个组中的所有过程同时删除。比如，一个组中有两个存储过程，orderproc;1、orderproc;2，那么可以使用 DROP PROCEDURE orderproc 删除整个组。

- 参数——在 CREATE PROCEDURE 语句中可以申明一个或者多个参数。在执行存储过程时必须提供每个参数的值。定义参数时将@作为参数名称的第一个字符，而且必须符合标识符的命名规则。参数的作用范围仅限于过程内部。
- 数据类型——每一个参数都需要为其确定一个数据类型。除 cursor 类型以外，所有的数据类型都适用于存储过程中的参数。参数的数据类型为 cursor 时，必须指定 VARYING 及 OUTPUT 选项。
- SQL 语句——为在存储过程中需要执行的操作。

【例 8-1】 使用 CREATE PROCEDURE 语句创建一个名称为 proc_bjrs 的存储过程，用于检索现有班级及人数。

```
CREATE PROCEDURE proc_bjrs AS
  SELECT DISTINCT(班级表.班级编号),班级表.班级名称,人数＝COUNT(学生基
本信息表.学号)
  FROM 学生基本信息表,班级表
  WHERE 班级表.班级编号＝学生基本信息表.班级编号
  GROUP BY 班级表.班级编号,班级表.班级名称
GO
```

在查询分析器中执行以上命令后，然后执行该存储过程 EXECUTE proc_bjrs，运行结果如图 8-4 所示。

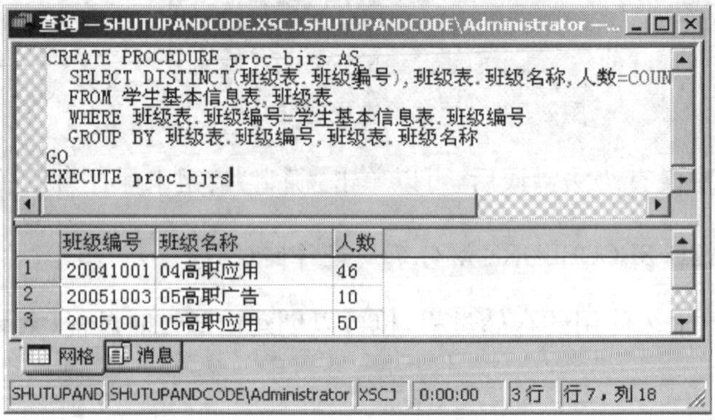

图 8-4 检索现有班级及人数

【例 8-2】 设计一个带有参数的存储过程，该参数用于传递班级编号，根据该参数在学生基本信息表中检索出某一个班级中所有学生的信息。

```
CREATE PROCEDURE proc_bjcx @bjbh VARCHAR(8)
AS
   SELECT * FROM 学生基本信息表 WHERE 班级编号＝@bjbh
GO
```

其中参数@bjbh 用于接收班级编号，在实际调用中根据该参数将会返回一个结果集。例如，EXECUTE proc_bjcx '20051003'，将会显示班级编号为 20051003 的学生信息。运行结果如图 8-5 所示。

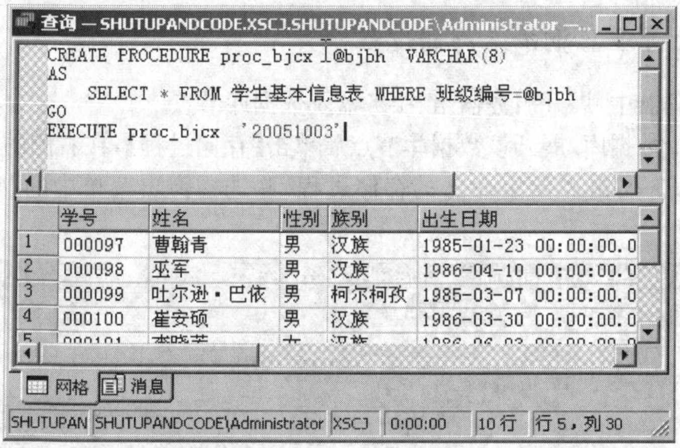

图 8－5　用于传递班级编号的存储过程

8.1.3　修改与删除存储过程

在 SQL Server 中，可以通过企业管理器或 SQL 语句两种方式修改或删除存储过程。

1. 使用企业管理器修改存储过程

① 在企业管理器中，展开服务器组、服务器及数据库节点。

② 选择某一个数据库，展开该数据库节点后单击【存储过程】，在右侧的窗口中将会显示出存储过程的列表。右击需要修改的存储过程，在弹出菜单中选择【属性】，弹出【存储过程属性】对话框，如图 8－6 所示。

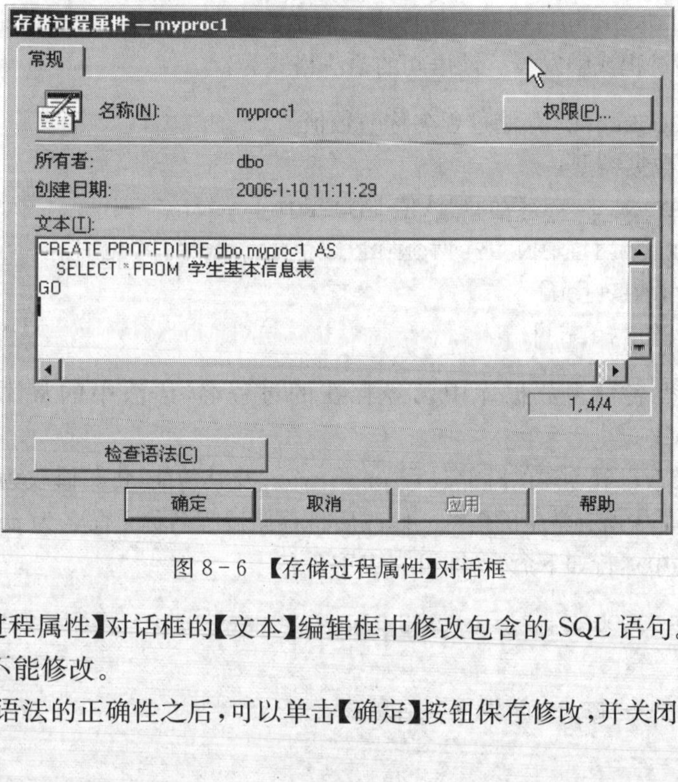

图 8－6　【存储过程属性】对话框

③ 在【存储过程属性】对话框的【文本】编辑框中修改包含的 SQL 语句。需要注意的是，存储过程的名称不能修改。

④ 在检查了语法的正确性之后，可以单击【确定】按钮保存修改，并关闭对话框。

2. 使用企业管理器重命名存储过程

① 在企业管理器中，展开服务器组、服务器及数据库节点。

② 选择某一个数据库，展开该数据库节点后单击【存储过程】，在右侧的窗口中将会显示出存储过程的列表。右击需要重命名的存储过程，并选择弹出菜单中的【重命名】命令，如图 8-7所示。

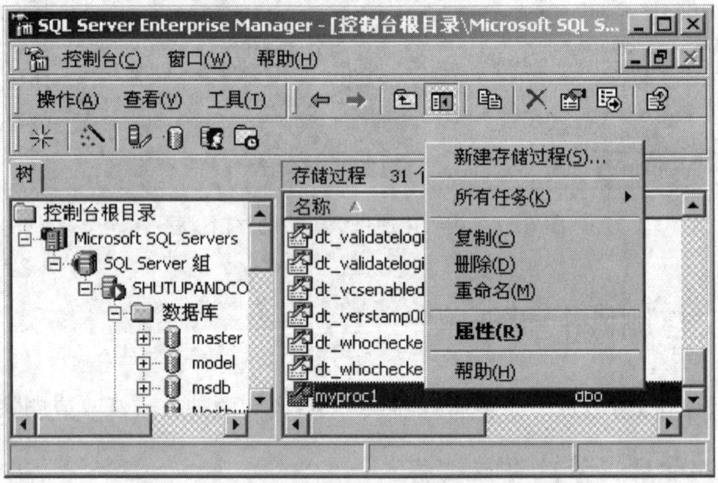

图 8-7 弹出菜单中的【重命名】命令

③ 重新输入存储过程的名称后，按下回车键完成修改。

3. 使用 ALTER PROCEDURE 语句修改存储过程

ALTER PROCEDURE 语句可以对数据库中已有的存储过程进行修改，但不会更改权限，也不影响相关的存储过程或触发器。该语句的语法格式为：

```
ALTER PROCEDURE 存储过程名称[;数值]
[{@参数 数据类型}
    [VARYING][=参数的默认值][OUTPUT][,...n]
[WITH{RECOMPILE|ENCRYPTION|RECOMPILE,ENCRYPTION}]
[FOR REPLICATION]
AS SQL 语句[...n]]
```

其中，存储过程名称为数据库中已经存在的过程名，语法中的常用选项与 CREATE PROCEDURE语句一致。

【例 8-3】 修改已经创建的存储过程 proc_bjcx 及其功能，将其修改为可以根据系部编号来查询某一个系部中所有学生的信息。修改后将存储过程名称重命名为 proc_xbcx。

在查询分析器中运行如下命令，即可完成重命名：

```
ALTER PROCEDURE proc_bjcx @xbbh VARCHAR(2)
AS
    SELECT * FROM 学生基本信息表
```

```
    WHERE 班级编号
    IN(SELECT 班级编号 FROM 班级表 WHERE 系部编号=@xbbh)
GO
SP_RENAME'proc_bjcx','proc_xbcx'
GO
```

使用 SP_RENAME 可以重新命名一个现有的存储过程。SP_RENAME 的语法格式为：

```
SP_RENAME 原名称,新名称。
```

完成修改后查询系部编号为 '01' 的学生信息。

```
EXEC proc_xbcx'01'
```

4. 使用企业管理器删除存储过程

① 在企业管理器中，展开服务器组、服务器及数据库节点。

② 选择某一个数据库，展开该数据库后单击【存储过程】，在右侧的窗口中显示出存储过程的列表。右击需要删除的存储过程，并在弹出菜单中选择【删除】命令，将弹出【除去对象】对话框，如图 8-8 所示。

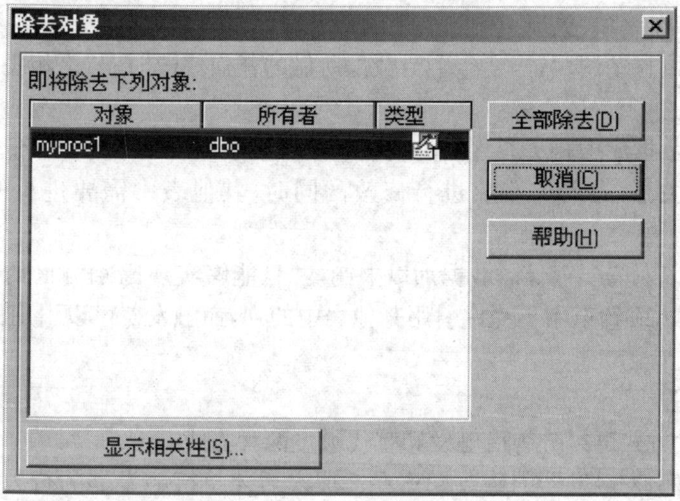

图 8-8 【除去对象】对话框

③ 在【除去对象】对话框中单击【全部除去】按钮将会完成对存储过程的删除操作。

5. 使用 DROP PROCEDURE 语句删除存储过程

使用 DROP PROCEDURE 语句可以从当前的数据库中删除一个或多个存储过程。DROP PROCEDURE 语句的语法格式为：

```
DROP PROCEDURE {存储过程名称}[,...n]
```

【例 8-4】 同时删除当前数据库中的两个存储过程，proc_a 和 proc_b。

在查询分析器中运行如下命令，即可完成删除操作：

```
DROP PROCEDURE proc_a,proc_b
GO
```

8.2 触发器

8.2.1 触发器及其作用

1. 触发器简介

触发器属于一种特殊的存储过程，可以在其中包含复杂的 SQL 语句。触发器与存储过程的区别在于触发器能够自动执行并且不含有参数。通常可以在触发器内编写一段自动执行的程序，用于保证数据操作的完整性，从而扩展了对默认值、约束和规则的完整性检查。对表进行包括添加数据、删除数据、更新数据中的一种或多种操作时，触发器就会自动执行。

触发器可以划分为 3 种类别：INSERT 触发器、DELETE 触发器、UPDATE 触发器。这 3 种触发器分别在发生数据的添加、删除、修改行为时自动执行。

2. 触发器的优点

触发器有助于在添加、更新或删除表中的记录时保留表之间已定义的关系。

- 触发器可以自动调用，当发生了对数据所做的任何修改时，与之相关的触发器就会立刻被激活。
- 可以完成数据库中相关表之间的级联修改。级联修改是指为了保证数据之间的逻辑性及依赖关系，在对一张表进行修改的同时，其他表中需要进行的修改能够自动实现。
- 触发器可以对需要存储的数据加以限制，并且能够实现比 CHECK 约束更为复杂的功能。在 CHECK 约束中不允许引用其他表中的列，而触发器可以引用。

3. 触发方式

触发器的触发方式可以分为后触发和替代触发两种方式。

后触发指能够引发触发器的修改操作在完成之后才执行触发器的行为方式。创建该类触发器，需要使用 AFTER 关键字或者 FOR 关键字。

替代触发指定执行一个触发器，而不是执行 SQL 语句，这种替代触发语句的方式称为替代触发方式。

8.2.2 创建触发器

可以使用企业管理器及 CREATE TRIGGER 语句两种方式来创建触发器。

1. 使用企业管理器创建触发器

① 打开企业管理器，在控制台根目录下依次展开服务器组、服务器节点、数据库节点。

② 选择某一个数据库，并双击【表】节点，在右侧窗口的列表中选择其中的一张表。

③ 右击所选中的表，在弹出的下拉菜单中选择【所有任务】，并继续选择级联菜单中的

【管理触发器】命令，将打开图 8-9 所示的【触发器属性】对话框。

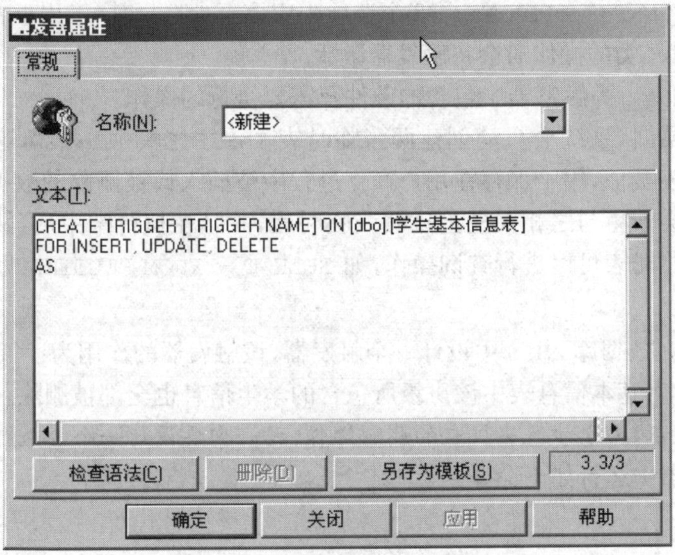

图 8-9 【触发器属性】对话框

④ 在【触发器属性】对话框的文本框中，将[TRIGGER NAME]修改为新建触发器的名称，并输入触发器所包含的 SQL 语句。

⑤ 通过单击【检查语法】按钮来判断触发器的语法是否正确，最后单击【确定】按钮保存新建的触发器。

2. 使用 CREATE TRIGGER 语句创建触发器

CREATE TRIGGER 语句的部分语法格式：

```
CREATE TRIGGER 触发器名称
ON{表名|视图名}
[WITH ENCRYPTION]
  FOR|AFTER|INSTEAD OF[DELETE][,][INSERT][,][UPDATE]
AS
  SQL 语句[...n]
```

其中：

- 触发器名称——必须符合标识符命名规则，并且在同一个数据库中触发器的名称不允许重复。触发器名称中可以省略所有者名称。
- 表名或视图名称——是指建立触发器所依赖的对象。也可以称为触发器表或触发器视图。
- WITH ENCRYPTION——该选项的作用为对触发器中所包含的 SQL 语句进行加密。
- FOR 或 AFTER——代表后触发方式，即当满足所有的引用级联操作和约束检查后并且完成了 SQL 语句中指定的所有操作后，指定的触发器才会被执行。在视图上不允许采用后触发方式。
- INSTEAD OF——表示替代触发方式，每一个 INSERT、UPDATE、DELETE 语句只能定义

一个 INSTEAD OF 触发器。

- DELETE、INSERT、UPDATE——3 个选项中应该至少选择其一，用于表示在表或视图上执行了哪一类的操作时会将触发器激活。
- SQL 语句——为触发器中包含的条件及需要执行的操作。

在执行触发器时，系统会自动创建两张临时表 INSERTED、DELETED，这两张表的结构与触发器所依赖的表类似，用于保存在用户操作过程中被插入或被删除的数据。每一个触发器在执行过程中都会产生与之相关的上述两张临时表，并且在执行结束后，两个临时表会自动被系统删除。对临时表可以进行查询操作，如 SELECT * FROM DELETED，但是不能对临时表进行修改。

【例 8-5】 在数据库 XSCJ 中设计一个触发器，该触发器的作用为：当在班级表中删除某一个班级时，在学生基本信息表中该班级所包含的学生信息也全部被删除。

提示：在此例中，由于涉及班级表的删除操作，因而需要设计一个 DELETE 类型的触发器。

在查询分析器中运行如下命令：

```
USE XSCJ
GO
CREATE TRIGGER del_bj ON 班级表
AFTER DELETE
AS
  DELETE FROM 学生基本信息表 WHERE 班级编号
  IN(SELECT 班级编号 FROM DELETED)
GO
```

运行结果如图 8-10 所示。

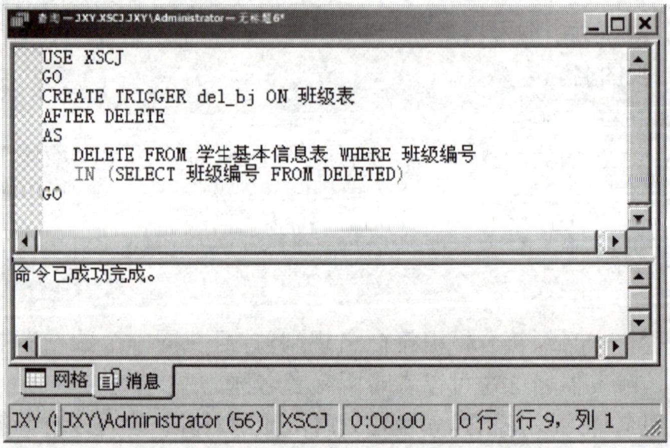

图 8-10 一个 DELETE 类型的触发器

【例 8-6】 在数据库 XSCJ 中设计一个触发器，该触发器能够保证在学生基本信息表中添加新的记录时，新学生的班级编号必须已经存在于班级表中。

提示：设计该触发器有助于实现学生信息的完整性。在此例中由于涉及学生基本信息表中的添加操作，因而需要设计一个 INSERT 类型的触发器。

在查询分析器中运行如下命令：

```
USE XSCJ
GO
CREATE TRIGGER insert_xs ON 学生基本信息表
AFTER INSERT
AS
  IF EXISTS
  (
   SELECT * FROM INSERTED
   WHERE 班级编号 IN(SELECT 班级编号 FROM 班级表)
  )
     PRINT '添加成功!'
  ELSE
  BEGIN
     PRINT '班级编号与现有的班级不符!'
     ROLLBACK TRANSACTION
END
```

运行结果如图 8-11 所示。

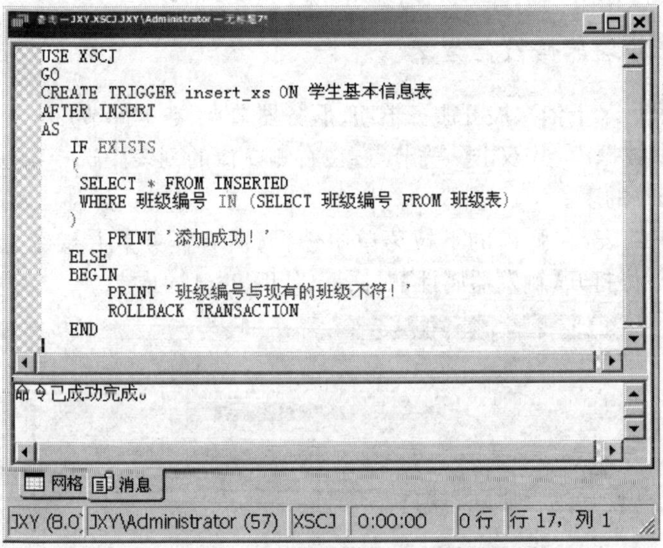

图 8-11　一个 INSERT 类型的触发器

创建了触发器 insert_xs 之后，可以添加新的学生记录进行测试，例如：

```
INSERT INTO 学生基本信息表(学号,姓名,性别,族别,班级编号)VALUES('000108',
'王松涛','男','汉','20081001')
```

由于“班级表”中不存在编号为 20081001 的班级，因而添加操作将会被取消。ROLLBACK TRANSACTION 用于回滚已经完成的操作。运行结果如图 8-12 所示。

图 8-12　添加操作被取消

8.2.3　修改与删除触发器

1. 使用企业管理器修改触发器

① 在控制台根目录下依次展开服务器组、服务器节点、数据库节点。

② 选择某一个数据库，并双击【表】节点，在右侧窗口的列表中选择某一张需要对其所建立的触发器进行修改的表。

③ 右击所选中的表，在弹出的下拉菜单中选择【所有任务】，并继续选择级联菜单中的【管理触发器】命令，将打开【触发器属性】对话框，如图 8-13 所示。

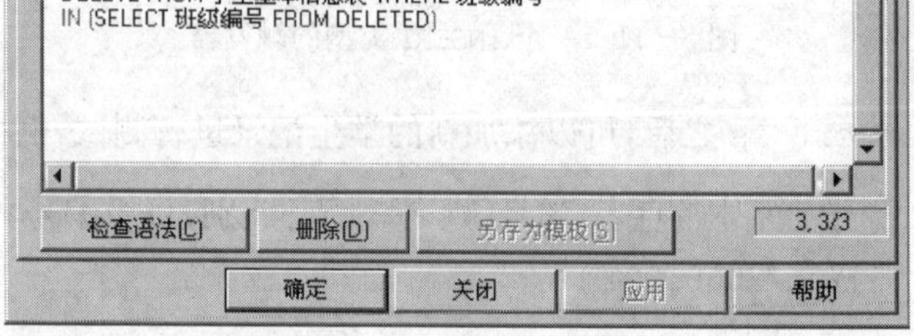

图 8-13　【触发器属性】对话框

④ 在【触发器属性】对话框中，在【名称】下拉列表框选择一个已有的触发器，并在【文本】编辑框中对其所包含的 SQL 语句进行修改。

⑤ 在语法检查无误的情况下，单击【确定】按钮保存修改。

⑥ 如果需要删除当前触发器，可以单击【删除】按钮。

2. 使用 ALTER TRIGGER 语句修改触发器

ALTER TRIGGER 语句与 CREATE TRIGGER 语句的语法格式及其参数类似，部分语法格式为：

```
ALTER TRIGGER 触发器名称
ON{表名|视图名}
[WITH ENCRYPTION]
  FOR|AFTER|INSTEAD OF[DELETE][,][INSERT][,][UPDATE]
AS
SQL 语句[...n]
```

【例 8-7】 修改 del_bj 触发器，使得在班级表中删除某一个班级时，不仅在学生基本信息表中该班级所包含的学生信息将被删除，而且在成绩表中与该班级学生相关的数据也将被删除。

在查询分析器中运行如下命令：

```
ALTER TRIGGER del_bj ON 班级表
AFTER DELETE
AS
  DELETE FROM 成绩表 WHERE 学号
  IN(SELECT 学号 FROM 学生基本信息表 WHERE 班级编号
    IN(SELECT 班级编号 FROM DELETED))
  DELETE FROM 学生基本信息表 WHERE 班级编号
  IN(SELECT 班级编号 FROM DELETED)
```

运行结果如图 8-14 所示。

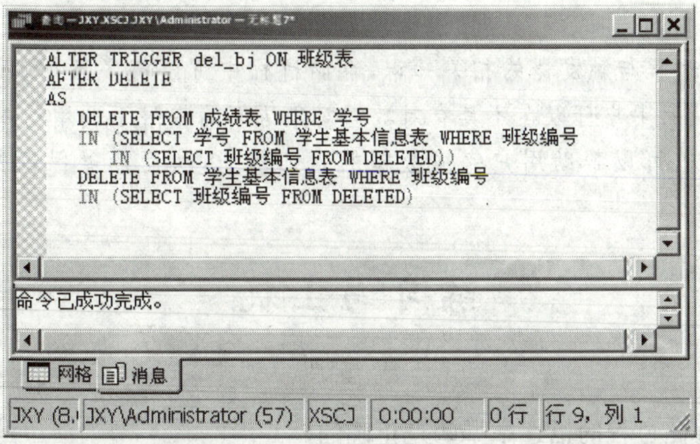

图 8-14　修改 del_bj 触发器

3. 使用 DROP TRIGGER 语句删除触发器

移除触发器时,与触发器有关的信息将从 sysobjects 和 syscomments 系统表中删除。可以通过删除触发器或删除表两种方式移除触发器。删除表时,将除去所有与表相关联的触发器。

DROP TRIGGER 语句的语法格式为:

```
DROP TRIGGER 触发器名称[,...n]
```

触发器名称为数据库中现有的触发器。可以指定一个或多个触发器名称来删除一个或多个触发器。

【例 8-8】 删除触发器 del_bj 及 insert_xs。

在查询分析器中运行如下命令:

```
USE XSCJ
GO
DROP TRIGGER del_bj,insert_xs
```

运行结果如图 8-15 所示。

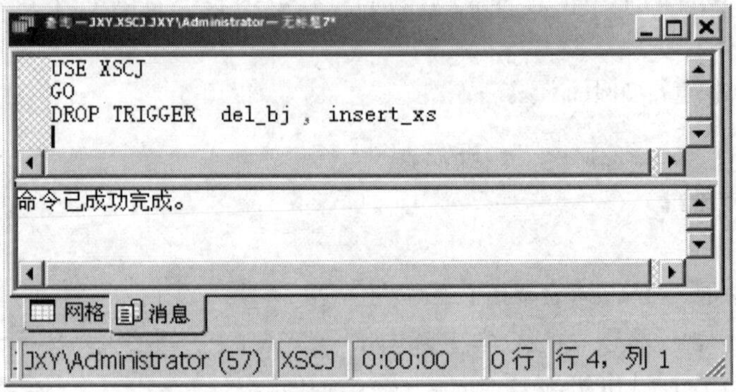

图 8-15 删除触发器 del_bj 及 insert_xs

本章小结

本章学习存储过程与触发器的相关知识,存储过程中可以将多条 SQL 语句集中在一起完成复杂的功能,从而用户可以在不具有对数据对象访问的权限下调用这些存储过程完成的特定的操作。触发器可以帮助用户完成数据的验证功能,从而能够保证数据的一致性、完整性。

练习与上机

一、选择题

1. 下面关于存储过程的描述中哪些是正确的(　　)?

A. 自定义存储过程与系统存储过程名称可以相同

B. 存储过程最多能够支持 64 层的嵌套

C. 命名存储过程中的标识符时,长度不能超过 256 个字符

D. 存储过程中参数的个数不能超过 2 100

2. 用于创建存储过程的 SQL 语句为(　　)。

A. CREATE DATABASE　　B. CREATE TRIGGER

C. CREATE PROCEDURE　　D. CREATE TABLE

3. 用于修改存储过程的 SQL 语句为(　　)。

A. ALTER TABLE　　B. ALTER DATABASE

C. ALTER TRIGGER　　D. ALTER PROCEDURE

4. 下列对触发器的描述中哪一个是错误的(　　)?

A. 触发器属于一种特殊的存储过程

B. 触发器与存储过程的区别在于触发器能够自动执行并且不含有参数

C. 触发器有助于在添加、更新或删除表中的记录时保留表之间已定义的关系

D. 既可以对 INSERTED、DELETED 临时表进行查询,也可以进行修改

二、填空题

1. 一个存储过程的名称不能超过________个字符。

2. 使用________语句可以对存储过程进行重命名。

3. 触发器有________、________触发方式。

4. 用________语句可以删除触发器。

5. 触发器可以划分为 3 种类别:________、________、________。

三、简答题

1. 简述什么是存储过程。

2. 简要说明存储过程的语法格式。

3. 简述什么是触发器。

4. 简要说明触发器的语法格式。

☞项目实训

1. 创建一个存储过程,该存储过程能够实现根据系部的编号查询出系部中男生、女生的人数。

2. 创建一个 INSERT 触发器,该触发器能够在向成绩表中添加数据时,自动判断学号、课程编号、成绩是否合法,如果非法则对插入操作进行回滚。

3. 在 pubs 数据库中创建一个名为 proc_test1 的存储过程,执行的功能是从 authors 和 titles 表里查询出作者的信息及该作者所写的所有书的信息。

4. 建立一个存储过程级联来修改 pubs 数据库的 authors、titleauthor 两张表,当用户修改 authors 表中的 au_id 后,修改 titleauthors 表中对应的数据。

第 9 章　游标、事务与锁

【学习目标】

- 理解游标、事务的概念及作用
- 了解锁的相关知识
- 掌握并灵活运用游标和事务以提高系统开发效率

9.1　游标

9.1.1　游标及其作用

数据库的游标是类似于C语言指针的语言结构。通常情况下，数据库执行的大多数SQL命令都是同时处理集合内部的所有数据。但是，有时用户也需要对这些数据集合中的某一行进行操作。在没有游标的情况下，这种工作不得不放到数据库前端用高级语言来实现，这将导致不必要的数据传输，从而延长执行时间。通过使用游标就可以在服务器端有效地解决这个问题。

游标支持以下功能：

① 在结果集中定位特定行；

② 从结果集的当前位置检索行；

③ 支持对结果集中当前位置的行进行数据修改。

9.1.2　使用游标

游标主要用在存储过程、触发器和 Transact_SQL 脚本中。用户可以把它理解为一种特殊变量，也必须先声明后使用。游标的使用可以总结为 6 个步骤：声明游标，打开游标，提取数据，修改数据，关闭游标，释放游标。

1. 声明游标

声明游标的语法如下：

```
DECLARE cursor_name[INSENSITIVE][SCROLL]CURSOR
FOR select_statement
[FOR{READ ONLY|UPDATE[OF column_name[,...n]]}]
```

其中：

- cursor_name——为游标名称。游标命名必须遵从 Transact_SQL 标识符规则。
- INSENSITIVE——定义一个游标时将在 tempdb 数据库中创建一个临时表，用于存储由该游标提取的数据。任何通过这个游标进行的操作，都在这个临时表里进行。

因此，在对该游标进行提取操作时返回的数据中不反映对基表所做的修改，并且该游标不允许修改。如果省略 INSENSITIVE，那么用户对基表进行的任何操作都将在游标中反映出来。

- SCROLL——指定所有的提取选项（FIRST、LAST、PRIOR、NEXT、RELATIVE、ABSOLUTE）均可用。如果在声明时未指定 SCROLL，则声明的游标只具有默认的 NEXT 功能。是唯一支持的提取选项。如果指定 SCROLL，则不能也指定 FAST_FORWARD。
- select_statement——是定义游标结果集的标准 SELECT 语句。在游标声明的 SELECT 语句内不允许使用关键字 COMPUTE、COMPUTE BY、FOR BROWSE 和 INTO。
- READ ONLY——设置游标为只读，使用该关键字时，不能通过该游标更新数据。在 UPDATE 或 DELETE语句的 WHERE CURRENT OF 子句中不能引用游标。
- UPDATE[OF column_name[,...n]]——定义游标内可更新的列。如果指定 OF column_name[,...n]参数，则只允许修改所列出的列。如果在 UPDATE 中未指定，则默认为可以更新所有列。

2. 打开游标

在使用游标之前，必须首先打开游标，方可执行指定操作。语法格式如下：

```
OPEN {{[GLOBAL]cursor_name}|cursor_variable_name}
```

其中：

- GLOBAL——指定 cursor_name 为全局游标。
- cursor_name——已声明的游标名称。如果全局游标和局部游标都使用 cursor_name 作为其名称，那么如果指定了 GLOBAL，cursor_name 指的是全局游标；否则 cursor_name 指的是局部游标。

打开一个游标以后，可以使用无参函数@@ERROR来判断打开操作是否成功。如果这个函数的返回值为 0，则表示游标打开成功；否则表示游标打开失败。当游标打开成功之后，可以使用无参函数@@CURSOR_ROWS 来获取这个游标中当前存在的记录行数。无参函数@@CURSOR_ROWS 有 4 种可能的取值。

① N——该 CURSOR 所定义的数据已完全从表中读入，N 为全部的数据行。

② －M——该 CURSOR 所定义的数据未完全从表中读入，M 为目前 CURSOR 数据子集内的数据行。

③ 0——无符合条件的数据或该 CURSOR 已被关闭或释放。

④ －1——该游标为动态的，数据行经常变动无法确定。

3. 从游标中提取记录

使用 FETCH 语句可以从游标中提取特定的一行记录。其语法格式如下：

```
FETCH [NEXT|PRIOR|FIRST|LAST|ABSOLUTE{n|@nvar}
|RELATIVE{n|@nvar}] FROM [GLOBAL] cursor_name}|@cursor_variable_
name} [INTO @variable_name[,...n]]
```

其中各参数意义如下。

- NEXT——返回紧跟当前行之后的结果行，并且当前行递增为结果行。如果 FETCH NEXT 为对游标的第一次提取操作，则返回结果集中的第一行。NEXT 为默认的游标提取选项。
- PRIOR——返回紧临当前行前面的结果行，并且当前行递减为结果行。如果 FETCH PRIOR 为对游标的第一次提取操作，则没有行返回并且游标置于第一行之前。
- FIRST——返回游标中的第一行并将其作为当前行。
- LAST——返回游标中的最后一行并将其作为当前行。
- ABSOLUTE{n|@nvar}——如果 n 或@nvar 为正数，返回从游标头开始的第 n 行并将返回的行变成新的当前行。如果 n 或@nvar 为负数，返回游标尾之前的第 n 行并将返回的行变成新的当前行。如果 n 或@nvar 为 0，则没有行返回。n 必须为整型常量且@nvar 必须为 smallint、tinyint 或 int。
- RELATIVE{n|@nvar}——如果 n 或@nvar 为正数，返回当前行之后的第 n 行并将返回的行变成新的当前行。如果 n 或@nvar 为负数，返回当前行之前的第 n 行并将返回的行变成新的当前行。如果 n 或@nvar 为 0，返回当前行。如果对游标的第一次提取操作时将 FETCH RELATIVE 的 n 或@nvar 指定为负数或 0，则没有行返回。n 必须为整型常量且@nvar 必须为 smallint、tinyint 或 int。
- GLOBAL——指定 cursor_name 指的是全局游标。
- @cursor_variable_name——游标变量名，引用要进行提取操作打开的游标。
- INTO @variable_name[,... n]——允许将提取操作的列数据放到局部变量中。列表中的各个变量从左到右与游标结果集中的相应列相关联。各变量的数据类型必须与相应的结果列的数据类型匹配或是结果列数据类型所支持的隐性转换。变量的数目必须与游标选择列表中的列的数目一致。

4. 利用游标修改数据

如果游标定义为可更新的，则当定位在游标中的某一行时，可以使用 UPDATE 或 DELETE 语句中的 WHERE CURRENT OF cursor_name 子句执行定位更新或删除操作。

5. 关闭游标

在打开游标后，SQL Server 服务器会专门为游标开辟一定的内存空间存放游标操作的数据结果集，同时游标的使用也会根据具体情况对某些数据进行封锁。所以在不使用游标时，一定要关闭游标，以通知服务器释放游标占用的资源。

语法如下：

```
CLOSE cursor_name
```

6. 释放游标

游标结构本身也会占用一定的计算机资源，所以在使用完游标后，应该将游标释放，以回收资源。

语法如下：

```
DEALLOCATE cursor_name
```

【例 9-1】 声明一个游标 jbxxb_cursor,用于访问数据库 XSCJ 中的"学生基本信息表"。可在查询分析器中运行如下命令:

```
USE XSCJ
GO
DECLARE jbxxb_cursor CURSOR
FOR SELECT * FROM 学生基本信息表
```

上述命令中,声明游标时在 SELECT 语句中未用 WHERE 子句,故此游标返回的结果集是由"学生基本信息表"中的所有记录构成的,结果如图 9-1 所示。

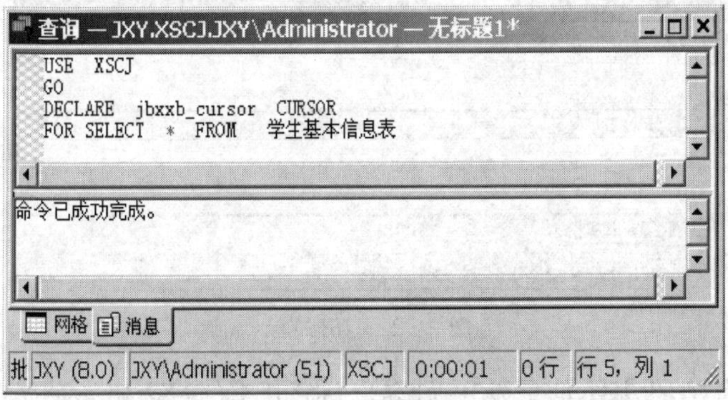

图 9-1　声明游标

【例 9-2】 使用游标查看数据库 XSCJ 中"学生基本信息表"中满足条件的记录个数。代码如下:

```
USE XSCJ
CO
DECLARE jbxxb_Cursor CURSOR FOR
SELECT 学号,姓名
FROM xscj.dbo.学生基本信息表
WHERE 族别 LIKE'哈萨克'
OPEN jbxxb_Cursor
FETCH NEXT FROM jbxxb_Cursor
WHILE @@FETCH_STATUS = 0
BEGIN
    FETCH NEXT FROM jbxxb_Cursor
END
CLOSE jbxxb_Cursor
DEALLOCATE jbxxb_Cursor
```

在以上程序中首先定义了名为 jbxxb_cursor 的游标,通过该游标可以对学生基本信息表中族别为"哈萨克"族的学生学号和姓名进行搜索,用 FETCH NEXT 来控制其结果的显示,其中@@FETCH_STATUS 返回被 FETCH 语句执行的最后游标的状态,如果返回值为 0,则说明该游标成功;如果返回值为-1,则说明该游标失败;如果返回值为-2,则说明被提取的行不存在。

结果如图 9-2 所示。

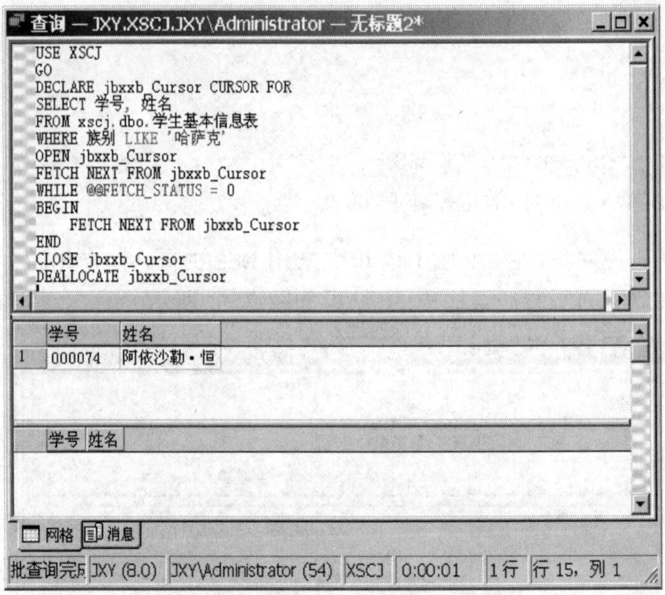

图 9-2 打开游标

【例 9-3】 为“学生基本信息表”中姓名以“张”开头的行声明一个简单的游标 jbxxb1_cursor,并使用 FETCH NEXT 逐个提取这些行。FETCH 语句以单行结果集形式返回由 DECLARE CURSOR指定列的值。

在查询分析器中运行如下命令：

```
USE XSCJ
GO
DECLARE jbxxb1_cursor CURSOR FOR
SELECT 姓名 FROM 学生基本信息表
WHERE 姓名 LIKE'张%'
ORDER BY 姓名
OPEN jbxxb1_cursor
FETCH NEXT FROM jbxxb1_cursor
WHILE @@FETCH_STATUS = 0
BEGIN
FETCH NEXT FROM jbxxb1_cursor
END
CLOSE jbxxb1_cursor
DEALLOCATE jbxxb1_cursor
```

运行结果如图 9-3 所示。

【例 9-4】 本例与例 9-3 相似,使用 FETCH 语句将值存入变量,但 FETCH 语句的值存储于局部变量而不是直接返回给基表。PRINT 语句将变量组合成单一字符串并将其返回到基表。代码如下：

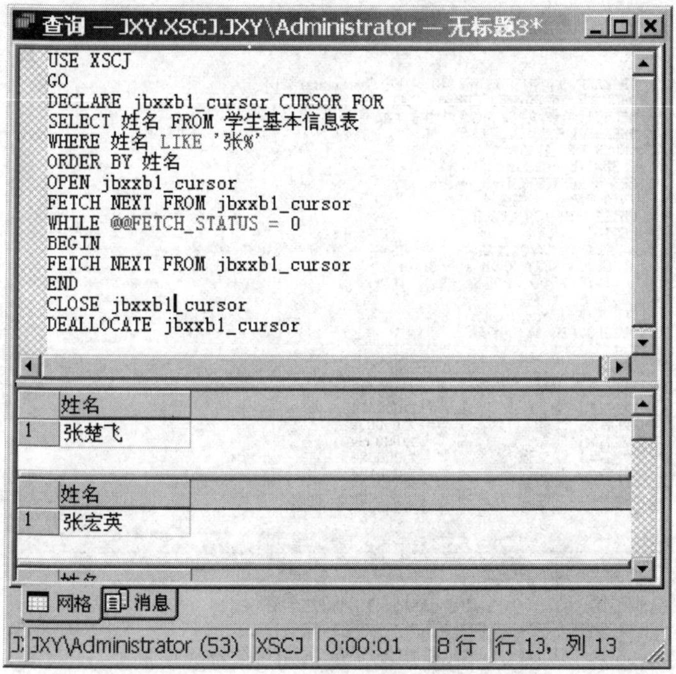

图 9-3　从游标中提取记录

```
USE XSCJ
GO
DECLARE @学号 varchar(40),@姓名 varchar(20)
DECLARE xb_cursor CURSOR FOR
SELECT 学号,姓名 FROM 学生基本信息表
WHERE 姓名 LIKE '张%'
ORDER BY 姓名
OPEN xb_cursor
FETCH NEXT FROM xb_cursor
INTO @学号,@姓名
WHILE @@FETCH_STATUS=0
BEGIN
    PRINT '学生姓名为:' + @姓名 + ';学号为'+ @学号
    FETCH NEXT FROM xb_cursor
    INTO @学号,@姓名
END
CLOSE xb_cursor
DEALLOCATE xb_cursor
```

运行结果如图 9-4 所示。

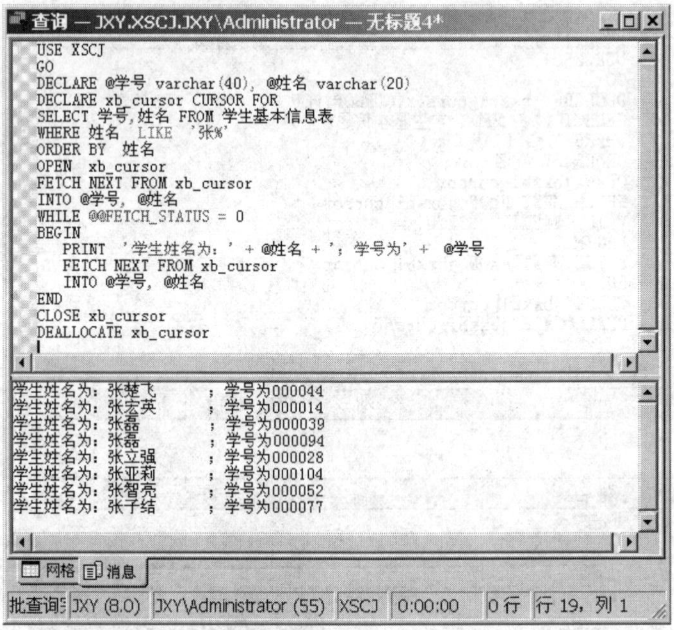

图 9-4 使用 FETCH 语句将值存入变量

9.2 事务

9.2.1 事务模式

日常生活中我们需要一种能保证数据完整性的机制,比如学生父母给孩子通过银行卡打的生活费要么发送成功,要么发送失败(不应该出现一边发送成功,另一边接收不到的情况),这样才是安全的、可靠的。数据库管理中也需要类似的机制,那就是事务。事务是作为单个逻辑工作单元执行的一系列操作,这一系列操作或者都被执行或者都不被执行。

事务作为一个逻辑工作单元必须有 4 个属性,称为 ACID(原子性、一致性、隔离性和持久性)属性,只有这样才能成为一个事务。

- 原子性——事务必须是原子工作单元,对于其数据修改,要么全都执行,要么全都不执行。
- 一致性——事务在完成时,必须使所有的数据都保持一致状态。在相关数据库中,所有规则都必须应用于事务的修改,以保持所有数据的完整性。
- 隔离性——由并发事务所做的修改必须与任何其他并发事务所做的修改隔离。事务查看数据时数据所处的状态,要么是另一并发事务修改它之前的状态,要么是另一事务修改它之后的状态,事务不会查看中间状态的数据。这称为可串行性,因为它能够重新装载起始数据,并且重播一系列事务,以使数据结束时的状态与原始事务执行的状态相同。
- 持久性——事务完成之后,它对于系统的影响是永久性的。该修改即使出现系统故障也将一直保持。

9.2.2 事务管理

事务的执行需要经过事务的开始、事务提交及事务回滚3个过程。其中BEGIN TRANSACTION代表事务的开始点，每个事务继续执行直到用COMMIT TRANSACTION提交，从而保证数据的完整性与一致性，或者遇上错误用ROLLBACK TRANSACTION语句撤销所有改动。

应当注意的是，SQL Server中为了保证最基本数据的安全，规定有几种语句不能出现在事务管理中，它们分别是ALTER DATABASE，BACKUP LOG，CREATE DATABASE，DISK INIT，DROP DATABASE，DUMP TRANSACTION，LOAD DATABASE，LOAD TRANSACTION，RECONFIGURE，RESTORE DATABASE，RESTORE LOG，UPDATE STATISTICS等。

另外事务的执行方式有两种，分别是显式事务和隐式事务。其中每个事务均以BEGIN TRANSACTION语句显式开始，以COMMIT或ROLLBACK语句显式结束的是显式事务。隐性事务在前一个事务完成时新事务隐式启动，但每个事务仍以COMMIT或ROLLBACK语句显式完成。

1. 定义事务的开始

语法：BEGIN TRANSACTION [事务名]

功能：标记一个显式本地事务的起始点。

2. 提交事务

语法：COMMIT TRANSACTION [事务名]

功能：标志一个成功的隐性事务或用户定义事务的结果。

3. 回滚事务

语法：ROLLBACK TRANSACTION [事务名]

功能：将显式事务或隐性事务回滚到事务的起点或事务内的某个保存点。

【例9-5】 定义一事务charu(未提交)并将“学生基本信息表”中族别不是“汉族”的学生“族别”改成“少数民族”。代码如下：

```
USE XSCJ
GO
BEGIN TRANSACTION charu
GO
UPDATE 学生基本信息表
SET 族别='少数民族'
WHERE 族别!='汉族'
GO
```

运行结果如图9-5所示。

通过以上代码可以将“族别”不是“汉族”的学生“族别”改成“少数民族”，接着可以用ROLLBACK语句将未提交成功的事务回滚回来。代码为：

```
ROLLBACK TRANSACTION charu
```

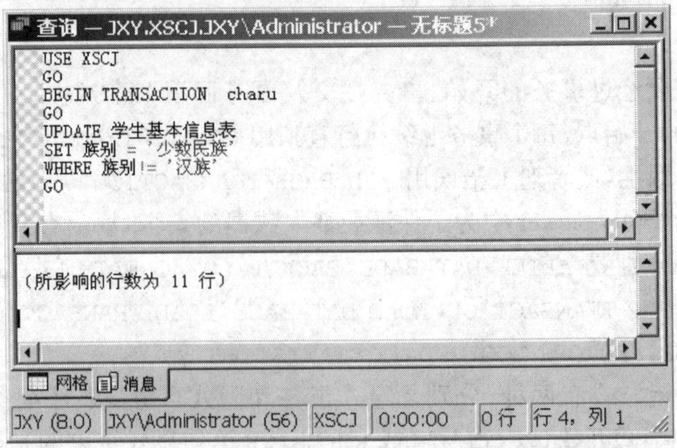

图 9-5 使用 BEGIN TRANSACTION 开始事务

但是如果将事务提交出去以后，就不能再用 ROLLBACK 语句回滚事务了，这说明 COMMIT TRANSACTION 语句是用于标志已提交成功的事务。可以用 SELECT 语句来观察其结果。

```
BEGIN TRANSACTION charu
GO
USE XSCJ
GO
UPDATE 学生基本信息表
SET 族别='少数民族'
WHERE 族别!='汉族'
GO
COMMIT TRANSACTION charu
GO
```

这以后再不能回滚事务，在查询分析器里执行后的结果如图 9-6 所示(读者可以亲自验证一下)。

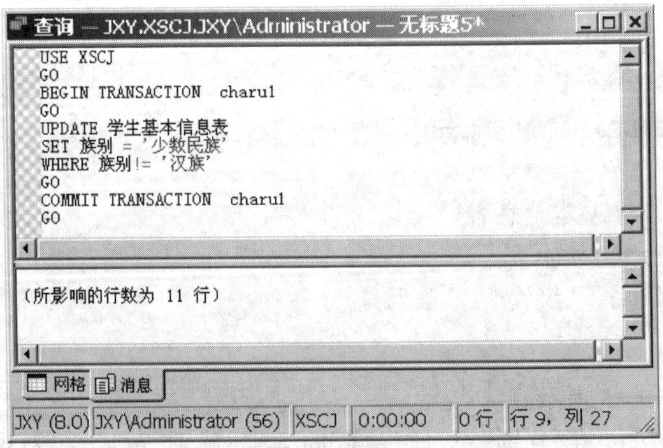

图 9-6 提交事务

【例9-6】 事务的嵌套(通过本例可以知道嵌套事务中,内部事务所做的修改等提交完最外层事务之后才能生效)。

```
USE XSCJ
GO
CREATE TABLE 综合表(学号 INT PRIMARY KEY,姓名 CHAR(8),年龄 int)
BEGIN TRANSACTION charu
INSERT INTO 综合表 VALUES (1,'卡吾萨尔',18)
BEGIN TRANSACTION charu1
INSERT INTO 综合表 VALUES (2,'夏尔巴提',20)
BEGIN TRANSACTION charu2
INSERT INTO 综合表 VALUES (3,'张莉',19)
COMMIT TRANSACTION charu2
COMMIT TRANSACTION charu1
COMMIT TRANSACTION charu
```

运行结果见表9-7。

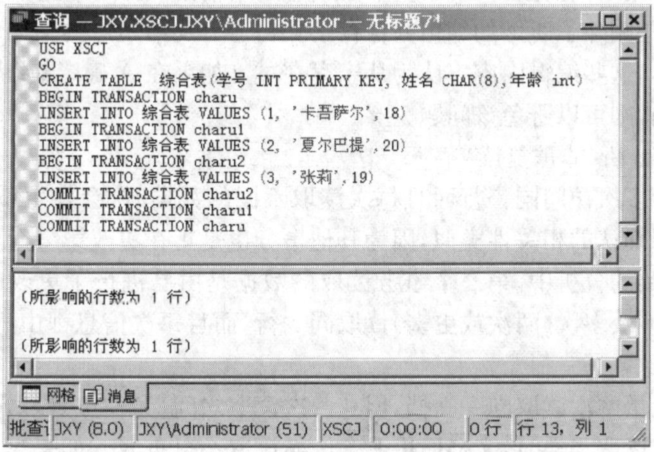

图9-7 嵌套事务

以上代码中一直执行到最后一行后该事务才生效,用户在操作时,可以先试用 COMMIT TRANSACTION charu 之前的代码,后用 SELECT 或直接打开表的方式查看其结果,即会发现用户表中除了刚创建的表名之外,该表内无任何数据。这说明定义的事务未提交成功,在执行最关键的外层事务的提交之后才能完成本次事务的提交,同时也可以通过 SELECT 或直接打开表的方式观察到其结果已生效。

9.3 锁

9.3.1 锁的基础知识

SQL Server 2000 使用锁定确保事务完整性和数据库一致性。锁定可以防止用户读取正在由其他用户更改的数据，并可以防止多个用户同时更改相同的数据。如果不使用锁定，则数据库中的数据可能在逻辑上不正确，并且对数据的查询可能会产生意想不到的结果。这些问题包括以下几个方面。

(1) 丢失或覆盖更新

当两个或多个事务选择同一行，然后基于最初选定的值更新该行时，会发生丢失更新问题。每个事务都不知道其他事务的存在。最后的更新将重写由其他事务所做的更新，这将导致数据丢失。

如网络数据库管理员A和B同时对“学生基本信息表”中学号为000001的学生的政治面貌进行修改，管理员A将其政治面貌改成党员，接着管理员B将其政治面貌改成群众，结果管理员A所做的修改没被保存，管理员B所做的保存生效。如果在第一个管理人员完成之后第二个管理人员才能进行更改，则可以避免该问题的发生。

(2) 未确认的相关性(脏读)

当第二个事务选择其他事务正在更新的行时，会发生未确认的相关性问题。第二个事务正在读取的数据还没有确认并且可能由更新此行的事务所更改。

如管理人员A正在更改电子文档。在更改过程中，另一个管理人员B复制了该文档(该副本包含到目前为止所做的全部更改)并将其分发给预期的用户。此后，A认为目前所做的更改是错误的，于是删除了所做的编辑并保存了文档。分发给用户的文档包含不再存在的编辑内容(脏读)，并且这些编辑内容应认为从未存在过。如果在A确定最终更改前任何人都不能读取更改的文档，则可以避免该问题。

(3) 不一致的分析(非重复读)

当第二个事务多次访问同一行而且每次读取不同的数据时，会发生不一致的分析问题。不一致的分析与未确认的相关性类似，因为其他事务也是正在更改第二个事务正在读取的数据。然而，在不一致的分析中，第二个事务读取的数据是由已进行了更改的事务提交的。而且，不一致的分析涉及多次(两次或更多)读取同一行，而且每次信息都由其他事务更改，因而该行被非重复读取。

如一位管理人员两次读取同一文档，但在两次读取之间，另一位管理人员重写了该文档。当管理人员第二次读取文档时，文档已更改。原始读取不可重复。如果只有在管理员全部完成编写后另外的人员才可以读取文档，则可以避免该问题。

(4) 幻像读

当对某行执行插入或删除操作，而该行属于某个事务正在读取的行的范围时，会发生幻像读问题。事务第一次读的行范围显示出其中一行已不复存在于第二次读或后续读中，因为该行已被其他事务删除。同样，由于其他事务的插入操作，事务的第二次读或后续读显示有一行已不存在于原始读中。

如一位管理人员更改作者提交的文档，但当生产部门将其更改内容合并到该文档的主副本时，发现作者已将未编辑的新材料添加到该文档中。如果在编辑人员和生产部门完成对原始文档的处理之前，任何人都不能将新材料添加到文档中，则可以避免该问题。

9.3.2 死锁

当某组资源的两个或多个线程之间有循环相关性时，将发生死锁。

死锁是一种可能发生在任何多线程系统中的状态。多线程系统中的一个线程可能获取一个或多个资源(如锁)。如果正获取的资源当前为另一线程所拥有,则第一个线程可能必须等待拥有线程释放目标资源。这时就说等待线程在那个特定资源上与拥有线程有相关性。

SQL Server 使用不同的锁模式锁定资源,这些锁模式确定了并发事务访问资源的方式。下面介绍几种常用的锁模式。

(1) 共享锁

用于只读操作,如 SELECT。

共享锁允许并发事务读取一个资源。资源上存在共享锁时,任何其他事务都不能修改数据。除非将事务隔离级别设置为可重复读或更高级别,或者在事务生存周期内用锁定提示保留共享锁,那么一旦读取数据,便立即释放资源上的共享锁。

(2) 更新锁

用于可更新的资源中。更新锁可以防止通常形式的死锁。一般更新模式由一个事务可完成,这一系列操作要求锁转换为排他锁。如果两个以上事务获得共享锁且都要把资源上的共享锁转换为排他锁时会发生冲突而死锁。

为避免这种死锁问题,要使用更新锁。一次只有一个事务可以获得资源的更新锁。如果事务修改资源,则更新锁转换为排他锁;否则转换为共享锁。

(3) 排他锁

用于数据修改操作,确保不会同时对同一资源进行多重更新。顾名思义,排他锁是排斥被锁定的资源由多个事务访问。

【例9-7】 分别使用企业管理器和 sp_lock 系统存储过程显示 SQL Server 中当前持有的锁信息。

方法一:在企业管理器中展开【服务器组】,选择【管理】/【当前活动】/【锁/进程 ID】可以观察锁信息。

方法二:在查询分析器中执行以下命令,结果如图9-8所示。

```
USE XSCJ
GO
EXEC sp_lock
GO
```

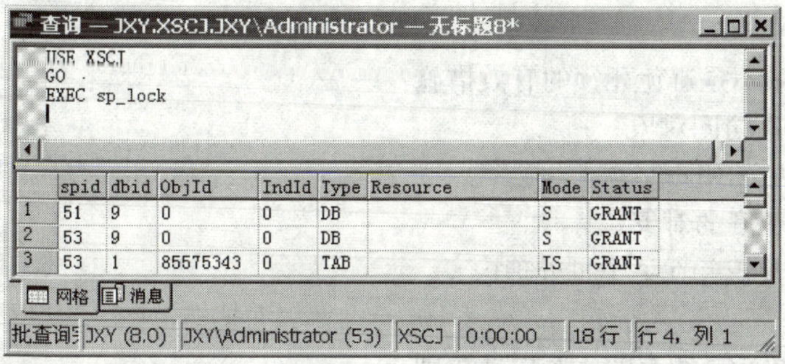

图9-8 查看当前锁

如果拥有线程需要获取另外一个资源,而该资源当前为等待线程所拥有,则这种情形将成为死锁:在事务提交或回滚之前两个线程都不能释放资源,而且它们因为正等待对方拥有的资源而不能提交或回滚事务。例如，运行事务 1 的线程 T1 具有学生基本信息表上的排他锁。运行事务 2 的线程 T2 具有系部表上的排他锁，并且之后需要学生基本信息表上的锁。事务 2 无法获得这一锁，因为事务 1 已拥有它。事务 2 被阻塞，等待事务 1。然后，事务 1 需要系部表的锁，但无法获得锁，因为事务 2 将它锁定了。事务在提交或回滚之前不能释放持有的锁。因为事务需要对方控制的锁才能继续操作，所以它们不能提交或回滚。

需要注意的是，死锁经常与正常阻塞混淆。当一个事务锁定了另一个事务需要的资源，第二个事务等待锁被释放。默认情况下，SQL Server 事务不会超时(除非设置了 LOCK_TIMEOUT)。第二个事务被阻塞，而不是被死锁。

本 章 小 结

本章主要介绍了游标、事务和锁的概念及应用，学习重点是如何应用游标和事务的有效管理来保证数据的完整性与一致性。

练 习 与 上 机

一、选择题

1. 游标主要用于存储过程(　　)和 SQL 脚本中。

A. 触发器　　B. 视图　　C. 索引　　D. 约束

2. @@FETCH_STATUS 语句返回的值为 0 说明(　　)。

A. 成功　　B. 失败

C. 被提取的行不存在　　D. 发生冲突

3. 事务作为一个逻辑单元，其基本属性中不包括(　　)。

A. 原则性　　B. 一致性　　C. 隔离性　　D. 短暂性

4. 并发问题是指由多个用户同时访问同一个资源而产生的意外，其中如何避免数据的丢失或覆盖更新，(　　)。

A. 任何用户不应该访问该资源

B. 同一时刻应该由一个人访问该资源

C. 不应该考虑那么多

D. 无所谓

5. 以下哪一项不是避免死锁的有效措施？(　　)

A. 按同一顺序访问对象

B. 避免事务中的用户交互

C. 锁定较大粒度的对象

D. 保持事务简短并在一个批处理中

二、填空题

1. 一个事务单元必须有的 4 个属性分别是________、________、________、________。

2. 执行________之前的事务是为提交事务，该事务可以用________命令回滚。

3. SQL Server 使用不同的锁模式锁定资源，这些模式有________、________、________等。

4. 与局部变量一样,游标也必须先________后________。

三、简答题

1. 简述如何避免事务并发问题。

2. 简述如何合理使用锁技术。

项目实训

1. 使用游标的方式搜索“学生基本信息表”中的非团员学生,并按学号升序排序。

2. 使用事务定义与提交命令在 XSCJ 数据库中创建一个“综合表”(学号、姓名、性别、民族),并为它插入 3 行数据,观察提交之前和之后的浏览与回滚情况。

第 10 章　SQL Server 的安全管理

【学习目标】

- 理解身份验证模式、安全账户管理、角色管理、权限管理的基本概念
- 熟练使用和管理用户账号、角色并授予相应权限

10.1　身份验证模式

SQL Server 2000 的安全机制是基于用户、角色、对象和权限的基础上建立的。系统可以将用户加入角色,也可以为它们指定对象权限。每个对象都有所有者,所有权也影响到权限。数据库对象(表、索引、视图、触发器、函数或存储过程)的用户称为数据库对象的所有者。创建数据库对象的权限必须由数据库所有者或系统管理员授予。但是,在授予数据库对象这些权限后,数据库对象所有者就可以创建对象并授予其他用户使用该对象的权限。

SQL Server 2000 安全系统的构架建立在用户和用户组的基础上,也就是说,Windows 的用户和用户组可以映射到 SQL Server 2000 中的安全账户,而 SQL Server 2000 也可以独自建立安全账户。对于安全账户 SQL Server 2000 可以对其分配权限,也可以将其加入到角色中,从而获得相应的权限。如图 10－1 所示。

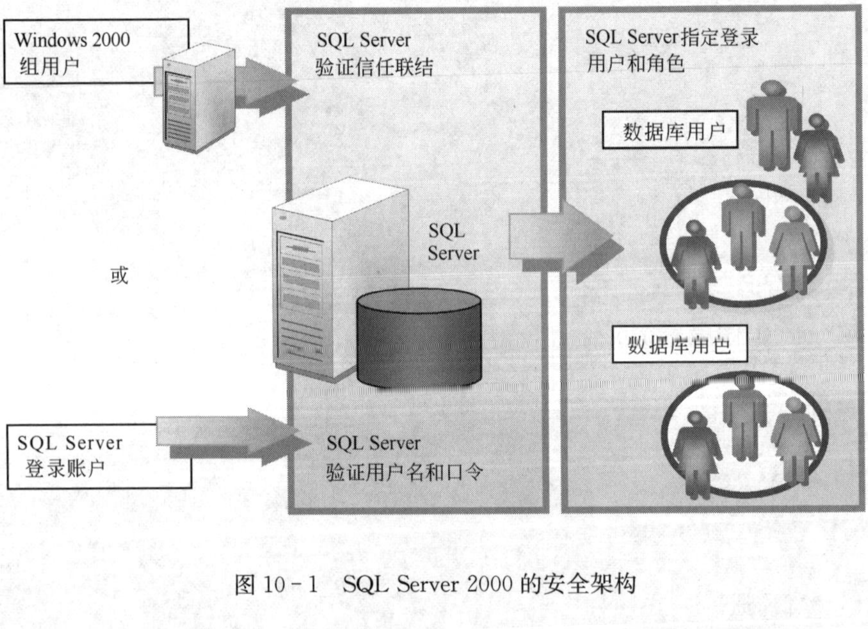

图 10－1　SQL Server 2000 的安全架构

在 SQL Server 2000 工作时,用户要经过两个安全性阶段。

第一阶段,身份验证。如果身份验证成功,用户可连接到 SQL Server 实例。

第二阶段,授权(权限验证)。授权阶段又分为验证用户连接到 SQL Server 实例的权限和访问服务器上数据库的权限。为此,需授予每个数据库中映射到用户登录的账号访问权限。权限验证阶段则控制用户在 SQL Server 数据库中所允许进行的活动。

10.1.1　SQL Server 的身份验证模式

在 SQL Server 2000 中，必须以合法的登录身份注册本地或远程服务器后，才能与服务器建立连接并获得对 SQL Server 的访问权。系统提供了两种登录身份验证模式。

1. Windows 身份验证模式(Windows 身份验证)

Windows 身份验证模式使用户得以通过 Windows NT 或 Windows 2000 用户账号进行登录连接，并获得对 SQL Server 的访问权限。

2. 混合模式(Windows 身份验证和 SQL Server 2000 身份验证)

混合模式使用户得以使用 Windows 身份验证或 SQL Server 2000 身份验证的用户账号进行登录连接。

在 Windows 身份验证模式或混合模式下，通过 Windows 用户账号连接的用户可以使用信任连接。

10.1.2　身份验证模式的选择

选择身份验证模式，可按以下步骤操作。

① 在企业管理器中展开【SQL Server 组】，选择目前连接的服务器。

② 单击【菜单】中的【属性】命令，打开【SQL Server 属性】对话框，选择【安全性】标签，即可打开如图 10－2 所示的对话框。

③ 可在【安全性】选项组中设置身份验证模式，如图 10－2 所示。

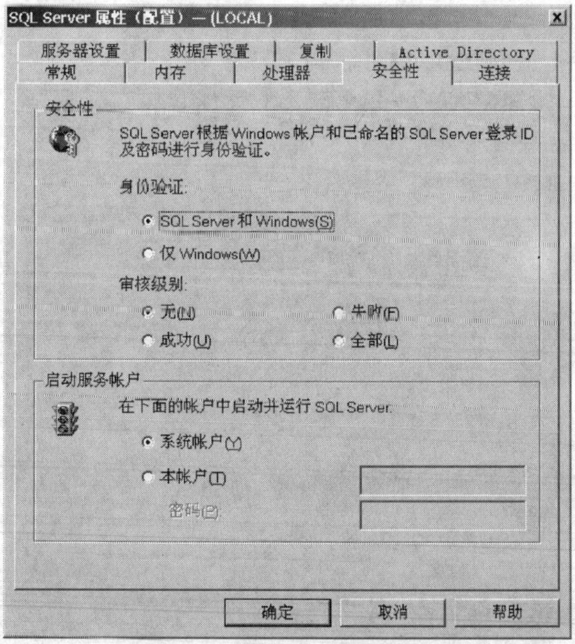

图 10－2　设置身份验证模式界面

10.2 安全账户管理

10.2.1 创建安全账户

在 SQL Server 2000 中,可以使用两种方法添加登录账号:使用企业管理器添加登录账号;使用系统存储过程添加登录账号。

1. 系统安装时建立的账号

(1) sa

系统管理员(sa)是为向后兼容而提供的特殊登录账号,拥有最高管理权限,可以执行服务器范围内的所有操作。默认情况下,它指派给固定服务器角色 sysadmin,并不能进行更改。虽然是内置了管理员登录账号,但不应例行公事地使用它。相反,应使其他的系统管理员账号都成为 sysadmin 固定服务器角色的成员,并让他们使用自己的登录名登录。只有当没有其他方法登录到 SQL Server 实例(例如:当其他系统管理员不可用或忘记了密码)时才使用 sa。

(2) Builtin\administrators

本地管理员组,默认加入 sysadmin 角色中,因此具有管理员权限。

2. 使用企业管理器添加登录账号

具体操作步骤如下。

① 在企业管理器中展开服务器组,然后展开服务器。

② 展开【安全性】,右击【登录】,然后单击【新建登录】命令,系统打开如图 10-3 所示的【SQL Server 登录属性——新建登录】对话框。

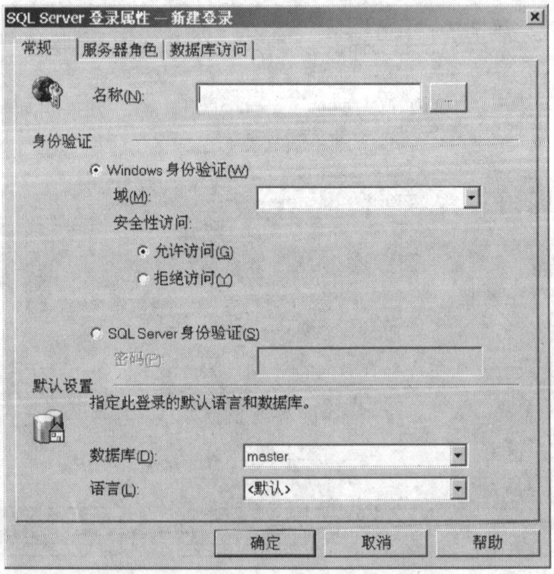

图 10-3 【SQL Server 登录属性——新建登录】对话框

③ 在【身份验证】下，单击【Windows身份验证】，在【名称】框中，输入要被授权访问 Microsoft SQL Server™的MicrosoftWindows NT 4.0 或 Windows 2000 账号（以 DOMAIN\User的形式）；在【身份验证】下，单击【SQL Server 身份验证】，在【名称】框中，输入登录账号名称。

④ 设置可选项。可在【数据库】中，单击用户在登录到 SQL Server 实例后所连接的默认数据库。在【语言】中，单击显示给用户的信息所用的默认语言。

【例 10-1】 将 dss_ibm390x 中的本机用户 zhangsan 加入到 SQL Server 实例中，并建立一个 SQL Server 登录账号，账号名称为 wang。

在企业管理器中可以按以下步骤操作。

① 在企业管理器中展开服务器组，然后展开服务器。

② 展开【安全性】，右击【登录】，然后单击【新建登录】命令，打开如图 10-4 所示【SQL Server 登录属性——新建登录】对话框。

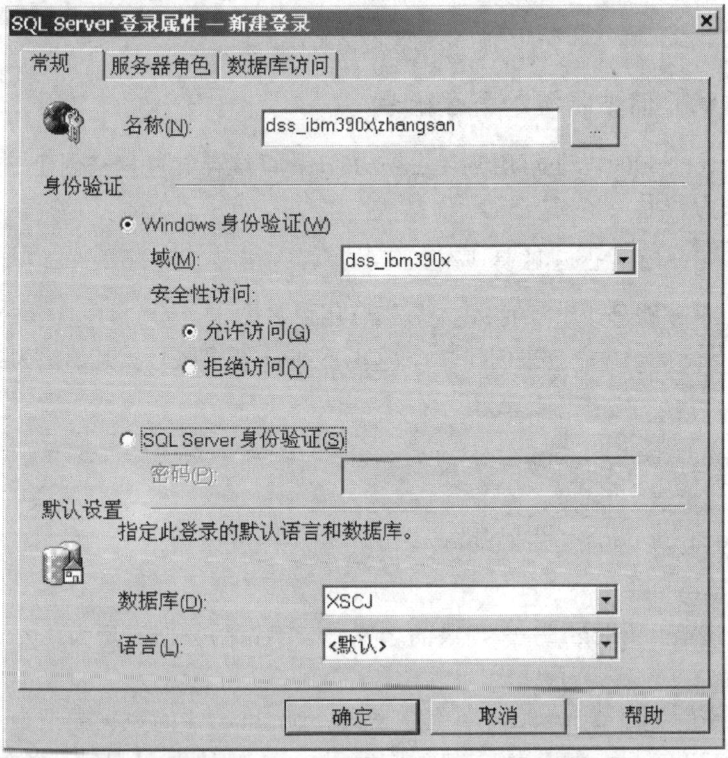

图 10-4 【SQL Server 登录属性——新建登录】对话框

③ 在【名称】框中，输入 dss_ibm390x\zhangsan。

④ 在【身份验证】下，单击【Windows 身份验证】。

⑤ 填写完成之后，单击【确定】按钮。

⑥ 重复①、②步骤。

⑦ 在【名称】框中，输入 wang。

⑧ 在【身份验证】下，单击【SQL Server 身份验证】。

⑨ 在【密码】框中，输入密码，也可以密码为空。

⑩ 填写完成之后，单击【确定】按钮，即可在企业管理器中看到如图 10-5 所示的登录账

号信息。

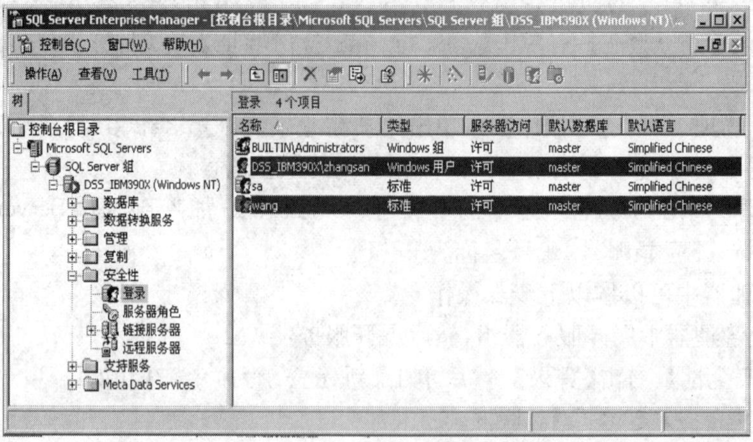

图 10-5　登录账号信息

3. 使用系统存储过程添加登录账号

在 SQL Server 2000 中，也可用 sp_grantlogin 系统存储过程来创建一个 Windows 登录账号。其语法为：

```
Sp_grantlogin'Windows 账号或组 '
```

其中：'Windows 账号或组'的格式为'域名\用户名'。

也可用 sp_addlogin 命令来创建一个 SQL Server 登录账号。其语法为：

```
sp_addlogin[ @loginame=]'login'
[,[@passwd=] 'password']
[,[@defdb=]'database']
[,[@deflanguage=]'language']
```

其中：

- [@loginame=]'login'——登录的名称。login 的数据类型为 sysname，没有默认设置。
- [@passwd =]'password'——登录密码。password 的数据类型为 sysname，默认设置为 NULL。sp_addlogin 执行后，password 被加密并存储在系统表中。
- [@defdb =]'database'——登录的默认数据库(登录后登录所连接到的数据库)。database 的数据类型为 sysname，默认设置为 master。
- [@deflanguage =]'language——用户登录到 SQL Server 时系统指派的默认语言。language 的数据类型为 sysname，默认设置为 NULL。如果没有指定 language，那么 language 被设置为服务器当前的默认语言(由 sp_configure 配置变量 default language 定义)。更改服务器的默认语言不会更改现有登录的默认语言。language 保持与添加登录时所使用的默认语言相同。

可以使用上述系统存储过程实现例 10-1 的功能。

在查询分析器中执行下列存储过程：

```
Sp_grantlogin'dss_ibm390x\zhangsan'     ——添加一个 Windows 登录账号
GO
Sp_addlogin'wang','','master'           ——添加一个 SQL Server 登录账号
GO
```

10.2.2 管理安全账号

① 删除 SQL Server 登录账号

```
Sp_drop'login'          ——login 表示登录账号
```

② 禁止一个 Windows 账号访问 SQL Server 实例

```
Sp_denylogin'login'     ——login 表示 Windows 用户账号,形式为 Domain\User
```

③ 删除一个 Windows 登录账号

```
Sp_revokelogin'login'   ——login 表示 Windows 用户账号,形式为 Domain\User
```

10.2.3 创建数据库用户账号

有了登录账号之后,可以访问 SQL Server,但还不能访问数据库。要让用户能够访问数据库,还需要在指定数据库中生成数据库用户账号。在 SQL Server 2000 中,可以使用两种方法将登录账号生成为指定数据库的用户账号。它们是:使用企业管理器新建数据库用户;使用系统存储过程新建数据库用户。

1. 默认数据库用户账号

(1) dbo

dbo 是可以在数据库范围内执行一切操作的最高权力拥有者。系统将固定服务器角色 sysadmin 的任何成员都映射到每个数据库内称为 dbo 的这个特殊用户上。另外,由固定服务器角色 sysadmin 的任何成员创建的任何对象都自动属于 dbo,并且 dbo 用户无法删除。

(2) guest

guest 用户账号允许任何已经登录到 SQL Server 服务器的用户都可以访问数据库。但必须满足以下两个条件:登录有访问 SQL Server 实例的权限,但没有通过自己的用户账号访问数据库的权限;数据库中含有 guest 用户账号。

2. 创建数据库用户账号

(1) 使用企业管理器创建数据库用户账号

可按以下步骤进行操作。

① 在企业管理器中展开服务器组,然后展开服务器。

② 展开指定数据库,右击【用户】,在弹出的快捷菜单中单击【新建数据库用户 (U)…】命令,打开如图 10-6 所示的【数据库用户属性-新建用户】对话框。

③ 在【登录名】框中，选择一个登录账号。

④ 在【用户名】框中，输入用户名称。需要说明的是，一个登录账号可以在不同的数据库中拥有不同的用户名称。

⑤ 在【数据库角色成员】栏中，可以选择该数据库用户将加入到哪一个数据库角色中，但所有的用户都属于 public 角色。

⑥ 填写完毕之后，单击【确定】按钮。

【例 10－2】 为数据库 XSCJ 新建用户登录账号为：dss_ibm390x\zhangsan，在数据库 XSCJ 中的用户名为 zhangsan。

在企业管理器中可以按以下步骤操作。

① 在企业管理器中展开服务器组，然后展开服务器，再展开数据库。

② 展开指定数据库 XSCJ，右击【用户】，然后单击【新建数据库用户】命令，打开【数据库用户属性-新建用户】对话框，如图 10－7 所示。

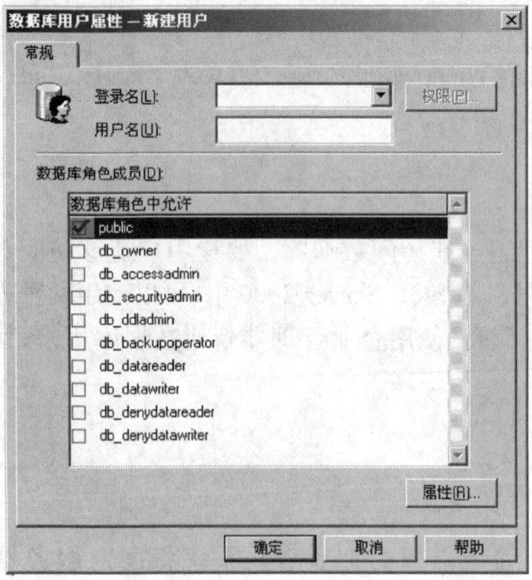

图 10－6 【数据库用户属性-新建用户】对话框

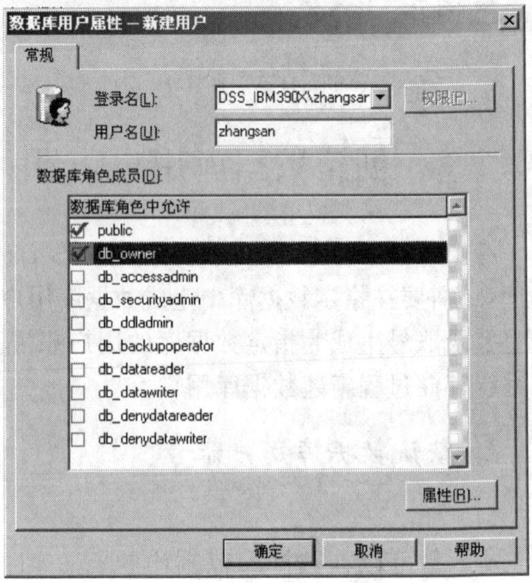

图 10－7 为数据库 XSCJ 新建用户登录账号

③ 在【登录名】框中，选择一个登录账号（dss_ibm390x\zhangsan）。

④ 在用户名框中，输入用户名称 zhangsan。

⑤ 在数据库角色成员栏中，可以选择 zhangsan 为数据库 XSCJ 的拥有者，既在 db_owner上打√。

⑥ 单击【确定】按钮，设置结果如图 10－8 所示。

(2) 使用系统存储过程创建数据库用户账号

在 SQL Server 2000 中，也可用 sp_grantdbaccess 命令来新建数据库用户账号。其语法为：

```
sp_grantdbaccess [@loginame=]'login'
[,[@name_in_db=]'name_in_db'[OUTPUT]]
```

其中：

- [@loginame =] 'login'——当前数据库中新安全账号的登录名称。Windows NT 组和用户必须用 Windows NT 域名限定,格式为"域\用户",例如 LONDON\Joeb。登录不能使用数据库中已有的账号作为别名。
- [@name_in_db =] 'name_in_db' [OUTPUT]——数据库中用户账号的名称。name_in_db 是 sysname 类型的 OUTPUT 变量,默认值为 NULL。如果没有指定,则使用 login;如果将其指定为 NULL 值的 OUTPUT 变量,则设置 @name_in_db 为 login。当前数据库不必存在 name_in_db。

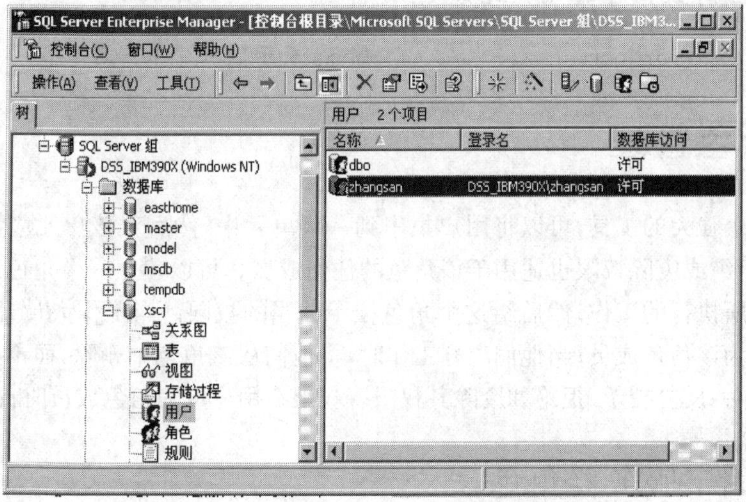

图 10-8　为数据库 XSCJ 新建用户登录账号

【例 10-3】　为数据库 XSCJ 新建用户账号,该用户账号的登录账号为 wang,在数据库 XSCJ 中的用户名为 wang。

在查询分析器中运行如下命令:

```
Sp_grantdbaccess'wang','wang'
GO
```

运行结果如图 10-9 所示。

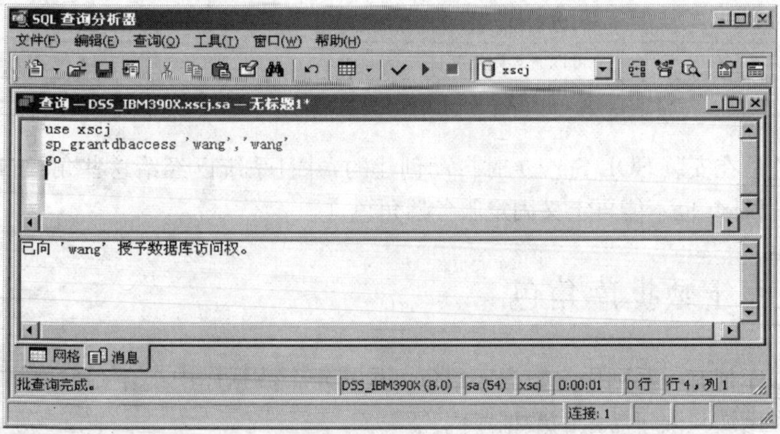

图 10-9　使用系统存储过程创建数据库用户账号

10.2.4 管理数据库用户账号

1. 删除数据库用户

Sp_revokedbaccess'name'　　——name 表示数据库用户名

2. 报告当前数据库的用户信息

Sp_helpuser[name]　　——name 表示数据库用户名

10.3 角色管理

角色是一个强大的工具,可以将用户集中到一个单元中,然后对该单元应用权限。对一个角色授予、拒绝或废除权限也适用于该角色的任何成员。可以建立一个角色来代表单位中一类工作人员所执行的工作,然后给这个角色授予适当的权限。当工作人员开始工作时,只需将他们添加为该角色成员;当他们离开工作时,将他们从该角色中删除,而不必在每个人接受或离开工作时,反复授予、拒绝和废除其权限。权限在用户成为角色成员时自动生效。

10.3.1 固定服务器角色

将用户添加到表 10-1 所列角色中,这些用户就获得管理 SQL Server 的管理权限。

表 10-1 固定服务器角色

固定服务器角色	权限描述
Sysadmin	可以在 SQL Server 中执行任何活动
Serveradmin	可以设置服务器范围的配置选项,关闭服务器
Securityadmin	可以管理登录,还可以读取错误日志和更改密码
Setupadmin	可以管理链接服务器和启动过程
Processadmin	可以管理在 SQL Server 中运行的进程
Dbcreator	可以创建、更改和删除数据库
Diskadmin	可以管理磁盘文件
bulkadmin	可以执行 BULK INSERT 语句

上述角色是在安装 SQL Server 时自动创建的,并且系统已经给这些角色分配权限。用户不能修改其权限,也不能再定义固定服务器角色。

10.3.2 固定数据库角色

每个数据库都有一系列固定数据库角色。虽然每个数据库中都存在名称相同的角色,但各个角色的作用域只限于特定的数据库内。

将用户添加到表 10-2 所列角色中,这些用户就获得这个数据库的管理权限。

表 10-2　固定数据库角色

固定数据库角色	权 限 描 述
Db_owner	在数据库中有全部权限
Db_accessadmin	可以添加或删除用户 ID
Db_securityadmin	可以管理全部权限、对象所有权、角色和角色成员的资格
db_ddladmin	可以发出 ALL DDL,但不能发出 GRANT、REVOKE 或 DENY 语句
db_backupoperator	可以发出 DBCC、CHECKPOINT 和 BACKUP 语句
db_datareader	可以选择数据库内任何用户表中的所有数据
db_datawriter	可以更改数据库内任何用户表中的所有数据
db_denydatareader	不能选择数据库内任何用户表中的任何数据
db_denydatawriter	不能更改数据库内任何用户表中的任何数据

10.3.3　创建数据库角色

1. 创建自定义数据库角色

当一组用户需要在 SQL Server 中执行一组指定的活动时,可以创建 SQL Server 数据库角色。用户添加到角色中就继承角色的权限,这样可以更加方便管理。

方法一:使用企业管理器创建 SQL Server 自定义数据库角色。

具体操作步骤如下。

① 展开服务器组,然后展开服务器。

② 展开【数据库】文件夹,然后展开指定的数据库

③ 右击【角色】,在弹出的快捷菜单中单击【新建数据库角色】命令,打开【数据库角色属性-新建角色】对话框,如图 10-10 所示。

④ 在【名称】框中输入新角色的名称。

⑤ 单击【添加】按钮,将成员添加到【标准角色】列表中,然后选择要添加的一个或多个

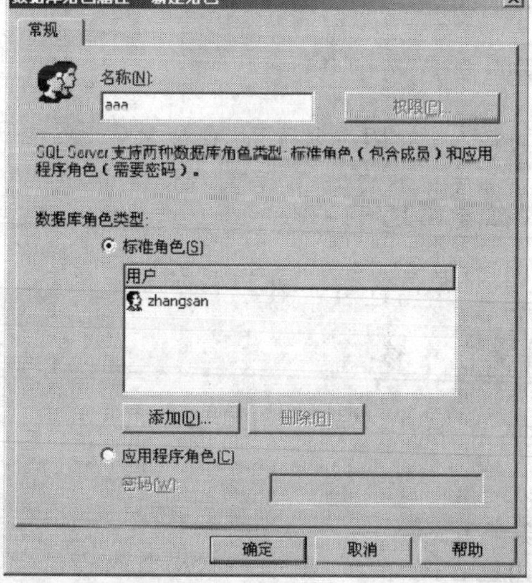

图 10-10　【数据库角色属性-新建角色】对话框

用户。

⑥ 设置完毕后，单击【确定】。设置结果如图 10-10 所示。

方法二：使用系统存储过程创建自定义数据库角色并将用户添加到角色中在查询分析器中执行下列命令即可：

```
USE 数据库名
——选择要创建角色的数据库
sp_addrole'role'
——在当前数据库创建新的角色，role 为角色名
```

2. 创建应用程序角色

由于某种需要，可能希望限制用户只能通过特定应用程序来访问数据或防止用户直接访问数据。限制用户的这种访问方式将禁止用户使用应用程序连接到 SQL Server 实例并执行编写质量差的查询，以免对整个服务器的性能造成负面影响。

应用角色不包含成员，默认情况下，应用程序角色是非活动的，需要用密码激活，当一个应用程序角色被该应用程序激活以用于连接时，连接会在连接期间永久地失去数据库中所有用来登录的权限。

使用 sp_addapprole'role','password' 命令即可创建一个应用程序角色。

使用 sp_setapprole'role','password' 命令即可激活应用程序角色。

'role' 为应用程序角色名，'password' 为激活口令。

也可以使用企业管理器创建应用程序角色，如图 10-10 所示。

10.3.4 管理数据库角色

1. 将用户加入到固定服务器角色中

```
sp_addsrvrolemember '用户名称','角色名称'
```

2. 将用户从固定服务器角色中移去

```
sp_dropsrvrolemember '用户名称','角色名称'
```

3. 将用户加入到数据库角色中

```
sp_addrolemember '角色名称','用户名称'
```

4. 将用户从数据库角色中移去

```
sp_droprolemember '角色名称','用户名称'
```

5. 查询角色信息

```
sp_helprole '角色名称'              ——列出角色的名称、识别码
sp_helprolemember '角色名称'        ——列出该角色所有成员及各成员的对象识别码
```

6. 删除角色

sp_droprole '角色名称'

注意:内建角色无法删除,当角色中仍有成员时也无法删除。

10.4　权限管理

10.4.1　权限概述

在 SQL Server 中,并不是所有的用户(login)都可以访问特定的数据库,能访问某个数据库的用户也不一定有全部访问权限。为了进行这种限制,需要使用权限进行控制。

1. 管理权限

包括:

- 处理数据和执行过程(对象权限);
- 创建数据库或数据库中项目(语句权限);
- 利用授予预定义角色的权限(暗示性权限)。

2. 许可权限

包括:

- GRANT——授予用户有访问权限;
- REVOKE——撤销已经授予,或撤销已经拒绝的权限;
- DENY——拒绝用户有访问权限。

三者之间的关系如图 10-11 所示。

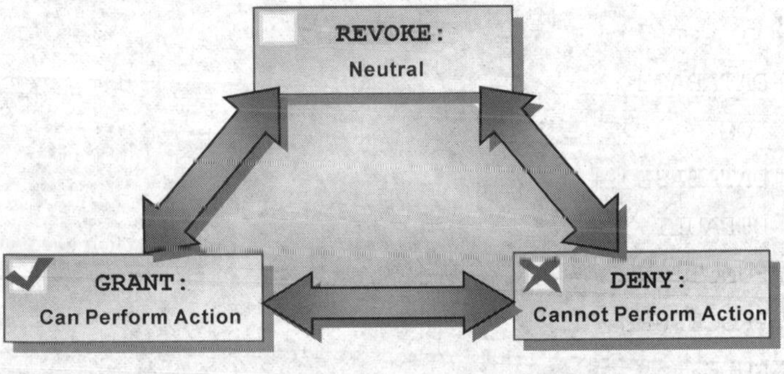

图 10-11　许可权限之间的关系

10.4.2　对象权限

1. 对象权限类别

处理数据或执行过程时需要的权限称为对象权限。

- SELECT、INSERT、UPDATE 和 DELETE 语句权限，它们可以应用到整个表或视图中。
- SELECT 和 UPDATE 语句权限，它们可以有选择性地应用到表或视图中单个列上。
- SELECT 权限，它们可以应用到用户定义函数。
- INSERT 和 DELETE 语句权限，它们会影响整行，因此只可以应用到表或视图中，而不能应用到单个列上。
- EXEXUTE 语句权限，它们可以影响存储过程和函数。

2. 分配权限

【例 10-4】 给 public 角色授予 SELECT 权限，然后将特定的权限授予用户 wang、zhangsan、tom，于是这些用户有了对“班级表”的所有权限。

在查询分析器中执行以下命令即可：

```
GRANT SELECT ON 班级表 TO public
GRANT INSERT,UPDATE,DELETE ON 班级表 TO wang,zhangsan,tom
```

上述过程即是分配对象权限的过程。

撤销权限只要将 GRANT 换为 REVOKE，拒绝权限只要将 GRANT 换为 DENY 即可。

10.4.3 语句权限

创建数据库或数据库中的项(如表或存储过程)所涉及的活动要求另一类称为语句权限的权限。例如，如果用户必须能够在数据库中创建表，则应该向该用户授予 CREATE TABLE 语句权限。语句权限适用于语句自身，而不适用于数据库中定义的特定对象。

1. 语句权限

语句权限有：

```
BACKUP DATABASE
DACKUP LOG
CREATE DATABASE
CREATE DEFAULT
CREATE FUNCTION
CREATE PROCEDURE
CREATE RULE
CREATE TABLE
CREATE VIEW
```

2. 分配权限

【例 10-5】 使用用户 wang 和 dss_ibm390x\zhangsan 做建立数据库和建立表的工作。

在查询分析器中执行以下命令即可：

```
GRANT CREATE DATABASE,CREATE TABLE TO wang,[dss_ibm390x\zhangsan]
```

上述过程即是分配语句权限的过程。

撤销权限只要将 GRANT 换为 REVOKE，拒绝权限只要将 GRANT 换为 DENY 即可。

10.4.4　使用企业管理器授予、撤销和拒绝权限分配

具体操作步骤如下。

1. 从对象列表设置对象权限

① 展开企业管理器，然后展开【数据库】，指定数据库。

② 在指定数据库的对象列表(表、视图、存储过程等)中，右击某对象，并从弹出的快捷菜单中选择【属性】命令，打开【对象属性】对话框。

③ 单击【权限】按钮，打开【对象属性】对话框，如图 10-12 所示。

④【对象属性】对话框显示了所有的用户和角色，可以使用它来修改这些用户和角色的权限。

⑤ 在□上打√为授予权限，打×为拒绝，无为撤销。

⑥ 对话框底部的【列】按钮可以打开【列权限】对话框，利用【列权限】对话框可以为单个列设置 select 和 update 权限，如图 10-13 所示。

⑦ 单击【确定】按钮，权限分配完毕。

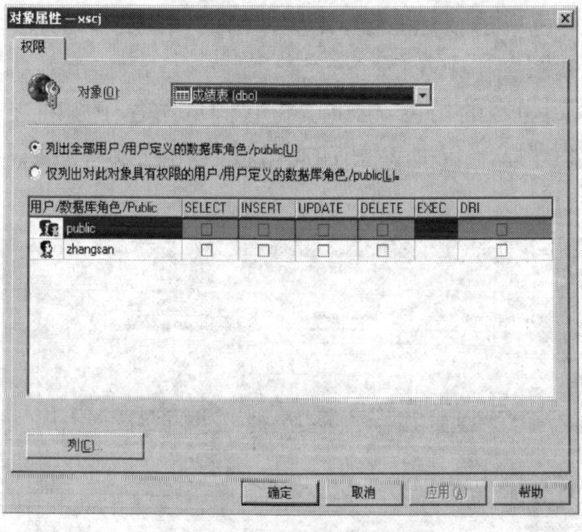

图 10-12　【对象属性】对话框

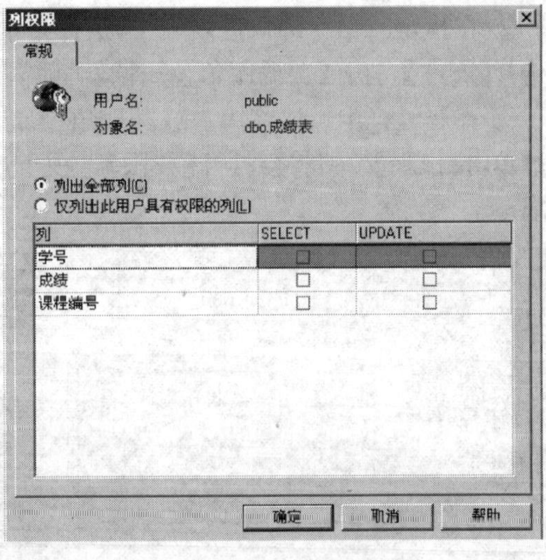

图 10-13　【列权限】对话框

2. 从用户列表设置对象权限

① 展开企业管理，然后展开【数据库】，指定数据库。

② 在指定数据库的用户列表中，选择一个用户单击鼠标右键，并从弹出的快捷菜单中选择【属性】，打开【数据库用户属性】对话框，如图 10-14 所示。

③ 在属性框中可以将用户加入到数据库角色中，单击【权限】按钮将会打开【权限】选项卡，如图 10-15 所示。在此可以为用户设置单个权限。

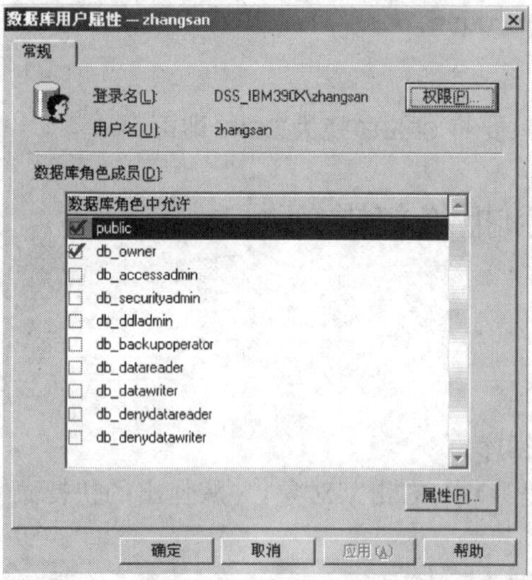

图 10-14 【数据库用户属性】对话框

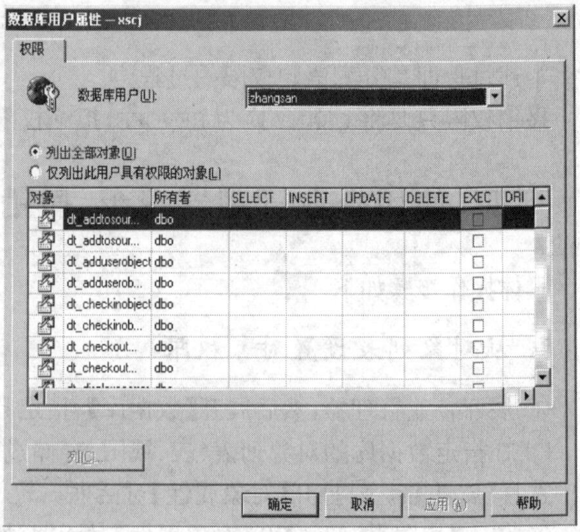

图 10-15 【数据库用户属性】的【权限】对话框

④ 单击【确定】，权限设置完毕。

3. 从角色列表设置对象权限

① 展开企业管理，然后展开【数据库】，指定数据库。

② 在指定数据库的角色列表中，选择一个角色单击鼠标右键，并从弹出的快捷方式菜单中选择【属性】，打开【数据库角色属性】对话框，如图 10-16 所示。

③ 在属性框中可以将用户或其他角色加入到指定的角色，也可以将它们从角色中删除。通过单击【权限】按钮将会打开【权限】选项卡，如图 10-17 所示。在此可以为角色设置对象权限。

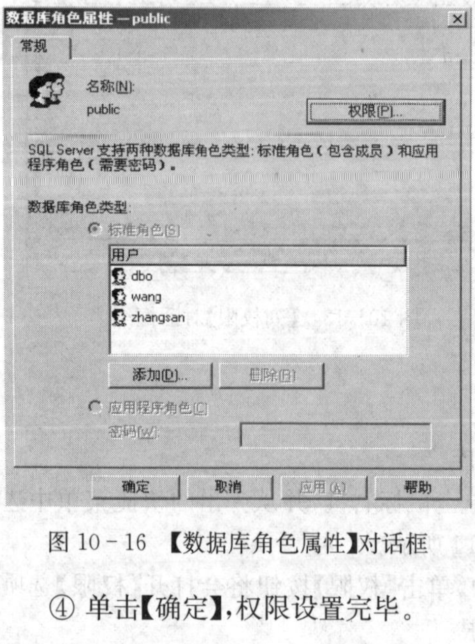

图 10-16 【数据库角色属性】对话框

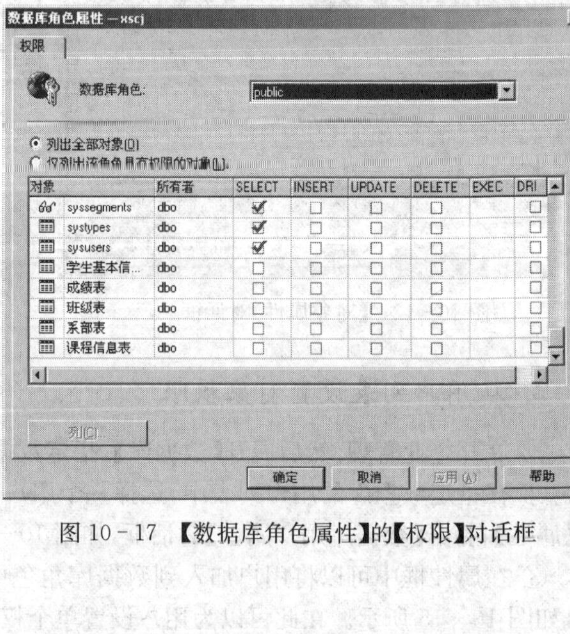

图 10-17 【数据库角色属性】的【权限】对话框

④ 单击【确定】，权限设置完毕。

本章小结

本章主要讲述 SQL Servers 的安全机制和安全管理的基础知识，并重点介绍了登录账号、用户账号的创建和管理、权限分配和灵活使用角色实现权限管理的技术。本章应重点掌握如何根据安全规划，创建登录账号和用户账号，并对其进行合理的权限分配和有效管理。

练习与上机

一、选择题

1. 下列语句中不是语句权限的是(　　)。

A. CREATE DATABASE　　B. CREATE TABLE　　C. INSERT　　D. BACKUP LOG

2. 可以在 SQL Server 中执行任何任务的角色是(　　)。

A. db_owner　　B. sysadmin

C. serveradmin　　D. setupadmin

3. 允许没有用户账号的登录，且能访问数据库的用户账号是(　　)。

A. sa　　B. administrator　　C. guest　　D. dbo

4. (　　)是授予用户有访问权限。

A. CREATE　　B. DENY　　C. GRANT　　D. REVOKE

5. 查看角色信息的存储过程是(　　)。

A. sp_help　　B. sp_helpuser　　C. sp_helprole　　D. sp_helplogin

6. 新建数据库用户的系统存储过程是(　　)。

A. sp_revokedbaccess　　B. sp_addlogin

C. sp_grantlogin　　D. sp_grantdbacess

二、填空题

1. 在 SQL Server 2000 工作时，用户要经过两个安全性阶段，分别是______和________。

2. 由固定服务器角色________的任何成员创建的任何对象都自动属于________。

3. SQL Server 2000 安全系统的构架建立在________和________的基础上的。

4. 混合模式使用户得以使用________或________验证的用户账号进行连接。

5. 处理数据或执行过程时需要的权限称为________。

三、简答题

1. 数据库角色分为哪几类？各有什么特点？

2. SQL Server 管理权限分为哪几类？如何使用这几类权限？

四、上机练习

【目的】

1. 给服务器和数据库角色分配安全账号。

2. 创建数据库角色。

3. 给语句和对象分配许可权限。

【要求】

使用 SQL Server 2000 的企业管理器或存储过程完成所有工作，创建数据库角色时要求把用户添加到数据库角色中，并且从 Northwind 数据库中的角色里删除用户，同时实验如何为各种角色分配许可权限。

【步骤】

1. 创建一个角色并且添加用户

使用企业管理器或存储过程创建一个新的数据库角色(见表 10－3)并且添加成员到 northwind 数据库中，并且不要设置任何许可。

表 10－3　创建新的数据库角色

角 色 名 称	角 色 成 员
Cust_student	Student1
	Student2

2. 修改角色成员资格

使用企业管理器或存储过程从 northwind 数据库中的 db_datareader 和 db_datawriter 固定角色里删除全部用户。

3. 分配许可权限

用使用企业管理器和存储过程两种方法进行许可权限的设置。要求：把创建视图和存储过程的权限设置给角色成员 Student2。

4. 分配对象许可权限

用使用企业管理器或存储过程两种方法给安全账号分配对象许可权限。具体要求如表 10－4所示。

表 10－4　分配对象的许可权限

角色名称	对　　象	要分配的许可
Cust_student	Customers 表	GRANT ALL
Public	Customers 表	GRANT ALL
	Customers 表	REVOKE ALL
	Employee 表	REVOKE ALL
	Orders 表	REVOKE ALL
	Order detail 表	REVOKE ALL
	Products 表	REVOKE ALL

☞项目实训

在 XSCJ 数据库中有两个表，表名分别为“班级表”和“成绩表”。有 8 个账号 A1、A2、B1、B2、C1、C2、D1 和 E1，其中 A1、A2 对班级表有查询权限；B1、B2 对成绩表有查询权限；C1、C2 对班级表和成绩表都享有拒绝查询权限；D1 需要拥有管理登录账号的权限；E1 需要有管理用户账号的权限。要求分别使用两种方法实现上述安全规划。

第 11 章　数据库的日常维护与管理

【学习目标】

- 熟练进行数据库的备份与还原操作
- 灵活运用各种数据导入导出方式

11.1　数据库备份与还原

11.1.1　数据库备份

1. 数据库备份概述

数据库备份是指制作数据结构、对象和内容的拷贝。与备份对应的是还原。数据库备份与还原可以在系统发生意外故障时修复数据，保护数据库中的关键数据（重要的数据信息，并不一定是所有数据）免遭破坏。SQL Server 提供了一套功能强大的数据备份和还原工具，用户可以选择以下几种方式备份数据库。

① 全库备份。制作数据库中所有内容的副本，所以占用的空间和时间较多。

② 差异备份。只备份最后一次全库备份以来被修改的数据，占用的时间和空间较少。

③ 事务日志备份。只备份最后一次日志备份以来所有的事务日志记录。备份所用的时间和空间更少。利用事务日志备份进行恢复时，可以指定恢复到某一个事务。如用户正在对 XSCJ 数据库中的“成绩表”进行修改时因病毒干扰而无法再次打开某些记录，此时可利用事务日志备份将“成绩表”恢复到破坏性操作执行前的状态。这是全库备份和差异备份所不能做到的。

④ 文件和文件组备份。即备份某个数据库文件或文件组。这种备份应该与事务日志备份结合起来才有意义。如某数据库中有两个数据文件，一次仅备份一个文件，而且在每个数据文件备份后，都要进行日志备份。在恢复数据时，可使用事务日志使所有的数据文件恢复到同一个时间点。

2. 备份数据库

在 SQL Server 中，可以使用 3 种方法备份数据库，它们是：使用备份向导备份数据库，使用企业管理器备份数据库，使用 Transact-SQL 语句备份数据库。

(1) 使用备份向导备份数据库

【例 11 - 1】　使用备份向导备份实例数据库 XSCJ。

① 在企业管理器中展开服务器组，然后展开一个服务器。

② 展开【数据库】文件夹，单击要备份的数据库，如 XSCJ。

③ 从【工具】菜单中选择【向导】命令，打开如图 11 - 1 所示的【选择向导】对话框。

④ 单击【管理】节点，选择【备份向导】选项，出现【欢迎使用创建数据库备份向导】对

话框。

⑤ 单击【下一步】按钮，出现如图 11－2 所示的【创建数据库备份向导】对话框。

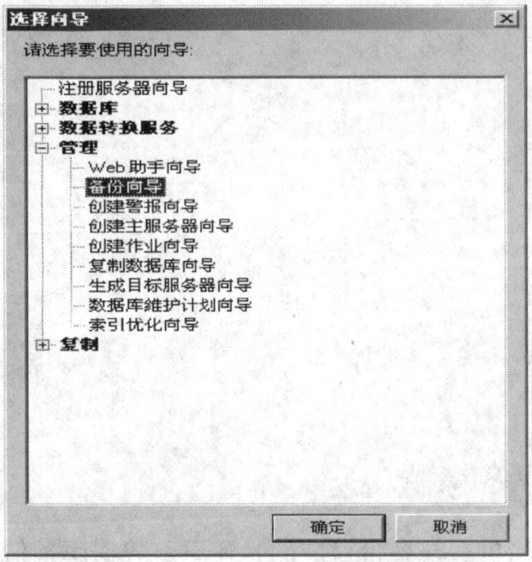

图 11－1 【选择向导】对话框

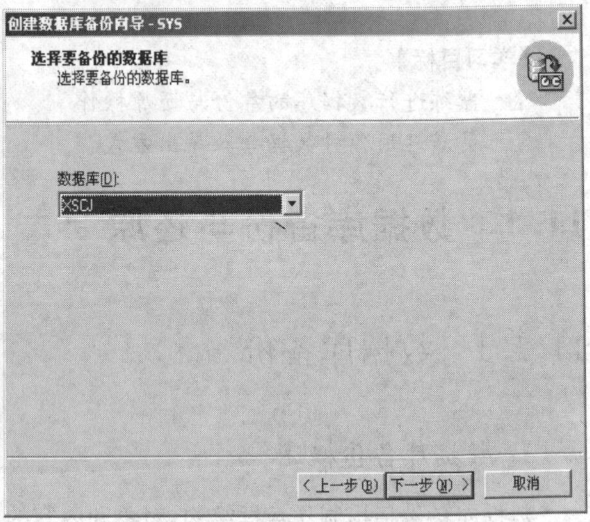

图 11－2 选择要备份的数据库

⑥ 选择要备份的数据库 XSCJ，单击【下一步】按钮，出现【键入备份的名称和描述】对话框，如图 11－3 所示。在该对话框中输入备份的名称和描述信息，然后单击【下一步】按钮，出现如图 11－4 所示的对话框。

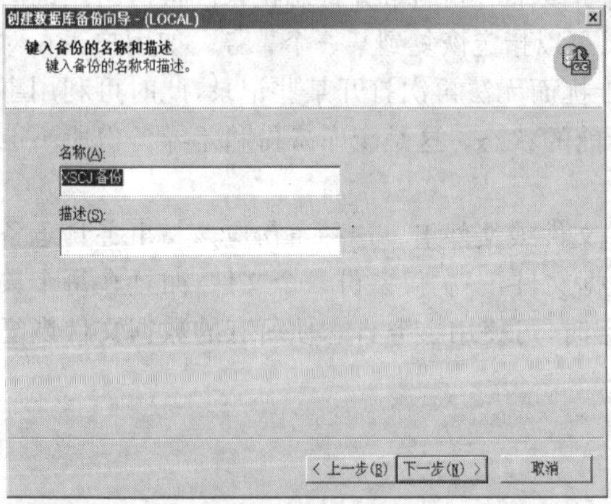

图 11－3 【键入备份的名称和描述】对话框

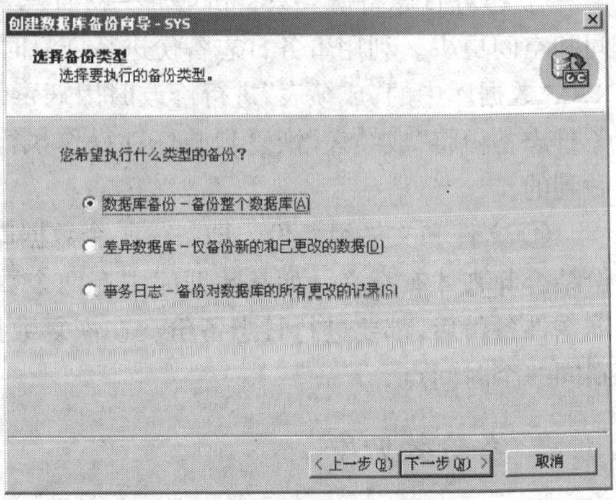

图 11－4 【选择备份类型】对话框

⑦ 选择一种备份方法之后，单击【下一步】按钮，出现如图 11－5 所示的【选择备份设备和属性】对话框。

⑧ 在【选择备份设备】选项中选择【文件】方式，其中文件名和路径自定义。在【属性】选项中选择备份属性。如果要将此次备份追加到原有备份数据的后面，可以选择【追加到备份媒体】选项；如果要用此次备份的数据覆盖原有备份数据，可以选择【重写现有媒体】选项。单击【下一步】按钮，出现如图 11－6 所示的【备份验证和调度】对话框。

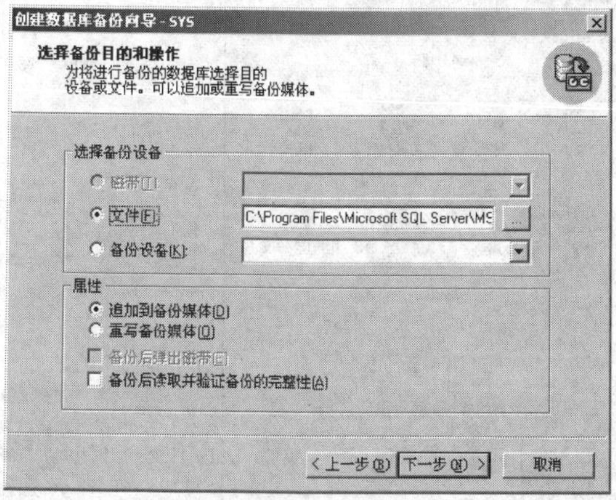

图 11-5　选择备份设备和属性

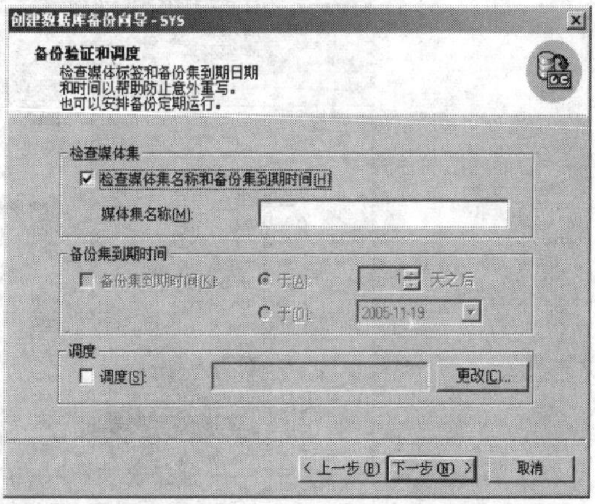

图 11-6　备份验证和调度

⑨ 单击【更改】按钮，确定备份的计划，然后单击【下一步】按钮，出现备份向导的【完成】对话框，如图 11-7 所示。在该对话框中显示用户所设置的各个属性，单击【完成】按钮，即开始进行数据备份，之后出现【向导已完成】对话框，表示备份成功，如图 11-8所示。此时，使用向导完成了数据库的备份，并在用户指定的位置生成了扩展名为 .BAK 的备份文件。

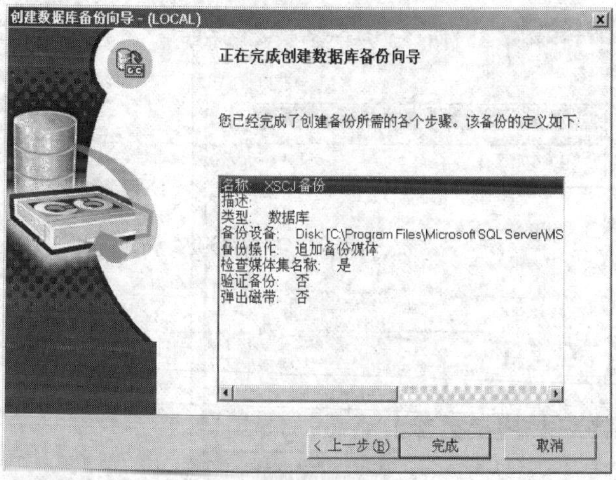

图 11-7 【完成创建数据库备份向导】对话框

图 11-8　向导已完成对话框

(2) 使用企业管理器备份数据库

【例 11-2】 使用企业管理器备份实例数据库 XSCJ。

① 在企业管理器中，展开服务器组，然后展开当前服务器。

② 展开【数据库】文件夹，右击要备份的数据库如 XSCJ，在弹出的快捷菜单中选择【所有任务】，在子菜单中选择【备份数据库】命令，如图 11-9 所示。

③ 当出现如图 11-10 所示的【SQL Server 备份】对话框时，在【数据库】框中选择要备份的数据库，如 XSCJ，在【名称】框中输入数据库备份集的名称。如果需要，也可以在【描述】框中输入一些说明文字，在【备份】区中选择备份方法。

④ 指定备份目的地。在【目的】区域中单击【添加】按钮，并在如图 11-11 所示的【选择备

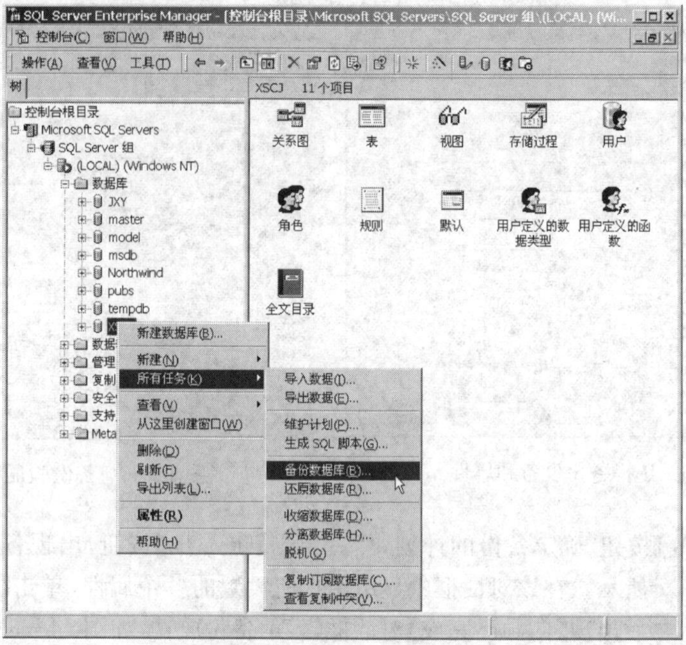

图 11-9 在【所有任务】中选择【备份数据库】命令

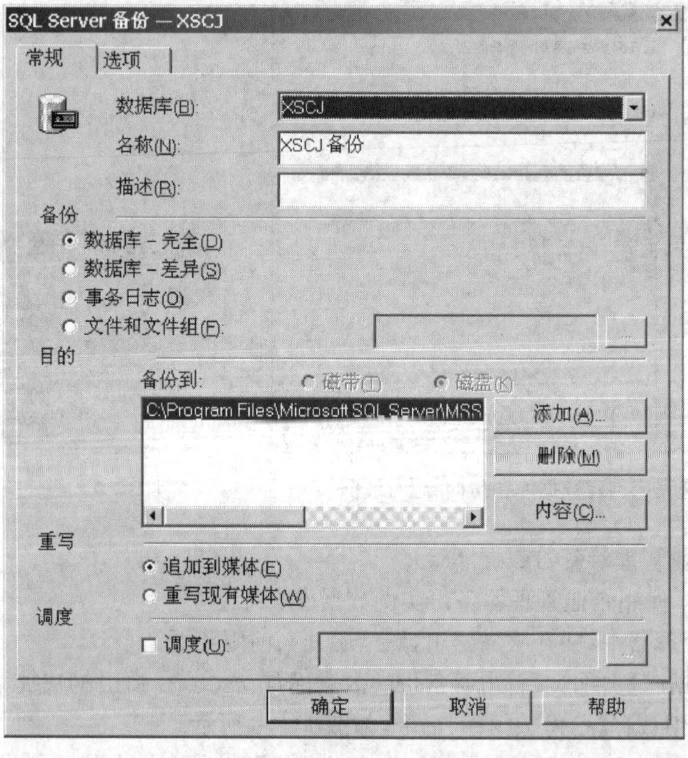

图 11-10 【SQL Server 备份】对话框

份目的】对话框中指定一个备份文件或备份设备，出现如图 11-10 所示的对话框，在此对话框的【备份到】列表中给出了默认路径。一般为“\Program Files\Microsoft SQL Server\MSSQL\BACKUP\”，还应指定文件名，此处指定为“c:\XSCJ\XSCJ_Bak1”。

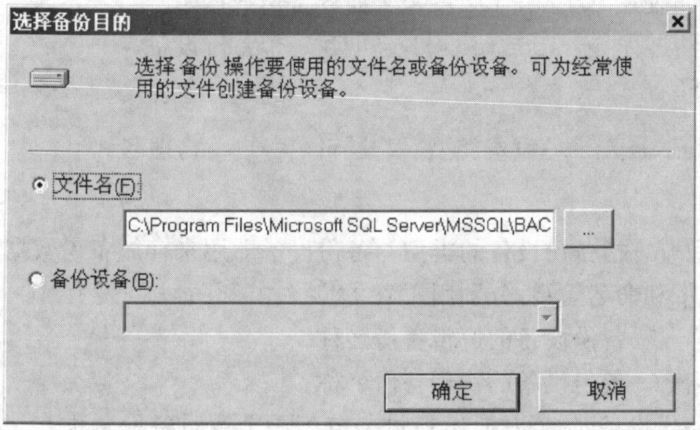

图 11-11 【选择备份目的】对话框

注:在一次备份操作中可以指定多个目标设备或文件,这样可以将一个数据库备份到多个文件或设备中。

⑤ 在【重写】区域中选择备份方式:

- 若要将此次备份追加在原有备份数据的后面,则选择【追加到媒体】选项;
- 若要以此次备份的数据覆盖原有备份数据,则选择【重写现有媒体】选项。

⑥ 在【调度】区域中制定备份日程。如果希望按照一定周期对数据库进行备份,可以选取【调度】复选框,单击 按钮,并在如图 11-12 所示的【编辑调度】对话框中安排备份数据库的执行时间。

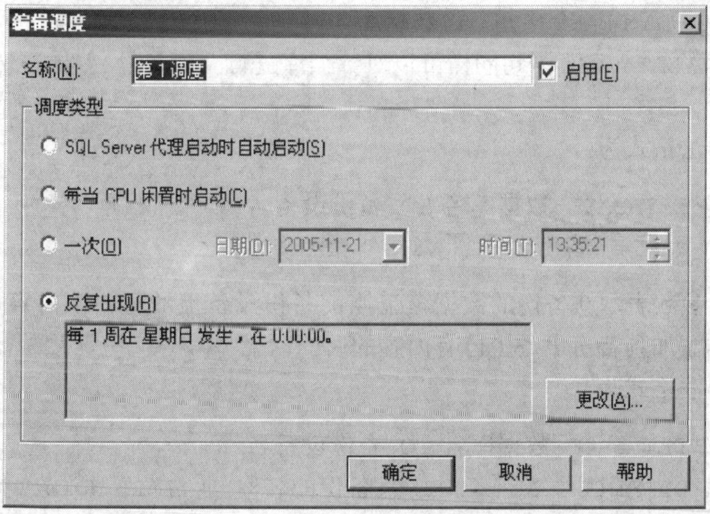

图 11-12 【编辑调度】对话框

⑦ 返回到【数据库备份】对话框以后,单击【确定】按钮,即开始执行备份操作,此时出现相应的提示信息。

⑧ 当看到【备份操作已顺利完成】的提示信息时,单击【确定】按钮,结束备份操作。

(3) 使用 Transact-SQL 语句备份数据库

使用 Transact-SQL 语句备份数据库时,一般先使用系统存储过程 sp_addumpdevice 创建备份设备，然后再使用 BACKUP DATABASE 命令备份数据库。

① 用系统存储过程 sp_addumpdevice 创建一个备份设备

语法格式如下：

```
sp_addumpdevice '设备类型','逻辑名称','物理名称'
```

其中：

- 设备类型——指备份设备的类型。备份设备即用来存放备份数据的物理设备，包括磁盘、磁带和命名管道，分别用 'DISK'、'PIPE' 和 'TAPE' 表示。
- 逻辑名称——备份设备的逻辑备份名称。
- 物理名称——备份设备的物理备份名称。

当建立一个备份设备时，通常要给该设备分配一个逻辑备份名称和一个物理备份名称，物理备份名称是计算机操作系统所能识别的该设备所使用的名字，如用磁盘作为备份介质时，那么用户可以把物理路径设置为本地硬盘或网络上的物理名称；逻辑名称是物理设备名称的一个别名，存储在 SQL Server 的系统表 sysdevices 中，用于管理 SQL Server 备份设备，好处是比物理名称简单好记。

【例 11-3】 在本地硬盘上创建一个备份设备，其逻辑名称为“data_backup”，物理名称为 E:\back\data.bak。相应的语句为：

```
USE MASTER
GO
EXECUTE sp_addumpdevice 'disk','data_backup','e:\back\data.bak'
```

② 用 BACKUP DATABASE 语句备份数据库

使用 BACKUP DATABASE 语句同样可以对数据库进行全库备份、差异备份、日志备份或文件或文件组备份。

全库备份语法格式为：

```
BACKUP DATABASE 数据库名 TO 备份设备名
[WITH [NAME='备份名称'][,INIT|NOINIT]]
```

其中：INIT 参数表示新备份的数据覆盖当前备份设备上的每一项内容；NOINIT 参数表示新备份的数据添加到备份设备上已有内容的后面。

差异备份语法格式为：

```
BACKUP DATABASE 数据库名 TO 备份设备名
  WITH DIFFERENTIAL [,NAME='备份的名称'][,INIT|NOINIT]
```

其中：DIFFERENTIAL 子句的作用是，通过它可以指定只对在创建最新的数据库备份后数据库中发生变化的部分进行备份。

日志备份的语法格式为：

```
BACKUP LOG 数据库名 TO 备份设备名
  [WITH[NAME='备份的名称'][,INIT|NOINIT]]
```

文件与文件组备份的语法格式为：

```
BACKUP DATABASE　数据库名
FILE= '文件的逻辑名称'|FILEGROUP= '文件组的逻辑名称' TO 备份设备名
[WITH[NAME= '备份的名称'][,INIT|NOINIT]]
```

其中如果备份的是文件，则写作[FILE= '文件的逻辑名称']的方式；如果备份的是文件组，则写作[FILEGROUP= '文件组的逻辑名称']的方式。

如例 11-3 对 XSCJ 数据库做一次全库备份，备份设备为在本例中创建的 data_backup 本地磁盘设备，代码如下：

```
BACKUP DATABASE XSCJ TO DISK = 'data_backup'
WITH INIT,NAME= 'XSCJWQBEIFEN'
```

【例 11-4】　对上例数据库进行差异备份，备份设备为在例 11-3 中创建好的 data_backup 本地磁盘设备。代码如下：

```
BACKUP DATABASE XSCJ TO DISK = 'data_backup'
WITH DIFFERENTIAL,NOINIT,NAME= 'XSCJBEIFEN'
```

【例 11-5】　对 XSCJ 数据库进行日志备份，备份设备为在例 11-3 中创建好的 data_backup 本地磁盘设备。代码如下：

```
BACKUP LOG XSCJ TO DISK = 'data_backup'
WITH NOINIT,NAME= 'XSCJWQBEIFEN'
```

【例 11-6】　将 XSCJ 数据库的 XSCJ_DATA 文件备份到本地磁盘设备 data_backup。代码如下：

```
BACKUP DATABASE XSCJ FILE= 'XSCJ_DATA' TO DISK = 'data_backup'
```

11.1.2　数据库还原

1. 使用企业管理器还原数据库

【例 11-7】　使用企业管理器将数据库 XSCJ 还原至原来的状态。

① 展开服务器组，展开【数据库】。

② 右击 XSCJ 数据库，选择【所有任务】子菜单，然后单击【还原数据库】命令，出现如图 11-13所示的【还原数据库】对话框。

③ 在【还原为数据库】下拉列表中选择 XSCJ 数据库。

④ 在还原选项中选中【数据库】。

⑤ 在【要还原的第一个备份】列表中，选择要还原的备份集。从下拉列表可以看到前面做过的两次备份，选择最新的备份文件，单击【确定】按钮开始还原。

注：还原数据库前应将其他任何与要还原的数据库有关的操作结束。

2. 使用 Transact-SQL 语句还原数据库

语法格式为：

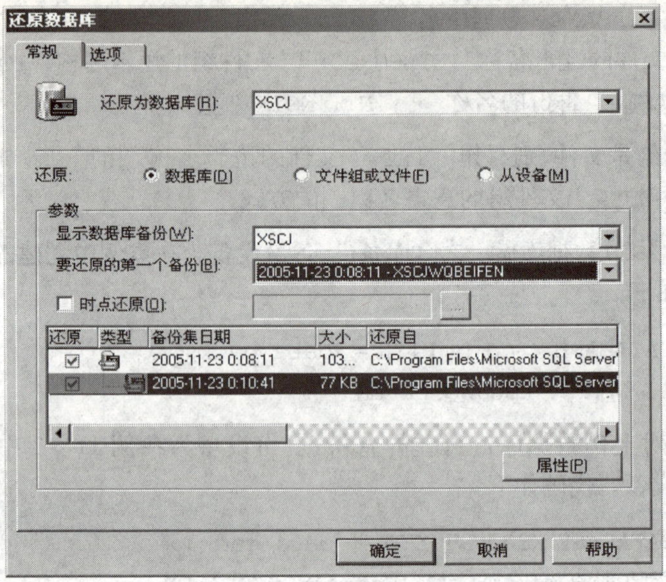

图 11-13 【还原数据库】对话框

```
RESTORE DATABASE 数据库名 FROM 备份设备
[ WITH MOVE '逻辑文件名' to '操作系统文件名']
```

【例 11-8】 使用 RESTORE DATABASE 语句,利用例 11-3 的数据库备份还原数据库。

```
RESTORE DATABASE XSCJ FROM disk= 'e:\back\data.bak'
```

【例 11-9】 还原完整数据库备份和差异备份。

```
RESTORE DATABASE XSCJ
  FROM data_backup
  WITH NORECOVERY
RESTORE DATABASE XSCJ
  FROM data_backup
  WITH FILE = 1
```

【例 11-10】 还原数据库并将文件移动至 C:\下的指定位置

```
USE MASTER
GO
RESTORE DATABASE XSCJ
FROM datbackup
WITH NORECOVERY,
MOVE 'XSCJ_data' TO 'c:\Program Files\Microsoft SQL Server\MSSQL\Data\
XSCJ_data.mdf',
MOVE 'XSCJ_log' TO 'c:\Program Files\Microsoft SQL Server\MSSQL\Data\XSCJ
_log.ldf'
  RESTORE LOG XSCJ
```

```
FROM data_backup
WITH RECOVERY
```

11.2 数据的导入与导出

数据的导入、导出是指将文本文件或外部数据库(ACCESS,FoxPro,Excel 等)的数据转换成 SQL Server 格式或将 SQL Server 数据库转换为其他数据格式的过程。

11.2.1 数据转换服务 DTS

DTS 是 Data Transformation Service 的缩写,提供将一种数据源转换为另一种数据源的服务。DTS 提供了许多服务,包括数据复制、数据转换和通知状况。

1. 导出数据

【例 11-11】 将 XSCJ 数据库导出到 Access 2000 数据库系统中,取名为 ACCESS_XSCJ.MDF。

用户在导出 SQL Server 数据之前,须首先在 Access 2000 中建立一个文件名为 ACCESS_XSCJ.MDF 的空白数据库,以便接受来自 SQL Server 数据库的数据。

(1) 在 Access 2000 中建立名为 ACCESS_XSCJ.MDF 的空白数据库。

① 在 Access 2000 中新建一个数据库,并将其命名为 ACCESS_XSCJ,如图 11-14 所示。

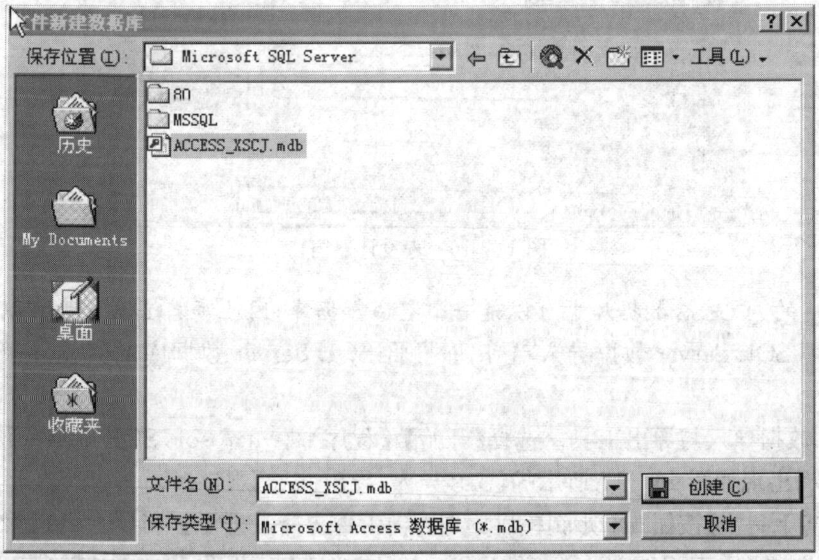

图 11-14 创建 ACCESS_XSCJ 数据库

② 在数据库窗口中,双击【使用设计器创建表】选项,如图 11-15 所示。

③ 在如图 11-16 所示的表设计器窗口中,设置表的字段名称、数据类型及其他选项等。

④ 单击【保存】按钮,并以表名 ACCESS_XSJBXXB,ACCESS_CJB 等,直到数据库 ACCESS_XSCJ.MDB 所有表均创建完成。

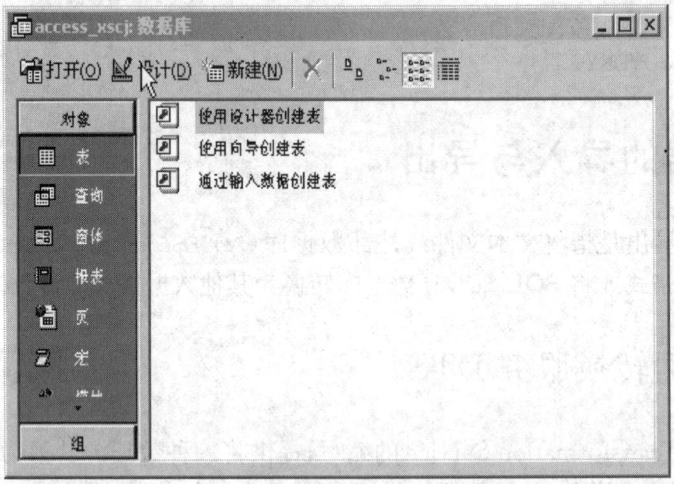

图 11-15 使用设计器创建表

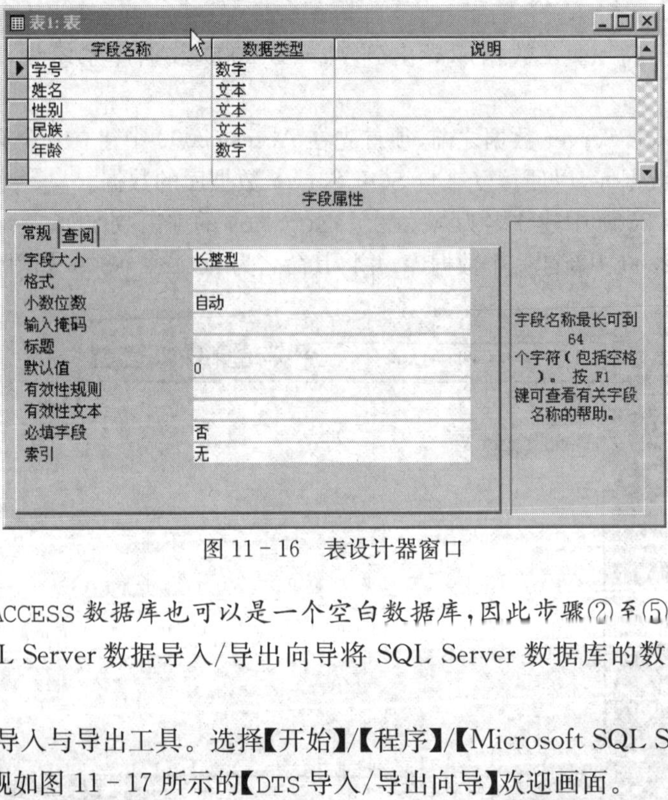

图 11-16 表设计器窗口

注：新建的 ACCESS 数据库也可以是一个空白数据库，因此步骤②至⑤步可以省略。

(2) 利用 SQL Server 数据导入/导出向导将 SQL Server 数据库的数据导出到 ACCESS 数据库中。

① 启动数据导入与导出工具。选择【开始】/【程序】/【Microsoft SQL Server】/【导入和导出数据】命令，出现如图 11-17 所示的【DTS 导入/导出向导】欢迎画面。

② 单击【下一步】按钮，出现如图 11-18 所示的【选择数据源】对话框。在【数据源】下拉式列表框中选择【用于 SQL Server 的 Microsoft OLE DB 提供程序】或【Microsoft ODBC Drive for SQL Server】。

③ 在【服务器】框中输入或选择 SQL Server 服务器的名称，并选择 SQL Server 服务器的登录方式，可以选择使用 Windows NT 身份验证，也可以选择使用 SQL Server 身份验证模式。如果选择后一个模式，还需要在【用户名】文本框中输入登录时使用的用户账户名称，然后在【密码】框中输入登录密码。

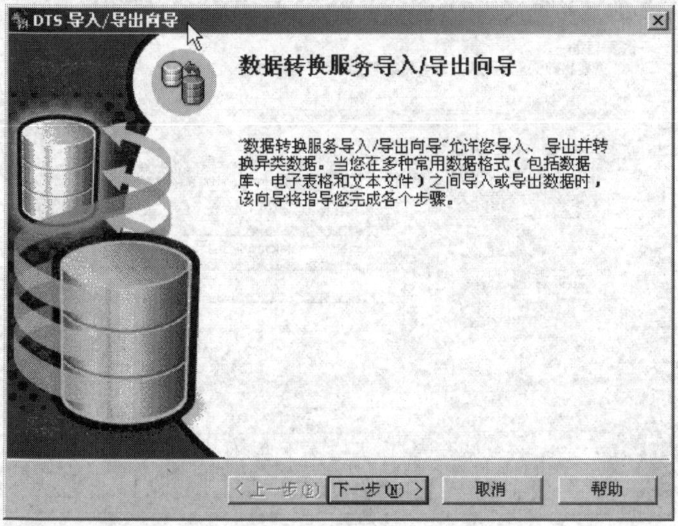

图 11-17　【DTS 导入/导出向导】欢迎画面

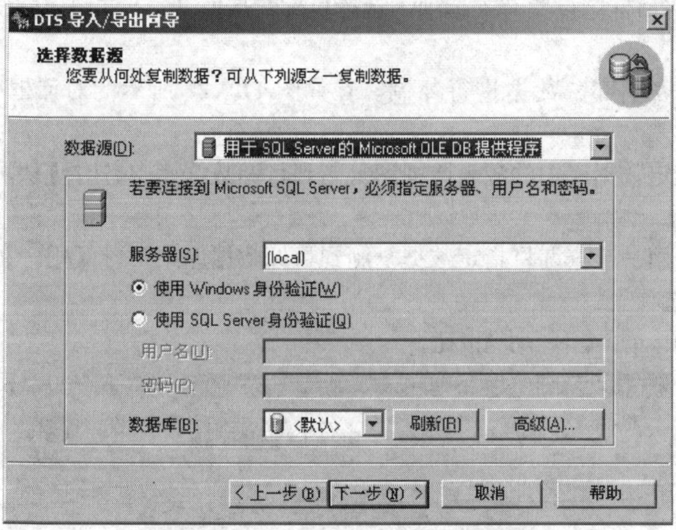

图 11-18　【选择数据源】对话框

④ 单击【刷新】按钮，使所选服务器上的所有数据库出现在【数据库】下拉列表中，然后选择要导出的 SQL Server 数据库，本例中选择 XSCJ 数据库。如果需要对源数据库 OLE DB 驱动程序的进程选项进行设置，单击【高级】按钮，并在【高级连接属性】对话框中设置有关选项，然后单击【下一步】按钮。

⑤ 选择目标数据库。当出现如图 11-19 所示的【选择目的】对话框时，在【目的】下拉列表框中选择目的数据库格式。列表中提供了文本文件、Access 数据库、Excel 数据库、Visual FoxPro数据库等多种选项，此处选择 Microsoft access 数据库格式。

⑥ 在【文件名】文本框中输入目的数据库的文件名和路径，本例所选择的 Access 数据库文件名为【Access_XSCJ.mdb】。

如果需要登录到目标数据库，分别在【用户名】和【密码】文本框中输入登录用户名和密码；如果需要对目标数据库 OLEDB 驱动程序的进程选项进行设置，单击【高级】按钮，然后在

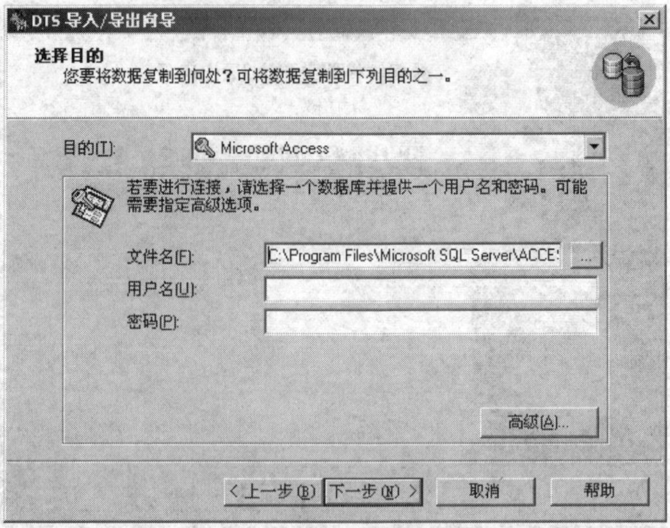

图 11-19　选择目标数据库

【高级连接属性】对话框中设置有关选项。选择目标数据库并完成相关设置后，单击【下一步】按钮。

⑦ 选择整个表或部分数据进行复制。在如图 11-20 所示的对话框中，选择下列选项之一：

- 若要把选定数据库中的源表或视图复制到目标数据库中，选择【从源数据库复制表和视图】选项；
- 若只想使用一个查询将指定数据复制到目标数据库中，选择【用一条查询指定要传输的数据】选项。

本例选第一项，单击【下一步】按钮。

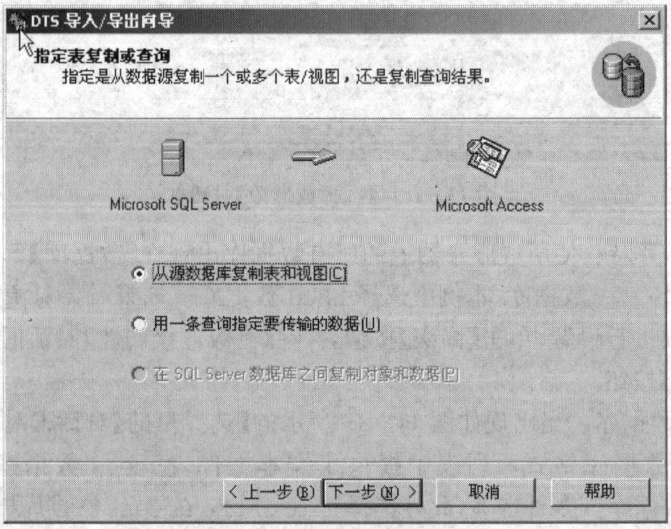

图 11-20　选择整个表或部分数据进行复制

⑧ 选择来源表。在如图 11-21 所示的对话框中列出了来源数据库中所包含的表，可以从中选择一个或多个表作为来源表，为此在【源】列中选定相应的复制框即可。选择一个来源

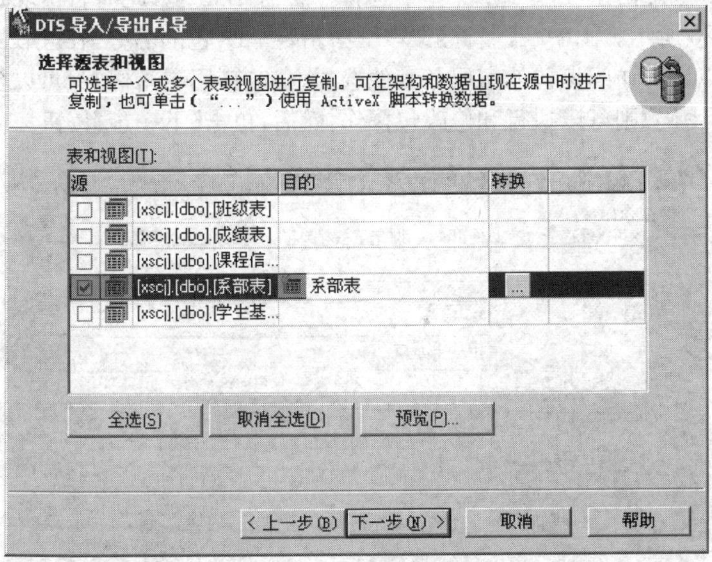

图 11－21　【选择源表和视图】对话框

表以后，就会在【目的】列中显示出目标表的名称，可默认。选择来源表后，单击【下一步】按钮。

⑨ 转换数据并存储为 DTS 包。当出现如图 11－22 所示的【保存、调度和复制包】对话框时，在【时间】区域中选择【立即执行】复选框，以便在完成数据导出选项设置以后立即执行数据转换操作；在【保存】区域中选择【保存 DTS 包】复选框，并选择【SQL Server】选项，以便将 DTS 包保存到 SQL Server 中，以后要重复执行该操作时，只需执行 DTS 包即可。单击【下一步】按钮。

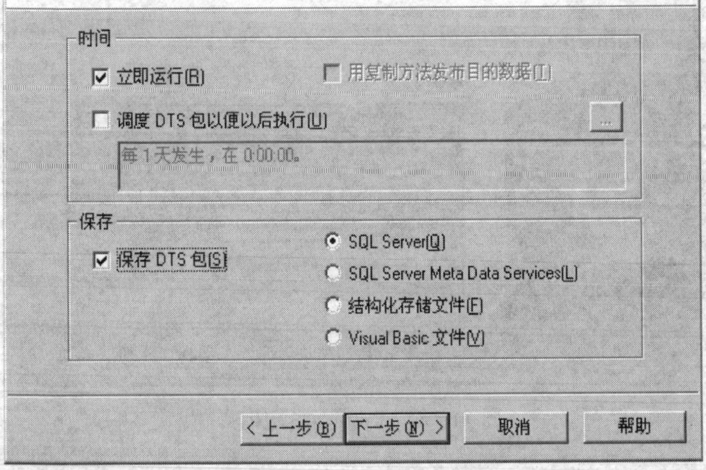

图 11－22　执行数据转换并存储为 DTS 包

⑩ 保存 DTS 包。由于在上一步操作中选择了保存 DTS 包,此时将出现【保存 DTS】的对话框,如图 11－23 所示。图中在【名称】文本框中指定 DTS 包的名称,在【描述】框中输入说明文字,此外还可以设置访问该包的密码及其他选项。知道【用户密码】只可以执行包不能修改包;知道【所有者密码】则可以执行和修改包操作,然后,单击【下一步】按钮。

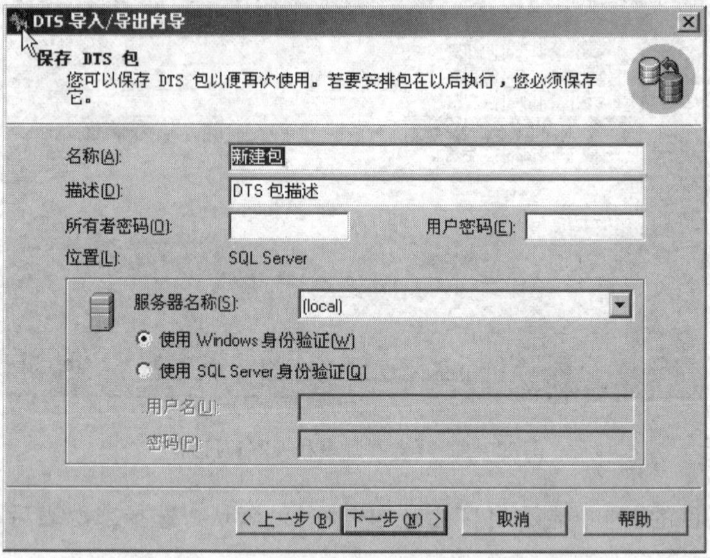

图 11－23 【保存 DTS 包】对话框

⑪ 完成设置。至此,向导程序已经收集到数据转换所需要的各项参数,这些参数在如图 11－24所示的画面中汇总列出。由于已经设置了立即执行数据转换,单击【完成】按钮后,将开始执行数据转换操作。

图 11－24 完成 DTS 包向导

⑫ 当数据转换全部完成之后,单击【确定】按钮,单击【完成】按钮。

通过上述操作,SQL Server 数据库中的表被导出到 Access 2000 数据库中。相应可以在

Access 数据库中打开、浏览这些表数据，如图 11－25 所示。

图 11－25　在 Access 中查看导入的表

在数据导出的过程中，还创建了一个 DTS 包，在 SQL Server 企业管理器中展开【数据转换服务】文件夹，就可看到相关的 DTS 包信息。如果要执行数据转换操作，在 SQL Server 企业管理器中右击 DTS 包，然后选择【执行包】命令即可执行 DTS 包，并可在Access 2000中生成相应表。

同样也可以将 Excel 等数据源导入至 SQL Server 数据库中。这种形式的数据转换常用于系统使用初期，即将以前做好的 Access、Excel 等数据导入至 SQL Server 数据库中，而无需重新输入数据。

11.2.2　数据库的分离与附加

SQL Server 2000 中创建、维护与管理一个数据库文件时，用户常常需要将数据和事务日志文件从一台计算机、服务器或磁盘移动到另一台计算机、服务器或磁盘上，而又需要保持被移动的数据和事务日志文件完好无损，此时可通过 SQL Server 2000 提供的分离与附加数据库功能完成此功能。用此方法也可以对数据库进行备份。

【例 11－12】　将 XSCJ 数据库进行分离，然后将其附加到 SQL Server 中。

(1) 分离数据库。

① 展开服务器组，展开服务器，展开【数据库】文件夹。

② 右击 XSCJ 数据库，在弹出的快捷菜单中选择【所有任务】，在子菜单中选择【分离数据库】，出现如图 11－26 所示【分离数据库】对话框。

注： 除了系统管理员组以外的用户不可执行该操作，且不能分离 master、model 和 tempdb 数据库。

③ 检查数据库的状态，状态为【数据库已就绪，可以分离】时才可以分离数据库。

④ 如果存在任何与本数据库的相连，均不可执行分离操作，须通过【清除】按钮强行断开这些连接后方可执行分离操作。

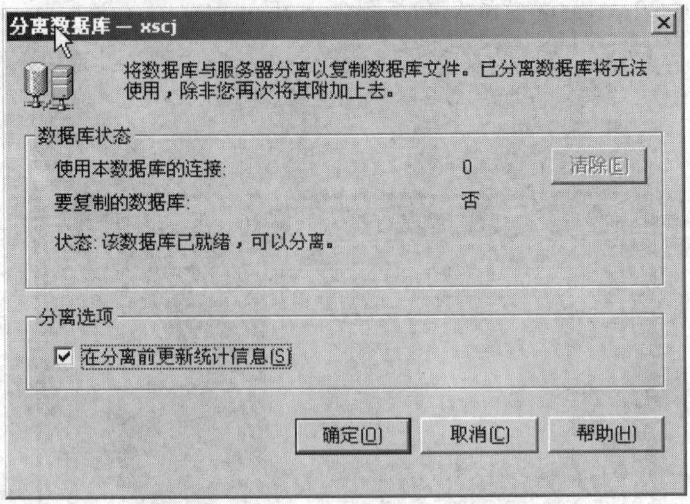

图 11-26　分离数据库

⑤ 单击【确定】按钮即可完成分离操作。

(2) 将分离后的数据库文件拷贝到目标机器上。

如目标机器 C:\XSCJ\文件夹中。

(3) 附加 XSCJ 数据库至 SQL Server 中。

① 在【企业管理器】中展开要附加数据库的服务器，右击【数据库】文件夹，在弹出的快捷菜单中选择【所有任务】，在子菜单中选择【附加数据库】命令，出现如图 11-27 所示的【附加数据库】对话框。

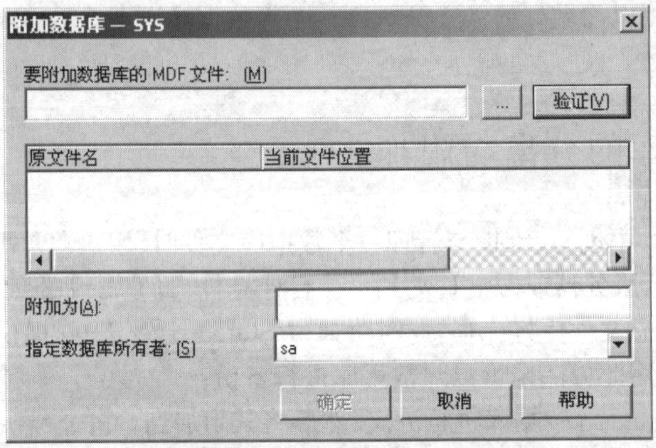

图 11-27　【附加数据库】对话框

② 输入或选择要附加的数据库的 MDF 文件及所在路径。可以单击 ... 按钮搜索，出现如图 11-28 所示的【浏览现有的文件】对话框。

③ 找到相应的数据文件，单击【确定】按钮，出现如图 11-29 所示的【附加数据库】对话框。

④ 在【附加为】框内输入数据库的名称，名称默认为以前分离时该数据库的名称，如需要更改名称，应注意不能与系统中现有的数据库同名。

⑤ 在【指定数据库所有者】下拉列表框中选择数据库的所有者，此处选择 sa。

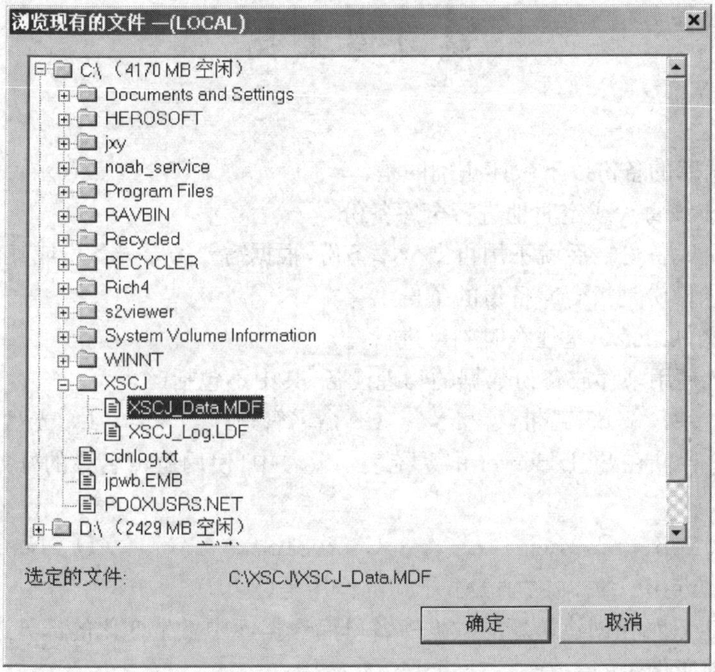

图 11－28　【浏览现有的文件】对话框

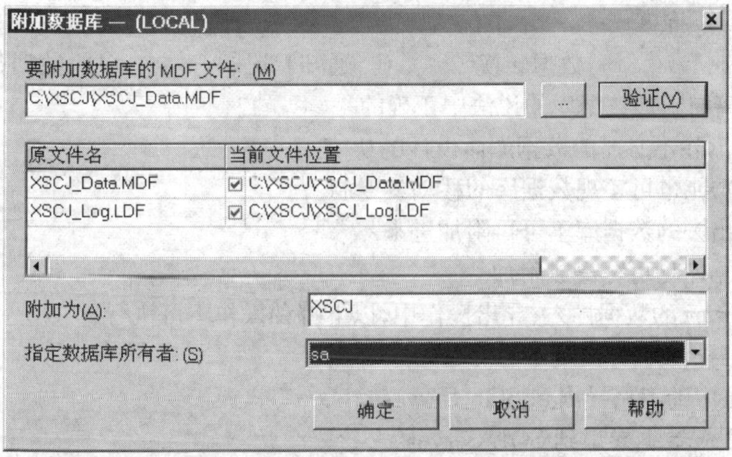

图 11－29　【附加数据库】对话框

⑥ 单击【确定】按钮，即出现附加数据库顺利完成对话框。单击【确定】按钮，即可将数据库附加到相应的 SQL Server 服务器中。

本 章 小 结

本章讲述了数据库的备份与还原，以及数据导入、导出的几种方式。应重点掌握分离与附加数据库及各种数据的导入与导出等操作。

练习与上机

一、选择题

1. 关于数据库的备份以下叙述正确的是(　　)。

A. 数据库应该每天或定时地进行全库备份

B. 第一次全库备份之后就不用再做全库备份,根据需要做差异备份或其他备份即可

C. 事务日志备份是指全库备份的备份

D. 文件和文件组备份是任意时刻可进行

2. 备份设备是用来存放备份数据的物理设备,其中不包括(　　)。

A. 磁盘　　B. 磁带　　C. 命名管道　　D. 光盘

3. 逻辑名称存储在 SQL Server 的系统表(　　)中,使用逻辑名称的好处是比物理名称简单好记。

A. sysdevices　　B. sysfiles　　C. syslocks　　D. sysusers

4. BACKUP 语句中 DIFFERENTIAL 子句的作用是(　　)。

A. 可以指定只对在创建最新的数据库备份后数据库中发生变化的部分进行备份

B. 覆盖之前所做过的备份

C. 只备份日志文件

D. 只备份文件和文件组文件

5. DTS 提供了许多任务,其中不包括(　　)。

A. 数据复制　　B. 数据转换　　C. 通知状况　　D. 数据备份

6. 关于分离与附加数据库的说法中正确的是(　　)。

A. 是为了删除不必要的数据库而设计的功能

B. 通过该功能也可实现数据库的移动或复制

C. 被分离出去的数据库不可再附加进来

D. 任何数据库均可分离或附加

7. SQL Server 的数据导入、导出操作中,以下哪种操作不可执行(　　)?

A. 将 Access 数据导出到 SQL Server

B. 将 Word 中的表格导出到 SQL Server

C. 将 FoxPro 数据导出到 SQL Server

D. 将 Excel 数据导出到 SQL Server

二、填空题

1. 在一次备份操作中,可以指定________目标设备或文件,这样可以将一个数据库备份到________中。

2. 当建立一个备份设备时,要给该设备分配一个________和一个________名称,________名称是计算机操作系统所能识别的该设备所使用的名字;________是物理设备名称的一个别名,用于 SQL Server 管理备份设备。

3. BACKUP 语句中________参数表示新备份的数据覆盖当前备份设备上以前每一项内容;________参数表示新备份的数据添加到备份设备上已有内容的后面。

4. ________前将其他任何与该数据库有关的操作结束。

三、简答题

1. 数据库的备份与还原有几种方式?

2. 哪些数据可以导入或导出?

3. 数据库的分离与附加操作有哪些功能?

项目实训

1. 用 BACKUP 语句将 XSCJ 数据库备份到 D 盘中,首先进行一次全库备份,然后依次进行差异备份、日志备份和文件与文件组备份。删除其中的数据后,试着恢复数据库并观察每种备份还原的情况。

2. 用 SQL Server 的导入、导出向导将"学生基本信息表"导出到 Access 中。

第 12 章　应用开发实例

【学习目标】

- 理解 ADO 对象结构和编程模型，并正确为项目添加 ADO
- 通过在 Delphi 中使用数据库对象，加深对 SQL Server 数据库的理解
- 完成基于 SQL Server 的数据库系统实例开发

12.1　ActiveX 数据对象——ADO

12.1.1　ADO 对象结构

1. ADO 简介

ADO(Active Data Objects)是微软公司推出的一个功能强大的数据库应用编程接口，它的主要功能是用于应用程序与 OLEDB 兼容的数据源的连接。应用程序可以通过 ADO 实现对各种类型数据库的连接，对数据的查询、修改、更新等，因而通过 ADO 存取数据已经成为最佳选择。

介绍 ADO，不能不提到 UDA。Universal Data Access(UDA)是微软公司推出的对数据库操作的一个策略，它通过易用的 API 接口能在一个程序中从多种数据源中轻易地访问数据。UDA 通过 Microsoft Data Access Components(MDAC)来实现，而 MDAC 则包括 ADO、Open Database Connectivity(ODBC)与 OLEDB。其中，OLEDB 被微软公司归类为系统级的接口，定义了一套 COM 接口，提供从关联数据库及文件系统访问数据的能力，设计用来给系统级的程序员使用。它虽然灵活、功能强大，但仍属于较低级的接口，并且对程序员的要求较高，需要较高水平的知识。ADO 是在 OLEDB 之上的一个层面，被用来沟通这个低级接口与数据库，简化并实现 OLEDB 的强大功能，它是为应用程序员设计的。ODBC 为了向后兼容也包含在 MDAC 中，但 ODBC 有被 OLEDB 替代的趋势。OLEDB 可直接用于 Microsoft Access、Microsoft SQL及 Oracle 等。ODBC、OLEDB、ADO 在访问数据存储体时的层次关系如图 12 - 1 所示。

2. ADO 对象结构

图 12 - 2 给出了 ADO 对象总体结构。如图 12 - 2 所示，ADO 存在 5 个主要的对象：

- Conncction——程序和数据存储之间的连接；
- Command——允许运行相对于数据存储的命令；
- Recordset——包含从数据存储的特定操作中返回的所有数据；
- Record——允许处理半结构(semi-structured)存储中存储的数据(如在某个目录结构中的文件)，就像这些数据记录在数据库中一样；
- Stream——允许处理 Web 资源中的数据，如 HTML 文件。

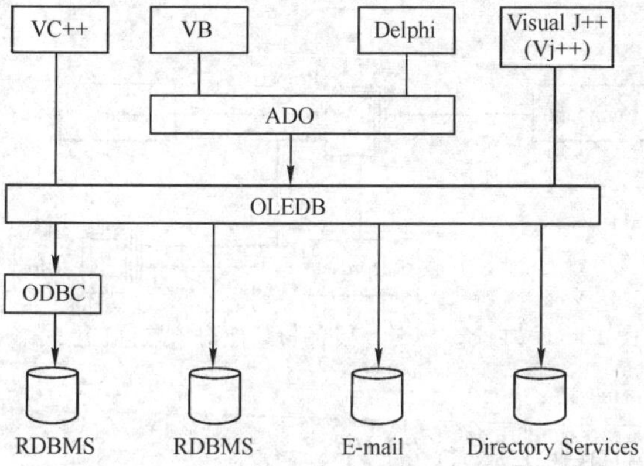

图 12-1 ODBC,OLE DB,ADO 的层次关系

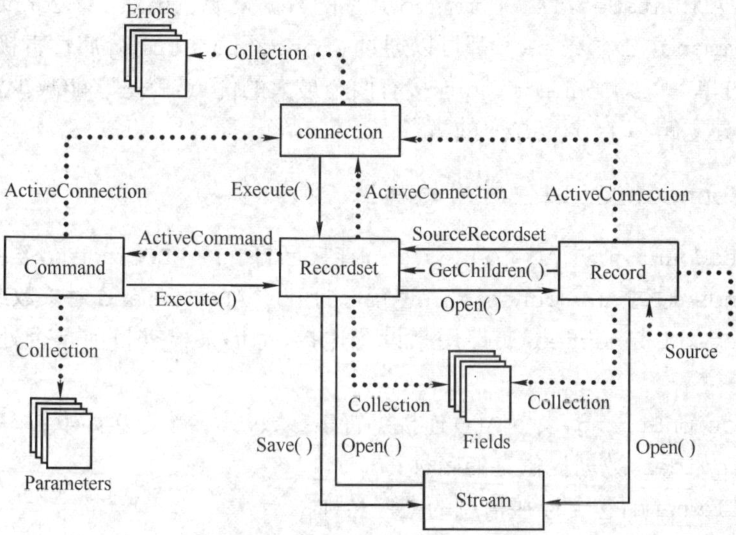

图 12-2 ADO 对象结构

ADO 的 5 个主要对象处在同一层次上,也就是说,可以在程序中建立任何一个所需要的对象,而无需建立父级对象。例如,可以使用 Recordset 对象产生数据存储的直接请求,此时不需要首先建立显式的 Connection 对象,ADO 将自动进行这些必要的工作。

还有 4 个子对象——Property、Parameter、Field 和 Error(以及它们的相关集合 Properties, Parameters, Fields 和 Errors),图 12-2 中只给出了 3 个集合,Properties 集合被有意隐去,这样可以很容易地看到主对象相互之间的作用关系。Properties 集合与其他对象之间的关系如图 12-3 所示。

Delphi 将 ADO 的一些常用对象,封装为 TADOConnection, TADOCommand, TADODataSet。另外,为了与 Delphi 接口的统一,Delphi 也建立了几个类似 BDE 组件的 TADOTable, TADOQuery, TADOStoredProc,这些都放在 ADO 选项卡中。为了方便读者掌握和理解后面用 Delphi 开发的综合实例,先对 Delphi 中的 ADO 组件作简要介绍。

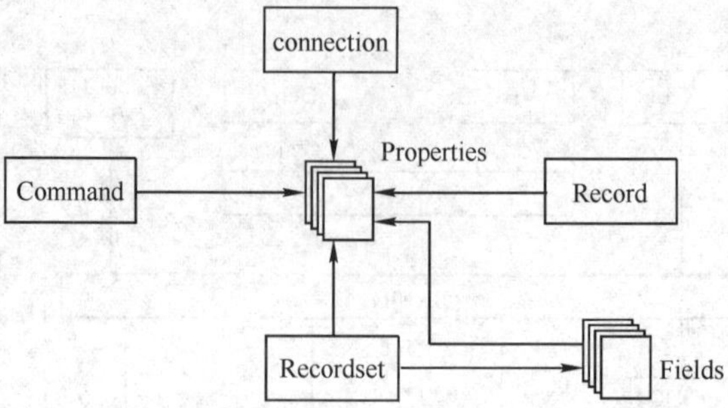

图 12-3 Properties 集合与其他对象之间的关系

12.1.2 TADOConnection 组件

TADOConnection 组件封装 ADO 的 Connection 对象，它专用于数据库的连接，且可以提供作为多个 TADODataSet，TADOCommand 共享的数据来源。虽然 ADOConnection 并非必要，因为 ADOCommand，ADODataSet 都可以通过 ConnectionString 属性直接连接到数据存储体，但是，通过单一 ADOConnection 连接有两个最大的优点，就是它能减少资源的浪费；同时，它允许我们建立跨多个 DataSet 的事务。

1. TADOConnection 组件常用的属性

- CommandCount，通过 ADOConnection 连接已打开的 ADOCommand 对象。
- Commands，通过 ADOConnection 连接已打开的 ADOCommand 对象数组。
- Connected Connected，属性用来设置连接，也用来检查目前是否处于连接打开的状态。
- ConnectionString，设置 ADO 连接字符串参数，其参数定义如下：
  - ◆ Provider，数据提供者的名称；
  - ◆ File name，包含连接信息的文件名称；
  - ◆ Remote Provider，提供客户端连接的远程数据提供者名称；
  - ◆ Remote Server，提供客户端连接的服务器路径名称。

这些参数虽然看似复杂，但可以利用它的向导帮助，很轻松地设置这个参数字符串，步骤如下。

① 进入 Delphi 集成开发环境，单击【ADO】选项卡，如图 12-4 所示，向 Form 中添加一个【ADOConnection】对象，选中该对象，如图 12-5 所示。

图 12-4 【ADO】选项卡

② 在如图 12-6 所示的【Object Inspector】属性设置窗口中，选择【ConnectionString】辅助按钮或由组件的快捷菜单【Edit Connection String】进入设置对话框，见图 12-7。

③ 选择【Build...】按钮，打开【数据链接属性】对话框，如图 12-8 所示。

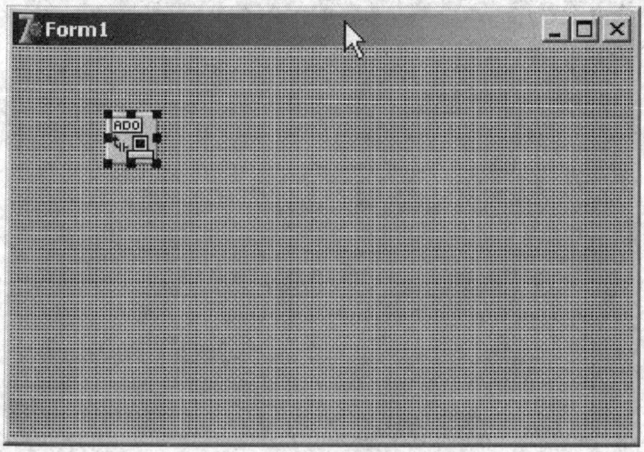

图 12－5　向 Form 中添加一个 ADOConnection 对象

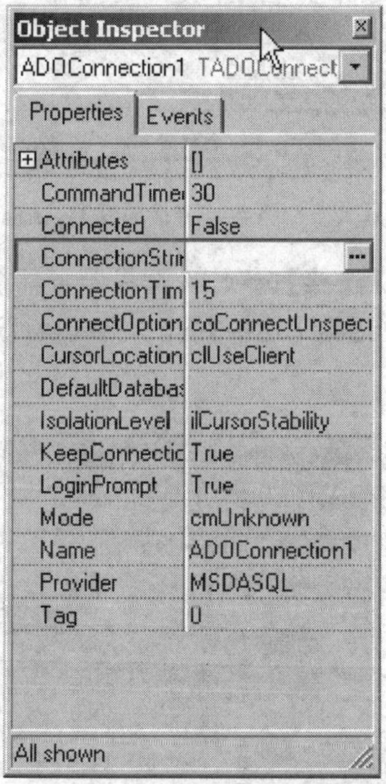

图 12－6　【属性设置】窗口

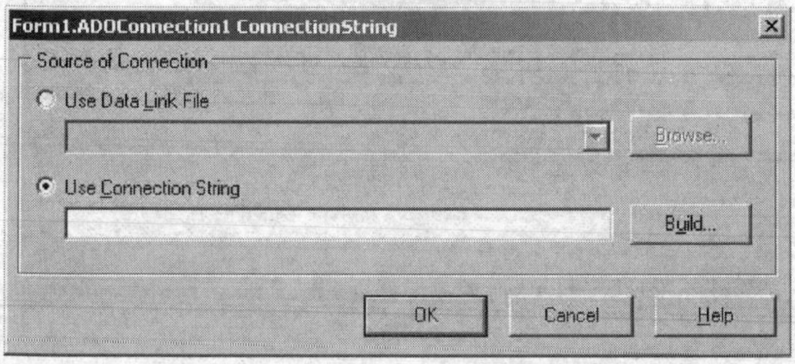

图 12－7　【ConnectionString】设置对话框

图 12-8 【数据链接属性】对话框

④ 单击【下一步】按钮,设置【连接】选项卡,选择服务器名称、用户名称、密码、数据库名称等,如图 12-9 所示。可以单击【测试连接】按钮,测试是否连接成功,单击【确定】按钮完成设置,如图 12-10 所示。

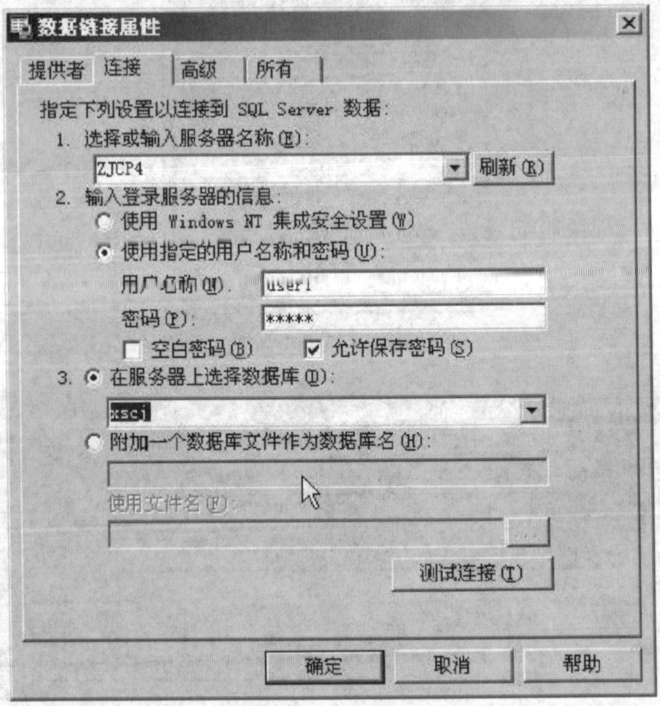

图 12-9 设置【连接】选项卡

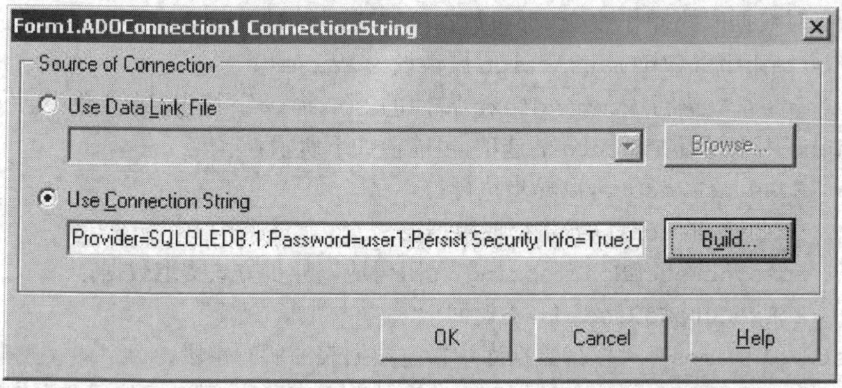

图 12-10　完成设置对话框

- ConnectionTimeout——设置尝试连接的时间秒数,默认 15 秒。超过指定时间时,若尚未连接成功或取消连接,则中断连接要求,并触发异常(Exception)。
- ConnectOptions——连接选项,用来设置同步或异步连接,默认同步。通常,除非连接的服务器很慢;否则,不需要设置为异步连接。
- CursorLocation——指定采用客户端或服务器端记录指针,默认采用客户端指针(clUseClient)。虽然采用服务器端指针比较缺乏灵活性,但有时为了防止空间不足,或者配合特定数据库系统的访问方式,会采用服务器记录指针。
- DataSetCount——通过 ADOConnection 连接、已打开的 DataSetCount 对象。
- DataSets——通过 ADOConnection 链接、已打开的 DataSets 对象数组。
- Errors——Errors 实现 ADO 模型的错误集合,但很少(也不建议)直接使用,请参考 Microsoft Data Store SDK 说明。
- Properties——Properties 属性记录 ADO 模型对应的 Properties 集合对象,请参考 Microsoft Data Store SDK 说明。
- Provider——指定 ADO 连接的数据提供者(见图 12-6)。
- State——取得目前 ADOConnection 的连接状态,可能的状态如下所示:
  - ◆ StClosed,ADOConnection 未连接,无法使用;
  - ◆ StOpen,已连接(但不一定成功);
  - ◆ StConnecting,正在尝试连接中;
  - ◆ StExecuting,正在执行指令;
  - ◆ StFetching,正在提取数据。
- Version——取得 ADO 目前使用版本。

2. TADOConnection 组件常用的方法

- BeginTrans——开始一个新的事务,其对象为 ADOConnection 连接的数据保存体。调用 BeginTrans 成功后,触发 OnBeginTransComplete 事件,并将属性 InTransaction 设为 True。
- Cancel——Cancel 仅用于异步的数据连接,并且该连接必须在调用 Open 后,但尚未连接成功前。
- CommitTrans——用来确认事务的执行,将该事务开始直到调用 CommitTrans 期间所有对数据库的操作改变，写回数据库。成功时触发 OnCommitTransComplete 事件，并结束事务(InTransaction 属性设为 False)。

- Execute——执行 CommandText 属性的 SQL 命令字符串，其参数中，ExecuteOptions 用来设置 Execute 的选项，可能值如下所示：
  - ◆ EoAsyncExecute，以异步执行；
  - ◆ EoAsyncFetch，以异步提取数据；
  - ◆ EoAsyncFetchNonBlocking，无阻碍地以异步方式提取数据；
  - ◆ EoExecuteNoRecords，不返回记录。
- GetFieldNames——取得数据库中指定数据表的所有字段。
- GetTableNames——取得数据库中所有的数据表名称，默认只取得非系统数据表。
- RollbackTrans 用来取消事务的所有变动，并结束该事务。调用 RollbackTrans 成功后，触发 OnRollbackTransComplete 事件，并且将 InTransaction 设为 True。

3. TADOConnection 组件常用的事件

- OnBeginTransComplete——当 BeginTrans 成功后，会触发这个事件，参数中，TransactionLevel 表示成功的这个事务的事务层数。
- OnCommitTransComplete——当 CommitTrans 成功后，会触发这个事件。
- OnConnectComplete——连接到数据保存体成功时，触发这个事件，这个事件通常通过 Connected 设为 True 或调用 Open 方法触发。
- OnDisconnect——Connected 设为 False 或调用 Close 方法触发这个事件。
- OnExecuteComplete——当成功调用 Execute 方法时，会触发此事件，参数中，Connection 表示执行此命令的 Connection 对象，RecordsAffected 则取得成功执行此命令受影响的记录条数。
- OnRollbackTransComplete——成功调用 RollbackTrans 方法，会触发这个事件。
- OnWillConnect——当 Connected 设为 True 或调用 Open 方法尝试连接时，触发这个事件。

OnWillExecute 当调用 Execute 在真正执行前，会触发此事件。

12.1.3 TADOCommand 组件

TADOCommand 组件用来处理无返回 DataSet 的 SQL 指令，它对应到 ADO 模型的 Command对象，通过 Execute 方法执行 CommandText 属性中的 SQL 指令(若包含参数，则由 Parameters 属性设置)。

1. TADOCommand 组件常用的属性

- CommandObject——用来直接访问 ADO 对象模型的 Command 对象，这对不直接由 TADOCommand 组件提供的属性、方法，是非常有用的。直接访问 Command 对象必须对 ADO 有较深入的了解，请读者参考“Microsoft Data Store SDK”文件说明。
- CommandText——设置或取得 TADOCommand 执行的 SQL 指令字符串。

- CommandType——设置或取得指令类型，也就是告诉 TADOCommand 该如何看待 CommandText 字符串。其可能值如下：
  - ◆ CmdUnknown，未知类型(不指定)，此为默认值，但指定明确类型效率会较好；
  - ◆ CmdText，将 CommandText 字符串视为 SQL 指令(包含对预存程序的调用)；
  - ◆ cmdTable，CommandText 字符串仅包含数据表名称；
  - ◆ cmdStoredProc，CommandText 字符串仅包含数据库预存程序(Stored Procedure)的名称。
- Connection——指定通过哪个 ADOConnection 组件连接，不指定连接组件时，则直接指定 ConnectionString 连接字符串。
- Parameters——设置或取得 ADOCommand 的参数名称、参数值及数据类型，这个属性仅适用于 CommandType 为 cmdText 或 cmdStoredProc 的 SQL 叙述。
- States——取得目前 ADOCommand 的状态，其可能值为：stClosed、stOpen、stConnecting、stExecuting、stFetching。

2. TADOCommand 组件常用的方法

- Assign——Assign 方法复制参数中的另一个 ADOCommand 组件，复制的内容包括：Connection(若不存在，则复制 ConnectionString)、CommandText，CommandTimeout，CommandType、Prepared 及 Parameters。
- Cancel——Cancel 用来中断尚在 CommandTimeout 时间内的“异步”执行，若对象是同步执行操作，会触发异常。如同前述，要指定异步执行，只要设置 ExecuteOptions 为 eoAsyncExecute 即可。
- Execute——执行 CommandText 指令，若返回 Recordset，则可以通过 ADODataSet 接收，如“ADOQuery1. Recordset：＝ADOCommand1. Execute；”或“ADODataSet1. Recordset：＝ADOCommand1. Execute；”。

12.1.4 TADODataSet 组件

TADODataSet 组件用来从单一或多个窗体中获取数据或操作数据存储体的数据，它除了允许通过 TADOConnection 连接，也可以直接连接到数据服务器。

ADODataSet 与 ADOCommand 相同，都可以用来取得返回的 Recordset，最大的不同在于，ADOCommand 必须借助其他 ADODataSet 组件保存返回的 Rccordset，但却可以处理非返回 Recordset 的一些操作查询，而 ADODataSet 则仅能用来取得、存放这些数据记录。

1. TADODataSet 组件常用的属性

- RDSConnection——RDSConnection 属性用来指定 ADODataSet 的 RDS 数据连接来源。RDS 数据连接用在以 ADO 为基础的商业逻辑对象(多层架构的服务端应用程序)，此处不予探讨。这个属性与 Connection 属性是互斥的。
- CacheSize——CacheSize 用来设置一次由服务器端读到客户端内存的数据记录数。当记录指针移动超出指定的记录数范围时，会再读下一批记录。
- CursorType——记录指针的类型，其可能值如下所示：

- ◆ CtUnspecified,不指定;
- ◆ CtOpenForwardOnly,记录指针只能向前移动,无法往回移动,如此,会有较好的效率;
- ◆ CtKeyset,看不到别人添加的记录,并且无法访问已被删除的记录,此为默认值;
- ◆ CtDynamic,看得见其他人添加、修改、删除的记录变动,同时可以向前、向后移动记录;
- ◆ CtStatic,静态指针,将原始记录全部复制一份,原始记录的所有变化,都看不见,静态指针常用于报表。

CursorType 必须配合前述的 CursorLocation(客户端或服务器端的记录指针)。当设置为客户端光标(clUseClient)时,则 CursorType 只能是 ctStatic。此外,若数据提供者不支持指定的光标类型,会以其他最接近、可用的光标类型代替,但这个替代的光标类型,仍会反映到 CursorType 属性。

- LockType——LockType 属性用来设置或取得 DataSet 打开时,记录如何锁定,其可能值如下所示。
  - ◆ ltUnspecified,不指定锁定类型。
  - ◆ ltReadOnly,目前打开的 DataSet 是只读的,无法修改数据。
  - ◆ ltPessimistic,悲观锁定。悲观锁定在修改模式时,记录以一条一条为基础,以确保同一个记录不会同时被多人改变。
  - ◆ ltOptimistic,优化锁定。优化锁定较适用于多人使用的系统,它只有在真正更新到数据库时,才会锁定记录。例如,若同时两人更新某条记录,无论谁先更新都可以成功。
  - ◆ ltBatchOptimistic,批量优化锁定。批量优化锁定类似优化锁定,但它允许整批更新。

与 CursorType 相同,不同数据库系统支持的 LockType 也不尽相同,当指定该数据提供者不支持的 LockType 时,同样会自动转换为最接近、支持的锁定类型。

- MaxRecords——指定 ADODataSet 选取的最大数据条数,默认为 0,表示不限制条数。但是,并非所有数据库都支持这个属性,例如,使用 Access 测试便无结果。
- RecNo——目前记录所在的位置。
- RecordCount——记录条数。TADODataSet 继承自 TCustomADODataSet 尚有另一类似的属性 RecordSize,但该属性并未实现,会取得错误值。
- Recordset——Recordset 属性提供直接访问 ADO 的 Recordset 对象。
- Sort——排序字段,多个字段排序时以逗号隔开,如“'ORDERDATE ASC,ORDERNO DESC'”依订单日期顺向排序,相同日期时,则再根据订单编号反向排序。需注意的是,ASC 和 DESC 必须是大写的,省略时默认顺向排序,取消排序则只要将 Sort 字符串清除。此外,排序的行为与数据库记录指针的设置值、数据库系统皆有关。
- IsUnidirectional——用来判断 DataSet 是否仅支持单向操作。

2. TADODataSet 组件常用的方法

- CancelBatch——取消所有由批次更新模式打开,且等待更新的 DataSet。其传入参数 AffectRecords 可能值如下：

- ◆ ArCurrent，仅影响目前记录；
- ◆ arf filtered，更新符合 Filter 条件设置的所有记录；
- ◆ arAll，更新全部记录；
- ◆ arAllChapters，更新全部 Chapter 记录，对阶层式 Recordset 而言，即目前等级的全部记录。

要使用批次更新，CursorType 必须是默认的 ctKeySet 或 ctStatic，且 LockType 必须指定为 ItBatchOptimistic。

- DeleteRecords——删除一条或多条记录，其参数同 CancelBatch 的参数 AffectRecords 当指定的 DataSet 不能允许删除操作时，会触发异常。
- Supports——用来检测指定的操作是否被支持，可查询的功能包括：
  - ◆ CoHoldRecords，未更新变更，仍能撷取更多的记录；
  - ◆ CoMovePrevious，是否允许记录往回移动；
  - ◆ CoAddNew，是否允许新增记录；
  - ◆ CoDelete，是否允许删除记录；
  - ◆ CoUpdate，是否允许修改记录；
  - ◆ CoBookmark，是否允许定位到指定记录位置；
  - ◆ CoApproxPosition，是否支持 RecNo 属性；
  - ◆ CoUpdateBatch，是否支持批量更新；
  - ◆ CoResync，是否支持 Resync 方法更新；
  - ◆ CoNotify，是否支持自动通知并返回事件；
  - ◆ CoFind，是否支持 Locate 方法；
  - ◆ CoSeek，是否支持 Seek 方法；
  - ◆ CoIndex，是否允许使用 IndexName 属性指定索引。

使用 Supports 的方式很简单，如以下程序代码片段，用来检查是否允许往回移动记录指针：

```
If ADOdataSet1.Supports([coMovePervious]) then
  ShowMessage('允许往回移动');
```

- UpdateBatch——执行批次更新到数据存储体。

3. TADODataSet 组件常用的事件

- OnEndOfRecordset——当 Recordset 的记录指针移到最后一条时，触发此事件，这个事件通常是内部自行触发，或者通过直接操作 ADO 的 Recordset 组件的方法来触发。
- OnFetchComplete——当异步提取数据时，在数据提取完成后，会触发此事件。
- OnFetchProgress——异步数据提取的期间，会触发此事件。
- OnFieldChangeComplete——当 Recordset 的 Field 变更时，会触发此事件。
- OnMoveComplete——当 Recordset 记录移动时，会触发此事件，需注意的是，Recordset 记录移动与 ADODataSet 的记录移动是无关的。

- OnRecordChangeComplete——当 Recordset 一条或多条记录变更完成时，触发此事件。OnRecordChangeComplete 事件触发同样与 ADODataSet 数据变更的事件无关。
- OnRecordsetChangeComplete——当 Recordset 对象变更时，触发此事件，此事件的触发同样与 ADODataSet 数据变更的事件无关。
- OnRecordsetCreate——当 Recordset 属性第一次被初始化时，触发此事件。
- OnWillChangeField——当 Recordset 的 Field 正要被改变前，触发此事件，此事件的触发同样与 ADODataSet 数据变更的事件无关。
- OnWillChangeRecord——当 Recordset 的记录变更前，触发此事件，此事件的触发同样与 ADODataSet 数据变更无关。
- OnWillChangeRecordset——当 Recordset 对象变更前，触发此事件，此事件的触发同样与 ADODataSet 数据变更的事件无关。
- OnWillMove——当 Recordset 记录指针移动前，会触发此事件，此事件的触发同样与 ADODataSet 组件的 BeforeScroll，AfterScroll 等事件无关。

12.1.5 TADOTable 组件

TADOTable 组件用来操作使用 ADO 的数据存储体单一数据表，它同样允许直接连接数据存储体，而不通过 TADOConnection。

1. TADOTable 组件常用的属性

- MasterSource，MasterFields——通过这两个属性，同样设置 Master/Detail 的 DataSource 的关联字段。
- TableDirect——默认为 False，表示 ADOTable 必须通过 SELECT 取得字段对应数据，设为 True 时，ADOTable 允许直接通过 Table 名称取得数据库的字段数据。需注意的是，并非所有数据提供者都支持直接由数据表名称取得来源的字段数据。
- TableName——设置 ADOTable 操作的数据表名称，改变此值前，必须先关闭 ADOTable（调用 Close 方法或将 Active 设为 False）。

2. TADOTable 组件常用的方法

- GetIndexNames——取得该数据表可用的索引名称，类似 TADOConnection 提到的 GetFieldNames 和 GetTableNames。

12.1.6 TADOQuery 组件

TADOQuery 组件通过 SQL 命令操作数据存储体的单一或多个数据表，它同样允许直接连接数据存储体，而不通过 TADOConnection。事实上，与 TADOTable 相同，TADOQuery 也不存在于 ADO 对象模型，它同样是为了让 ADO 选项卡中的组件接口与 BDE 组件相同，方便 Delphi程序设计器使用而产生。它常用的属性、方法如下。

1. TADOQuery 组件常用的属性

- DataSource——用来自动填满与参数相同名称的字段对应值，它可以被用于 Master/Detail的连接设置。
- RowsAffected——ADOQuery：最后一次更新或删除数据的条数，当其值为－1 时，通常会伴随着触发异常。
- SQL——TADOQuery 执行的 SQL 字符串。

2. TADOQuery 组件常用的方法

- Close——关闭数据集。
- Create——创建 TADOQuery 组件的实例。
- ExecSQL——调用 ExecSQL 执行 SQL 查询操作。SELECT 命令直接用 Open 方法，而不使用 ExecSQL 方法，只有在执行没有返回结果集的 SQL 字符串时使用 ExecSQL。

3. TADOQuery 组件常用的事件

TADOQuery 组件的事件及其说明与 TADODataSet 组件的事件说明相同。

12.1.7 ADO 程序框架

要用 ADO 组件创建数据库应用程序，应该了解 ADO 程序的框架。由于 Delphi 很好地封装了 ADO 对象，提供了连接组件和数据集组件，因此，建立数据库连接就像开发基于 BDE 数据库引擎的应用程序那样，使用数据源组件和数据感应组件就可以实现对数据库的各种操作。ADO 程序的框架如图 12－11 所示。从图中可以看出，如果要在一个 DBRrid 控件中显示数据库中的数据，方法之一是：创建一个 DataSource 组件、一个 ADOQuery 组件和一个 ADOConnection 组件。如果不显式地创建 ADOConnection 组件，则必须设置 ADOQuery 组件的 ConnectionString 属性以连接到数据库。

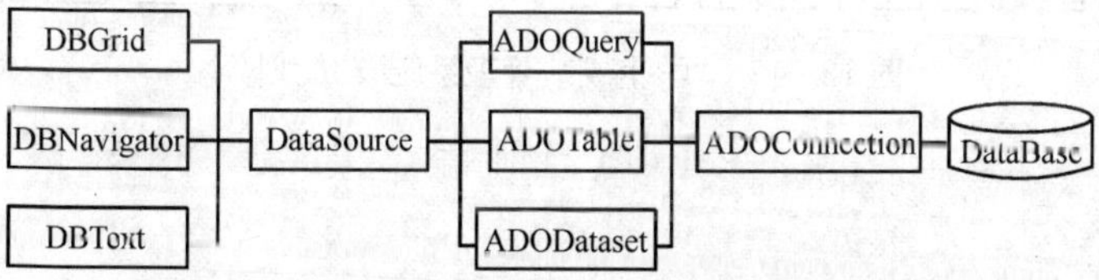

图 12－11　ADO 程序的框架

至于如何在 Delphi 中用 ADO 组件创建数据库应用程序，如何使用 SQL Server 数据库表、数据库视图及如何使用 SQL 语句对数据库进行操作等，在 12.2 节中学习。

12.2 基于SQL Server 的数据库系统开发实例

本节以一个“学生成绩管理系统”为综合实例，既介绍了 Delphi 数据库应用程序的开发过程，又可从中理解和掌握利用 ADO 对象对 SQL Server 2000 数据库进行操作的方法。

12.2.1 系统设计

如同其他管理信息系统一样,"学生成绩管理系统"不仅要对学生的成绩进行管理,还要对与学生成绩有关的其他信息进行管理,如学生的基本信息、系部信息、班级信息、课程信息等管理模块,对每类信息的管理一般都应具有增加、删除、修改和查询功能,有些信息还要对其进行统计和分析。

1. 系统功能描述

本系统的每个管理模块所应完成的任务此处省略。

2. 系统功能划分

本系统的功能如图 12-12 所示。

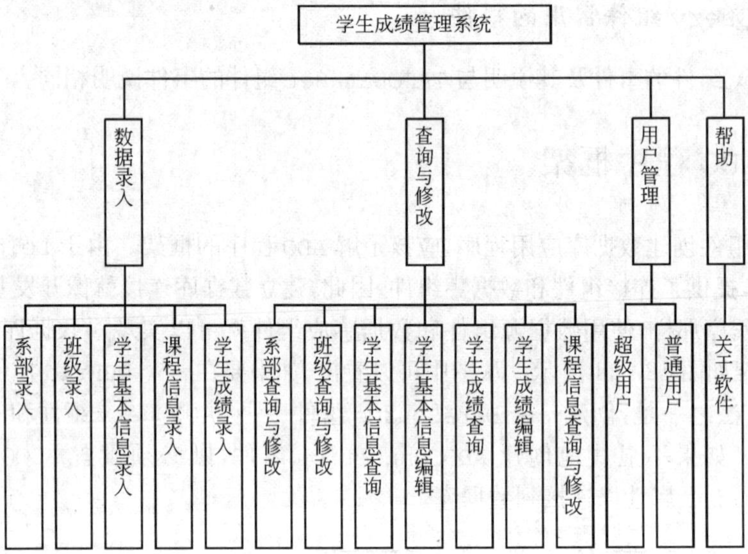

图 12-12 "学生成绩管理系统"功能划分

3. 系统流程

一般来说,对于一个实用的计算机管理信息系统,都具有对不同的用户赋予不同的操作权限功能,因此不同的用户的操作流程是不一样的。本系统也提供了简单的用户管理功能,如果用户名是"admin",则表示超级用户。超级用户除可以修改自身的口令外,还可以增加和删除其他用户;普通用户登录后只能修改自己的口令。本系统的流程如图 12-13 所示。

12.2.2 数据库设计

数据库设计主要包括创建数据库和数据库逻辑结构设计。在设计数据库时通常要进行规范化分析,使各个数据库表满足某种范式的要求。

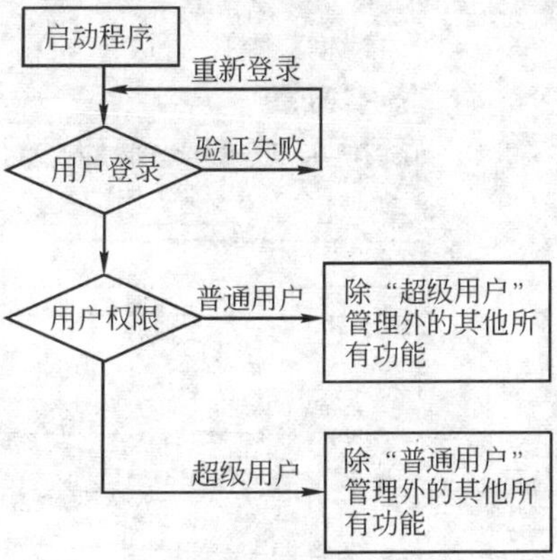

图 12-13　"学生成绩管理系统"系统流程

注：并不是将表分割得越细越好，过细不利于提高数据库的存取效率。

在"学生成绩管理系统"实例中使用了前面章节用到的 XSCJ 数据库，其设计过程在此不再赘述，但要在原 XSCJ 数据库的基础上给每个用户表增加关系、主键、外键和 CHECK 约束。

1. "学生基本信息表"

在 SQL Server 2000 企业管理器中所增加的关系、主键和外键如图 12-14～图 12-16 所示。

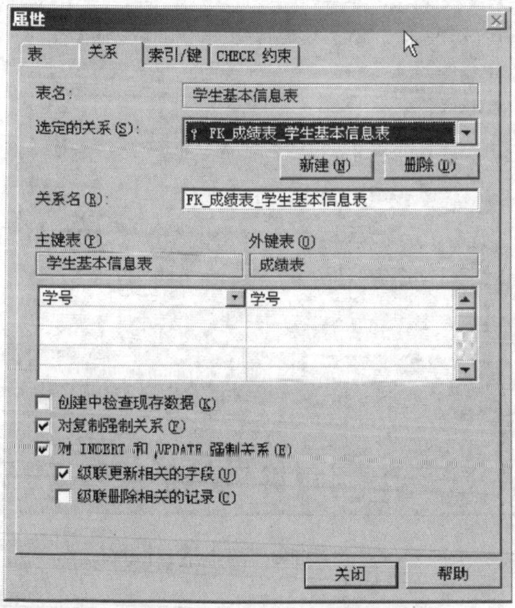

图 12-14　"学生基本信息表"的关系、主键和外键(1)

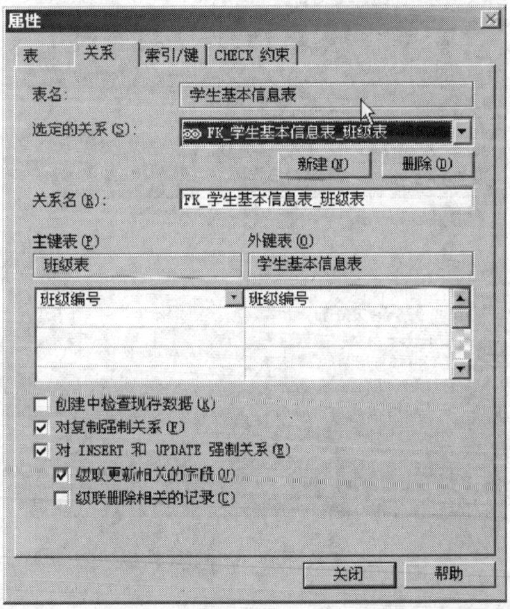

图 12-15　"学生基本信息表"的关系、主键和外键(2)

2. "系部表"

"系部表"的主键、外键如图 12-17 和图 12-18 所示。

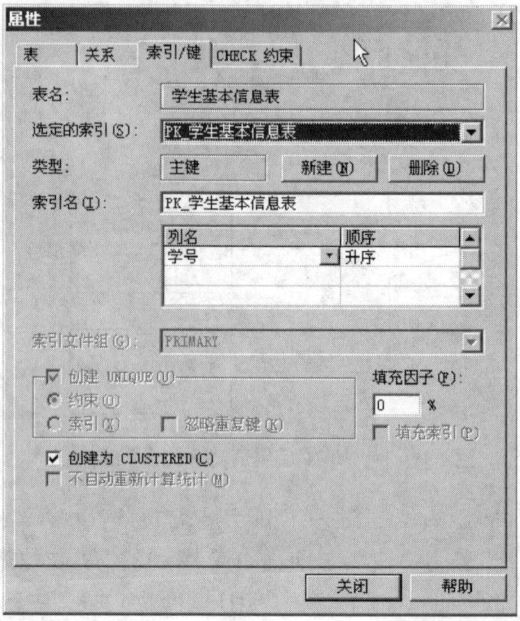

图 12-16 “学生基本信息表”的关系、主键和外键(3)

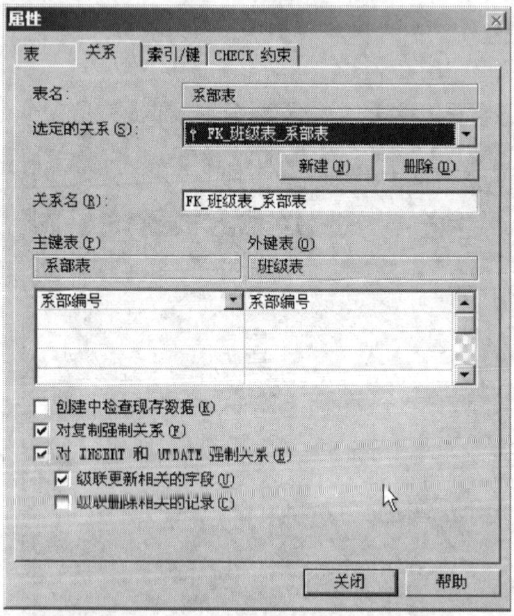

图 12-17 “系部表”的主键、外键(1)

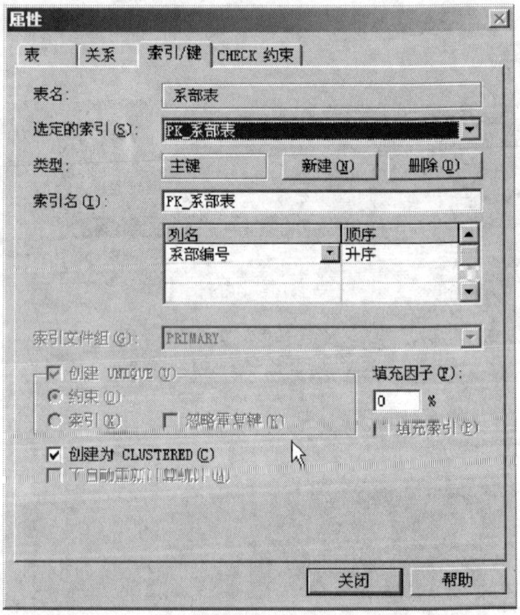

图 12-18 “系部表”的主键、外键(2)

3. “班级表”

“班级表”的主键、外键如图 12-19～图 12-22 所示。

4. “课程信息表”

“课程信息表”的主键、外键如图 12-23 和图 12-24 所示。

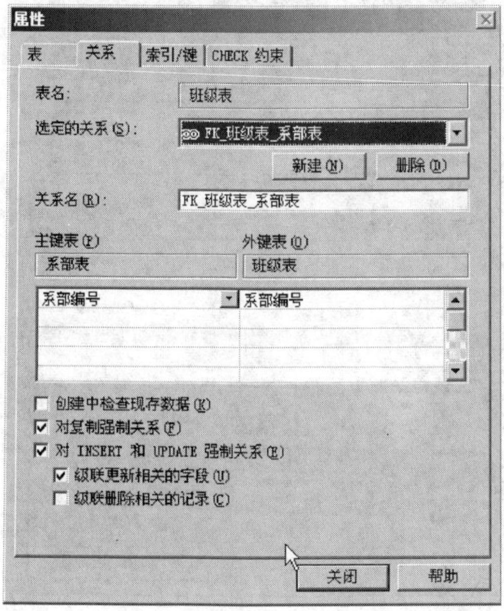

图 12-19　“班级表”的主键、外键(1)

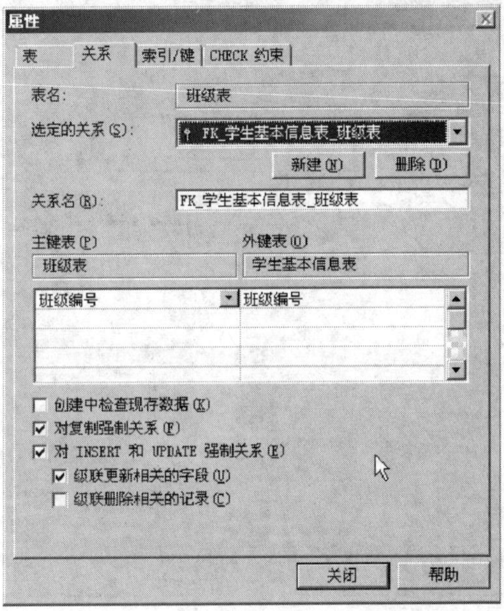

图 12-20　“班级表”的主键、外键(2)

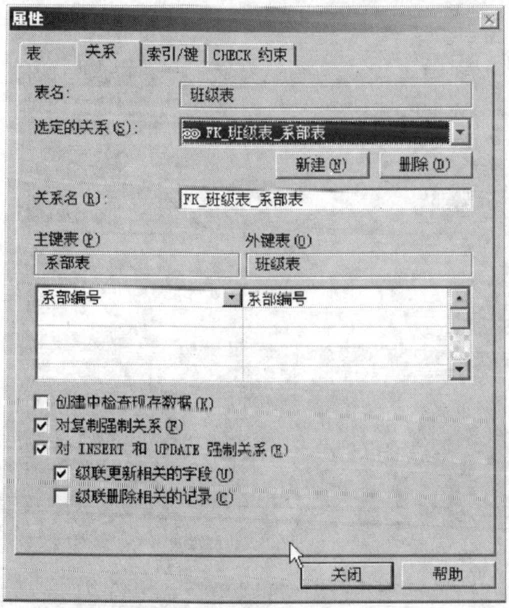

图 12-21　“班级表”的主键、外键(3)

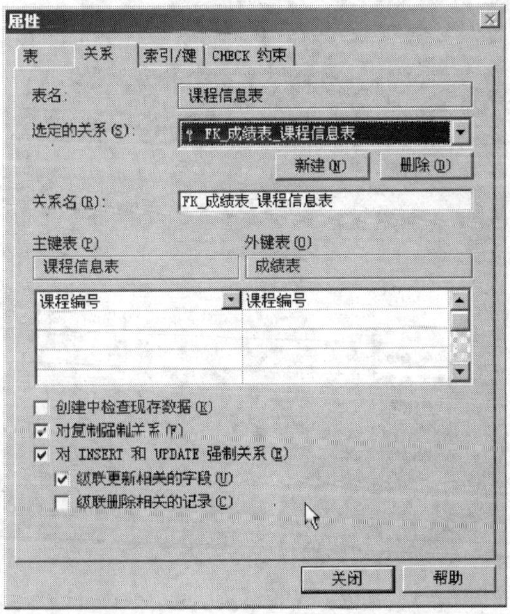

图 12-22　“班级表”的主键、外键(4)

5. “成绩表”

“成绩表”的关系、CHECK 约束如图 12-25～图 12-27 所示。

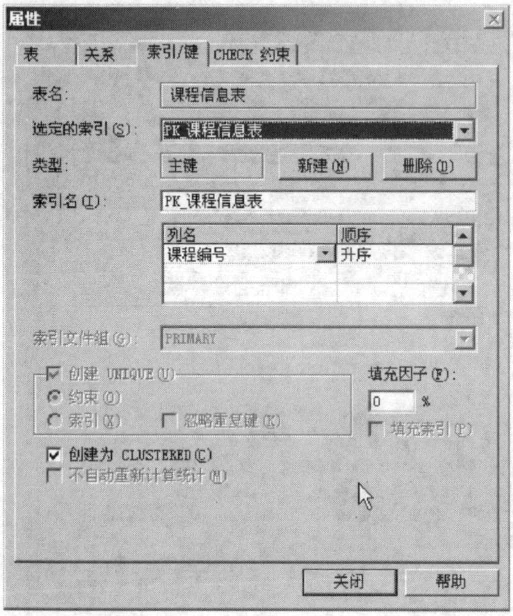

图 12-23 “课程信息表”的主键、外键(1)

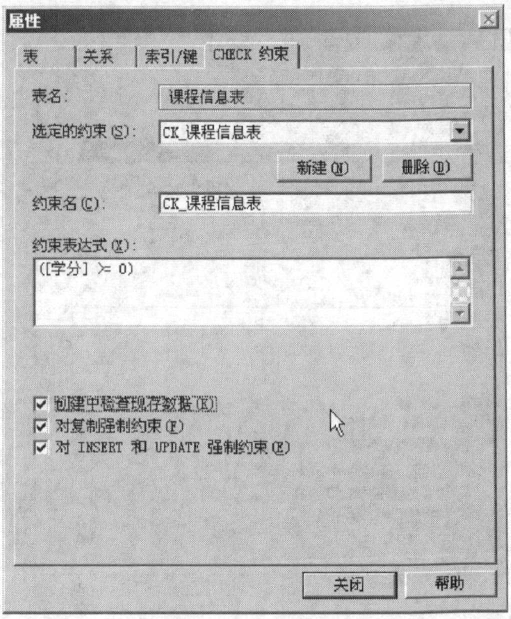

图 12-24 “课程信息表”的主键、外键(2)

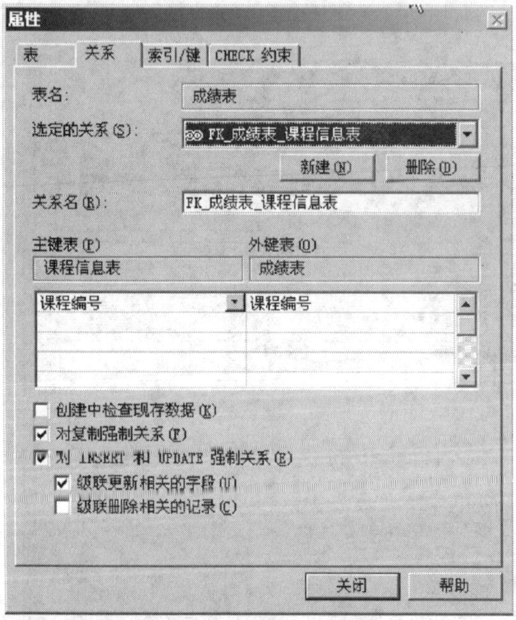

图 12-25 “成绩表”的关系、CHECK 约束(1)

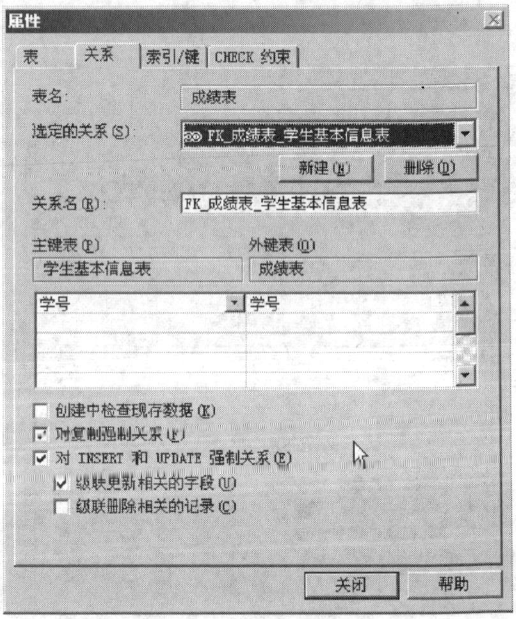

图 12-26 “成绩表”的关系、CHECK 约束(2)

6. “用户表”

为了实现对“学生成绩管理系统”软件使用权限的管理，请在 XSCJ 数据库中添加名为“用户表”的表，如图 12-28 所示。同时为该表添加一条记录，username 字段的值为“admin”，userpswd 字段的值也是“admin”。实例程序将“admin”作为超级用户，其口令(userpswd 字段的值)在程序中可以被修改，但记录不能被删除。

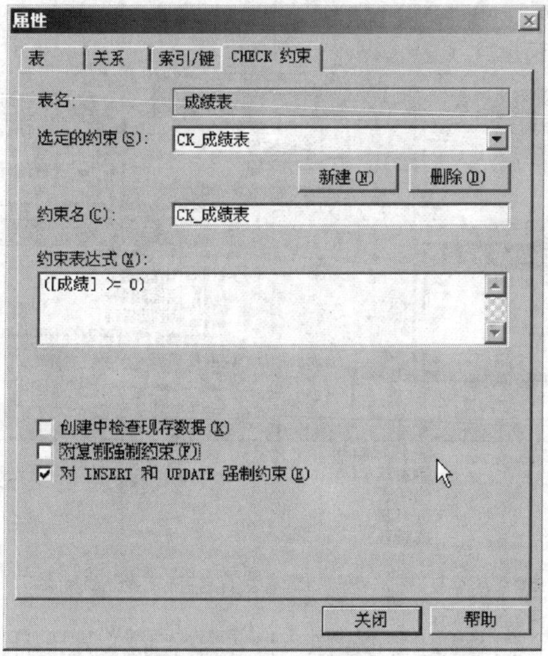

图 12-27　“成绩表”的关系、CHECK 约束(3)

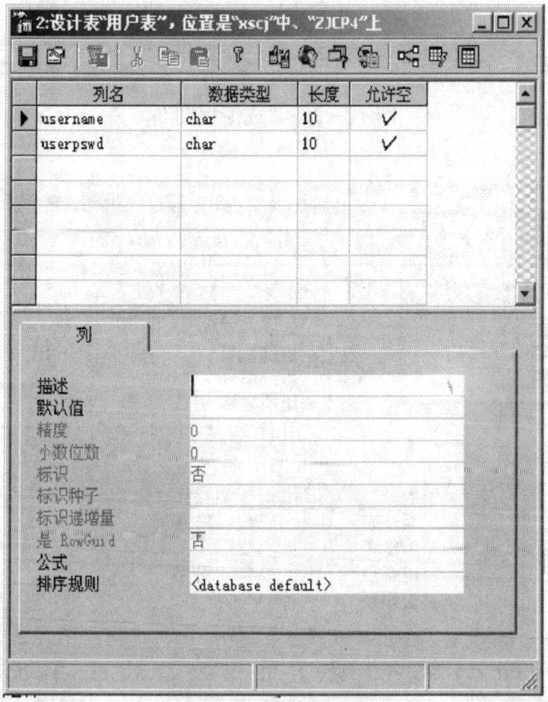

图 12-28　“用户表”

7. “视图”

请再为 XSCJ 数据库中添加名为“成绩视图”、“系部班级”两个视图，如图 12-29 和图 12-30所示。

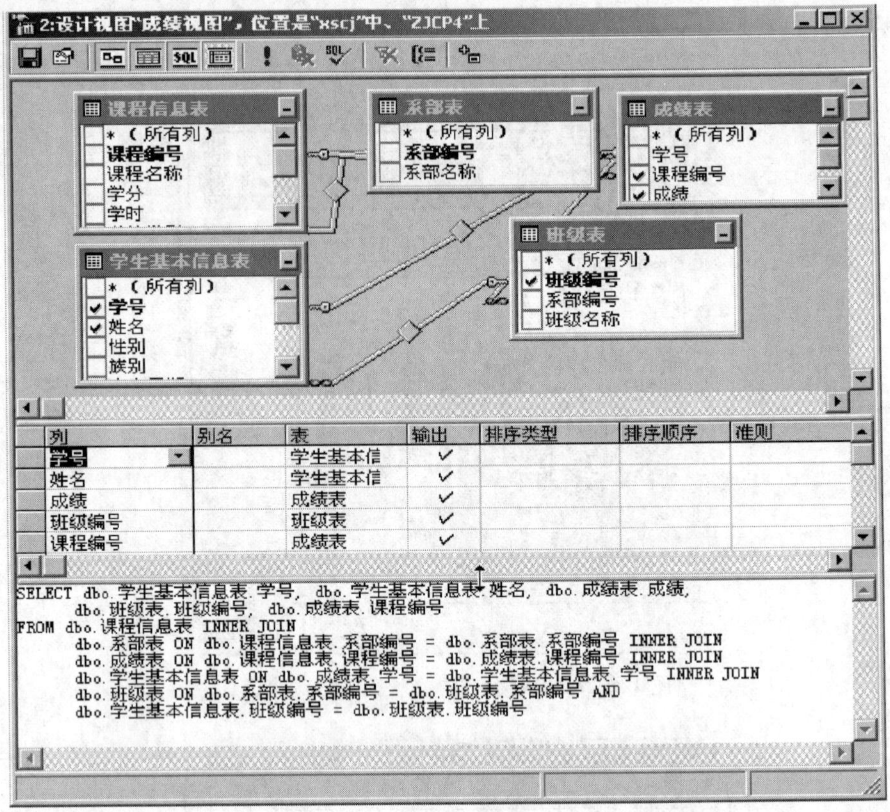

图 12-29 “成绩视图”

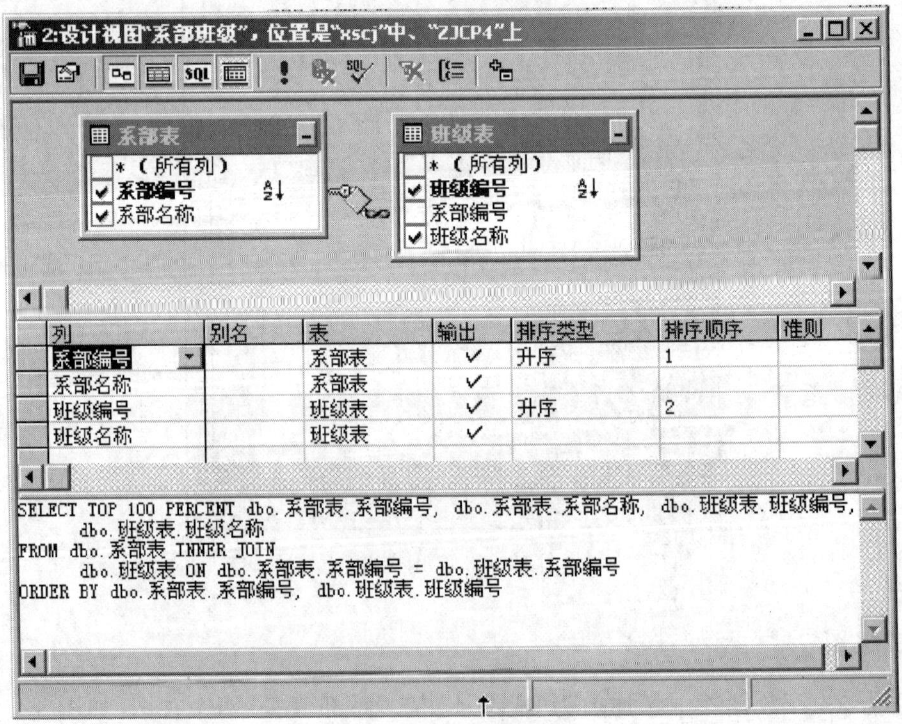

图 12-30 “系部班级”

12.2.3　创建工程

在 Delphi 中创建工程的方法请参见有关 Delphi 的相关书籍，本实例要创建的工程名为“Project2.dpr”。

12.2.4　功能界面设计

本节主要介绍各功能模块的设计过程。

1. 创建【用户登录】启动界面 Form1

本界面作为实例程序的入口，如图 12-31 所示。

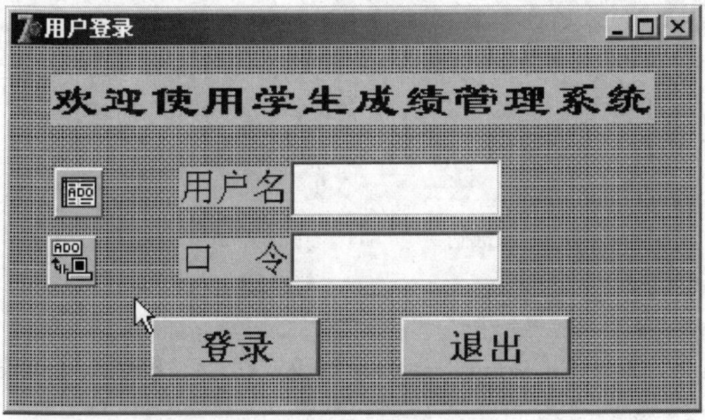

图 12-31　用户登录界面

窗体中使用的主要控件的设置如表 12-1 所示（这里做个约定：在以后的叙述中，表中所列的 Edit，Combobox 和按钮控件的顺序为表单中控件从左到右，从上到下的顺序）。

表 12-1　用户登录界面使用的主要控件

对　象	属　性	属性值
Form1	Caption	用户登录
	BorderStyle	bsSingle
Edit1	Text	
Edit2	Text	
SpeedButton1	Caption	登　录
SpeedButton2	Caption	退　出
ADOTable1	Connection	Connection1
	TableName	用　户　表
ADOConnection1	ConnectionString	设置方法参见 12.1.2 节

【SpeedButton1】的【OnClick】事件的代码如下：

```
procedure Tform1.SpeedButton1Click(Sender:TObject);
var
```

```
    results:variant;
  begin
    ADOTable1.Close;
    ADOTable1.Open;
    ADOTable1.Active;
    results:=ADOTable1.Lookup('username',edit1.text,'userpswd');{检索数据库中对应用户名的密码项}
    if edit1.Text='' then
      application.MessageBox('用户名不能为空！','提示',mb_ok)
    else if edit2.Text='' then
      application.messagebox('密码不能为空！','警告',mb_ok)
    else
      if varisnull(results) then
        application.MessageBox('用户不存在！','警告',mb_ok)
      else if trim(results)=trim(edit2.Text) then
        //用户存在且密码正确
        begin
          form2.ShowModal;
        end
      else
        application.MessageBox('密码错误！','警告',mb_ok);
    edit1.Text:='';
    edit2.Text:='';
  end;

  end.
```

以上程序中，语句 results: = ADOTable1.Lookup ('username', edit1.text, 'userpswd')的功能是根据文本输入框 Edit1 中的内容，在"用户表"中查找 username 字段的内容，若找到则将相应 userpswd 字段中的内容赋给变量 results，即实现查找某用户名是否存在"用户表"中，若存在则取出其口令。

【SpeedButton2】的【OnClick】事件的代码如下：

```
procedure Tform1.SpeedButton2Click(Sender:TObject);
begin
  form1.close;
end;
```

语句 form1.close 实现关闭表单【Form1】。

2. 创建主界面【Form2】

【Form2】为本实例的主界面(见图 12-32)，也是使用各种对象较多的界面，相对较复杂。

窗体分为上中下三部分:上部由菜单栏、工具栏组成;中部又分为左右两部分,左边为树形列表表区,右边为查询和列表部分;下部为状态栏。

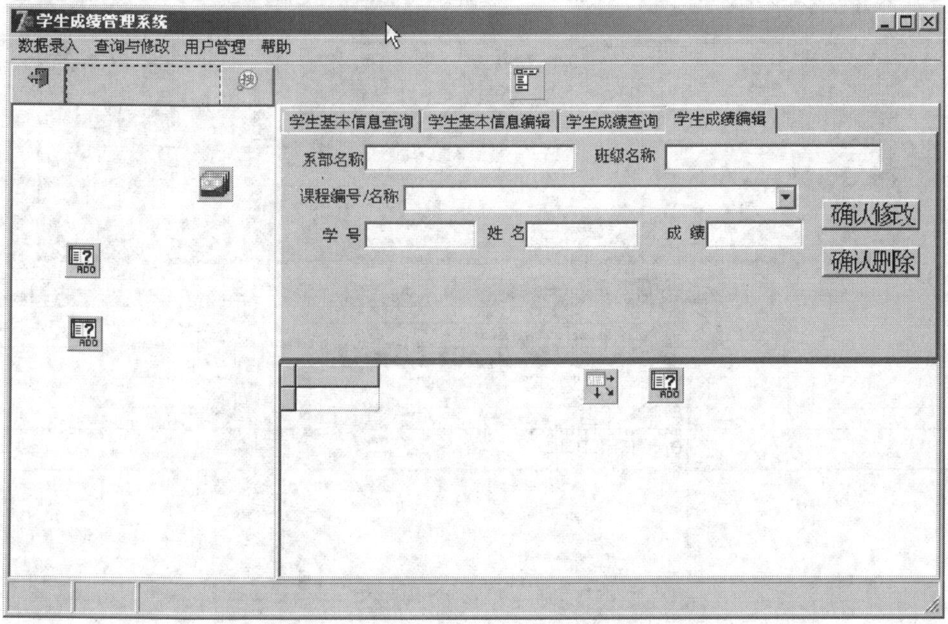

图 12-32　主界面布局

① 首先在【Standard】选项卡上双击【MainMenu】图标创建菜单栏【MainMenu1】,在【Win32】选项卡上双击【StatusBar】图标,创建状态栏【StatusBar1】,双击【ToolBar】图标创建工具栏【ToolBar1】,双击【TreeView】图标创建树形列表控件【TreeView1】,并设置其Align属性为 alLeft,在【Standard】选项卡上双击【Panel】图标创建面板容器【Panel1】,其高度同树形列表控件,设置其 Align 属性为 alClient,选中【Panel1】,在【Data Controls】选项卡上双击【DBGrid】图标创建网格控件【DBGrid1】,其高度约为同树形列表控件的一半,选中【Panel1】,在【Standard】选项卡上双击【Panel】图标创建面板容器【Panel2】,设置其Align属性为 alTop,清空其 Caption 属性;再设置【DBGrid1】的 Align 属性为 alClient,至此窗体格局已经形成。

② 接着在【Win32】选项卡上为窗体添加一个【ImageList1】控件,在【Data Access】选项卡上为窗体添加一个【DataSource1】控件,在 ADO 选项卡上为窗体添加 3 个 ADOQuery 组件【ADOQuery1】,【ADOQuery2】,【ADOQuery3】;选中【Panel2】,在【Win32】选项卡上双击【PageControl】图标在【Panel2】上创建【PageControl1】控件,设置其 Align 属性为 alClient;选中【PageControl1】,单击鼠标右键选择【New Page】创建【TapSheet1】控件,再重复 3 次,创建【TapSheet2】,【TapSheet3】,【TapSheet4】,分别设置其 Caption 为"学生基本信息查询"、"学生基本信息编辑"、"学生成绩查询"和"学生成绩编辑"。

③ 最后就是分别在【TapSheet2】,【TapSheet3】,【TapSheet4】上放置相应的控件,其布局和主要控件的命名和排列顺序如图 12-33～图 12-36 所示。需要说明的是,由于程序设计、调试的原因,文本编辑框、下拉列表框和按钮的命名不连续,这无关紧要,只要按照图中的命名和顺序做就不会与后面所给程序对不上号。所有【Label】控件的命名和顺序可以任意,但要设置其 Caption 属性。

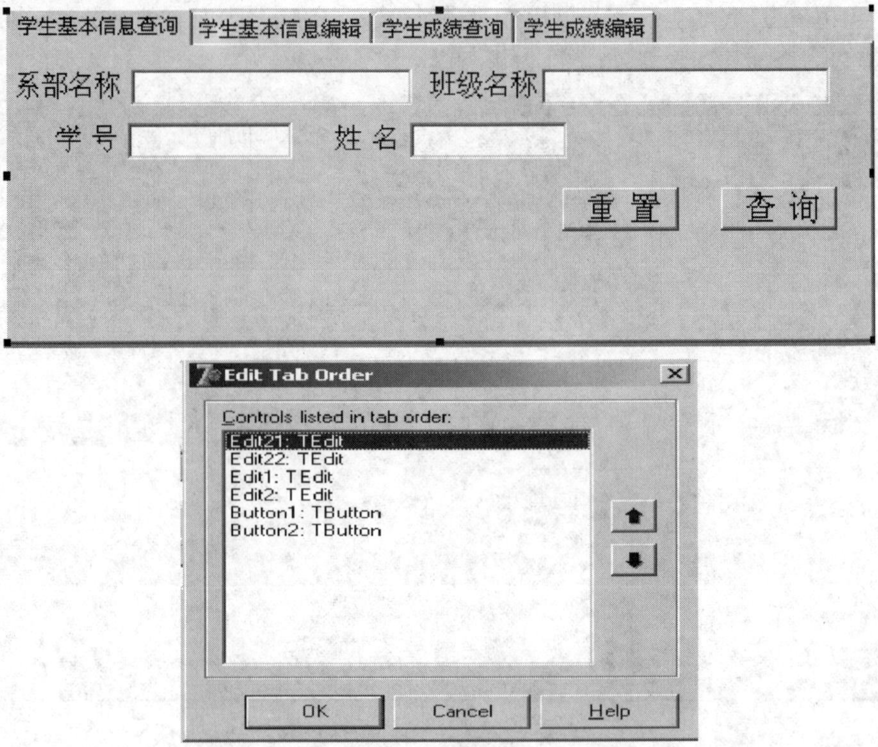

图 12 - 33 【TapSheet1】面板布局

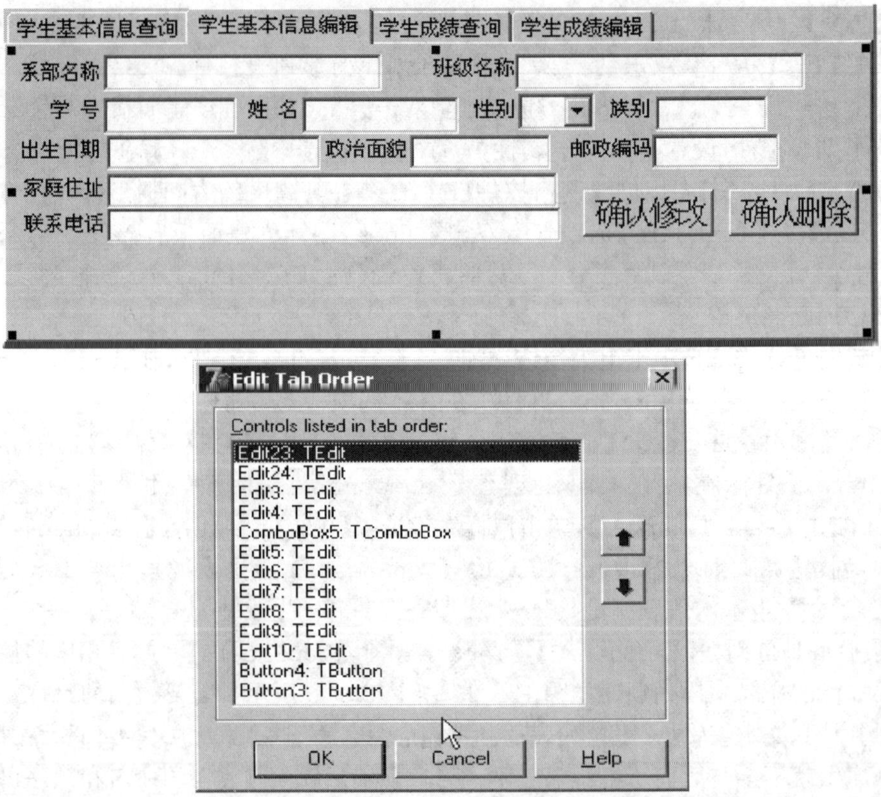

图 12 - 34 【TapSheet2】面板布局

图 12-35　【TapSheet3】面板布局

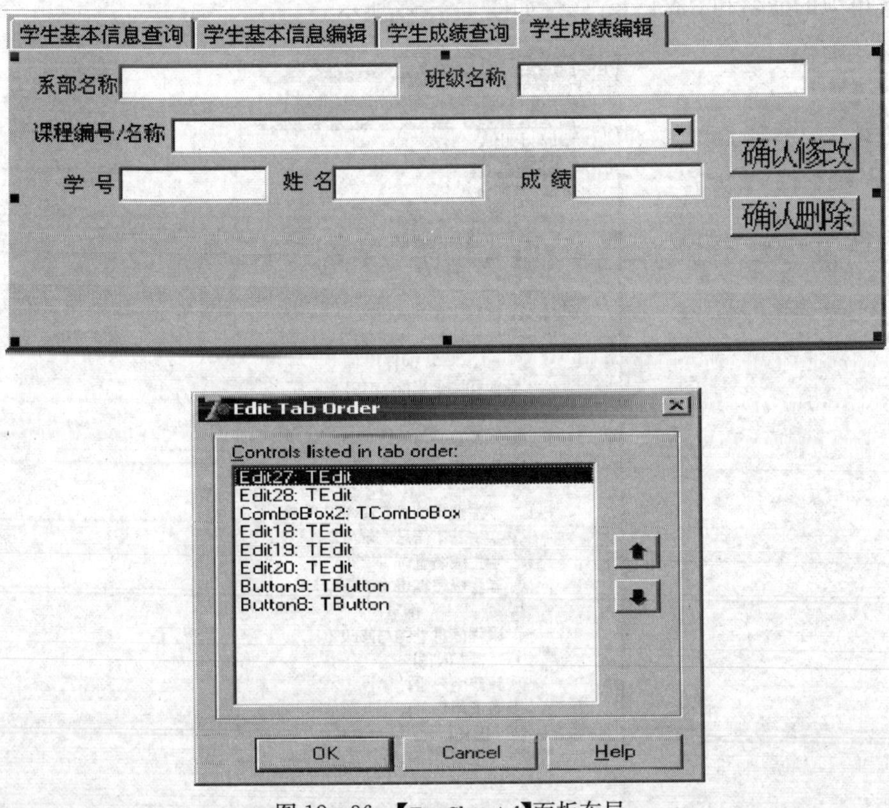

图 12-36　【TapSheet4】面板布局

④ 接下来要做的事情是分别设置【ADOQuery1】,【ADOQuery2】,【ADOQuery3】的 Connection属性为“form1.ADOConnection1”(注意,必须在 unit Unit2 的 uses 语句中添加 Unit1,后面要介绍的所有 Form 都要如此进行,目的是共用一个 ADO 连接对象),将 DataSource1 的 DataSet 属性为 ADOQuery3,DBGrid1 的 DataSource 属性设置为“DataSource1”。

⑤【MainMemu1】菜单的设计,只要双击【MainMemu1】控件,即可进入菜单设计界面,参见图 12-37。

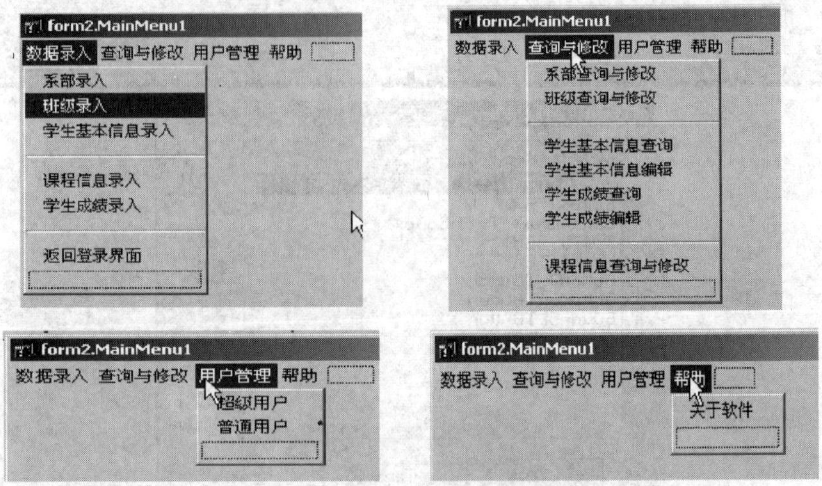

图 12-37 主菜单设计

各菜单项的命名和 Caption 属性如图 12-38 所示。

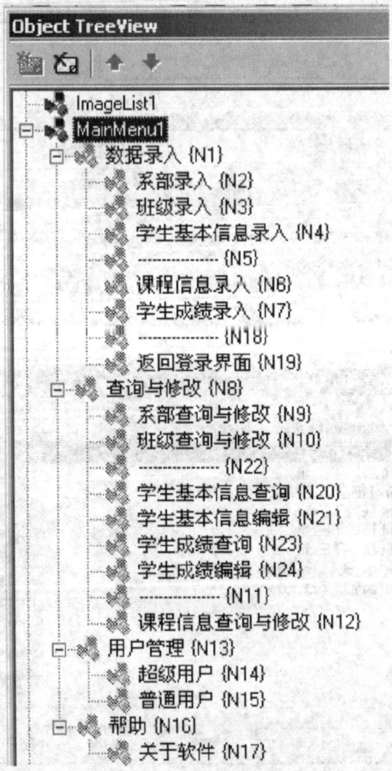

图 12-38 菜单项命名

⑥ 关于在工具栏【toolbar1】控件上添加按钮的方法很简单，只要在工具栏上单击鼠标右键，选择【New Button】弹出菜单即可，然后给【ImageList1】添加一组小图标（双击【ImageList1】弹出编辑窗体），再给工具栏上每个按钮分配一个小图标。

⑦ 为【Form2】中相关对象编制程序。按 F12 功能键进入代码编辑窗口，在 implementation 语句的上面输入两行自定义过程的申明：

```
procedure CombolboxList1;
procedure TreeViewShow;
```

过程 CombolboxList1 的功能是根据系部名称（Edit25.text）的内容自动为【ComboBox1】组合框添加列表项；过程【TreeViewShow】的作用是为【TreeView1】控件自动添加节点，显示系部和班级的层次关系。

然后在 implementation 语句的下面输入两个自定义过程的主体内容如下：

```
procedure CombolboxList1;
var
  s1,xbbh:string;
  i:integer;
begin
  with form2 do
  begin
    s1:=trim(edit25.Text);
    i:=pos('/',s1);
    if i>0 then
      xbbh:=copy(s1,1,i-1)
    else
      xbbh:='';
    adoquery1.Close;
    adoquery1.SQL.Clear;
    adoquery1.SQL.Add('select distinct 课程编号,课程名称 from 课程信息
表');
    if xbbh< > '' then adoquery1.SQL.Add(' where 系部编号='+quotedstr
(xbbh));
    adoquery1.Open;
    ComboBox1.Items.Clear;
    adoquery1.First;
    while not adoquery1.Eof do
    begin
      //将课程编号和课程名称添加到组合框中
      ComboBox1.Items.Add(adoquery1.Fieldbyname('课程编号').value
        + '/'+adoquery1.Fieldbyname('课程名称').value);
      adoquery1.Next;
```

```
      end;
    end;
  end;

  procedure TreeViewShow;
  var
    treenode1,treenode2:ttreenode;//定义节点
  begin
    form2.adoquery1.Close;
    form2.adoquery1.SQL.Clear;
    form2.adoquery1.SQL.Add('select distinct 系部编号,系部名称 from 系部
班级');
    form2.adoquery1.Open;
    form2.treeview1.Items.Clear;
    treenode1:=form2.treeview1.Items.Add(nil,'系部班级'); //添加根
目录
    form2.adoquery1.First;
    while not form2.adoquery1.Eof do
    begin
    //在根目录下添加子目录,文本为'系部编号/系部名称'字段的内容
      treenode2:=form2.treeview1.Items.Addchild(treenode1,
        form2.adoquery1.Fieldbyname('系部编号').value
        +'/'+form2.adoquery1.Fieldbyname('系部名称').value);
      form2.adoquery2.Close;
      form2.adoquery2.SQL.Clear;
      form2.adoquery2.SQL.Add('select * from 系部班级 where 系部名称=:
系部名称');
      form2.adoquery2.Parameters.ParamByName('系部名称').Value:=
form2.adoquery1.Fields[1].Value;
      form2.adoquery2.Open;
      //在系部名下再分别添加班级名称
      while not form2.adoquery2.Eof do
        begin
          form2.treeview1.Items.AddChild(treenode2,form2.adoquery2.
fieldbyname('班级编号').Value
            +'/'+form2.adoquery2.fieldbyname('班级名称').Value);
          form2.adoquery2.Next;
        end;
      form2.adoquery1.Next;
    end;
```

```
end;
```

从以上程序中的加粗字体部分语句的功能都是通过 ADOQuery 组件的 SQL 属性执行 SQL 语句。在后面的程序中很多都是用这种方法执行 SQL 语句的，这是一种基本方法。

【Form2】的 OnActive 事件编成如下：

```
procedure Tform2.FormActivate(Sender:TObject);
begin
  edit21.ReadOnly:=True;
  edit22.ReadOnly:=True;
  edit23.ReadOnly:=True;
  edit24.ReadOnly:=True;
  edit25.ReadOnly:=True;
  edit26.ReadOnly:=True;
  edit27.ReadOnly:=True;
  edit28.ReadOnly:=True;
  dbgrid1.ReadOnly:=True;
  edit3.ReadOnly:=True;
  edit18.ReadOnly:=True;
  edit19.ReadOnly:=True;
  TreeViewShow;
  comboboxlist1;
  StatusBar1.Panels[0].Text:=StatusBar1.Panels[0].Text
    + '当前用户是:'+form1.Edit1.Text;
  if trim(form1.Edit1.Text)='admin' then
    begin
      n14.Enabled:=True;
      n15.Enabled:=False;
    end
  else
    begin
      n14.Enabled:=False;
      n15.Enabled:=True;
    end;
end;
```

【Form2】的 OnCreate 事件的代码如下：

```
procedure Tform2.FormCreate(Sender:TObject);
begin
statusbar1.Panels[0].Width:=400;
statusbar1.Panels[1].Width:=130;
```

```
StatusBar1.Panels[1].Text:='今天是：'+datetostr(date);
StatusBar1.Panels[2].Text:='现在的时间是：'+timetostr(time);
StatusBar1.Panels[0].Text:='欢迎使用学生成绩管理系统!';

end;
```

【DbGrid1】的 OnCellClick 事件的代码如下：

```
procedure Tform2.DBGrid1CellClick(Column:TColumn);
begin
case pagecontrol1.TabIndex of
1:begin
  if not ADOQuery3.fieldbyname('学号').IsNull then
    edit3.Text:=trim(ADOQuery3.fieldbyname('学号').Value)
  else
    edit3.Text:='';
  if not ADOQuery3.fieldbyname('姓名').IsNull then
    edit4.Text:=trim(ADOQuery3.fieldbyname('姓名').Value)
  else
    edit4.Text:='';
  if not ADOQuery3.fieldbyname('性别').IsNull then
    combobox5.Text:=trim(ADOQuery3.fieldbyname('性别').Value)
  else
    combobox5.Text:='';
  if not ADOQuery3.fieldbyname('族别').IsNull then
    edit5.Text:=trim(ADOQuery3.fieldbyname('族别').Value)
  else
    edit5.Text:='';
  if not ADOQuery3.fieldbyname('出生日期').IsNull then
    edit6.Text:=trim(ADOQuery3.fieldbyname('出生日期').Value)
  else
    edit6.Text:='';
  if not ADOQuery3.fieldbyname('政治面貌').IsNull then
    edit7.Text:=trim(ADOQuery3.fieldbyname('政治面貌').Value)
  else
    edit7.Text:='';
  if not ADOQuery3.fieldbyname('邮政编码').IsNull then
    edit8.Text:=trim(ADOQuery3.fieldbyname('邮政编码').Value)
  else
    edit8.Text:='';
  if not ADOQuery3.fieldbyname('家庭住址').IsNull then
```

```
        edit9.Text:=trim(ADOQuery3.fieldbyname('家庭住址').Value)
      else
        edit9.Text:='';
      if not ADOQuery3.fieldbyname('联系电话').IsNull then
        edit10.Text:=trim(ADOQuery3.fieldbyname('联系电话').Value)
      else
        edit10.Text:='';
      end;
    3:begin
      if not ADOQuery3.fieldbyname('学号').IsNull then
        edit18.Text:=trim(ADOQuery3.fieldbyname('学号').Value)
      else
        edit18.Text:='';
      if not ADOQuery3.fieldbyname('姓名').IsNull then
        edit19.Text:=trim(ADOQuery3.fieldbyname('姓名').Value)
      else
        edit19.Text:='';
      if not ADOQuery3.fieldbyname('成绩').IsNull then
        edit20.Text:=trim(ADOQuery3.fieldbyname('成绩').Value)
      else
        edit20.Text:='';
      end;
    end;
    end;
```

【DbGrid1】的 OnKeyUp 事件的代码如下：

```
    procedure Tform2.DBGrid1KeyUp(Sender:TObject;var Key:Word;
      Shift:TShiftState);
    begin
      if(key=VK_UP)or(key=VK_DOWN)then
     begin
      case pagecontrol1.TabIndex of
      1:begin
        if not ADOQuery3.fieldbyname('学号').IsNull then
            edit3.Text:=trim(ADOQuery3.fieldbyname('学号').Value)
        else
          edit3.Text:='';
        if not ADOQuery3.fieldbyname('姓名').IsNull then
            edit4.Text:=trim(ADOQuery3.fieldbyname('姓名').Value)
        else
```

```
    edit4.Text:='';
  if not ADOQuery3.fieldbyname('性别').IsNull then
    combobox5.Text:=trim(ADOQuery3.fieldbyname('性别').Value)
  else
    combobox5.Text:='';
  if not ADOQuery3.fieldbyname('族别').IsNull then
    edit5.Text:=trim(ADOQuery3.fieldbyname('族别').Value)
  else
    edit5.Text:='';
  if not ADOQuery3.fieldbyname('出生日期').IsNull then
    edit6.Text:=trim(ADOQuery3.fieldbyname('出生日期').Value)
  else
    edit6.Text:='';
  if not ADOQuery3.fieldbyname('政治面貌').IsNull then
    edit7.Text:=trim(ADOQuery3.fieldbyname('政治面貌').Value)
  else
    edit7.Text:='';
  if not ADOQuery3.fieldbyname('邮政编码').IsNull then
    edit8.Text:=trim(ADOQuery3.fieldbyname('邮政编码').Value)
  else
    edit8.Text:='';
  if not ADOQuery3.fieldbyname('家庭住址').IsNull then
    edit9.Text:=trim(ADOQuery3.fieldbyname('家庭住址').Value)
  else
    edit9.Text:='';
  if not ADOQuery3.fieldbyname('联系电话').IsNull then
    edit10.Text:=trim(ADOQuery3.fieldbyname('联系电话').Value)
  else
    edit10.Text:='';
  end;
3:begin
  if not ADOQuery3.fieldbyname('学号').IsNull then
    edit18.Text:=trim(ADOQuery3.fieldbyname('学号').Value)
  else
    edit18.Text:='';
  if not ADOQuery3.fieldbyname('姓名').IsNull then
    edit19.Text:=trim(ADOQuery3.fieldbyname('姓名').Value)
  else
    edit19.Text:='';
  if not ADOQuery3.fieldbyname('成绩').IsNull then
```

```
        edit20.Text:=trim(ADOQuery3.fieldbyname('成绩').Value)
      else
        edit20.Text:='';
      end;
    end;
  end;
end;
```

选择【TabSheet1】标签页，为【重置】按钮(Button1)的 OnClick 事件编写如下代码：

```
procedure Tform2.Button1Click(Sender:TObject);
begin
  edit1.Text:='';
  edit2.Text:='';
  edit21.Text:='';
  edit22.Text:='';
end;
```

为【查询】按钮(Button2)的 OnClick 事件编写如下代码：

```
procedure Tform2.Button2Click(Sender:TObject);
var
  bjbh,xh,xm,s1,s2:string;
  i:integer;
begin
  s1:=trim(edit22.Text);
  i:=pos('/',s1);
  if i>0 then
    bjbh:=copy(s1,1,i-1)
  else
    bjbh:='';
  xh:=trim(edit1.Text);
  xm:=trim(edit2.text);
  s1:='select * from 学生基本信息表';
  s2:=' order by 学号';
  if(bjbh<>'')and(xh<>'')and(xm<>'')then
    s1:=s1+' where 班级编号='+quotedstr(bjbh)
      +' and 学号='+quotedstr(xh)
      +' and 姓名='+quotedstr(xm)+s2
  else if(bjbh<>'')and(xh<>'')and(xm='')then
    s1:=s1+' where 班级编号='+quotedstr(bjbh)
      +' and 学号='+quotedstr(xh)+s2
```

```
  else if(bjbh< > '')and(xh='')and(xm< > '')then
    s1:=s1+ 'where 班级编号='+quotedstr(bjbh)
      + 'and 姓名='+quotedstr(xm)+s2
  else if(bjbh< > '')and(xh='')and(xm='')then
    s1:=s1+ 'where 班级编号='+quotedstr(bjbh)+s2
  else if(bjbh='')and(xh< > '')and(xm< > '')then
    s1:=s1+ 'where 学号='+quotedstr(xh)
      +'and 姓名='+quotedstr(xm)+s2
  else if(bjbh='')and(xh< > '')and(xm='')then
      s1:=s1+ 'where 学号='+quotedstr(xh)+s2
  else if(bjbh='')and(xh='')and(xm< > '')then
    s1:=s1+ 'where 姓名='+quotedstr(xm)+s2
  else if(bjbh='')and(xh='')and(xm='')then
    s1:=s1+s2;
  adoquery3.Close;
  adoquery3.SQL.Clear;
  adoquery3.SQL.Add(s1);
  adoquery3.Open;

end;
```

以上程序实现了根据不同的输入条件自动形成 SQL 语句并进行查询，结果在【DBGrid1】中。

现在为【TreeView1】控件的 OnDblClick 事件编成如下：

```
procedure Tform2.TreeView1DblClick(Sender:TObject);
var
  xb,bj:string;
  i:integer;
begin
  if not treeview1.Selected.HasChildren then
    //当双击树形目录中的班级名称时将系部名称和班级名称赋值给相应的文本编辑框
    begin
      bj:=trim(treeview1.Selected.Text);
      xb:=trim(treeview1.Selected.Parent.Text);
      edit21.Text:=xb;
      edit22.Text:=bj;
      edit23.Text:=xb;
      edit24.Text:=bj;
      edit25.Text:=xb;
```

```
      edit26.Text:=bj;
      edit27.Text:=xb;
      edit28.Text:=bj;
      ComboboxList1;
      for i:=0 to Combobox1.Items.Count do
        Combobox2.Items.Add(Combobox1.Items.Strings[i]);
    end;
  end;
```

选择【TabSheet2】标签页，单击【ComboBox5】控件，编辑其 Items 属性，添加两行文本："男"和"女"，为【确认修改】按钮(Button4)的 OnClick 事件编写如下代码：

```
  procedure Tform2.Button4Click(Sender:TObject);
  var
    bjbh,s1:string;
    i:integer;
  begin
      if(trim(edit3.Text)='')or(trim(edit4.Text)='')then
      application.MessageBox('必须指定学号和姓名！','提示',mb_ok)
    else
    begin
      try
        s1:=trim(edit24.Text);
        i:=pos('/',s1);
        if i>0 then
          bjbh:=copy(s1,1,i-1)
        else
          bjbh:='';
        adoquery1.close;
        adoquery1.sql.clear;
        s1:='update 学生基本信息表 set 姓名='+quotedstr(trim(edit4.Text))
          +',性别='+quotedstr(trim(combobox5.Text))
          +',族别='+quotedstr(trim(edit5.Text))
         //+',出生日期='+strtodatetime(Edit6.Text)
          +',出生日期=:出生日期'
          +',政治面貌='+quotedstr(trim(edit7.Text))
          +',邮政编码='+quotedstr(trim(edit8.Text))
          +',家庭住址='+quotedstr(trim(edit9.Text))
          +',联系电话='+quotedstr(trim(edit10.Text))
          +',班级编号='+quotedstr(bjbh)
          +'where 学号='+quotedstr(trim(edit3.Text));
```

```
        Adoquery1.sql.add(s1);
        Adoquery1.parameters.parambyname('出生日期').value:=strtoda-
tetime(Edit6.Text);
        Adoquery1.ExecSQL;
        adoquery3.Requery();
        application.MessageBox('学生基本信息修改成功!','提示',mb_ok);
      except
        on E:Exception do
          messagedlg(E.Message,mterror,[mbok],0);
      end;
    end;
  end;
```

为【确认删除】按钮(Button3)的 OnClick 事件编写如下代码:

```
  procedure Tform2.Button3Click(Sender:TObject);
  begin
    if(trim(edit3.Text)='')or(trim(edit4.Text)='')then
      application.MessageBox('未选择要删除的纪录!','提示',mb_ok)
    else if application.MessageBox('你确实要删除当前纪录吗?','警告!',
mb_okcancel)=idok then
      begin
        adoquery1.close;
        adoquery1.sql.clear;
         Adoquery1.sql.add('delete from 学生基本信息表 where 学号='+
quotedstr(trim(edit3.Text))
           + ' and 姓名='+quotedstr(trim(edit4.Text)));
        Adoquery1.ExecSQL;
        adoquery3.Requery();
        //或者使用下面的1条语句替代上面5条语句
        //adoquery3.Delete;
        application.MessageBox('学生记录删除成功!','提示',mb_ok);
      end;

  end;
```

选择【TabSheet3】标签页,为【重置】按钮(Button7)的 OnClick 事件编写如下代码:

```
  procedure Tform2.Button7Click(Sender:TObject);
  begin
    edit13.Text:='';
```

```
  edit14.Text:='';
 end;
```

为【模糊查询】按钮(Button6)的 OnClick 事件编写如下代码：

```
procedure Tform2.Button6Click(Sender:TObject);
var
  s1:string;

begin
  DBgrid1.Font.Color:=clteal;
  try
    //只根据学号或姓名进行模糊查询
    adoquery3.close;
    adoquery3.sql.clear;
    s1:='select * from 成绩视图';
    if(trim(edit13.Text)<>'')and(trim(edit14.Text)<>'')then
      s1:=s1+' where 学号 like '+quotedstr('%'+trim(edit13.Text)+'%')
        +' or 姓名 like '+quotedstr('%'+trim(edit14.Text)+'%')
    else if(trim(edit13.Text)<>'')and(trim(edit14.Text)='')then
      s1:=s1+' where 学号 like '+quotedstr('%'+trim(edit13.Text)+'%')
    else if(trim(edit13.Text)='')and(trim(edit14.Text)<>'')then
      s1:=s1+' where 姓名 like '+quotedstr('%'+trim(edit14.Text)+'%');
    Adoquery3.sql.add(s1);
    Adoquery3.Open;
  except
    on E:Exception do
      messagedlg(E.Message,mterror,[mbok],0);
  end;
```

为【精确查询】按钮(Button5)的 OnClick 事件编写如下代码：

```
procedure Tform2.Button5Click(Sender:TObject);
var
  s1,bjbh,kcbh:string;
  i:integer;
begin
  DBgrid1.Font.Color:=clteal;
  if (trim (edit25.Text) = '') or (trim (edit26.Text) = '') or (trim
(combobox1.Text)='')then
    application.MessageBox('数据不完整！','提示',mb_ok)
  else
```

```
    try
      //根据多个条件进行精确查询
      s1:=trim(ComboBox1.Text);
      i:=pos('/',s1);
      if i>0 then
        kcbh:=copy(s1,1,i-1)
      else
        kcbh:='';
      s1:=trim(edit26.Text);
      i:=pos('/',s1);
      if i>0 then
        bjbh:=copy(s1,1,i-1)
      else
        bjbh:='';
      adoquery3.close;
      adoquery3.sql.clear;
      s1:='select * from 成绩视图'
        +' where 班级编号='+quotedstr(bjbh)
        +' and 课程编号='+quotedstr(kcbh);
      if trim(edit13.Text)<>'' then
        s1:=s1+' and 学号='+quotedstr(trim(edit13.Text));
      if trim(edit14.Text)<>'' then
        s1:=s1+' and 姓名='+quotedstr(trim(edit14.Text));
      Adoquery3.sql.add(s1);
      Adoquery3.Open;
    except
      on E:Exception do
        messagedlg(E.Message,mterror,[mbok],0);
    end;
  end;
```

选择【TabSheet4】标签页，为【确认修改】按钮(Button9)的 OnClick 事件编写如下代码：

```
  procedure Tform2.Button9Click(Sender:TObject);
  var
    xh,xm,kcbh,s1:string;
    i:integer;
    cj:variant;
  begin
    s1:=trim(combobox2.Text);
```

```
  i:=pos('/',s1);
  if i>0 then
    kcbh:=copy(s1,1,i-1)
  else
    kcbh:='';
  xh:=trim(edit18.Text);
  xm:=trim(edit19.Text);
  cj:=strtofloat(Edit20.Text);
  if(xh='')or(xm='')or(kcbh='')then
    application.MessageBox('必须指定学号、姓名和课程编号！','提示',mb_ok)
  else
  begin
    try
      adoquery1.close;
      adoquery1.sql.clear;
      s1:='update 成绩表 set 成绩=:cj'
        +' where 学号='+quotedstr(trim(edit18.Text))
        +' and 课程编号='+quotedstr(kcbh);
      Adoquery1.sql.add(s1);
      Adoquery1.parameters.parambyname('cj').value:=cj;
      Adoquery1.ExecSQL;
      adoquery3.Requery();
    except
      on E:Exception do
        messagedlg(E.Message,mterror,[mbok],0);
    end;
  end;
end;
```

为【确认删除】按钮(Button8)的 OnClick 事件编写如下代码：

```
procedure Tform2.Button8Click(Sender:TObject);
var
  xh,xm,kcbh,s1:string;
  i:integer;
begin
  s1:=trim(combobox2.Text);
  i:=pos('/',s1);
  if i>0 then
    kcbh:=copy(s1,1,i-1)
  else
```

```
    kcbh:='';
   xh:=trim(edit18.Text);
   xm:=trim(edit19.Text);
   if(xh='')or(xm='')or(kcbh='')then
    application.MessageBox('必须指定学号、姓名和课程编号!','提示',mb_ok)
   else if application.MessageBox('你确实要删除当前纪录吗?','警告!',
mb_okcancel)=idok then
    begin
      adoquery1.close;
      adoquery1.sql.clear;
      Adoquery1.sql.add('delete from 成绩表 where 学号='+quotedstr(xh)
        +' and 课程编号='+quotedstr(kcbh));
      Adoquery1.ExecSQL;
      adoquery3.Requery();
      //或者使用下面的1条语句替代上面5条语句
      //adoquery3.Delete;
      application.MessageBox('学生成绩删除成功!','提示',mb_ok);
    end;

  end;
```

单击【学生基本信息查询】页面标签(PageControl1),编写其 OnChange 事件代码如下:

```
  procedure Tform2.PageControl1Change(Sender:TObject);
  var
    s1,s2,bjbh,kcbh:string;
    i:integer;
  begin
    case pagecontrol1.TabIndex of
    1:begin
       s1:=trim(edit24.Text);
       i:=pos('/',s1);
       if i>0 then
         bjbh:=copy(s1,1,i-1)
      else
        bjbh:='';
        s1:='select * from 学生基本信息表';
        s2:=' order by 学号';
        if(bjbh<>'')then
          s1:=s1+' where 班级编号='+quotedstr(bjbh)+s2
        else
```

```
        s1:=s1+s2;
      adoquery3.Close;
      adoquery3.SQL.Clear;
      adoquery3.SQL.Add(s1);
      adoquery3.Open;
    end;
  0,2:begin
    adoquery3.Close;
    adoquery3.SQL.Clear;
      end;
  3:begin
      edit18.Text:='';
      edit19.Text:='';
      edit20.Text:='';
      s1:=trim(edit28.Text);
      i:=pos('/',s1);
      if i>0 then
        bjbh:=copy(s1,1,i-1)
     else
       bjbh:='';
      s1:=trim(combobox2.Text);
      i:=pos('/',s1);
      if i>0 then
        kcbh:=copy(s1,1,i-1)
     else
       kcbh:='';
     s1:='select * from 成绩视图';
     s2:=' order by 学号';
     if(bjbh<>'')and(kcbh<>'')then
       s1:=s1+' where 班级编号='+quotedstr(bjbh)
         +' and 课程编号='+quotedstr(kcbh)+s2
     else if(bjbh<>'')and(kcbh='')then
       s1:=s1+' where 班级编号='+quotedstr(bjbh)+s2
     else if(bjbh='')and(kcbh<>'')then
       s1:=s1+' where 课程编号='+quotedstr(kcbh)+s2
     else if(bjbh='')and(kcbh<>'')then
       s1:=s1+s2;
     adoquery3.Close;
     adoquery3.SQL.Clear;
     adoquery3.SQL.Add(s1);
```

```
        adoquery3.Open;
      end;
    end;
  end;
```

以上程序的功能是当选择不同的页面标签时,自动更新【DBGrid1】的内容。

至此,Form2 的设计和编程基本结束,只剩下为各菜单项和工具栏上按钮的 Click 事件代码未写,留待最后说明。

3. 创建增加系部编号和名称界面【Form3】

【Form3】界面如图 12－39 所示,其中包含 ADOQuery1 控件。

图 12－39 增加系部编号和名称表单布局

设置【Form3】的 BorderIcons 的属性为“[]”,BorderStyle 的属性为“bsSingle”。这里约定,后面将介绍的所有 Form 的这两个属性和【Form3】相同。

现在为【增加】按钮(Button3)的 Click 事件编写代码如下:

```
procedure TForm3.Button3Click(Sender: TObject);
begin
  if(edit1.Text='')or(edit2.Text='')then
  begin
    application.MessageBox('信息不完整!','提示',mb_ok);
    exit;
  end
```

```
    else
      adoquery1.close;
      adoquery1.sql.clear;
      try
        Adoquery1.sql.add('insert into 系部表 (系部编号,系部名称)'
        + 'values(:xbbh,:xbmc)');
        Adoquery1.Parameters.ParamByName('xbbh').Value:=''+edit1.text+ '';
        Adoquery1.Parameters.ParamByName('xbmc').Value:=''+edit2.Text+ '';
        Adoquery1.ExecSQL;
        application.MessageBox('数据已录入!','提示',mb_ok);
      except
        on E:Exception do
          application.MessageBox('系部名称和系部编号不能重复!','提示',
mb_ok);
      end;
      edit1.Text:='';
      edit2.Text:='';

  end;
```

为【重置】按钮(Button2)的 Click 事件编写代码如下:

```
procedure TForm3.Button2Click(Sender:TObject);
begin
  edit1.text:='';
  edit2.Text:='';
end;
```

为【返回】按钮(Button1)的 Click 事件编写代码如下:

```
procedure TForm3.Button1Click(Sender:TObject);
begin
  form3.Close ;
end;
```

4. 创建增加班级编号和名称界面【Form4】

【Form4】界面如图 12 - 40 所示,其中包含 ADOQuery1 控件。
为【增加】按钮(Button3)的 Click 事件编写代码如下:

```
procedure TForm4.Button3Click(Sender:TObject);
begin
  if(combobox1.Text='')or(edit1.Text='')or(edit2.Text='')then
```

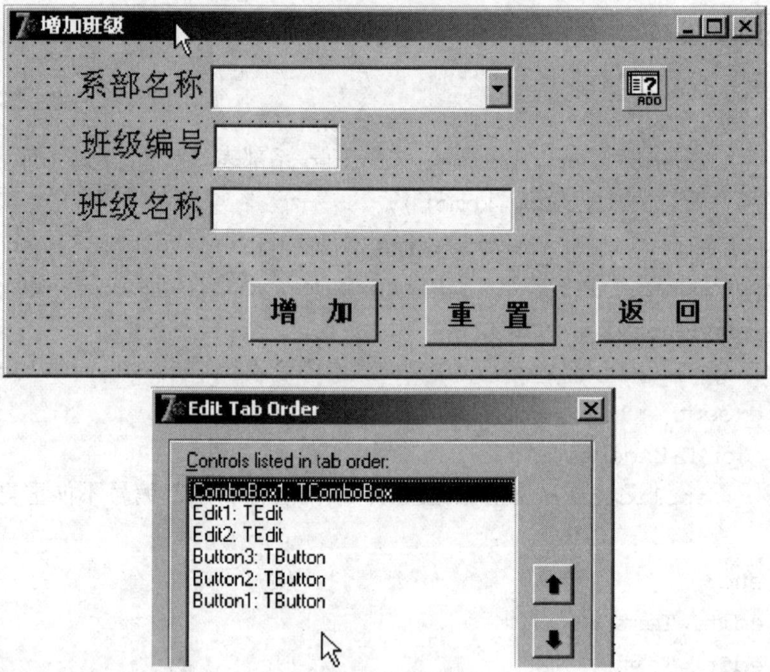

图 12-40 增加系部编号和名称表单布局

```
    begin
      application.MessageBox('信息不完整！','提示',mb_ok);
      exit;
    end
    else
      adoquery1.close;
      adoquery1.sql.clear;
      try
        Adoquery1.sql.add('insert into 班级表 (班级编号,系部编号,班级名
称)'
        +'values(:bjbh,:xbbh,:bjmc)');
        Adoquery1.Parameters.ParamByName('bjbh').Value:=''+edit1.text+'';
        Adoquery1.Parameters.ParamByName('xbbh').Value:=''+copy(com-
bobox1.text,0,2)+'';
        Adoquery1.Parameters.ParamByName('bjmc').Value:=''+edit2.Text+'';
        Adoquery1.ExecSQL;
        TreeViewShow;
        application.MessageBox('数据已录入！','提示',mb_ok);
      except
        on E:Exception do
         messagedlg(E.Message,mterror,[mbok],0);
```

```
    end;
    edit1.Text:='';
    edit2.Text:='';

end;
```

为【重置】按钮(Button2)的 Click 事件编写代码如下：

```
procedure TForm4.Button2Click(Sender:TObject);
begin
  combobox1.Text:='';
  edit1.Text:='';
  edit2.Text:='';
end;
```

为【返回】按钮(Button1)的 Click 事件编写代码如下：

```
procedure TForm4.Button1Click(Sender:TObject);
begin
  form4.Close;
end;
```

5. 创建学生基本信息录入界面【Form5】

【Form5】界面如图 12-41 所示。其中包含【ADOQuery1】、【ADOQuery2】、【ADOQuery3】、【DataSource1】组件。3 个 ADOQuery 组件的 Connection 属性值为 form1.ADOConnection1,【DataSource1】的 DataSet 属性值为 ADOQuery3,【DBGrid1】的 DataSource 属性值为 DataSource1。

图 12-41 中右下角表示的 3 个按钮控件是建立在 GroupBox1 容器控件上的。选中【Form5】,按 F12 进入代码编辑窗口,在 implementation 语句上方输入：

```
procedure ComboboxList1;
procedure ComboboxList2;
procedure initialize;
```

以上为 3 个用户自定义过程,具体内容如下(在 implementation 语句下方输入)：

```
procedure ComboboxList1;
begin
    form5.adoquery1.Close;
    form5.adoquery1.SQL.Clear;
    form5.adoquery1.SQL.Add('select distinct 系部编号,系部名称 from 系部班级');
    form5.adoquery1.Open;
```

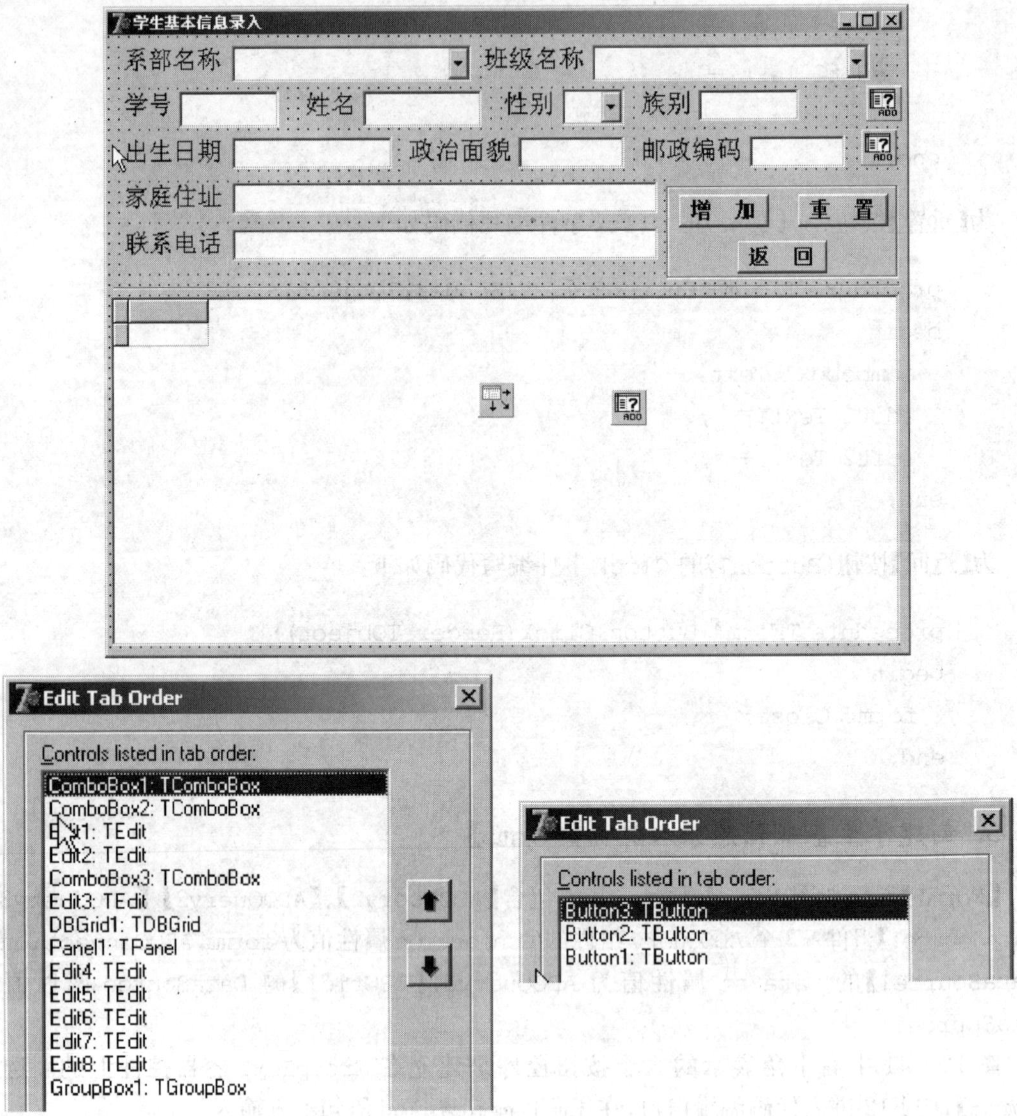

图12-41 学生基本信息输入表单布局

```
        form5.ComboBox1.Items.Clear;
        form5.adoquery1.First;
        while not form5.adoquery1.Eof do
        begin
          //将系部编号和系部名称添加到组合框中
          form5.ComboBox1.Items.Add(form5.adoquery1.Fieldbyname('系部编号').
value
          +'/'+form5.adoquery1.Fieldbyname('系部名称').value);
          form5.adoquery1.Next;
        end;
```

```
end;
procedure ComboboxList2;
var
  s1,xbbh:string;
  i:integer;
begin
  s1:=form5.ComboBox1.Text;
  i:=pos('/',s1);
  if i>0 then
    xbbh:=copy(s1,1,i-1)
  else
   xbbh:='';
   form5.ComboBox2.Text:='';
   form5.adoquery2.Close;
   form5.adoquery2.SQL.Clear;
   form5.adoquery2.SQL.Add('select 班级编号,班级名称 from 班级表 where
系部编号=:系部编号');
   form5.adoquery2.Parameters.ParamByName('系部编号').Value:=xbbh;
   form5.adoquery2.Open;
   form5.ComboBox2.Items.Clear;
   form5.adoquery2.First;
   while not form5.adoquery2.Eof do
   begin
     //将班级编号和班级名称添加到组合框中
     form5.ComboBox2.Items.Add(form5.adoquery2.Fieldbyname('班级编号').value
      + '/'+form5.adoquery2.Fieldbyname('班级名称').value);
     form5.adoquery2.Next;
   end;
end;

procedure initialize;
begin
  form5.edit1.Text:='';
  form5.edit2.Text:='';
  form5.combobox3.Text:='';
  form5.edit3.Text:='';
  form5.edit4.Text:='';
  form5.edit5.Text:='';
  form5.edit6.Text:='';
  form5.edit7.Text:='';
```

```
  form5.edit8.Text:='';
end;
```

设置【ComboBox3】的列表项为“男”和“女”。设置【Form5】的 OnActive 事件代码如下：

```
procedure TForm5.FormActivate(Sender:TObject);
begin
  comboboxlist1;
  initialize;
  dbgrid1.DataSource.AutoEdit:=false;
end;

procedure TForm5.ComboBox1Change(Sender:TObject);
begin
  comboboxlist2;
end;

procedure TForm5.ComboBox2Change(Sender:TObject);
var
  s1,bjbh:string;
  i:integer;
begin
  s1:=combobox2.Text;
  i:=pos('/',s1);
  if i>0 then
    bjbh:=copy(s1,1,i-1)
  else
    bjbh:='';
   form5.adoquery3.Close;
   form5.adoquery3.SQL.Clear;
   form5.adoquery3.SQL.Add('select * from 学生基本信息表 where 班级编
号=:班级编号');
   form5.adoquery3.Parameters.ParamByName('班级编号').Value:=bjbh;
   form5.adoquery3.Open;

end;
```

设置【ComboBox1】的 OnChange 事件的代码如下：

```
procedure TForm5.ComboBox1Change(Sender:TObject);
begin
  comboboxlist2;
```

```
end;
```

设置【ComboBox2】的 OnChange 事件的代码如下：

```
procedure TForm5.ComboBox2Change(Sender:TObject);
var
  s1,bjbh:string;
  i:integer;
begin
  s1:=combobox2.Text;
  i:=pos('/',s1);
  if i>0 then
    bjbh:=copy(s1,1,i-1)
  else
    bjbh:='';
  form5.adoquery3.Close;
  form5.adoquery3.SQL.Clear;
  form5.adoquery3.SQL.Add('select * from 学生基本信息表 where 班级编
号=:班级编号');
  form5.adoquery3.Parameters.ParamByName('班级编号').Value:=bjbh;
  form5.adoquery3.Open;

end;
```

设置【增加】按钮(Button3)的 OnClick 事件代码如下：

```
procedure TForm5.Button3Click(Sender:TObject);
var
  s1,bjbh:string;
  i:integer;
begin
  s1:=combobox2.Text;
  i:=pos('/',s1);
  if i>0 then
    bjbh:=copy(s1,1,i-1)
  else
    bjbh:='';      //取班级编号
  if (edit1.Text='') or (edit2.Text='') or (edit3.Text='') or (combobox1.
Text='')
      or(combobox2.Text='')or(combobox3.Text='')then
    begin
      application.MessageBox('信息不完整！','提示',mb_ok);
```

```
        //规定系部名称、班级名称、学号、姓名、性别、民族为必须输入项
        exit;
      end
    else
      begin
        adoquery1.close;
        adoquery1.sql.clear;
        try
          s1:='insert into 学生基本信息表(学号,姓名,性别,族别,出生日期,';
          s1:=s1+'政治面貌,家庭住址,联系电话,邮政编码,班级编号)';
          s1:=s1+'values(:1,:2,:3,:4,:5,:6,:7,:8,:9,:10)';
          Adoquery1.SQL.Add(s1);
          Adoquery1.parameters.parambyname('1').value:=Edit1.Text;
          Adoquery1.parameters.parambyname('2').value:=Edit2.Text;
          Adoquery1.parameters.parambyname('3').value:=combobox3.Text;
          Adoquery1.parameters.parambyname('4').value:=Edit3.Text;
          Adoquery1.parameters.parambyname('5').value:=strtodatetime
(Edit4.Text);
          Adoquery1.parameters.parambyname('6').value:=Edit5.Text;
          Adoquery1.parameters.parambyname('7').value:=Edit7.Text;
          Adoquery1.parameters.parambyname('8').value:=Edit8.Text;
          Adoquery1.parameters.parambyname('9').value:=Edit6.Text;
          Adoquery1.parameters.parambyname('10').value:=bjbh;
          Adoquery1.execsql;
          form5.ADOQuery3.Requery();
          Application.MessageBox('数据增加成功!','提示',mb_ok);
        except
          on E:Exception do
            messagedlg(E.Message,mterror,[mbok],0);
        end;
      end;

  end;
```

设置【重置】按钮(Button2)的 OnClick 事件代码如下：

```
procedure TForm5.Button2Click(Sender:TObject);
begin
  initialize;
end;
```

设置【返回】按钮(Button1)的 OnClick 事件代码如下:

```
procedure TForm5.Button1Click(Sender: TObject);
begin
  form5.Close;
end;
```

6. 创建课程信息录入界面【Form6】

【Form6】界面如图 12-42 所示。其中包含【ADOQuery1】、【ADOQuery2】、【DataSource1】组件。两个 ADOQuery 组件的 Connection 属性值为 form1.ADOConnection1,【DataSource1】的 DataSet 属性值为 ADOQuery2,【DBGrid1】的 DataSource 属性值为 DataSource1。

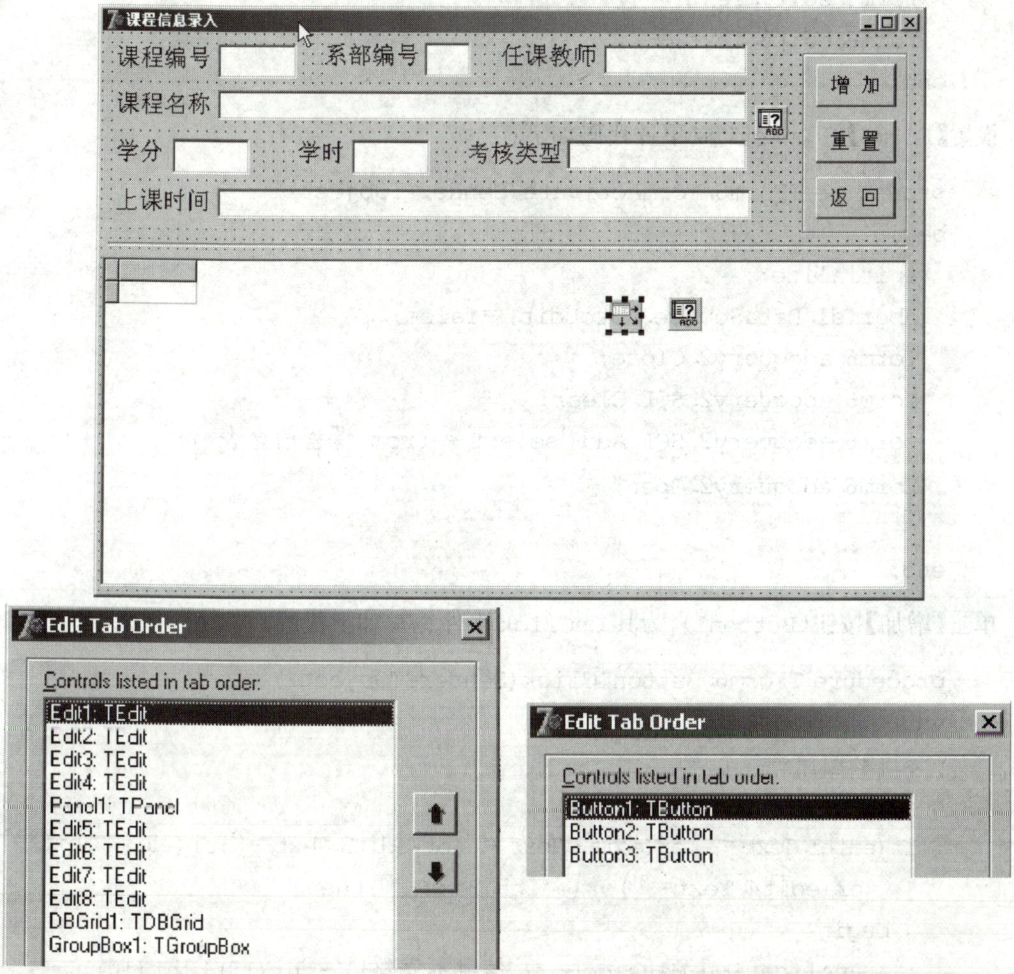

图 12-42 课程信息录入界面布局

图 12-42 中右下角表示的 3 个按钮控件是建立在【GroupBox1】容器控件上的。选中【Form6】,按 F12 键进入代码编辑窗口,在 implementation 语句上方输入:

```
procedure initialize;
```

以上为用户自定义过程，具体内容如下（在 implementation 语句下方输入）：

```
procedure initialize;
begin
  form6.edit1.Text:='';
  form6.edit2.Text:='';
  form6.edit3.Text:='';
  form6.edit4.Text:='';
  form6.edit5.Text:='';
  form6.edit6.Text:='';
  form6.edit7.Text:='';
  form6.edit8.Text:='';
end;
```

设置【Form6】的 OnActive 事件代码如下：

```
procedure TForm6.FormActivate(Sender:TObject);
begin
  initialize;
  dbgrid1.DataSource.AutoEdit:=false;
  form6.adoquery2.Close;
  form6.adoquery2.SQL.Clear;
  form6.adoquery2.SQL.Add('select * from 课程信息表');
  form6.adoquery2.Open;

end;
```

单击【增加】按钮(Button1)，为其 OnClick 事件编写如下代码：

```
procedure TForm6.Button1Click(Sender:TObject);
var
  s1:string;
begin
  if(edit1.Text='')or(edit2.Text='')or(edit3.Text='')or(edit4.Text='')
      or(edit4.Text='')or(edit5.Text='')then
    begin
      application.MessageBox('信息不完整！'+chr(13)+chr(10)
        +'课程编号、课程名称、学分、学时、考核类型为必须输入项！','提示',
mb_ok);
      //规定课程编号、课程名称、学分、学时、考核类型为必须输入项
      exit;
    end
```

```
    else
      begin
        adoquery1.close;
        adoquery1.sql.clear;
        try
          s1:='insert into 课程信息表(课程编号,课程名称,学分,学时,考核
类型,';
          s1:=s1+ '任课教师,系部编号,上课时间)';
          s1:=s1+ 'values('+ quotedstr(trim(edit1.Text))+ ','+quoted-
str(trim(edit4.Text))
          + ','+trim(edit5.Text)+ ','+trim(edit6.Text)+ ','+quotedstr
  (trim(edit7.Text))
          + ','+quotedstr(trim(edit3.Text))+ ','+quotedstr(trim(edit2.Text))
          + ','+quotedstr(trim(edit8.Text))+ ')';
          Adoquery1.SQL.Add(s1);
          {以下 10 条语句的功能与上面 2 条语句的功能相同,可任选其一,都是实
  现动态 SQL 语句
          s1:=s1+ 'values(:1,:2,:3,:4,:5,:6,:7,:8)';
          Adoquery1.SQL.Add(s1);
          Adoquery1.parameters.parambyname('1').value:=Edit1.Text;
          Adoquery1.parameters.parambyname('2').value:=Edit4.Text;
          Adoquery1.parameters.parambyname('3').value:=strtofloat(trim
(Edit5.Text));
          Adoquery1.parameters.parambyname('4').value:=strtofloat(trim
(Edit6.Text));
          Adoquery1.parameters.parambyname('5').value:=Edit7.Text;
          Adoquery1.parameters.parambyname('6').value:=edit3.Text;
          Adoquery1.parameters.parambyname('7').value:=Edit2.Text;
          Adoquery1.parameters.parambyname('8').value:=Edit8.Text;
          }
          Adoquery1.execsql;
          form6.ADOQuery2.Requery();
          Application.MessageBox('数据增加成功!','提示',mb_ok);
        except
          on E:Exception do
            messagedlg(E.Message,mterror,[mbok],0);
        end;
      end;

  end;
```

单击【重置】按钮(Button2),为其 OnClick 事件编写如下代码:

```
procedure TForm6.Button2Click(Sender:TObject);
begin
  initialize;
end;
```

单击【返回】按钮(Button3),为其 OnClick 事件编写如下代码:

```
procedure TForm6.Button3Click(Sender:TObject);
begin
  form6.Close;
end;
```

7. 创建学生成绩录入界面【Form7】

【Form7】界面如图 12 - 43 所示。其中包含【ADOQuery1】、【ADOQuery2】、

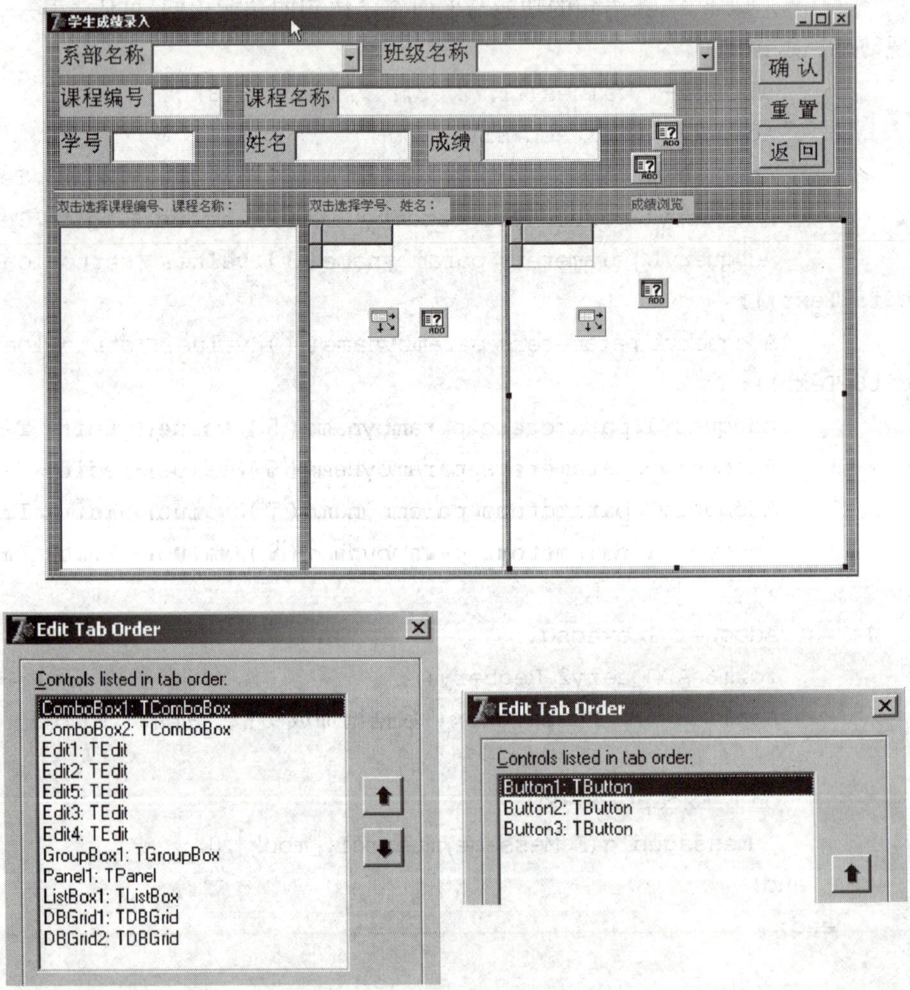

图 12 - 43　学生成绩录入界面布局

【ADOQuery3】、【ADOQuery4】、【DataSource1】、【DataSource2】组件。4 个 ADOQuery 组件的 Connection 属性值为 form1.ADOConnection1,【DataSource1】的 DataSet 属性值为 ADOQuery3,【DataSource2】的 DataSet 属性值为 ADOQuery4,【DBGrid1】的 DataSource 属性值为 DataSource1,【DBGrid2】的 DataSource 属性值为 DataSource2。

图 12-43 中右下角表示的 3 个按钮控件是建立在【GroupBox1】容器控件上的。选中【Form7】,按 F12 功能键进入代码编辑窗口,在 implementation 语句上方输入 5 条自定义过程说明语句:

```
procedure CombоboxList1;
procedure ComboboxList2;
procedure listboxlist1;
procedure adoquery3_initialize;
procedure initialize;
```

在 implementation 语句下方输入 5 个自定义过程实体:

```
procedure ComboboxList1;
begin
   form7.adoquery1.Close;
   form7.adoquery1.SQL.Clear;
   form7.adoquery1.SQL.Add('select distinct 系部编号,系部名称 from 系部班级');
   form7.adoquery1.Open;
   form7.ComboBox1.Items.Clear;
   form7.adoquery1.First;
   while not form7.adoquery1.Eof do
   begin
     //将系部编号和系部名称添加到组合框中
     form7.ComboBox1.Items.Add(form7.adoquery1.Fieldbyname('系部编号').value
      +'/'+form7.adoquery1.Fieldbyname('系部名称').value);
     form7.adoquery1.Next;
   end;
end;

procedure ComboboxList2;
var
  s1,xbbh:string;
  i:integer;
begin
  s1:=form7.ComboBox1.Text;
```

```
i:=pos('/',s1);
if i>0 then
  xbbh:=copy(s1,1,i-1)
else
 xbbh:='';
 form7.ComboBox2.Text:='';
 form7.adoquery2.Close;
 form7.adoquery2.SQL.Clear;
 form7.adoquery2.SQL.Add('select 班级编号,班级名称 from 班级表 where
系部编号=:系部编号');
 form7.adoquery2.Parameters.ParamByName('系部编号').Value:=xbbh;
 form7.adoquery2.Open;
 form7.ComboBox2.Items.Clear;
 form7.adoquery2.First;
 while not form7.adoquery2.Eof do
 begin
   //将班级编号和班级名称添加到组合框中
   form7.ComboBox2.Items.Add(form7.adoquery2.Fieldbyname('班级编号').
value
    + '/'+form7.adoquery2.Fieldbyname('班级名称').value);
   form7.adoquery2.Next;
 end;
end;

procedure listboxlist1;
var
  s1,xbbh:string;
  i:integer;
begin
  s1:=form7.ComboBox1.Text;
  i:=pos('/',s1);
  if i>0 then
    xbbh:=copy(s1,1,i-1)
  else
   xbbh:='';
   form7.ComboBox2.Text:='';
   form7.adoquery2.Close;
   form7.adoquery2.SQL.Clear;
   form7.adoquery2.SQL.Add('select 课程编号,课程名称 from 课程信息表
where 系部编号=:系部编号');
```

```
      form7.adoquery2.Parameters.ParamByName('系部编号').Value:=xbbh;
      form7.adoquery2.Open;
      form7.ListBox1.Items.Clear;
      form7.adoquery2.First;
      while not form7.adoquery2.Eof do
      begin
        //课程编号和课程名称添加到列表框 1 中
        form7.listbox1.Items.Add(form7.adoquery2.Fieldbyname('课程编号').
value
         +'/'+form7.adoquery2.Fieldbyname('课程名称').value);
        form7.adoquery2.Next;
      end;
    end;

    procedure adoquery3_initialize;
    var
      s1,xbbh,bjbh,kcbh:string;
      i:integer;
    begin
      s1:=form7.combobox1.Text;
      i:=pos('/',s1);
      if i>0 then
        xbbh:=copy(s1,1,i-1)
      else
        xbbh:='';
      s1:=form7.combobox2.Text;
      i:=pos('/',s1);
      if i>0 then
        bjbh:=copy(s1,1,i-1)
      else
        bjbh:='';
      kcbh:=trim(form7.edit1.Text);
      form7.adoquery3.Close;
      form7.adoquery3.SQL.Clear;
      s1:='select s.学号, s.姓名, c.成绩'
        +' FROM 系部表 as x INNER JOIN'
        +'班级表 as b ON x.系部编号=b.系部编号 INNER JOIN'
        +'学生基本信息表 as s ON'
        +'b.班级编号=s. 班级编号 INNER JOIN'
        +'课程信息表 as k INNER JOIN'
```

```
      + '成绩表 as c ON k.课程编号=c.课程编号 ON'
      + 's.学号=c.学号'
      + 'WHERE (x.系部编号=:xbbh) AND (k.课程编号=:kcbh) AND (b.班级编号=:
bjbh)';
    form7.ADOQuery3.SQL.Add(s1);
    form7.adoquery3.Parameters.ParamByName('xbbh').Value:=xbbh;
    form7.adoquery3.Parameters.ParamByName('kcbh').Value:=kcbh;
    form7.adoquery3.Parameters.ParamByName('bjbh').Value:=bjbh;
    form7.adoquery3.Open;

  end;

  procedure initialize;
  begin
    form7.edit3.Text:='';
    form7.edit3.ReadOnly:=True;
    form7.edit4.Text:='';
    form7.edit5.Text:='';
  end;
```

选择【Form7】,编写其 OnActive 事件的代码如下:

```
  procedure TForm7.FormActivate(Sender:TObject);
  begin
    comboboxlist1;
    initialize;
    dbgrid1.DataSource.AutoEdit:=false;
  end;
```

选择【ComboBox1】控件,为其 OnChange 事件编写如下代码:

```
  procedure TForm7.ComboBox1Change(Sender:TObject);
  begin
    listboxlist1;
    comboboxlist2;
    adoquery3_initialize;
  end;
```

选择【ComboBox2】控件,为其 OnChange 事件编写如下代码:

```
  procedure TForm7.ComboBox2Change(Sender:TObject);
  var
    s1,bjbh:string;
    i:integer;
```

```
begin
  s1:=combobox2.Text;
  i:=pos('/',s1);
  if i>0 then
    bjbh:=copy(s1,1,i-1)
  else
    bjbh:='';
  form7.adoquery4.Close;
  form7.adoquery4.SQL.Clear;
  form7.adoquery4.SQL.Add('select 学号,姓名 from 学生基本信息表 where 
班级编号=:班级编号');
  form7.adoquery4.Parameters.ParamByName('班级编号').Value:=bjbh;
  form7.adoquery4.Open;
  adoquery3_initialize;

end;
```

选择【ListBox1】控件，为其 OnDblClick 事件编写如下代码：

```
procedure TForm7.ListBox1DblClick(Sender:TObject);
var
  s1,kcbh,kcmc:string;
  i,j:integer;
begin
  //辅助输入课程编号、课程名称到 Edit1 和 Edit2
  j:=listbox1.ItemIndex;
  s1:=listbox1.Items.Strings[j];
  i:=pos('/',s1);
  if i>0 then
    kcbh:=copy(s1,1,i-1)
  else
    kcbh:='';
  kcmc:=copy(s1,i+1,255);
  edit1.Text:=kcbh;
  edit2.Text:=kcmc;

end;
```

选择【DBGrid2】控件，设置其 ReadOnly 属性为 True，为其 OnDblClick 事件编写如下代码：

```
procedure TForm7.DBGrid2DblClick(Sender:TObject);
```

```
begin
  //辅助输入学号、姓名到 Edit5 和 Edit3
  if not form7.ADOQuery4.fieldbyname('姓名').IsNull then
    edit3.Text:=form7.ADOQuery4.fieldbyname('姓名').Value
  else
    edit3.Text:='';
  if not form7.ADOQuery4.fieldbyname('学号').IsNull then
    edit5.Text:=form7.ADOQuery4.fieldbyname('学号').Value
  else
    edit5.Text:='';

end;
```

选择【DBGrid1】控件，设置其 ReadOnly 属性为 True。单击【增加】按钮（Button1），为其 OnClick 事件编写如下代码：

```
procedure TForm7.Button1Click(Sender:TObject);
begin
  if(edit1.Text='')or(edit4.Text='')or(edit5.Text='')then
    begin
      application.MessageBox('信息不完整！','提示',mb_ok);
      exit;
    end
  else
    if adoquery3.Locate('学号',edit5.Text,[loCaseInsensitive])then
    begin
      application.MessageBox('成绩已存在,不能在此处修改！','提示',mb_ok);
      edit4.Text:='';
      exit;
    end
    else
    try
      adoquery1.close;
      adoquery1.sql.clear;
      Adoquery1.sql.add('insert into 成绩表(学号,课程编号,成绩)'
      + 'values(:xh,:kcbh,:cj)');
      Adoquery1.Parameters.ParamByName('xh').Value:=edit5.text;
      Adoquery1.Parameters.ParamByName('kcbh').Value:=edit1.Text;
      Adoquery1.Parameters.ParamByName('cj').Value:=strtofloat(trim
(Edit4.Text));
      Adoquery1.ExecSQL;
```

```
      adoquery3.Requery();
      //application.MessageBox('成绩已录入！','提示',mb_ok);
    except
      on E:Exception do
        messagedlg(E.Message,mterror,[mbok],0);
  end;
end;
```

单击【重置】按钮(Button2)，为其 OnClick 事件编写如下代码：

```
procedure TForm7.Button2Click(Sender:TObject);
begin
  initialize;
end;
```

单击【返回】按钮(Button3)，为其 OnClick 事件编写如下代码：

```
procedure TForm7.Button3Click(Sender:TObject);
begin
  form7.Close;
end;
```

8. 创建系部查询与修改界面【Form8】

【Form8】界面如图 12 - 44 所示。其中包含【ADOQuery1】、【ADOQuery2】、【DataSource1】组件。两个 ADOQuery 组件的 Connection 属性值为 form1.ADOConnection1，【DataSource1】

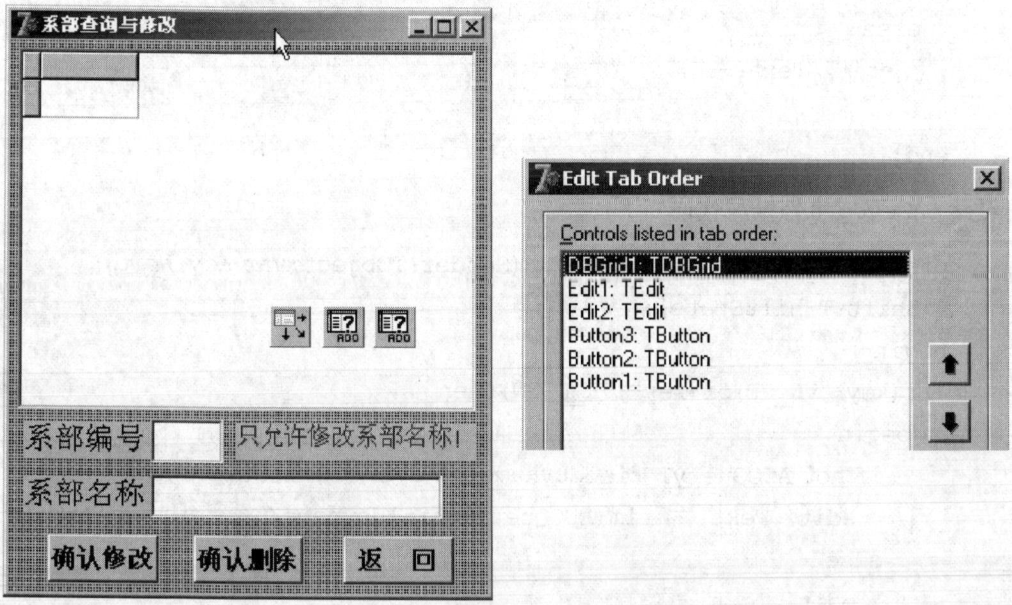

图 12 - 44　系部查询与修改界面布局

的 DataSet 属性值为 ADOQuery1,【DBGrid1】的 DataSource 属性值为 DataSource1。

选中【Form8】,对其 OnActivate 事件编写代码如下：

```
procedure TForm8.FormActivate(Sender:TObject);
begin
  dbgrid1.DataSource.AutoEdit:=false;
  adoquery1.Close;
  adoquery1.SQL.Clear;
  adoquery1.SQL.Add('select * from 系部表');
  adoquery1.Open;
  edit1.ReadOnly:=True;
  edit1.Text:='';
  edit2.Text:='';

end;
```

选中【DBGrid1】,对其 OnCellClick 事件编写代码如下：

```
procedure TForm8.DBGrid1CellClick(Column:TColumn);
begin
  if not ADOQuery1.fieldbyname('系部编号').IsNull then
    edit1.Text:=trim(ADOQuery1.fieldbyname('系部编号').Value)
  else
    edit1.Text:='';
  if not ADOQuery1.fieldbyname('系部名称').IsNull then
    edit2.Text:=trim(ADOQuery1.fieldbyname('系部名称').Value)
  else
    edit2.Text:='';

end;
```

对其 OnKeyUp 事件编写代码如下：

```
procedure TForm8.DBGrid1KeyUp(Sender:TObject;var Key:Word;
  Shift:TShiftState);
begin
 if(key=VK_UP)or(key=VK_DOWN)then
  begin
    if not ADOQuery1.fieldbyname('系部编号').IsNull then
      edit1.Text:=trim(ADOQuery1.fieldbyname('系部编号').Value)
    else
      edit1.Text:='';
    if not ADOQuery1.fieldbyname('系部名称').IsNull then
```

```
      edit2.Text:=trim(ADOQuery1.fieldbyname('系部名称').Value)
    else
      edit2.Text:='';
   end;

  end;
```

单击【确认修改】按钮(Button3),为其 OnClick 事件编写如下代码:

```
procedure TForm8.Button3Click(Sender:TObject);
var
  xbbh,xbmc,s1:string;
begin
  if(trim(edit1.Text)='')or(trim(edit2.Text)='')then
    application.MessageBox('数据不完整!','提示',mb_ok)
  else
  begin
    xbbh:=trim(ADOQuery1.fieldbyname('系部编号').Value);
    xbmc:=trim(ADOQuery1.fieldbyname('系部名称').Value);
    if(xbbh=trim(edit1.Text))and(xbmc=trim(edit2.Text))then
      application.MessageBox('数据未改变!','提示',mb_ok)
    else
    try
      adoquery2.close;
      adoquery2.sql.clear;
      s1:='update 系部表 set 系部名称='+quotedstr(trim(edit2.Text))
        +' where 系部编号='+quotedstr(trim(edit1.Text));
      Adoquery2.sql.add(s1);
      Adoquery2.ExecSQL;
      adoquery1.Requery();
      application.MessageBox('系部名称修改成功!','提示',mb_ok);
    except
      on E:Exception do
        messagedlg(E.Message,mterror,[mbok],0);
    end;
  end;
end;
```

单击【确认删除】按钮(Button2),为其 OnClick 事件编写如下代码:

```
procedure TForm8.Button2Click(Sender:TObject);
begin
```

```
    if(trim(edit1.Text)='')or(trim(edit2.Text)='')then
      application.MessageBox('未选择要删除的纪录！','提示',mb_ok)
    else if application.MessageBox('你确实要删除当前纪录吗？','警告！',
mb_okcancel)=idok then
      begin
        adoquery2.close;
        adoquery2.sql.clear;
        Adoquery2.sql.add('delete from 系部表 where 系部编号='+quotedstr
(trim(edit1.Text)));
        Adoquery2.ExecSQL;
        adoquery1.Requery();
        //或者使用下面的1条语句替代上面5条语句
        //adoquery1.Delete;
        application.MessageBox('系部纪录删除成功！','提示',mb_ok);
      end;
  end;
```

单击【返回】按钮(Button1)，为其 OnClick 事件编写如下代码：

```
procedure TForm8.Button1Click(Sender:TObject);
begin
  form8.Close;
end;
```

9. 创建班级查询与修改界面【Form9】

【Form9】界面如图 12-45 所示。其中包含【ADOQuery1】、【ADOQuery2】、【DataSource1】组件。两个 ADOQuery 组件的 Connection 属性值为 form1.ADOConnection1，【DataSource1】的 DataSet 属性值为 ADOQuery2，【DBGrid1】的 DataSource 属性值为 DataSource1。

选中【Form9】，对其 OnActivate 事件编写代码如下：

```
procedure TForm9.FormActivate(Sender:TObject);
begin
  comboboxlist1;
  dbgrid1.DataSource.AutoEdit:=false;
  edit1.ReadOnly:=True;
  edit1.Text:='';
  edit2.Text:='';

end;
```

选中【ComboBox1】，对其 OnChange 事件编写代码如下：

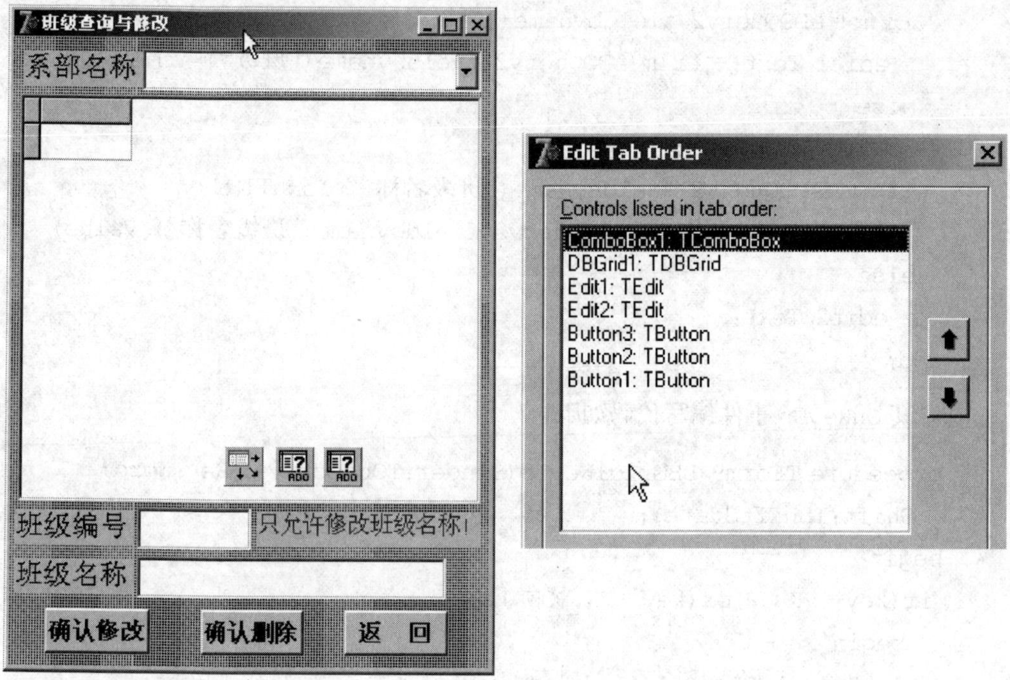

图 12-45 班级查询与修改界面布局

```
procedure TForm9.ComboBox1Change(Sender:TObject);
var
  i:integer;
  s1,xbbh:string;
begin
  //根据系部名称的内容决定 DBGrid 的内容
  s1:=trim(ComboBox1.Text);
  i:=pos('/',s1);
  if i>0 then
    xbbh:=copy(s1,1,i-1)
  else
    xbbh:='';
  adoquery2.Close;
  adoquery2.SQL.Clear;
  adoquery2.SQL.Add('select 班级编号,班级名称 from 班级表'
    + ' where 系部编号='+quotedstr(xbbh));
  adoquery2.Open;
end;
```

选中【DBGrid1】,对其 OnCellClick 事件编写代码如下:

```
procedure TForm9.DBGrid1CellClick(Column:TColumn);
begin
```

```
  if not ADOQuery2.fieldbyname('班级编号').IsNull then
    edit1.Text:=trim(ADOQuery2.fieldbyname('班级编号').Value)
  else
    edit1.Text:='';
  if not ADOQuery2.fieldbyname('班级名称').IsNull then
    edit2.Text:=trim(ADOQuery2.fieldbyname('班级名称').Value)
  else
    edit2.Text:='';
end;
```

对其 OnKeyUp 事件编写代码如下：

```
procedure TForm9.DBGrid1KeyUp(Sender:TObject;var Key:Word;
  Shift:TShiftState);
begin
 if(key=VK_UP)or(key=VK_DOWN)then
   begin
     if not ADOQuery2.fieldbyname('班级编号').IsNull then
       edit1.Text:=trim(ADOQuery2.fieldbyname('班级编号').Value)
     else
       edit1.Text:='';
     if not ADOQuery2.fieldbyname('班级名称').IsNull then
       edit2.Text:=trim(ADOQuery2.fieldbyname('班级名称').Value)
     else
       edit2.Text:='';
   end;

end;
```

单击【确认修改】按钮(Button3)，为其 OnClick 事件编写如下代码，

```
procedure TForm9.Button3Click(Sender:TObject);
var
  xbbh,xbmc,s1:string;
  i:integer;
begin
  if(trim(edit1.Text)='')or(trim(edit2.Text)='')then
    application.MessageBox('数据不完整！','提示',mb_ok)
  else
  begin
    xbbh:=trim(ADOQuery2.fieldbyname('班级编号').Value);
    xbmc:=trim(ADOQuery2.fieldbyname('班级名称').Value);
```

```
    if(xbbh=trim(edit1.Text))and(xbmc=trim(edit2.Text))then
      application.MessageBox('数据未改变！','提示',mb_ok)
    else
    try
    s1:=trim(ComboBox1.Text);
    i:=pos('/',s1);
    if i>0 then
      xbbh:=copy(s1,1,i-1)
    else
      xbbh:='';
      adoquery1.close;
      adoquery1.sql.clear;
      s1:='update 班级表 set 班级名称='+quotedstr(trim(edit2.Text))
        + ' where 系部编号='+quotedstr(xbbh)
        + ' and 班级编号='+quotedstr(trim(edit1.Text));
      Adoquery1.sql.add(s1);
      Adoquery1.ExecSQL;
      adoquery2.Requery();
      application.MessageBox('班级名称修改成功！','提示',mb_ok);
    except
      on E:Exception do
        messagedlg(E.Message,mterror,[mbok],0);
    end;
  end;
end;
```

单击【确认删除】按钮(Button2)，为其 OnClick 事件编写如下代码：

```
procedure TForm9.Button2Click(Sender:TObject);
var
  i:integer;
  s1,xbbh:string;
begin
  if(trim(edit1.Text)='')or(trim(edit2.Text)='')then
    application.MessageBox('未选择要删除的纪录！','提示',mb_ok)
  else if application.MessageBox('你确实要删除当前纪录吗？','警告！',
mb_okcancel)=idok then
    begin
    s1:=trim(ComboBox1.Text);
    i:=pos('/',s1);
    if i>0 then
```

```
      xbbh:=copy(s1,1,i-1)
    else
      xbbh:='';
      adoquery1.close;
      adoquery1.sql.clear;
      Adoquery1.sql.add('delete from 班级表 where 系部编号='+quotedstr
(xbbh)
        +' and 班级编号='+quotedstr(trim(edit1.Text)));
      Adoquery1.ExecSQL;
      adoquery2.Requery();
      //或者使用下面的 1 条语句替代上面 5 条语句
      //adoquery2.Delete;
      application.MessageBox('班级纪录删除成功!','提示',mb_ok);
    end;

  end;
```

单击【返回】按钮(Button1),为其 OnClick 事件编写如下代码:

```
procedure TForm9.Button1Click(Sender:TObject);
begin
  form9.Close;
end;
```

10. 创建课程信息查询与修改界面【Form10】

【Form10】界面如图 12 - 46 所示。其中包含【ADOQuery1】、【ADOQuery2】、【DataSource1】组件。两个 ADOQuery 组件的 Connection 属性值为 form1.ADOConnection1,【DataSource1】的 DataSet 属性值为 ADOQuery2,【DBGrid1】的 DataSource 属性值为 DataSource1。

表单布局完成后,选中【Form10】,按 F12 功能键,进入代码编辑窗口,在 implementation 语句的上面输入如下:

```
procedure initialize;
procedure getonecourse;
```

在 implementation 语句的下面输入如下自定义过程代码:

```
procedure initialize;
begin
  with form10 do
  begin
    edit1.Text:='';
    edit2.Text:='';
```

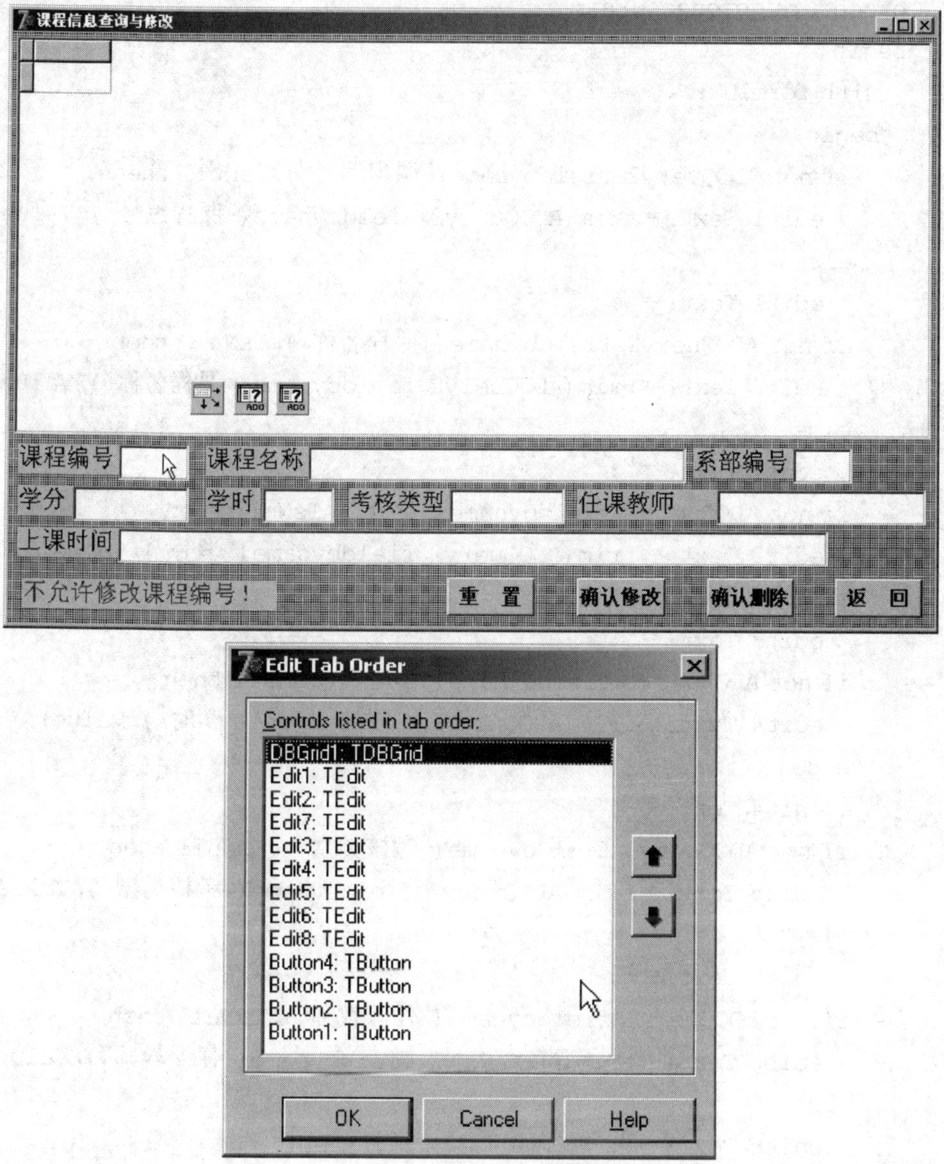

图 12-46　课程信息查询与修改界面布局

```
      edit3.Text:='';
      edit4.Text:='';
      edit5.Text:='';
      edit6.Text:='';
      edit7.Text:='';
      edit8.Text:='';
    end;
  end;
```

```
procedure getonecourse;
begin
  with form10 do
  begin
    if not ADOQuery2.fieldbyname('课程编号').IsNull then
      edit1.Text:=trim(ADOQuery2.fieldbyname('课程编号').Value)
    else
      edit1.Text:='';
    if not ADOQuery2.fieldbyname('课程名称').IsNull then
      edit2.Text:=trim(ADOQuery2.fieldbyname('课程名称').Value)
    else
      edit2.Text:='';
    if not ADOQuery2.fieldbyname('学分').IsNull then
      edit3.Text:=trim(ADOQuery2.fieldbyname('学分').Value)
    else
      edit3.Text:='';
    if not ADOQuery2.fieldbyname('学时').IsNull then
      edit4.Text:=trim(ADOQuery2.fieldbyname('学时').Value)
    else
      edit4.Text:='';
    if not ADOQuery2.fieldbyname('考核类型').IsNull then
      edit5.Text:=trim(ADOQuery2.fieldbyname('考核类型').Value)
    else
      edit5.Text:='';
    if not ADOQuery2.fieldbyname('任课教师').IsNull then
      edit6.Text:=trim(ADOQuery2.fieldbyname('任课教师').Value)
    else
      edit6.Text:='';
    if not ADOQuery2.fieldbyname('系部编号').IsNull then
      edit7.Text:=trim(ADOQuery2.fieldbyname('系部编号').Value)
    else
      edit7.Text:='';
    if not ADOQuery2.fieldbyname('上课时间').IsNull then
      edit8.Text:=trim(ADOQuery2.fieldbyname('上课时间').Value)
    else
      edit8.Text:='';
  end;
end;
```

选中【Form10】,对其 OnActivate 事件编写代码如下:

```
procedure TForm10.FormActivate(Sender:TObject);
begin
  initialize;
  dbgrid1.DataSource.AutoEdit:=false;
  adoquery2.Close;
  adoquery2.SQL.Clear;
  adoquery2.SQL.Add('select * from 课程信息表 order by 课程编号');
  adoquery2.Open;
  edit1.ReadOnly:=True;
end;
```

选中【DBGrid1】,对其 OnCellClick 事件编写代码如下:

```
procedure TForm10.DBGrid1CellClick(Column:TColumn);
begin
  getonecourse;
end;

procedure TForm10.Button3Click(Sender:TObject);
var
  s1:string;
begin
  if(trim(edit1.Text)='')or(trim(edit2.Text)='')then
    application.MessageBox('数据不完整!','提示',mb_ok)
  else
    try
      adoquery1.close;
      adoquery1.sql.clear;
      s1:='update 课程信息表 set 课程名称='+quotedstr(trim(edit2.Text))
        +',学分='+trim(edit3.text)+',学时='+trim(edit4.text)
        +',考核类型='+quotedstr(trim(edit5.Text))
        +',任课教师='+quotedstr(trim(edit6.Text))
        +',系部编号='+quotedstr(trim(edit7.Text))
        +',上课时间='+quotedstr(trim(edit8.Text))
        +' where 课程编号='+quotedstr(trim(edit1.Text));
      Adoquery1.sql.add(s1);
      Adoquery1.ExecSQL;
      adjoquery2.Requery();
      application.MessageBox('课程信息修改成功!','提示',mb_ok);
    except
      on E:Exception do
```

```
        messagedlg(E.Message,mterror,[mbok],0);
      end;
  end;
```

对其 OnKeyUp 事件编写代码如下：

```
  procedure TForm10.DBGrid1KeyUp(Sender:TObject;var Key:Word;
    Shift:TShiftState);
  begin
   if(key=VK_UP)or(key=VK_DOWN)then getonecourse;

  end;

  procedure TForm10.Button2Click(Sender:TObject);
  var
    kcbh:string;
  begin
    if(trim(edit1.Text)='')or(trim(edit2.Text)='')then
      application.MessageBox('未选择要删除的纪录！','提示',mb_ok)
    else if application.MessageBox('你确实要删除当前纪录吗？','警告！',
mb_okcancel)=idok then
      begin
        kcbh:=trim(edit1.Text);
        adoquery1.close;
        adoquery1.sql.clear;
        Adoquery1.sql.add('delete from 课程信息表 where 课程编号=
'+quotedstr(kcbh));
        Adoquery1.ExecSQL;
        adoquery2.Requery();
        //或者使用下面的1条语句替代上面5条语句
        //adoquery2.Delete;
        application.MessageBox('课程信息删除成功！','提示',mb_ok);
      end;

  end;
```

单击【重置】按钮(Button4)，为其 OnClick 事件编写如下代码：

```
  procedure TForm10.Button4Click(Sender:TObject);
  begin
    initialize;
  end;
```

单击【确认修改】按钮(Button3),为其 OnClick 事件编写如下代码:

```
procedure TForm10.Button3Click(Sender:TObject);
var
  s1:string;
begin
  if(trim(edit1.Text)='')or(trim(edit2.Text)='')then
    application.MessageBox('数据不完整!','提示',mb_ok)
  else
    try
      adoquery1.close;
      adoquery1.sql.clear;
      s1:='update 课程信息表 set 课程名称='+quotedstr(trim(edit2.Text))
        +',学分='+trim(edit3.text)+',学时='+trim(edit4.text)
        +',考核类型='+quotedstr(trim(edit5.Text))
        +',任课教师='+quotedstr(trim(edit6.Text))
        +',系部编号='+quotedstr(trim(edit7.Text))
        +',上课时间='+quotedstr(trim(edit8.Text))
        +' where 课程编号='+quotedstr(trim(edit1.Text));
      Adoquery1.sql.add(s1);
      Adoquery1.ExecSQL;
      adoquery2.Requery();
      application.MessageBox('课程信息修改成功!','提示',mb_ok);
    except
      on E:Exception do
        messagedlg(E.Message,mterror,[mbok],0);
    end;
end;
```

单击【确认删除】按钮(Button2),为其 OnClick 事件编写如下代码:

```
procedure TForm10.Button2Click(Sender:TObject);
var
  kcbh:string;
begin
  if(trim(edit1.Text)='')or(trim(edit2.Text)='')then
    application.MessageBox('未选择要删除的纪录!','提示',mb_ok)
  else if application.MessageBox('你确实要删除当前纪录吗?','警告!',
mb_okcancel)=idok then
    begin
      kcbh:=trim(edit1.Text);
```

```
        adoquery1.close;
        adoquery1.sql.clear;
        Adoquery1.sql.add('delete from 课程信息表 where 课程编号='+quotedstr(kcbh));
        Adoquery1.ExecSQL;
        adoquery2.Requery();
        //或者使用下面的1条语句替代上面5条语句
        //adoquery2.Delete;
        application.MessageBox('课程信息删除成功！','提示',mb_ok);
      end;

    end;
```

单击【返回】按钮(Button1)，为其 OnClick 事件编写如下代码：

```
procedure TForm10.Button1Click(Sender:TObject);
begin
  form10.Close;
end;
```

11. 创建用户管理界面【Form11】

【Form11】界面如图 12-47 所示。其中包含【ADOQuery1】、【ADOQuery2】。两个 ADOQuery 组件的 Connection 属性值为 form1.ADOConnection1。界面中包含一个【PageControl1】控件，共有 3 个标签页，图上部显示第一个标签页【TabSheet1】，其中包括【Edit1】、【Edit2】两个文本编辑框、【确认修改】按钮(SpeedButton1)和【退出】按钮(SpeedButton2)；图中部显示第二个标签页(TabSheet2)，其中包括一个文本编辑框【Edit3】、【确认增加】按钮(SpeedButton3)和【退出】按钮(SpeedButton4)；图下部显示第三个标签页【TabSheet3】，其中包括一个组合框【ComboBox1】、【确认删除】按钮(SpeedButton5)和【退出】按钮(SpeedButton6)。

表单布局完成后，选中【Form11】，按 F12 功能键，进入代码编辑窗口，在 implementation 语句的上面输入如下：

```
procedure ComboboxList1;
```

在 implementation 语句的下面输入如下自定义过程代码：

```
procedure ComboboxList1;
begin
  with form11 do
  begin
    adoquery2.Close;
    adoquery2.SQL.Clear;
    adoquery2.SQL.Add('select username from 用户表');
```

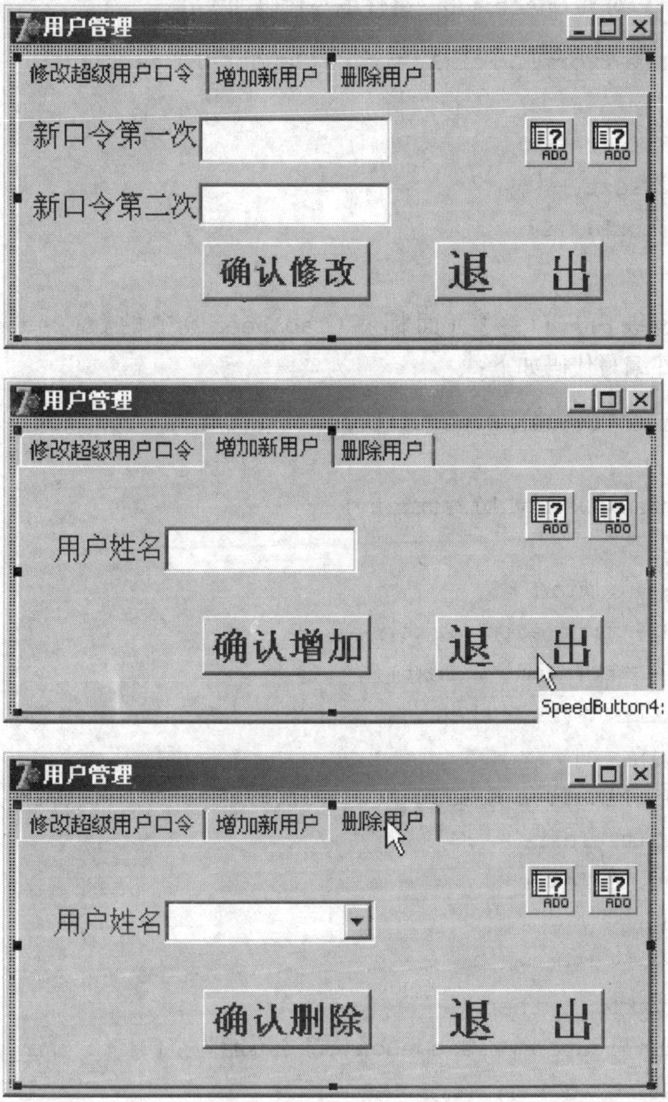

图 12-47　用户管理界面布局

```
      adoquery2.Open;
      ComboBox1.Items.Clear;
      adoquery2.First;
      while not adoquery2.Eof do
      begin
       //将用户名添加到组合框中
        ComboBox1.Items.Add(adoquery2.Fieldbyname('username').value);
        adoquery2.Next;
      end;
    end;
  end;
```

选中【Form11】,对其 OnActivate 事件编写代码如下：

```
procedure TForm11.FormActivate(Sender:TObject);
begin
  edit1.Text:='';
  edit2.Text:='';
  ComboboxList1;
end;
```

选中【修改超级用户口令】页面标签（TabSheet1）中的【SpeedButton1】,编写其OnCellClick事件编写代码如下：

```
procedure TForm11.SpeedButton1Click(Sender:TObject);
var
  s1,yhxm,yhkl1,yhkl2:string;
begin
  yhxm:='admin';
  yhkl1:=trim(edit1.Text);
  yhkl2:=trim(edit2.Text);
  if yhkl1< >yhkl2 then
    begin
      application.MessageBox('两次口令不一致！','警告',mb_ok);
      edit1.Text:='';
      edit2.Text:='';
    end
  else
    if yhkl1='' then
      application.MessageBox('口令不能为空白！','警告',mb_ok)
    else
    try
      adoquery1.close;
      adoquery1.sql.clear;
      s1:='update 用户表 set userpswd='+quotedstr(yhkl1)
        + ' where username='''+yhxm+ '''';
      Adoquery1.sql.add(s1);
      Adoquery1.ExecSQL;
      application.MessageBox('超级用户口令修改成功！','提示',mb_ok);
    except
      on E:Exception do
        messagedlg(E.Message,mterror,[mbok],0);
    end;
```

```
end;
```

选中【修改超级用户口令】页面标签（TabSheet1）中的【SpeedButton2】，编写其 OnCellClick事件编写代码如下：

```
procedure TForm11.SpeedButton2Click(Sender:TObject);
begin
  form11.Close;
end;
```

选中【增加新用户】页面标签（TabSheet2）中的【SpeedButton3】，编写其 OnCellClick 事件编写代码如下：

```
procedure TForm11.SpeedButton3Click(Sender:TObject);
var
  s1,yhxm,yhkl:string;
begin
  yhxm:=trim(edit3.Text);
  yhkl:='1234';
  if yhxm='' then
    application.MessageBox('户口姓名不能为空白！','提示',mb_ok)
  else
    try
      adoquery1.close;
      adoquery1.sql.clear;
      s1:='select * from 用户表 where username='+quotedstr(yhxm);
      Adoquery1.sql.add(s1);
      Adoquery1.Open;
      if Adoquery1.RecordCount>0 then
        application.MessageBox('户口已存在！','提示',mb_ok)
      else
        begin
          adoquery1.close;
          adoquery1.sql.clear;
          s1:='insert into 用户表 (username,userpswd)';
          s1:=s1+ ' values('+quotedstr(yhxm)+','+quotedstr(yhkl)+')';
          Adoquery1.sql.add(s1);
          Adoquery1.ExecSQL;
          application.MessageBox('用户增加成功！','提示',mb_ok);
        end;
    except
      on E:Exception do
```

```
        messagedlg(E.Message,mterror,[mbok],0);
      end;

    end;
```

选中【增加新用户】页面标签(TabSheet2)中的【SpeedButton4】,编写其 OnCellClick 事件编写代码如下:

```
procedure TForm11.SpeedButton2Click(Sender:TObject);
begin
  form11.Close;
end;
```

选中【删除用户】页面标签(TabSheet3)中的【SpeedButton5】,编写其 OnCellClick 事件编写代码如下:

```
procedure TForm11.SpeedButton5Click(Sender:TObject);
var
  s1,yhxm:string;
begin
  yhxm:=trim(combobox1.Text);
  if yhxm='' then
    application.MessageBox('户口姓名不能为空白!','提示',mb_ok)
  else
    try
      adoquery1.close;
      adoquery1.sql.clear;
      s1:='select * from 用户表 where username='+quotedstr(yhxm);
      Adoquery1.sql.add(s1);
      Adoquery1.Open;
      if Adoquery1.RecordCount=0 then
        application.MessageBox('户口不存在!','提示',mb_ok)
      else
        begin
          adoquery1.close;
          adoquery1.sql.clear;
          Adoquery1.sql.add('delete from 用户表 where username=
'+quotedstr(yhxm));
          Adoquery1.ExecSQL;
          application.MessageBox('已成功删除用户!','提示',mb_ok);
          ComboboxList1;
          combobox1.Text:='';
```

```
        end;
      except
        on E:Exception do
          messagedlg(E.Message,mterror,[mbok],0);
      end;

  end;
```

选中【删除用户】页面标签(TabSheet3)中的【SpeedButton6】,编写其 OnCellClick 事件编写代码如下:

```
procedure TForm11.SpeedButton2Click(Sender:TObject);
begin
  form11.Close;
end;
```

12. 创建用户管理界面【Form12】

【Form12】界面如图 12-48 所示。其中包含【ADOQuery1】,其 Connection 属性值为 form1.ADOConnection1。界面中还包含【Edit1】、【Edit2】两个文本编辑框、【确认修改】按钮(SpeedButton1)和【退出】按钮(SpeedButton2)。

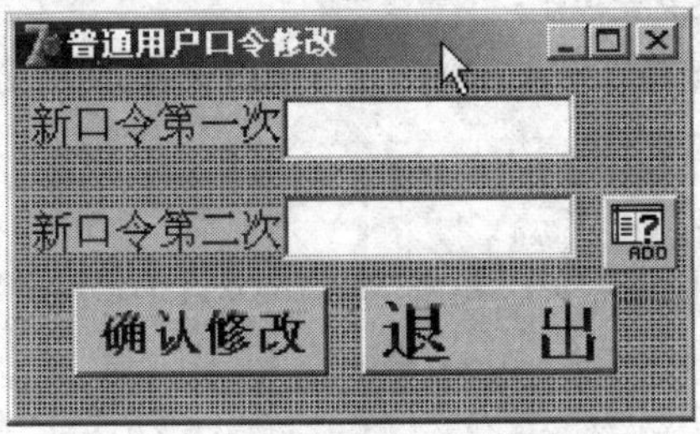

图 12-48　用户管理界面布局

该表单布局相对简单。布局完成后,选中【Form12】,对其 OnActivate 事件编写代码如下:

```
procedure TForm12.FormActivate(Sender:TObject);
begin
  edit1.Text:='';
  edit2.Text:='';
end;
```

选中【确认修改】按钮(SpeedButton1),编写其 OnCellClick 事件编写代码如下:

```
procedure TForm12.SpeedButton1Click(Sender:TObject);
var
  s1,yhxm,yhkl1,yhkl2:string;
begin
```

```
    yhxm:=trim(form1.Edit1.Text);
    yhkl1:=trim(edit1.Text);
    yhkl2:=trim(edit2.Text);
    if yhkl1< >yhkl2 then
      begin
        application.MessageBox('两次口令不一致!','警告',mb_ok);
        edit1.Text:='';
        edit2.Text:='';
      end
    else
      if yhkl1='' then
        application.MessageBox('口令不能为空白!','警告',mb_ok)
      else
      try
        adoquery1.close;
        adoquery1.sql.clear;
        s1:='update 用户表 set userpswd='+quotedstr(yhkl1)
          +' where username='''+yhxm+'''';
        Adoquery1.sql.add(s1);
        Adoquery1.ExecSQL;
        application.MessageBox('用户口令修改成功!','提示',mb_ok);
      except
        on E:Exception do
          messagedlg(E.Message,mterror,[mbok],0);
      end;

  end;
```

选中【确认修改】按钮(SpeedButton2),编写其 OnCellClick 事件编写代码如下:

```
  procedure TForm12.SpeedButton2Click(Sender:TObject);
  begin
    form12.Close;
  end;
```

13. 创建帮助界面【Form13】

【Form13】界面如图 12-49 所示。此界面极其简单,只是示意性的。其中包含一个 Memo1控件和【返回】按钮(SpeedButton1)。Memo1 控件图标在【Standard】标签页面上可以找到。

该表单布局相对简单。布局完成后,选中【Form12】,对其 OnActivate 事件编写代码如下:

图 12-49　帮助界面布局

```
procedure TForm13.FormActivate(Sender:TObject);
begin
  memo1.ReadOnly:=True;
end;
```

选中【返回】按钮(SpeedButton1),编写其 OnCellClick 事件编写代码如下：

```
procedure TForm13.SpeedButton1Click(Sender:TObject);
begin
  form13.Close;
end;
```

本 章 小 结

本章主要介绍了 ADO 的概念、结构,Delphi 中 ADO 对象中各组建的常用属性、方法、事件和 ADO 程序框架概念。然后以"学生成绩管理系统"为综合实例,既介绍了 Delphi 数据库应用程序的开发过程,又可从中理解和掌握利用 ADO 对象对 SQL Server 2000 数据库进行操作的方法。

练 习 与 上 机

1. 本章介绍的综合实例还不是一个可以实用的程序,如果要让它成为一个实用的软件,你认为它在数据库的设计和软件的功能设计方面需要做哪些改进?

2. 本章介绍的综合实例的学生成绩查询中没有对学生成绩的统计功能,如某课程的班级平均成绩等,请在数据库 XSCJ 中设计一个存储过程,能够对平均成绩进行统计,并在 Delphi中用 ADO 对象中的 ADOStoredProc 组件与存储过程相关联,为本实例增加成绩统计功能。

附录 A　SQL Server 2000 的版本

SQL Server 2000 的版本包括企业版、标准版、个人版、开发版和评估版。

① SQL Server 2000 企业版。作为生产数据库服务器使用。支持 SQL Server 2000 中的所有可用功能，并可根据支持最大的 Web 站点和企业联机事务处理（OLTP）及数据仓库系统所需的性能水平进行伸缩。

② SQL Server 2000 标准版。作为小工作组或部门的数据库服务器使用。

③ SQL Server 2000 个人版。供移动的用户使用，这些用户有时从网络上断开，但所运行的应用程序需要 SQL Server 数据存储。在客户端计算机上运行需要本地 SQL Server 数据存储的独立应用程序时也使用个人版。

④ SQL Server 2000 开发版。供程序员用来开发将 SQL Server 2000 用作数据存储的应用程序。虽然开发版支持企业版的所有功能，使开发人员能够编写和测试可使用这些功能的应用程序，但是只能将开发版作为开发和测试系统使用，不能作为生产服务器使用。

⑤ SQL Server 2000 Windows CE 版。使用 Microsoft® SQL Server 2000™ Windows® CE 版（SQL Server CE）在 Windows CE 设备上进行数据存储。能用任何版本的 SQL Server 2000 复制数据，以使 Windows CE 数据与主数据库保持同步。

⑥ SQL Server 2000 企业评估版。可从 Web 上免费下载的功能完整的版本。仅用于评估 SQL Server 功能；下载 120 天后该版本将停止运行。

SQL Server 2000 桌面版和 SQL Server 2000 个人版都有一个并发工作负荷调控器，可在并发执行 5 个以上的批处理时限制数据库引擎的性能。

附录B 安装 SQL Server 2000 的硬件和软件要求

1. 硬件需求

(1) 计算机

Intel 兼容计算机,Pentium 166 MHz 以上。

(2) 内存 RAM

- 企业版:至少 64 MB,建议 128 MB 或更多。
- 标准版:至少 64 MB。
- 个人版:Windows 2000 上至少 64 MB,其他所有操作系统上至少 32 MB。
- 开发版:至少 64 MB。
- Desktop Engine Windows 2000 上至少 64 MB,其他所有操作系统上至少 32 MB

(3) 硬盘空间

- 完全安装(Full)180 MB
- 典型安装(Typical)170 MB
- 最小安装(minimum)65 MB
- 只安装管理工具(Client tools only)90 MB
- Analysis Services 50 MB
- English Query 12 MB

2. 软件需求

(1) 操作系统

各常用的操作系统与可安装的 SQL Server 2000 的版本关系如表 B-1 所示,其中【支持】表示可安装的对应版本。

表 B-1 Windows 系列主要操作系统所支持的 SQL Server 2000 版本

操作系统	SQL Server 2000 版本			
	企业版	标准版	个人版	开发版
Windows 2000 Advanced Server	支持	支持	支持	支持
Windows 2000 Data Center Server	支持	支持	支持	支持
Windows 2000 Server		支持	支持	支持
Windows 2000 Professional			支持	支持
Windows 98			支持	
Windows NT server	支持	支持	支持	支持
Windows NT Server 4.0		支持	支持	支持
Windows NT Workstation 4.0			支持	支持

注:表中的 Windows NT Server 4.0 系列操作系统需要安装 Service Pack 5(SP 5)或更高级的压缩包软件。

(2) 网络软件

如果使用的操作系统是 Microsoft Windows NT、Windows 2000、Windows 98 或 Windows 95,则无需再额外安装网络软件。且 SQL Server 2000 支持 Windows NT Workstation、Windows 2000 Professional、Windows 98、Windows 95、Apple Macintosh、OS/2 及 UNIX 客户端连接。

附录 C　安装 SQL Server 2000

安装 SQL Server 2000 比较简单，其过程与其他 Microsoft Windows 系列产品类似。此处以安装 SQL Server 2000 标准版为例，逐步介绍其安装过程及说明。

(1) 将 SQL Server 2000 光盘放入光驱。如果有 Autorun 功能，则会出现安装程序启动画面，否则直接运行光盘中的 Autorun 程序。运行后如图 C－1 所示，用户可以选择【安装 SQL Server 2000 组件】项。如果操作系统是 Windows 95，则需要选择其中的【安装 SQL Server 2000 的先决条件】选项来安装其缺少的相应配套软件、协议等。

图 C－1　运行 SQL Server 2000 安装程序画面

(2) 如图 C－2 所示，选择【安装数据库服务器】，安装程序将进入 SQL Server 安装向导。

(3) 如图 C－3 所示，在【欢迎】画面中单击【下一步】按钮。

(4) 出现如图 C－4 所示的【计算机名】对话框。【本地计算机】选项表示安装在本地计算机上；【远程计算机】表示通过网络安装到远程的另外一台计算机上；【虚拟计算机】表示安装到虚拟计算机中，这里如果检测到群集，则【虚拟计算机】是默认选项。

(5) 在如图 C－5 所示的【安装选择】对话框中，可以选择是创建一个新的实例还是只对现有的实例进行升级或删除。如果用户选择【高级选项】按钮，则可以进行诸如注册表重建等操作。通常选【创建新的 SQL Server 实例，或安装"客户端工具"】，然后单击【下一步】。

(6) 出现如图 C－6 所示的【用户信息】对话框，输入【姓名】和【公司】的用户信息，单击【下一步】继续。

(7) 出现如图 C－7 所示的【软件许可协议】对话框，选【是(Y)】即可。

图 C-2 安装 SQL Server 2000

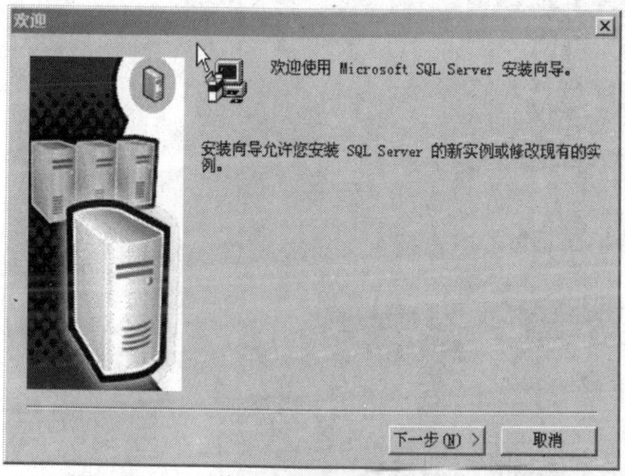

图 C-3 安装 SQL Server 2000 欢迎画面

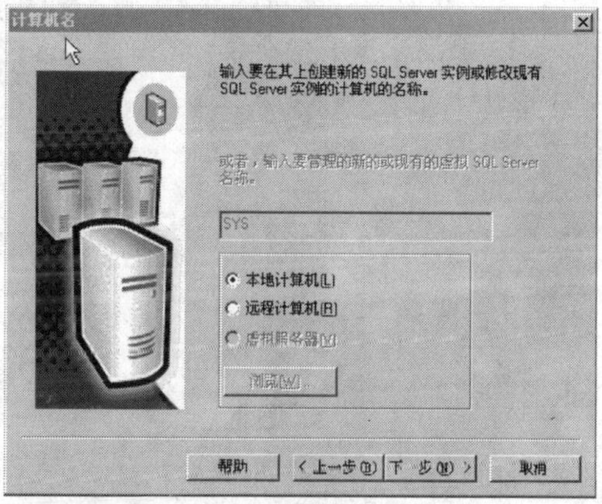

图 C-4 选择要安装的计算机

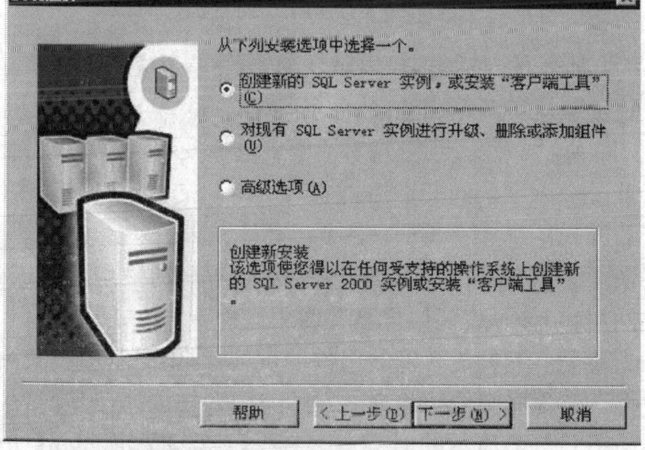

图 C-5 【安装选择】对话框

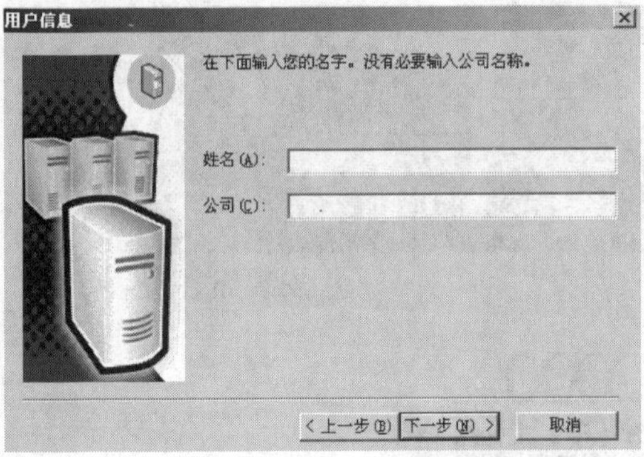

图 C-6 【用户信息】对话框

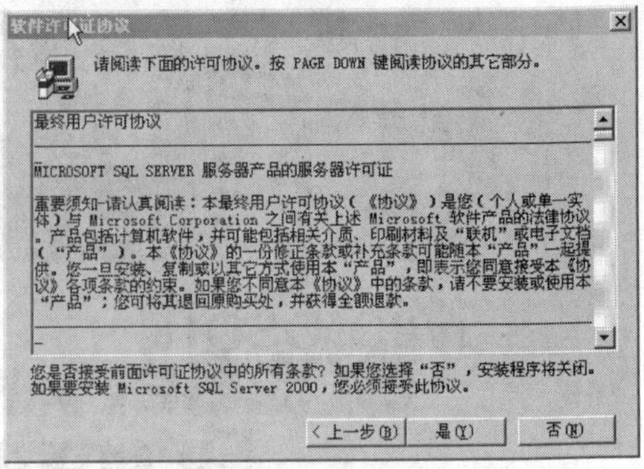

图 C-7 【软件许可协议】对话框

(8) 出现如图 C-8 所示的【安装定义】对话框。如果要安装的是数据库服务器,则必须选择【服务器和客户端工具】选项,安装服务器和客户端工具。如果只是为了实现客户端应用程序和服务器的连接畅通,则可以选【仅客户端工具】或【仅连接】。需要注意的是,网络中至少要有一个 SQL Server 2000 服务器才可以通过客户端程序正常登录到服务器。

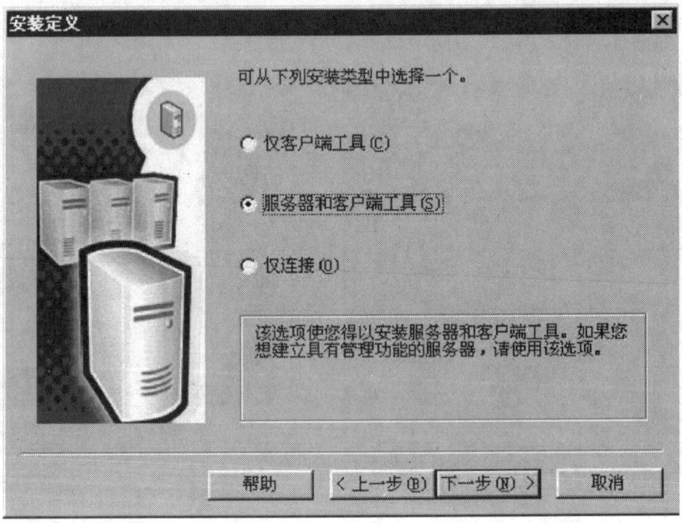

图 C-8 【安装定义】对话框

(9) 出现如图 C-9 所示的对话框,可以默认单击【下一步】按钮继续,如果【默认】复选框不可用,则表示已安装了默认实例,只能安装命名实例。

(10) 在如图 C-10 所示的【安装类型】对话框中选择安装类型。

- 典型安装——以默认的安装方式安装 SQL Server 2000。建议大多数用户使用这种安装方式。
- 最小安装——以能运行 SQL Server 2000 所需的最小配置进行安装。如果不是硬盘空间实在有限,建议用户不要使用这种安装方式。
- 自定义安装——允许进行安装组件的挑选,建议高级用户使用。

另外,建议用户将安装程序文件和数据文件的文件夹均选择在 C 盘(引导盘)以外的其他分区或其他盘符上,如图 C-10 所示的 E 盘等。选择【典型】安装,单击【下一步】继续。

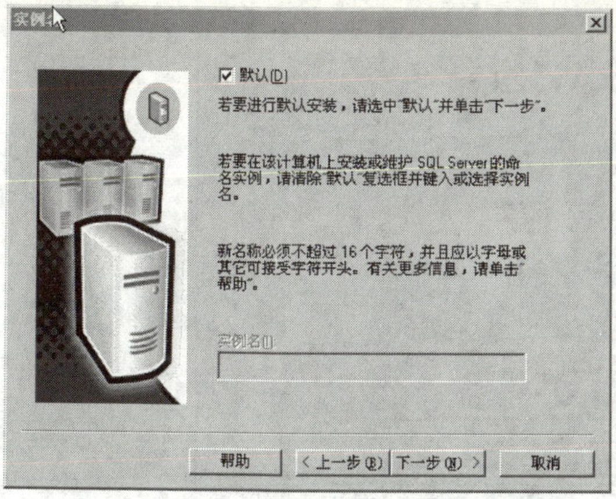

图 C－9　定义【实例名】对话框

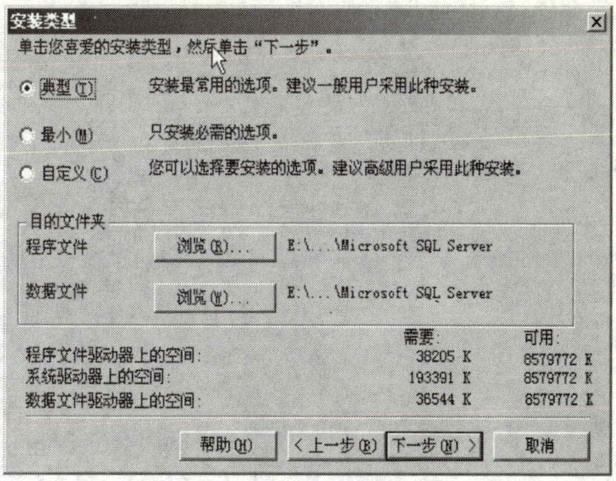

图 C－10　【安装类型】对话框

(11) 接下来出现如图 C－11 所示的设置【服务帐号】对话框。需要输入一个 NT 网络上的账号作为 SQL Server 的启动账号，以便登录 NT 网络，启动运行 SQL Server 服务或 SQL Server 代理服务。这个账号必须由网络用户管理员建立，位于 Administrators 区域组中，且设定为密码永远有效，这样可以在任何时段登录 NT 网络。

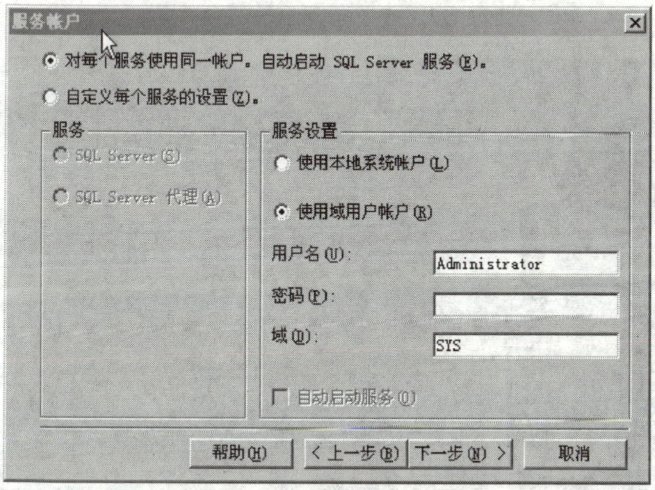

图 C－11　服务账户对话框

其中，选择【使用本地系统帐户】时，本地账户可以没有 Windows 2000 的网络访问权限，但它可能限制 SQL Server 安装与其他服务器交互。

选择【使用域用户账户】，则域用户账户使用 Windows 身份验证设置并连接 SQL Server。默认为当前的域用户信息。

(12) 在如图 C－12 所示的【身份验证模式】对话框中，选择身份验证模式，然后单击【下一步】。其中：

- 【Windows 身份验证模式】——使用户可以通过 Windows 2000 用户账户进行连接；
- 【混合模式(Windows 身份验证和 SQL Server 身份验证)】——使用户可以通过 Windows 身份验证或 SQL Server 身份验证与 SQL Server 实例连接。

(13) 如图 C－13 所示，在完成选项的指定后，在【开始复制文件】对话框中单击【下一步】

继续。

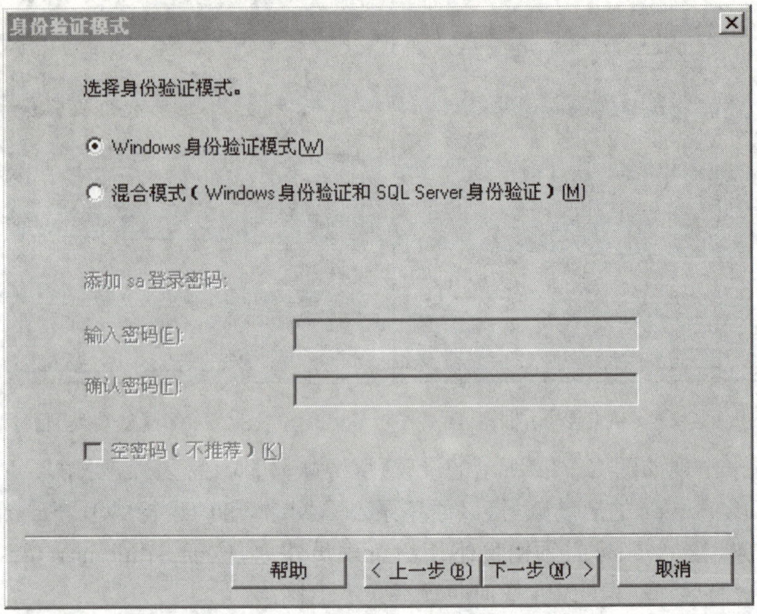

图 C-12 【身份验证模式】对话框

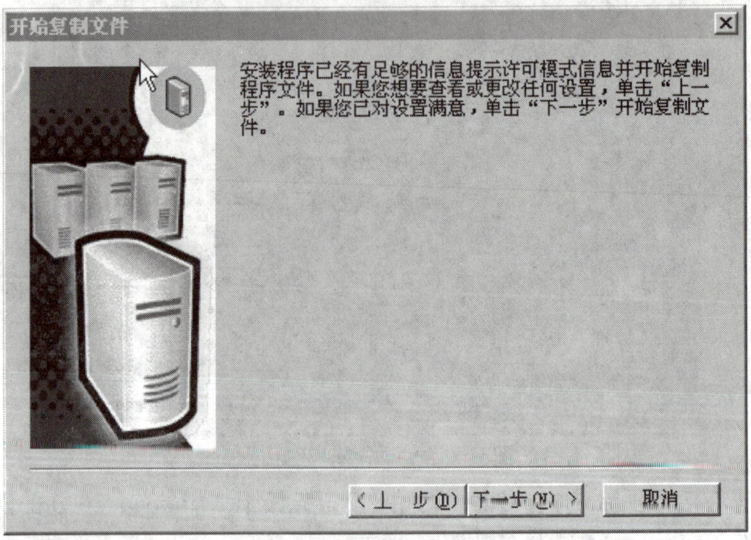

图 C-13 【开始复制文件】对话框

(14) 当出现如图 C-14 所示的【选择许可模式】对话框时，用户可以根据需要选择其中一项许可模式，这里选择【每客户 10 设备】。至此，SQL Server 安装前的定义结束，单击【继续】开始安装。

(15) 如图 C-15 所示，在【安装完成】对话框中单击【完成】，SQL Server 安装完成。

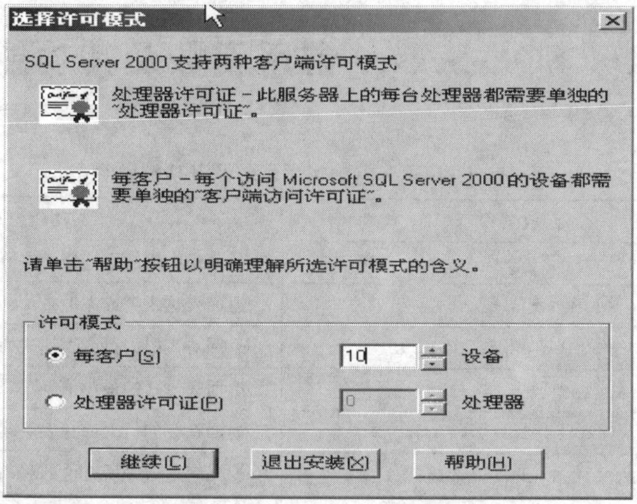

图 C-14 【选择许可模式】对话框

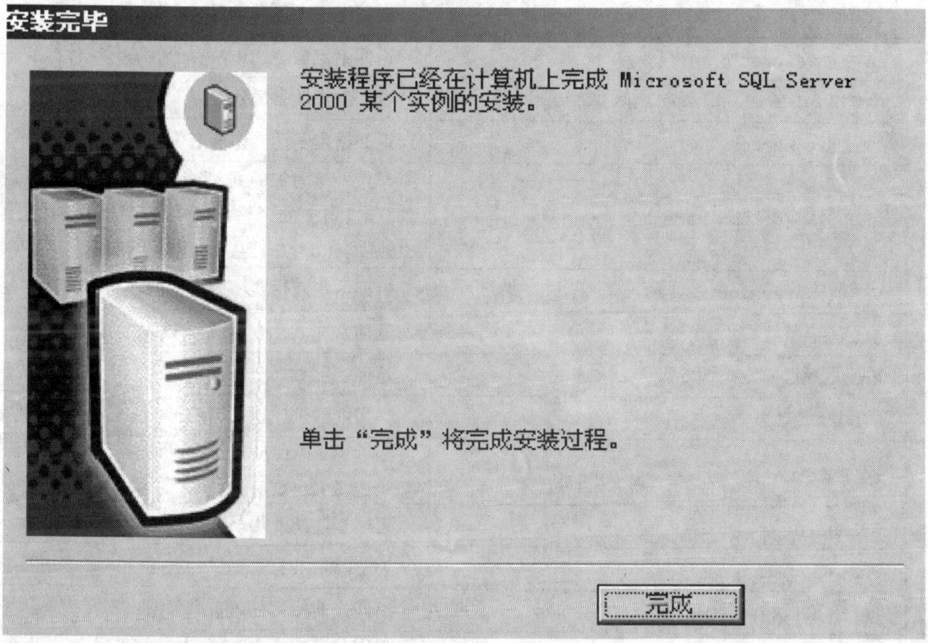

图 C-15 【安装完毕】对话框

附录 D　SQL Server 常用函数及其功能说明

表 D-1　SQL Server 常用函数及其功能说明

函数类型	函数名称	功能说明
聚合函数	AVG([ALL|DISTINCT]expression)	返回组中值的平均值。空值将被忽略
	MAX([ALL|DISTINCT]expression)	返回表达式的最大值
	BINARY_CHECKSUM(*|expression[,...n])	返回对表中的行或表达式列表计算的二进制校验值
	MIN([ALL|DISTINCT]expression)	返回表达式的最小值
	CHECKSUM(*|expression[,...n])	返回在表的行上或在表达式列表上计算的校验值
	SUM([ALL|DISTINCT]expression)	返回表达式中所有值的和,或只返回 DISTINCT 值
	CHECKSUM_AGG([ALL|DISTINCT]expression)	返回组中值的校验值。空值将被忽略
	STDEV(expression)	返回给定表达式中所有值的统计标准偏差
	COUNT({[ALL|DISTINCT]expression}|*})	返回组中项目的数量
	STDEVP(expression)	返回给定表达式中所有值的填充统计标准偏差
	COUNT_BIG({[ALL|DISTINCT]expression}|*)	返回组中项目的数量
	VAR(expression)	返回给定表达式中所有值的统计方差
	GROUPING(column_name)	产生一个附加的列,当用 CUBE 或 ROLLUP 运算符添加行时,附加的列输出值为 1,当所添加的行不是由 CUBE 或 ROLLUP 产生时,附加列值为 0
	VARP(expression)	返回给定表达式中所有值的填充的统计方差
配置函数	@@DATEFIRST	返回 SET DATEFIRST 参数的当前值
	@@OPTIONS	返回当前 SET 选项的信息
	@@DBTS	为当前数据库返回当前 timestamp 数据类型的值
	@@REMServer	当远程 Microsoft® SQL Server™数据库服务器在登录记录中出现时,返回它的名称
	@@LANGID	返回当前所使用语言的本地语言标识符(ID)
	@@SERVERNAME	返回运行 Microsoft® SQL Server™的本地服务器名称
	@@LANGUAGE	返回当前使用的语言名
	@@SERVICENAME	返回 Microsoft® SQL Server™正在其下运行的注册表键名
	@@LOCK_TIMEOUT	返回当前会话的当前锁超时设置,单位为毫秒
	@@SPID	返回当前用户进程的服务器进程标识符(ID)
	@@MAX_CONNECTIONS	返回 Microsoft® SQL Server™上允许的同时用户连接的最大数
	@@TEXTSIZE	返回 SET 语句 TEXTSIZE 选项的当前值
	@@MAX_PRECISION	返回 decimal 和 numeric 数据类型所用的精度级别,即该服务器中当前设置的精度
	@@VERSION	返回 Microsoft® SQL Server™当前安装的日期、版本和处理器类型
	@@NESTLEVEL	返回当前存储过程执行的嵌套层次(初始值为 0)

续表

函数类型	函数名称	功能说明
游标函数	@@CURSOR_ROWS	返回连接上最后打开的游标中当前存在的合格行的数量
	CURSOR_STATUS ({'local','cursor_name'} |{'global','cursor_name'} |{'variable', 'cursor_variable'})	这是一个标量函数,该函数允许存储过程的调用方确定针对一个给定参数,该过程是否返回游标和结果集
	@@FETCH_STATUS	返回被 FETCH 语句执行的最后游标的状态,而不是任何当前被连接打开的游标的状态
日期和时间函数	DATEADD(datepart,number,date)	在向指定日期加上一段时间的基础上,返回新的 datetime 值
	DATEDIFF(datepart,startdate,enddate)	返回跨两个指定日期的日期和时间边界数
	DATENAME(datepart,date)	返回代表指定日期的指定日期部分的字符串
	DATEPART(datepart,date)	返回代表指定日期的指定日期部分的整数
	DAY(date)	返回代表指定日期的天的日期部分的整数
	GETDATE( )	按 datetime 值的 Microsoft® SQL Server™ 标准内部格式返回当前系统日期和时间
	GETUTCDATE( )	返回表示当前 UTC 时间(世界时间坐标或格林尼治标准时间)的 datetime 值
	MONTH(date)	返回代表指定日期月份的整数
	YEAR(date)	返回表示指定日期中的年份的整数
数学函数	ABS(numeric_expression)	返回给定数字表达式的绝对值
	DEGREES(numeric_expression)	当给出以弧度为单位的角度时,返回相应的以度数为单位的角度
	RAND([seed])	返回 0 到 1 之间的随机 float 值
	ACOS(float_expression)	返回以弧度表示的角度值,该角度值的余弦为给定的 float 表达式;本函数亦称反余弦
	EXP(float_expression)	返回所给的 float 表达式的指数值
	ROUND(numeric_expression,length[,function])	返回数字表达式并四舍五入为指定的长度或精度
	ASIN(float_expression)	返回以弧度表示的角度值,该角度值的正弦为给定的 float 表达式;亦称反正弦
	FLOOR(numeric_expression)	返回小于或等于所给数字表达式的最大整数
	SIGN(numeric_expression)	返回给定表达式的正(+1)、零(0)或负(-1)号
	ATAN(float_expression)	返回以弧度表示的角度值,该角度值的正切为给定的 float 表达式;亦称反正切
	LOG(float_expression)	返回给定 float 表达式的自然对数
	SIN(float_expression)	以近似数字(float)表达式返回给定角度(以弧度为单位)的三角正弦值
	ATN2(float_expression,float_expression)	返回以弧度表示的角度值,该角度值的正切介于两个给定的 float 表达式之间;亦称反正切
	LOG10(float_expression)	返回给定 float 表达式的以 10 为底的对数

续表

函数类型	函数名称	功能说明
数学函数	SQUARE(float_expression)	返回给定表达式的平方
	CEILING(numeric_expression)	返回大于或等于所给数字表达式的最小整数
	PI()	返回 PI 的常量值
	SQRT(float_expression)	返回给定表达式的平方根
	COS(float_expression)	一个数学函数,返回给定表达式中给定角度(以弧度为单位)的三角余弦值
	POWER(numeric_expression,y)	返回给定表达式乘指定次方的值
	TAN(float_expression)	返回输入表达式的正切值
	COT(float_expression)	一个数学函数,返回给定 float 表达式中指定角度(以弧度为单位)的三角余切值
	RADIANS(numeric_expression)	对于在数字表达式中输入的度数值返回弧度值
元数据函数	COL_LENGTH('table','column')	返回列的定义长度(以字节为单位)
	fn_listextendedproperty({default|[@name=]'property_name'|NULL},{default|[@level0type=]'level0_object_type'|ULL},{default|[@level0name=]'level0_object_name'|NULL},{default|[@level1type=]'level1_object_type'|NULL},{default|[@level1name=]'level1_object_name'|NULL},{default|[@level2type=]'level2_object_type'|NULL},{default|[@level2name=]'level2_object_name'|NULL})	返回数据库对象的扩展属性值
元数据函数	COL_NAME(table_id,column_id)	返回数据库列的名称,该列具有相应的表标识号和列标识号
	FULLTEXTCATALOGPROPERTY(catalog_name,property)	返回有关全文目录属性的信息
	COLUMNPROPERTY(id,column,property)	返回有关列或过程参数的信息
	FULLTEXTSERVICEPROPERTY(property)	返回有关全文服务级别属性的信息
	DATABASEPROPERTY(database,property)	返回给定数据库和属性名的命名数据库属性值
	INDEX_COL('table',index_id,key_id)	返回索引列名称
	DATABASEPROPERTYEX(database,property)	返回指定数据库的指定数据库选项或属性的当前设置
	INDEXKEY_PROPERTY(table_ID,index_ID,key_ID,property)	返回有关索引键的信息
	DB_ID(['database_name'])	返回数据库标识(ID)号
	INDEXPROPERTY(table_ID,index,property)	在给定表标识号、索引名称及属性名称的前提下,返回指定的索引属性值
	DB_NAME(database_id)	返回数据库名
	OBJECT_ID('object')	返回数据库对象标识号
	FILE_ID('file_name')	返回当前数据库中给定逻辑文件名的文件标识(ID)号
	OBJECT_NAME(object_id)	返回数据库对象名
	FILE_NAME(file_id)	返回给定文件标识(ID)号的逻辑文件名

续表

函数类型	函数名称	功能说明
元数据函数	OBJECTPROPERTY(id,property)	返回当前数据库中对象的有关信息
	FILEGROUP_ID('filegroup_name')	返回给定文件组名称的文件组标识(ID)号
	@@PROCID	返回当前过程的存储过程标识符(ID)
	FILEGROUP_NAME(filegroup_id)	返回给定文件组标识(ID)号的文件组名
	SQL_VARIANT_PROPERTY(expression, property)	返回有关 SQL_variant 值的基本数据类型和其他信息
	FILEGROUPPROPERTY(filegroup_name, property)	给定文件组和属性名时,返回指定的文件组属性值
	TYPEPROPERTY(type,property)	返回有关数据类型的信息
	FILEPROPERTY(file_name,property)	给定文件名和属性名时,返回指定的文件名属性值
行集函数	CONTAINSTABLE( )	对于包含基于字符的数据类型的列(该列与单个词和短语,以及与另一个词一定范围之内的近似词精确或模糊(不太精确的)匹配或者加权匹配),返回具有零行、一行或多行的表
	FREETEXTTABLE (table, {column | *}, 'freetext_string'[,top_n_by_rank])	为下述列返回含有零行、一行或多行的表:这些列含有基于字符的数据类型,其中的值符合指定的 freetext_string 中文本的含义,但不符合确切的表达方式
	OPENDATASOURCE (provider_name, init_string)	不使用链接的服务器名,而提供特殊的连接信息,并将其作为四部分对象名的一部分
	OPENQUERY(linked_server,'query')	在给定的链接服务器(一个 OLE DB 数据源)上执行指定的直接传递查询
	OPENROWSET( )	包含访问 OLE DB 数据源中的远程数据所需的全部连接信息
	OPENXML( )	OPENXML 通过 XML 文档提供行集视图
安全函数	fn_trace_geteventinfo([@traceid=]trace_id)	返回有关跟踪的事件信息
	IS_SRVROLEMEMBER('role'[,'login'])	指明当前的用户登录是否是指定的服务器角色的成员
	fn_trace_getfilterinfo([@traceid=]trace_id)	返回有关应用于指定跟踪的筛选的信息
	SUSER_SID(['login'])	返回用户登录名的安全标识号(SID)
	fn_trace_getinfo([@traceid=]trace_id)	返回有关指定跟踪或现有跟踪的信息
	SUSER_SNAME([server_user_sid])	从用户的安全标识号(SID)返回登录标识名
	fn_trace_gettable([@filename=]filename,[@numfiles=]number_files)	以表格格式返回跟踪文件信息
	USER_ID(['user'])	返回用户的数据库标识号
	HAS_DBACCESS('database_name')	返回信息,说明用户是否可以访问指定的数据库
	USER	当未指定默认值时,允许将系统为当前用户的数据库用户名提供的值插入表内
	IS_MEMBER({'group'|'role'})	表明当前用户是否是指定 Microsoft® Windows NT®组或 Microsoft SQL Server™角色的成员

续表

函数类型	函数名称	功能说明
字符串函数	ASCII(character_expression)	返回字符表达式最左端字符的 ASCII 代码值
	NCHAR(integer_expression)	根据 Unicode 标准所进行的定义,用给定整数代码返回 Unicode 字符
	SOUNDEX(character_expression)	返回由 4 个字符组成的代码(SOUNDEX)以评估两个字符串的相似性
	CHAR(integer_expression)	将 int ASCII 代码转换为字符的字符串函数
	PATINDEX('% pattern% ',expression)	返回指定表达式中某模式第一次出现的起始位置;如果在全部有效的文本和字符数据类型中没有找到该模式,则返回零
	SPACE(integer_expression)	返回由重复的空格组成的字符串
	CHARINDEX (expression1, expression2 [, start_location])	返回字符串中指定表达式的起始位置
	REPLACE('string_expression1','string_expression2','string_expression3')	用第三个表达式替换第一个字符串表达式中出现的所有第二个给定字符串表达式
	STR(float_expression[,length[,decimal]])	由数字数据转换来的字符数据
	DIFFERENCE(character_expression,character_expression)	以整数返回两个字符表达式的 SOUNDEX 值之差
	QUOTENAME ('character _ string' [, 'quote _ character'])	返回带有分隔符的 Unicode 字符串,分隔符的加入可使输入的字符串成为有效的 Microsoft® SQL Server™分隔标识符
	STUFF (character _ expression, start, length,character_expression)	删除指定长度的字符并在指定的起始点插入另一组字符
	LEFT(character_expression,integer_expression)	返回从字符串左边开始指定个数的字符
	REPLICATE(character_expression,integer_expression)	以指定的次数重复字符表达式
	SUBSTRING(expression,start,length)	返回字符、binary、text 或 image 表达式的一部分
	LEN(string_expression)	返回给定字符串表达式的字符(而不是字节)个数,其中不包含尾随空格
	REVERSE(character_expression)	返回字符表达式的反转
	UNICODE('ncharacter_expression')	按照 Unicode 标准的定义,返回输入表达式的第一个字符的整数值
	LOWER(character_expression)	将大写字符数据转换为小写字符数据后返回字符表达式
	RIGHT (character _ expression, integer _ expression)	返回字符串中从右边开始指定个数的 integer_expression字符
	UPPER(character_expression)	返回将小写字符数据转换为大写的字符表达式
	LTRIM(character_expression)	删除起始空格后返回字符表达式
	RTRIM(character_expression)	截断所有尾随空格后返回一个字符串

续表

函数类型	函数名称	功能说明
系统函数	APP_NAME( )	返回当前会话的应用程序名称(如果应用程序进行了设置)
	CASE input_expression WHEN when _ expression THEN result _expression [...n] [ELSE else_result_expression END	计算条件列表并返回多个可能结果表达式之一
	CAST(expression AS data_type)或CONVERT(data_type[(length)],expression[,style])	将某种数据类型的表达式显式转换为另一种数据类型。CAST和CONVERT提供相似的功能
	COALESCE(expression[,...n])	返回其参数中第一个非空表达式
	COLLATIONPROPERTY(collation_name,property)	返回给定排序规则的属性
	CURRENT_TIMESTAMP	返回当前的日期和时间。此函数等价于GETDATE()
	CURRENT_USER	返回当前的用户。此函数等价于USER_NAME()
	DATALENGTH(expression)	返回任何表达式所占用的字节数
	@@ERROR	返回最后执行的Transact_SQL语句的错误代码
	fn_helpcollations()	返回Microsoft®SQL Server™2000支持的所有排序规则的列表
	fn_servershareddrives()	返回由群集服务器使用的共享驱动器名称
	fn_virtualfilestats([@DatabaseID=]database_id,[@FileID=]file_id)	返回对数据库文件(包括日志文件)的I/O统计
	FORMATMESSAGE(msg_number,param_value[,...n])	从sysmessages现有的消息构造消息
	GETANSINULL(['database'])	返回会话的数据库的默认为空性
	HOST_NAME()	返回工作站标识号
	HOST_NAME()	返回工作站名称
	IDENT_CURRENT('table_name')	返回为任何会话和任何作用域中的指定表最后生成的标识值
	IDENT_INCR('table_or_view')	返回增量值(返回形式为numeric(@@MAXPRECISION,0)),该值是在带有标识列的表或视图中创建标识列时指定的
	IDENT_SEED('table_or_view')	返回种子值(返回形式为numeric(@@MAXPRECISION,0)),该值是在带有标识列的表或视图中创建标识列时指定的
	@@IDENTITY	返回最后插入的标识值
	IDENTITY(data_type[,seed,increment])AScolumn_name	只用在带有INTO table子句的SELECT语句中,以将标识列插入到新表中
	ISDATE(expression)	确定输入表达式是否为有效的日期
	ISNULL(check_expression,replacement_value)	使用指定的替换值替换NULL
	ISNUMERIC(expression)	确定表达式是否为一个有效的数字类型

续表

函数类型	函数名称	功能说明
系统函数	NEWID()	创建 uniqueidentifier 类型的唯一值
	NULLIF(expression,expression)	如果两个指定的表达式相等，则返回空值
	PARSENAME('object_name',object_piece)	返回对象名的指定部分。可以检索的对象部分有对象名、所有者名称、数据库名称和服务器名称
	PERMISSIONS([objectid[,'column']])	返回一个包含位图的值，表明当前用户的语句、对象或列权限
	@@ROWCOUNT	返回受上一语句影响的行数
	ROWCOUNT_BIG()	返回受执行的最后一个语句影响的行数
	SCOPE_IDENTITY()	返回插入到同一作用域中的 IDENTITY 列内的最后一个 IDENTITY 值
	ServerPROPERTY(propertyname)	返回有关服务器实例的属性信息
	SESSIONPROPERTY(option)	返回会话的 SET 选项设置
	SESSION_USER	是一个 niladic 函数，允许在未指定默认值时将系统为当前会话的用户名提供的值插入到表中
	STATS_DATE(table_id,index_id)E	返回最后一次更新指定索引统计的日期
	SYSTEM_USER	当未指定默认值时，允许将系统为当前系统用户名提供的值插入表中
	@@TRANCOUNT	返回当前连接的活动事务数
	USER_NAME([id])	返回给定标识号的用户数据库用户名
系统统计函数	@@CONNECTIONS	返回自上次启动 Microsoft® SQL Server™以来连接或试图连接的次数
	@@PACK_RECEIVED	返回 Microsoft® SQL Server™自上次启动后从网络上读取的输入数据包数目
	@@CPU_BUSY	返回自上次启动 Microsoft® SQL Server™以来 CPU 的工作时间，单位为毫秒（基于系统计时器的分辨率）
	@@PACK_SENT	返回 Microsoft® SQL Server™自上次启动后写到网络上的输出数据包数目
	fn_virtualfilestats ([@DatabaseID=] database_id,[@FileID=]file_id)	返回对数据库文件（包括日志文件）的 I/O 统计
	@@TIMETICKS	返回一刻度的微秒数
	@@IDLE	返回 Microsoft® SQL Server™自上次启动后闲置的时间，单位为毫秒（基于系统计时器的分辨率）
	@@TOTAL_ERRORS	返回 Microsoft® SQL Server™自上次启动后，所遇到的磁盘读/写错误数
	@@IO_BUSY	返回 Microsoft® SQL Server™自上次启动后用于执行输入和输出操作的时间，单位为毫秒（基于系统计时器的分辨率）
	@@TOTAL_READ	返回 Microsoft® SQL Server™自上次启动后读取磁盘（不是读取高速缓存）的次数
	@@PACKET_ERRORS	返回自 SQL Server 上次启动后，在 Microsoft® SQL Server™连接上发生的网络数据包错误数
	@@TOTAL_WRITE	返回 Microsoft® SQL Server™自上次启动后写入磁盘的次数

续表

函数类型	函数名称	功能说明
文本和图像函数	PATINDEX('% pattern% ',expression)	返回指定表达式中某模式第一次出现的起始位置；如果在全部有效的文本和字符数据类型中没有找到该模式，则返回零
	TEXTPTR(column)	以 varbinary 格式返回对应于 text、ntext 或 image列的文本指针值。检索到的文本指针值可用于 READTEXT、WRITETEXT 和 UPDATETEXT 语句
	TEXTVALID('table.column',text_ptr)	一个 text、ntext 或 image 函数，用于检查给定文本指针是否有效

参 考 文 献

1. 周绪，管丽娜，白海波. SQL Server 2000 中文版入门与提高. 北京：清华大学出版社，2003
2. 卫海. 快速学习 SQL Server 2000 中文版. 北京：中国铁道出版社，2004
3. 刘韬，楼兴华. SQL Server 2000 数据库系统开发实例导航. 北京：人民邮电出版社，2004
4. Buser D. ASP 3 初级编程. 钟鸣等译. 北京：机械工业出版社，2001
5. 江义华. Delphi 7 完美经典. 北京：中国铁道出版社，2003
6. 启明工作室. Delphi＋SQL Server 数据库应用系统开发与实例. 北京：人民邮电出版社，2005
7. 网冠科技编著. 数据库系统工程师 SQL Server 2000. 北京：机械工业出版社，2001
8. 徐人凤，曾建华. SQL Server 2000 数据库及应用. 北京：高等教育出版社，2004
9. 汤化平. SQL Server 实训教程. 北京：清华大学出版社；北京交通大学出版社，2005
10. 耿文兰. SQL Server 2000 数据库管理与开发. 北京：电子工业出版社，2005
11. 顾韵华，刘启芬. SQL Server 实用教程. 北京：电子工业出版社，2002